LA BOTANIQUE
de A à Z

1 662 définitions

Abderrazak Marouf
Maître de conférences à la faculté des sciences d'Oran

Joël Reynaud
Maître de conférences à l'Institut des Sciences Pharmaceutiques
et Biologiques (ISBP), université Claude Bernard, Lyon I

DUNOD

ISBN 978-2-10 050638-5

COMMENT UTILISER CET OUVRAGE

La botanique moderne représente l'aboutissement de plusieurs siècles de recherche. Cette discipline appartenant autrefois aux « sciences naturelles » demeure toujours très vivante puisque ses concepts, ses outils et sa démarche ne sont pas figés mais sont en constante évolution. Certes, la botanique reste, en partie, une science d'observation et de description, mais elle est également devenue une science d'expérimentation. Pour mener à bien son objectif fondamental qui est la compréhension de l'organisation du Monde Végétal et de son évolution, la Botanique fait de plus en plus souvent appel, pour la comparaison et l'étude des liens de parenté entre les espèces, à l'analyse des constituants chimiques (phytochimie et chimiotaxonomie) et génétiques (phylogénétique moléculaire) des individus. Les relations des végétaux avec les autres êtres vivants sont également de plus en plus étudiées, notamment dans le cadre des phénomènes de parasitisme et de symbiose avec des bactéries ou des champignons.

Tout en gardant ses spécificités, la botanique actuelle bénéficie de plus en plus largement, sur le plan de la recherche fondamentale, de l'apport d'autres sciences (biochimie, biologie moléculaire...). Sur le plan pratique, les applications de la botanique s'étendent à une multitude de domaines qui sont considérés comme des entités indépendantes : foresterie, agriculture, horticulture, pharmacognosie (plantes médicinales), diététique (régimes alimentaires), environnement (protection de milieux, d'espèces), etc.

Cette interpénétration entre toutes ces disciplines, fait que les botanistes modernes rencontrent de plus en plus souvent des termes qui sortent du domaine purement botanique. C'est pour répondre à ce problème que *La Botanique de A à Z* a été conçu : proposer à un large public d'étudiants et d'enseignants des définitions de termes appartenant, pour la plupart à la Botanique « classique », mais également de termes rencontrés aussi bien en biochimie, en biologie moléculaire, en génétique des populations, en agronomie...

Une des principales difficultés rencontrées a été la recherche d'un compromis optimal entre l'intégration de données récentes et l'accessibilité du contenu à un large lectorat : étudiants de différents cursus (sciences de la vie, pharmacie, agronomie, classes préparatoires, CAPES, Agrégation...), spécialistes du Monde Végétal, scientifiques d'autres domaines utilisateurs de la botanique, amateurs éclairés, et tous ceux qui désirent suivre l'avancée des recherches dans cette science.

Les entrées, au nombre de 1 662 termes et locutions, comportent une définition simple et, pour les concepts importants, un développement plus détaillé. Les équivalents anglais et traductions des termes développés, les synonymes (Syn), les antonymes (Ant) et les catégories grammaticales sont également indiqués. À la fin de l'ouvrage, un lexique des termes en anglais permet au lecteur utilisant une documentation anglaise de retrouver rapidement leur correspondance en français développés dans le dictionnaire.

Les explications sont étayées par de nombreux exemples, choisis généralement parmi les plus communs, avec le plus souvent le nom latin et la famille. Les termes obsolètes et ceux de signification évidente ont, le plus souvent, été évités. Les définitions sont souvent complétées par deux types d'encarts :

Ces encadrés approfondissent une notion abordée dans la définition.

Ces encadrés insistent sur les confusions et les erreurs de terminologie, très nombreuses dans ce domaine, à éviter.

La Botanique de A à Z est un ouvrage qui peut être consulté régulièrement pour se remémorer des termes rencontrés en cours et pour faciliter la période des révisions.

Cet ouvrage a grandement bénéficié de remarques et de conseils avisés de nombreux lecteurs du manuscrit original. Qu'ils en soient vivement remerciés.

Les auteurs seront très heureux de recevoir les commentaires et suggestions qu'aurait fait naître la consultation de ce dictionnaire chez les lecteurs.

Les auteurs

Abderrazak MAROUF
abderrazakmarouf@hotmail.com

Joël REYNAUD
reynaud@sante.univ-lyon1.fr

TABLE DES MATIÈRES

A

A B C D E F G H I J K L M N O P Q R S T U V W X Y Z

abaxial (adj.) *(abaxial)*

Qui se rapporte à la surface inférieure ou dorsale d'une feuille ou d'un autre organe.

> Ne pas confondre avec adaxial.

abiotique (adj.) *(abiotic(al))*

Se dit d'un milieu où les organismes vivants ne peuvent exister.
Ant. : biotique.

abondance-dominance (l.f.) *(abundance-dominance)*

Indices numériques utilisés en phytosociologie pour estimer globalement la densité (nombre d'individus, ou *abondance*) et le taux de recouvrement (projection verticale des parties aériennes des végétaux, ou *dominance*) des espèces dans une aire-échantillon, au sein d'une association végétale donnée.

abscission (n.f.) *(abscission)*

Chute des feuilles, fleurs ou fruits (dits abscissiles), accompagnée de la différenciation d'une zone de cellules subérifiées à la base du pétiole d'une feuille ou du pédoncule d'une fleur ou d'un fruit.
Il s'agit d'un processus physiologique naturel régulé par des facteurs externes (photopériode, température) et des facteurs internes (substances de croissance). L'abscission résulte d'une modification de l'équilibre entre l'éthylène et l'auxine. Une feuille sénescente produit de moins en moins d'auxine et les cellules de la zone d'abscission deviennent plus sensibles à l'éthylène. La chute des feuilles à l'automne est une adaptation qui prévient la dessiccation des arbres feuillus pendant l'hiver, saison où les racines ne peuvent absorber l'eau dans le sol gelé.

absorption (n.f.) *(absorption)*

1. Passage d'un fluide ou d'un soluté du milieu extérieur dans une cellule à travers une membrane, une paroi, etc.
2. Ingestion d'un aliment par un être vivant.
3. Absorption de la lumière ; celle-ci n'est ni réfléchie, ni transmise.
Chez les plantes, l'eau et les minéraux traversent le rhizoderme, franchissent l'écorce, entrent dans le cylindre central et empruntent finalement les vaisseaux du xylème pour se rendre vers les différentes parties.

> La plus grande partie de l'absorption de l'eau et des minéraux s'effectue près de l'extrémité des racines, à l'endroit où le rhizoderme est perméable à l'eau et où se situent les poils absorbants. Les parties plus vieilles des racines, localisées au-dessus des extrémités, sont très peu perméables et jouent un rôle

mineur dans l'absorption. Les poils absorbants, qui sont en fait des prolongements de cellules rhizodermiques, constituent la plus grande partie de la surface des racines.

Ant. : exsorption.

acaule, acaulescent (adj.) *(acaulescent, acauline, acaulous, stemless)*

Qualifie une plante ne présentant aucune tige apparente, au moins au stade végétatif. Les feuilles sont groupées à la base de la plante (feuilles radicales), dite en rosette. Le support de la fleur est appelé scape. Ex. : Arabette (*Arabidopsis thaliana*), Pâquerette (*Bellis perennis*), Pissenlit (*Taraxacum officinale*), Primevères (*Primula* sp.).
Ant. : caulescent.

acclimatation (n.f.) *(acclimatization, acclimation)*

Processus d'adaptation d'un organisme vivant aux changements naturels de l'environnement ou aux changements à long terme imposés par l'Homme (tels que causés par le rejet continu de résidus industriels ou d'eaux usées).
Les plantes possèdent une plasticité qui est définie comme la possibilité, pour un génotype, de modifier l'expression de ses caractères pour mieux tolérer les fluctuations de l'environnement. Cette plasticité est variable selon les génotypes.

accommodation (n.f.) *(accomodation)*

Modification de l'aspect d'un végétal en fonction des conditions particulières de son habitat, ayant souvent une valeur adaptative non héréditaire. Des individus d'un même génotype peuvent s'exprimer sous des phénotypes différents en fonction de conditions écologiques variées. Ces modifications sont réversibles : semées dans des conditions identiques, des graines issues d'individus de la même espèce mais ayant vécu dans des habitats écologiquement différents, responsables de variations morphologiques et structurales, produiront des individus présentant des caractères phénotypiques identiques.

> ⚠ Ne pas confondre avec adaptation.

accrescent (adj.) *(accrescent)*

Qualifie les parties de la fleur, autres que l'ovaire (pétales, sépales, styles) qui continuent à grandir après la fécondation. Ex. : calice du Physalis commun (*Physalis alkekengi*, Solanacées), périanthe de l'Oseille (*Rumex vesicarius*, Polygonacées).

> ⚠ Ne pas confondre avec marcescent.

aciculaire, aciculé (adj.) *(acicular, aciculate, acerose, needle-shaped, needle-like)*

Se dit d'un organe grêle, allongé et rigide, en forme d'aiguille. Ex. : feuilles des Pins (*Pinus* sp.).

acide abscissique (ABA) (l.m.) *(abscissic acid)*

Substance de croissance terpénique (sesquiterpènes), présente dans les bourgeons, les feuilles, les graines, les tubercules et les fruits de nombreuses plantes.
Le nom de cette substance provient du premier effet observé qu'on lui a attribué : en très faible quantité, elle provoque la chute des feuilles et des fruits (abscission). L'acide abscis-

agrégé (adj.) *(aggregate)*

1. Se dit d'éléments d'une même unité (fleurs d'une inflorescence, fruits issus des carpelles d'une même fleur, etc.) en groupes ou bouquets serrés, denses. Ex. : fleurs d'un chaton mâle du Noisetier.

2. Un agrégat est un groupe d'espèces ou de sous-espèces (dites agrégées) très proches, souvent difficiles à distinguer les unes des autres. Ex. : *Silene* (Caryophyllacées) contient plus de 150 espèces.

agriculture (n.f.) *(agriculture)*

Ensemble des travaux transformant le milieu naturel en milieu cultural pour la production des végétaux et des animaux utiles à l'Homme (dictionnaire Robert).

La production alimentaire repose à 90 % sur seulement une vingtaine d'espèces de plantes cultivées sur les 75 000 espèces dans le monde, considérées être comestibles.

Agrobacterium *(agrobacterium)*

Genre de bactéries phytopathogènes du sol, à Gram-négatifs, aérobies, hétérotrophes, mobiles par flagelles. Certaines, du type *rhizogenes* ou *tumefaciens* par exemple, possèdent la particularité d'infester un large spectre de plantes Dicotylédones herbacées et ligneuses ainsi que quelques rares Monocotylédones (Maïs, Riz).

> L'infection des plantes par *Agrobacterium* se traduit par des réactions tumorales ou des déformations (cas d'*A. tumefaciens*) ou par le développement anarchique du système racinaire (cas d'*A. rhizogenes*), résultant de l'expression de gènes bactériens qui sont, lors du processus d'infection, copiés, transférés et intégrés de façon stable dans le génome nucléaire de la plante.
>
> Cette propriété est exploitée en génie génétique pour insérer un petit segment de l'ADN de souches d'*Agrobacterium* rendues non tumorisantes dans les chromosomes des cellules végétales.

agrumes (n.m.pl.) *(citrus fruits)*

Ensemble des végétaux cultivés de la famille des Rutacées, appartenant à 3 genres botaniques (*Citrus*, *Poncirus* et *Fortunella*).

Ce sont des arbustes ou arbres fruitiers épineux, de petite taille (4 à 9 m), à port arrondi, à feuilles persistantes. Différentes espèces sont cultivées pour leurs fruits : Citronnier, Cédratier, Clémentinier, Mandarinier, Oranger, Pamplemoussier, etc.

Les fruits, présentant des tailles et des poids variables, sont oblongs ou sphériques. L'épicarpe, jaune, orange ou vert, contient des poches (schizolysigènes) sécrétrices d'huiles essentielles. L'endocarpe est divisé en quartiers (de 9 à 16), composés de poils vésiculeux.

On les rencontre dans les pays méditerranéens, en Floride et en Afrique du Sud. Ils constituent la première production fruitière mondiale.

Syn. : hespérides.

aigrette (n.f.) *(aigrette, pappus)*

Ensemble de poils soyeux qui couronnent certains fruits et graines comme ceux des akènes de diverses Astéracées, facilitant leur dissémination. Ex. : fruits du Chardon (*Carduus*), du Pissenlit (*Taraxacum officinale*), etc.

Syn. : pappus.

Capitule fructifié et akène isolé de *Scorzonera laciniata* (Astéracées). Les akènes sont pourvus d'une aigrette de poils facilitant la dispersion par le vent

aiguille (n.f.) *(needle)*

Feuille allongée, étroite et pointue (dite aciculée) rencontrée chez de nombreuses espèces de Conifères. Ex. : aiguilles de Pin (*Pinus*).

aiguillon (n.m.) *(sting, prickle)*

Excroissance dure et acérée, d'origine épidermique, non vascularisée et pouvant se détacher sans que l'écorce de la tige ou du rameau qui la porte soit endommagée. Ex. : aiguillons des Ronces (*Rubus*), Rosiers (*Rosa*).

> Ne pas confondre avec épine.

aile (n.f.) *(ala (pl. ~ae), iving, wing)*

1. Expansion membraneuse, mince, plus ou moins large, bordant certains organes : tiges, fruits, facilitant leur dissémination. Ex. : samare de Frêne (*Fraxinus*), de l'Érable (*Acer*), silicule du *Lepidium arvense*, sépales du *Polygala*, tiges du Genêt (*Genista sagittalis*).
2. Nom des pétales latéraux dans la fleur des Papilionacées (Fabacées).

ajustement osmotique (l.m.) Voir osmorégulation. *(osmotic adjustment)*

akène (n.m.) *(achene)*

Petit fruit sec à maturité, indéhiscent, issu d'un carpelle unique et libre, ne contenant qu'une seule graine. Les parois sont plus ou moins lignifiées. Ex. : fruit de la Laitue (*Lactuca*), Tournesol (*Helianthus*), Pissenlit (*Taraxacum*), Chardon (*Carduus*), Renoncule (*Ranunculus*).
Les akènes peuvent être ailés (samares du Frêne, de l'Orme), posséder une aigrette (Astéracées) ou des aiguillons (Aigremoine).
Syn. : achaine, achène.

albumen (n.m.) *(albumen, endosperm)*

Tissu de réserve de la graine entourant l'embryon chez les Angiospermes et servant à nourrir l'embryon au début de son développement. Ce tissu provient de la fusion d'un des 2 gamètes

mâles avec les 2 noyaux centraux individualisés ou déjà unis du sac embryonnaire. Ce zygote accessoire a un niveau de ploïdie variable suivant les espèces. Il se divise ensuite pour constituer soit un syncytium (albumen nucléaire), soit directement un tissu (albumen cellulaire). Il persiste dans les graines albuminées (Ex. : Ricin, Maïs) et n'a qu'une existence transitoire dans les graines exalbuminées (Ex. : Haricot, Pois, Soja).
La nature chimique des réserves accumulées est variable suivant le type de graines : amidon (albumen amylacé des Céréales), matières grasses (Noix de coco, Ricin), hémicelluloses (albumen corné des Dattes), protides (Pois, Ricin).

> La traduction anglaise d'albumen est « *endosperm* », à ne pas confondre avec l'endosperme des Gymnospermes.

alcaloïde (n.m.) *(alkaloid)*
Nom générique de substances organiques azotées à propriétés basiques, extraites de nombreux végétaux, et de manière spéciale de certaines familles ou de genres, surtout chez les Dicotylédones (Rutacées, Fabacées, Solanacées, Papavéracées, Rubiacées, Apocynacées). Chez les Monocotylédones, on les trouve principalement chez les Liliacées et les Amaryllidacées. Parmi les Chlamydospermes et les Gymnospermes, on les trouve chez les genres *Ephedra* (Gnétacées) et *Taxus* (Taxacées), respectivement, et, parmi les Cryptogames vasculaires, chez les Prêles (Équisétacées) et certaines Lycopodiacées.
Les alcaloïdes sont doués d'une activité physiologique généralement prononcée à très faibles doses. À plus forte dose, ils sont responsables d'effets toxiques sur l'Homme et les animaux. De ce fait, ils ont un rôle de défense contre les prédateurs. Ils sont amers et apéritifs. Ils sont à la base de nombreuses molécules thérapeutiques.

alcane (n.m.) *(alkane)*
Hydrocarbure acyclique (à chaîne ouverte) saturé (ne possédant pas de double ou de triple liaisons).
Chez les végétaux, les alcanes font souvent partie de la couche protectrice qui recouvre les feuilles et les fruits. Les pelures de Pomme contiennent des cires. Parmi celles-ci, il y a des alcanes normaux en C_{27} et C_{29}. La cire des feuilles de Choux est principalement du $nC_{29}H_{60}$, alors que le principal alcane des feuilles de Tabac est le $nC_{31}H_{64}$.
La principale fonction de ces cires est d'empêcher les pertes d'eau.

alcool déshydrogénase (ADH) (l.f.) *(alcohol dehydrogenase)*
Enzyme (EC : 1.1.1.1) catalysant la production de l'éthanol.
Cette enzyme voit son activité augmenter très nettement sous l'effet d'une anoxie (cas des racines dans des sols gorgés d'eau et mal aérés).
Syn. : alcool : NAD oxydoréductase.

aleurone (grain d'~) (l.m.) *(aleurone)*
Substance de réserve que l'on rencontre, en particulier, dans l'albumen et les cotylédons de certaines graines mûres (Ricin, Pois, etc.).
Les grains d'aleurone se présentent sous la forme de globules de diamètre compris entre 0,1 et 25 µm. Ils proviennent de la transformation, par déshydratation, d'une vacuole cellulaire lors de la maturation des graines. Certains renferment deux types d'inclusions, un cristalloïde de nature protéique, et un ou plusieurs globoïdes, riches en phytine. L'ensemble, entouré d'une substance protéique amorphe, est limité par une fine membrane. Ils contiennent une grande variété d'enzymes hydrolytiques dont les protéases et les phosphatases nécessaires à la mobilisation des protéines accumulées et du phosphate, mais on trouve

également d'autres enzymes telles que l'α-amylase et l'ARNase, ce qui indiquerait que d'autres constituants sont aussi mobilisés dès les premières étapes de la germination, à la suite de la réhydratation des grains d'aleurone.

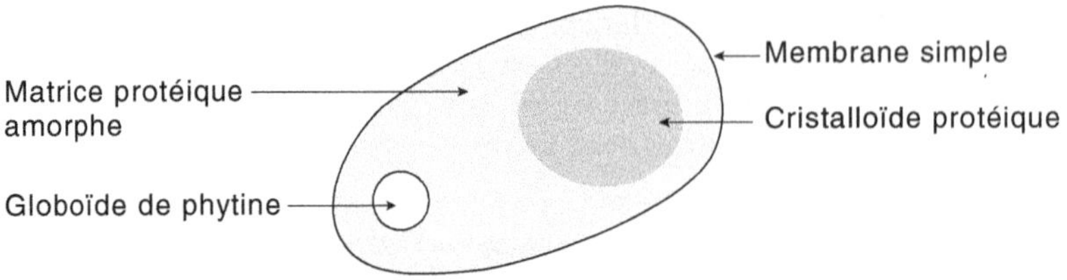

Représentation schématique d'un grain d'aleurone

Syn. : corps protéique.

algologie (n.f.) *(algology)*

Science étudiant les algues, sous leurs divers aspects.

algue (n.f.) *(alga)*

Végétal chlorophyllien pluricellulaire, appartenant à l'ensemble des Thallophytes. Les unicellulaires chlorophylliens classés autrefois (et parfois encore) dans les « algues unicellulaires » sont maintenant classés dans le règne des Protistes.

Les algues peuvent être de petite taille ou gigantesques. Même dans ce dernier cas, leur structure cellulaire est simple et n'est jamais organisée en tissus vascularisés. La plupart des algues vivent dans les mers, le long des côtes, certaines vivent dans les eaux douces ou dans les sols inondés, notamment dans les rizières.

Les Algues comprennent de nombreuses espèces. Leur classification est fondée sur leur couleur qui correspond à l'équipement pigmentaire dominant : chlorophylle avec ou non des pigments accessoires. On distingue ainsi : les algues vertes ou Chlorophycées, chez lesquelles la chlorophylle est prépondérante ; les algues brunes ou Phéophycées, chez lesquelles la fucoxanthine domine et les algues rouges ou Rhodophycées, chez lesquelles c'est la phycoérythrine qui domine. Cet équipement pigmentaire variable suivant les groupes, conditionne la profondeur à laquelle les algues vivent : on parle d'étagement des algues, avec les algues vertes rencontrées de 0 à – 15 m environ, les algues brunes de 0 à 50 m, et les algues rouges pouvant aller jusqu'à une centaine de mètres de profondeur.

alimentation (n.f.) *(1. alimentation, feeding, 2. food)*

1. Action d'alimenter, de s'alimenter.

2. Produits servant à alimenter.

L'alimentation apporte en premier lieu des nutriments, mais aussi une petite quantité de substances variées (d'origine naturelle ou synthétique), dépourvues de valeur nutritionnelle mais qui augmentent l'appétence pour les aliments.

Les modalités de l'alimentation sont très différentes selon les espèces. Les végétaux verts sont photoautotrophes, c'est-à-dire qu'ils élaborent leur matière organique à partir de composés minéraux simples, grâce à leur pouvoir photosynthétique. En revanche, les végétaux non chlorophylliens et tous les animaux sont hétérotrophes, c'est-à-dire qu'ils récupèrent de la matière organique soit à partir de végétaux ou d'animaux, soit de la matière organique en décomposition.

allélopathie (n.f.) *(allelopathy)*

Interaction chimique à distance exercée entre plantes d'espèces différentes par l'intermédiaire de substances, généralement toxiques (antibiotiques, toxines, inhibiteurs de germination ou de croissance) excrétées par leurs racines ou par leurs feuilles dans le milieu environnant (air, eau, sol).

La juglone (composé quinonique), par exemple, produite par les feuilles du Noyer (*Juglans regia*), est entraînée au sol par les eaux de pluie. Sa toxicité empêche la croissance de nombreux végétaux autres que le Noyer et assure ainsi à ce dernier un puissant avantage colonisateur. De même, les poils sécréteurs de l'Absinthe (*Artemisia absinthium*) émettent une substance volatile, l'absinthine (lactone sesquiterpénique), très toxique pour certaines espèces qui voient leur croissance ralentie ou même arrêtée.

Syn. : télétoxie.

allogamie (n.f.) *(allogamy)*

Pollinisation d'une fleur par du pollen d'autres individus de la même espèce, ce qui permet le maintien d'une fréquence élevée d'individus hétérozygotes. La Betterave, le Colza, le Maïs, un grand nombre de Poacées fourragères et la Luzerne sont partiellement ou quasi totalement allogames.

L'allogamie est obligatoire pour les fleurs unisexuées des plantes dioïques. Elle peut être due à un obstacle morphologique (morphologie florale), c'est l'herchogamie (cas de la Sauge, de la Vanille) ou à un asynchronisme de la maturation des étamines et du pistil, c'est la dichogamie (protérandrie et protérogynie). Elle peut également être due à un obstacle biochimique (auto-incompatibilité pollen/stigmate).

> Dans la nature, l'allogamie est réalisée par le vent (anémogamie ou anémophilie) ou par les Insectes (entomogamie ou entomophilie) ou, plus rarement, par l'eau (hydrogamie ou hydrophilie) et exceptionnellement par des Oiseaux (ornithogamie ou ornithophilie) ou des Chauves-souris (chéiroptérogamie ou chéiroptérophilie).
>
> L'allogamie forcée peut être utilisée, chez les espèces autogames ou allogames partielles, pour le transfert de caractères souhaitables d'une plante à une autre. On émascule les boutons floraux en enlevant les étamines avec une paire de pinces. Puis on transfère le pollen choisi sur le stigmate de la fleur receveuse.

Syn. : allopollinisation, pollinisation croisée, fécondation croisée, xénogamie.

Ant. : autogamie.

allogénique (adj.) *(allogenic)*

Adjectif désignant un corps (greffon, par exemple) de la même espèce mais de génotype différent.

allomone (n.f.) *(allomone)*

Substance chimique produite par les végétaux intervenant dans leur protection et leur défense.

Les allomones sont de natures diverses, selon l'espèce botanique (terpènes, aldéhydes, alcools, cétones, alcaloïdes ou glucosides) mais agissant toujours au bénéfice de l'organisme qui les émet. Elles interviennent également au niveau des récepteurs sensoriels des insectes auxquels elles procurent odeur et saveur. Les allomones des végétaux peuvent être stockées dans une glande ou un diverticule de l'intestin de l'insecte, qui les utilisera pour se défendre contre un parasite, comme c'est le cas pour certains terpènes (α- et β-pinènes) chez divers Tenthrèdes.

allopatrique (adj.) *(allopatric)*

Se dit d'espèces croissant dans des régions différentes (mais habituellement adjacentes). Chez les végétaux, cette séparation est due, généralement, aux conditions édaphiques.

allopollen (n.m.) *(allopollen)*

Dans une pollinisation, pollen n'appartenant pas au même individu que la plante utilisée comme femelle.

allopollinisation (n.f.) Synonyme d'allogamie. *(allopollinization)*

allopolyploïdie (n.f.) *(allopolyploidy)*

État d'une espèce, d'une cellule, d'un tissu ou d'un organisme où coexistent plusieurs génomes parentaux d'espèces différentes. Ex. : le Blé dur (*Triticum durum*), espèce allotétraploïde ($2n = 4x$) formée de 2 lots de 2×7 chromosomes hétérologues ; le Blé panifiable (*Triticum sativum*), espèce allohexaploïde ($2n = 6x$) formée de 3 lots de 2×7 chromosomes hétérologues qui dérivent de trois espèces de Poacées.

Ce phénomène survient surtout lors de l'union de gamètes non réduits ou, éventuellement, par anomalie des toutes premières mitoses d'un zygote hybride.

Les hybrides allopolyploïdes sont généralement stériles, parce qu'ils n'ont pas de jeux de chromosomes homologues qui, par suite, ne peuvent pas s'apparier durant la méiose.

alternance de générations (l.f.) *(alternation of generations)*

Succession des phases gamétophytique et sporophytique dans le cycle de développement d'un organisme végétal sexué.

Les végétaux présentent au cours de leur cycle de développement une alternance de générations hétéromorphiques : une phase gamétophytique, et une phase sporophytique. Dans le cas d'une espèce diploïde ($2n = 2x$), la phase gamétophytique correspond à l'état haploïde (haplophase) et la phase sporophytique correspond à l'état diploïde (diplophase). Dans le cas d'espèces polyploïdes (fréquentes dans certaines familles d'Angiospermes telles que les Iridacées, Malvacées, Poacées, Rosacées), le sporophyte aura un nombre chromosomique toujours double de celui du gamétophyte.

Les transitions entre les différentes phases se font grâce aux processus de la fécondation et de la méiose. Chez les plantes vasculaires, la phase sporophytique est la plus développée, la phase gamétophytique étant réduite, voire extrêmement réduite (Angiospermes).

alternatif (adj.) *(alternative)*

Se dit en particulier de variétés de Céréales, indifférentes au photo- et/ou au thermo-périodisme et qui peuvent donc être indifféremment semées avant ou après l'hiver.

alterne (adj.) *(alternate)*

Qualifie les organes homologues (feuilles, bractées, rameaux) qui se trouvent placés de part et d'autre de la tige ou d'une ramification sans être en face les uns des autres.

Deux types de feuilles alternes peuvent être observés :

- Feuilles alternes réparties sur une ou plusieurs rangées parallèles et verticales ou orthostiques.
- Feuilles alternes réparties sur une ou plusieurs spires ou spirostiques.

alvéolé (adj.) *(alveolar, alveolate)*

Marqué de petites fossettes anguleuses, nommées alvéoles. Ex. : réceptacle de plusieurs Astéracées, tégument de la graine du Coquelicot, du Pavot (Papavéracées).

amande (n.f.) *(almond)*

1. Graine contenue dans le noyau d'une drupe, parfois comestible, qui contient une importante réserve alimentaire permettant à l'embryon de se développer. Ex. : graine des drupes du Pêcher (*Prunus persica*).

2. Fruit de l'Amandier (*Prunus amygdalus*).

amélioration génétique (l.f.) *(genetic improvement)*

Ensemble des méthodes et des techniques visant la transformation du patrimoine héréditaire des variétés existantes pour mieux les adapter aux objectifs agricoles ou à des conditions écologiques particulières en leur conférant des caractères intéressants ou en leur supprimant des caractères négatifs.

amentacé, amentifère (adj.) *(amentaceous, amentiferous)*

Qualifie un végétal ayant des inflorescences en chatons (ou amentums). Ex. : Bouleau (*Betula*), Châtaignier (*Castanea*), Noisetier (*Corylus*), Peuplier (*Populus*), Saule (*Salix*), appartiennent aux Amentales.

amidon (n.m.) *(starch)*

Principale forme de réserve glucidique nutritive chez les végétaux, l'amidon est présent dans toutes les plantes et dans toutes leurs parties, mais on le trouve préférentiellement dans les organes de réserve (graines, rhizomes, racines tubérisées) servant alors au développement ultérieur de la plante ou fournissant un aliment à la jeune plantule lors de la germination.

> L'amidon est particulièrement abondant dans les grains de Céréales (Blé, Riz, Sorgho, Maïs, Avoine, Seigle, etc.), les tubercules de Pommes de terre, de Manioc et les graines de Légumineuses (Haricot, Fève, Pois, etc.). Sa teneur atteint fréquemment 70 % par rapport à la matière sèche dans les graines et les tubercules. Ces plantes sont dites amylacées.
>
> L'amidon de ces diverses plantes se présente sous forme de granules constitués de couches déposées concentriquement autour d'un point appelé le hile. L'amidon est synthétisé et mis en réserve dans le chloroplaste des tissus photosynthétiques lors de la photosynthèse. On le trouve aussi stocké dans des plastes spécialisés appelés amyloplastes situés dans les cellules d'organes non photosynthétiques et qui donnent, lorsque la plante est séchée puis pulvérisée, les grains d'amidon. Au cours de la journée, le carbone photo-assimilé est partiellement exporté sous forme de saccharose pour satisfaire la demande métabolique de la plante, l'excédent étant immobilisé sous forme d'amidon dans les tissus photosynthétiques, celui-ci sera consommé ultérieurement pour soutenir la croissance de la plante.

amixie (n.f.) *(amixia)*

Situation d'impossibilité d'hybridation entre deux espèces végétales, même voisines.

amphibolique (voie ~) (adj.) *(amphibolic (~ pathway))*

Se dit d'une voie métabolique utilisée à la fois pour le catabolisme et l'anabolisme. Ex. : chez les végétaux, certaines réactions de la glycolyse peuvent se faire en sens inverse (remontée de la glycolyse) pour la synthèse de glucides à partir des réserves lipidiques.

amphitrope (adj.) *(amphitropous)*

Se dit d'un ovule fixé en son milieu et dont l'orientation de ses extrémités hile-micropyle est à peu près horizontale comme un U renversé (pas entièrement comme chez un ovule anatrope). Le micropyle est relativement proche du funicule. De ce fait, le sac embryonnaire présente également une courbure marquée. Ex. : *Arabidopsis.*

Syn. : hémitrope.

amplexicaule (adj.) *(amplexicaul, amplectant)*

Qualifie un organe (feuille, bractée ou pétiole) dont la base, élargie, entoure plus ou moins complètement la tige ou le rameau. Ex. : feuilles du Laiteron (*Sonchus oleraceus*), du Pavot somnifère (*Papaver somniferum*).

Syn. : engainant, embrassant.

amplitude physiologique (l.f.) *(physiological amplitude)*

Intervalle compris entre deux valeurs limites, maximale et minimale, d'un facteur du milieu (Ex. : température, salinité, etc.) en dehors desquelles la vie d'un organisme n'est pas possible.

amylacé (adj.) *(amylaceous)*

Se dit d'un organe ou d'une plante riche en amidon. Ex. : caryopses de Blé, de Maïs, tubercules de Pomme de terre, de Patate douce, de Manioc.

amylase (n.f.) *(amylase)*

Enzyme amylolytique intervenant dans l'hydrolyse de l'amidon en maltose.

Les principales amylases d'origine végétale sont de trois types :

- L'α-amylase (EC : 3.2.1.1) est synthétisée dans le scutellum et la couche d'aleurone, tissu entourant l'albumen, et secrétée dans ce dernier pour digérer l'amidon. Il existe plusieurs isoenzymes différant par leur point isoélectrique.

  L'α-amylase hydrolyse des liaisons $\alpha(1 \rightarrow 4)$ à l'intérieur des chaînes d'amylose et d'amylopectine. On l'appelle encore endo-amylase. Le produit principal formé est un oligoholoside de 6 à 7 résidus, accompagné de maltose.
- La β-amylase (EC : 3.2.1.2) hydrolyse les liaisons des chaînes de l'amidon à partir de leur extrémité non réductrice en libérant du β-maltose (d'où l'appellation de β-amylase). Les β-amylases commercialisées sont extraites principalement d'Orge sélectionné et de Patate douce.

  Les activités α et β-amylasiques ne sont pas indépendantes entre elles ; l'action de l'α-amylase favorise celle de la β-amylase puisqu'elle crée à partir de l'amidon de nouvelles extrémités non réductrices qui sont reconnues comme substrat par la β-amylase.
- Il existe aussi une amylase spécifique des liaisons $\alpha(1 \rightarrow 6)$ assurant les ramifications des chaînes d'amylopectine. On l'appelle enzyme déramifiante.

amyloplaste (n.m.) Voir plaste, amidon. *(amyloplast)*

anabiose (n.f.) *(anabiosis)*

Vie latente d'un organisme, imposée le plus souvent par l'absence d'eau (anhydrobiose), mais qui peut aussi avoir d'autres causes.

anabolisme (n.m.) *(anabolism)*

Ensemble des réactions métaboliques aboutissant à la synthèse des constituants nécessaires à la croissance, au développement et au maintien des structures d'un organisme. Ex. : photosynthèse, fixation d'azote moléculaire…

Toutes ces réactions consomment de l'énergie. Cette énergie est fournie principalement par la lumière ou par l'ATP, produite durant le catabolisme.

anaérobie (adj.) *(anaerobe, anaerobic)*

1. Se dit d'un phénomène ou d'un micro-organisme se développant dans un milieu exempt d'air ou d'oxygène libre.

Par extension, anaérobie se dit d'une fermentation qui se produit à l'abri de l'air, comme la fermentation alcoolique qui transforme les sucres en alcool éthylique et dioxyde de carbone.

2. S'applique aussi à un milieu privé d'oxygène.

Ant : aérobie.

analogue (adj.) *(analogous)*

Se dit d'organes de même forme ou assurant la même fonction mais de natures ontogénétiques différentes. Par exemple, les épines peuvent être de nature caulinaire, foliaire ou stipulaire. Deux plantes ne sont, donc, pas forcément parentes parce qu'elles ont des épines. Ce caractère adaptatif constitue souvent un moyen de protection contre les herbivores.

> ⚠ Ne pas confondre avec homologue.

anastomose (n.f.) *(anastomosis)*

Formation par fusion d'un réseau d'interconnexions. Ex. : nervures d'une feuille de Dicotylédones ou des bractées du Tilleul (*Tilia*).

anatrope (adj.) *(anatropous)*

Se dit d'un ovule renversé, très répandu chez les Angiospermes. Le nucelle et le(s) tégument(s) sont rabattus contre son funicule. Le hile et le micropyle sont rapprochés. La partie du funicule soudée avec le corps ovulaire porte le nom de raphé. Ex. : Apiacées, Poacées, Pâquerette (*Bellis perennis,* Astéracées).

ancipité (adj.) *(ancipital)*

Se dit d'un organe comprimé et à bords plus ou moins tranchants. Ex. : tiges du Pâturin (*Poa compressa*).

androcée (n.m.) *(androecium)*

Ensemble des étamines, constituant la partie mâle d'une fleur d'Angiospermes.

androdioécie (n.f.) *(androdioecy)*

Cas de polygamie dans lequel coexistent 2 types d'individus, les uns à fleurs hermaphrodites, les autres à fleurs mâles. Une telle espèce est dite androdioïque. Ex. : *Solanum.*

androgenèse (n.f.) Voir haploïdisation. *(androgenesis)*

androgyne (adj.) *(androgynous)*
Se dit d'une plante ayant à la fois des fleurs mâles et des fleurs femelles dans les mêmes inflorescences. Ex. : *Carex androgyna* (Cypéracées).

androgynophore (n.m.) *(androgynophore)*
Pédoncule d'Angiospermes qui supporte à la fois les étamines et les carpelles, au-dessus du niveau d'insertion du périanthe. Ex. : fleur des Passiflores (Passifloracées).

► Chez la fleur de Passiflore, les étamines et les carpelles sont portés par une colonne centrale, appelée androgynophore ◄

andromonoécie (n.f.) *(andromonoecy)*
Cas de polygamie dans lequel l'espèce (dite andromonoïque) est représentée par un seul type d'individus portant, à la fois, des fleurs hermaphrodites et des fleurs mâles. Ex. : Frêne (*Fraxinus*), Marronnier (*Aesculus hippocastanum*).

androphore (n.m.) *(androphore)*
Chez les Angiospermes, axe situé dans le prolongement du pédoncule floral et supportant l'androcée.

anémochorie (n.f.) *(anemochory)*
Condition des plantes dont les semences sont disséminées par le vent.
Par extension, ce terme désigne aussi l'adaptation à ce mode de dissémination.

> ⚠ Ne pas confondre avec anémophilie.

anémogamie, anémophilie (n.f.) *(anemogamy, anemophily)*
Condition des plantes (dites anémogames ou anémophiles) dont le pollen est disséminé par le vent.
Les plantes anémophiles ont souvent des fleurs mâles plus nombreuses que les fleurs femelles, des sépales et des pétales peu développés ou absents, pas de parfum ou de nectar. Elles ont des anthères suspendues à de longs filaments afin de permettre au pollen de se disperser librement et produisent de grandes quantités de grains de pollen. Leurs stigmates sont bien apparents. De nombreux Conifères, le Bouleau, le Châtaignier, le Chêne, le Noisetier, les Poacées sont pollinisés par le vent.

Ne pas confondre avec anémochorie.

Syn. : anémogamie.

aneuploïdie (n.f.) *(aneuploidy)*

Changement numérique dans une partie du génome d'une cellule ou d'un organisme ; le nombre de chromosomes homologues n'est pas un multiple exact du nombre chromosomique de base (x) Il peut être hyperploïde s'il est supérieur (Ex. : trisomique $2n = 2x + 1$), hypoploïde s'il est inférieur (Ex. : monosomique $2n = 2x - 1$).

L'aneuploïdie peut se traduire par des anomalies de croissance, voire même la mort de la descendance. De tels mutants, avec des chromosomes supplémentaires, sont rencontrés dans la plupart des espèces cultivées. Par contre, la perte d'un chromosome a un effet plus sévère, voire même létal. De nombreux mutants ont été observés chez le Maïs ; ils sont tous stériles. L'autofécondation de mutants déficients d'un chromosome conduit à des individus caractérisés par un manque d'une paire de chromosomes ; ils sont alors appelés nullisomiques.

Ant. : euploïdie.

Angiospermes (n.f.pl.) *(angiosperms)*

L'un des deux sous-embranchements (3 si l'on considère les Chlamydospermes) des Spermaphytes les plus évolués, apparus il y a plus de 100 millions d'années. Sur les 350 000 espèces végétales répertoriées, 250 000 seraient des Angiospermes. Ce taxon rassemble toutes les plantes dont les ovules sont inclus dans un ovaire clos (angiospermie), par opposition aux Gymnospermes dont les ovules sont nus (gymnospermie). Après fécondation, l'ovaire des Angiospermes se transforme en fruit renfermant des graines (provenant des ovules), ce qui justifie l'étymologie du terme Spermaphytes.

Ces végétaux présentent un cormus typique, formé d'organes (tiges, feuilles, racines et fleurs) bien différenciés morphologiquement et physiologiquement. Ce cormus montre une très grande diversité morphologique tant au niveau de chaque organe (feuille, fleur, fruit, ramification, etc.) qu'au niveau de l'organisme entier (herbes, arbustes, arbrisseaux, arbres, buissons, lianes...) et une grande diversité biologique. Il peut être, en effet, vivace, pérennant ou annuel, aquatique ou aérien, généralement autotrophe mais parfois parasite ou hémiparasite.

Les Angiospermes possèdent des fleurs (isolées ou regroupées en inflorescences) colorées ou non, constituées d'éléments stériles (sépales et pétales) et d'éléments fertiles (étamines et carpelles). Ces fleurs prennent souvent des formes et des couleurs très attrayantes pour certains animaux qui jouent le rôle d'agents pollinisateurs, ce qui accroît les chances de fécondation. La pollinisation est le plus souvent assurée par le vent (anémophilie) ou par les Insectes (entomophilie). On trouve chez les Angiospermes des espèces dioïques (fleurs mâles et fleurs femelles sur des pieds différents), des espèces monoïques (fleurs mâles et fleurs femelles sur le même pied) et des espèces hermaphrodites (organes mâles et organes femelles sur la même fleur). C'est à l'intérieur de certaines pièces florales que les gamétophytes se développent. La génération gamétophytique est extrêmement réduite, ce qui se traduit morphologiquement par la taille incomparablement plus grande des sporophytes par rapport aux gamétophytes (sac embryonnaire pour la partie femelle, grain de pollen pour la partie mâle). Les grains de pollen sont formés dans les anthères (microsporanges) après méiose des cellules mères du pollen. Au sein de l'ovule, se développe le sac embryonnaire contenant le gamète femelle ou oosphère.

Les tissus conducteurs de sève sont le xylème ou bois (constitué par des vaisseaux) pour le transport de la sève brute (eau et sels minéraux) et le phloème ou liber (comprenant des tubes criblés) pour le transport de la sève élaborée.

Les espèces herbacées, très répandues chez les Angiospermes, développent rapidement un appareil végétatif modeste et achèvent leur cycle de vie pendant la période favorable et passent, ainsi, la mauvaise saison sous forme de graines, organes de résistance et de conservation. Ces caractéristiques ont fait des Angiospermes des plantes adaptées à pratiquement tous les biotopes de la Terre (sauf les régions polaires). On trouve, en effet, des Angiospermes dans les milieux les plus divers : dans les déserts (Cactacées), les hautes montagnes (Graminées), dans les eaux douces (Sagittaires), ou dans la mer (Posidonies), en épiphytes (Orchidacées) ou parasites (Cuscute).

Les Angiospermes marines ne regroupent qu'une cinquantaine d'espèces, réparties entre une douzaine de genres appartenant eux-mêmes à deux familles (Hydrocharitacées et Potamogétonacées).

Traditionnellement, les Angiospermes sont divisées en deux grandes classes, selon le nombre de cotylédons portés par l'embryon : les Monocotylédones (Poacées, Orchidacées...) et les Dicotylédones (Lamiacées, Légumineuses...). La phylogénétique moléculaire et l'étude du nombre de pores ou apertures sur le grain de pollen, remettent en cause cette division et proposent une nouvelle subdivision : les monoaperturés (ayant un pore) et des triaperturés (ayant 3 pores ou davantage). Le premier groupe comprend d'anciennes Dicotylédones avec des Monocotylédones, tandis que le second est constitué des Dicotylédones, dites vrais Dicotylédones ou Eudicotylédones.

Les Angiospermes constituent l'élément végétal dominant dans les prairies, les forêts de feuillus, les forêts tropicales, les étendues couvertes d'arbustes, les déserts et les toundras. Elles représentent la quasi-totalité des végétaux cultivés par l'Homme, pour leurs graines et leurs fruits.

angiosporangie (n.f.) *(angiosporangy)*

Cas des plantes à ovules (Spermaphytes) où le mégasporange (nucelle) est presque totalement enveloppé par un ou deux téguments.

angiosporie (n.f.) *(angiospory)*

Cas des plantes à ovules (Spermaphytes) dont les mégaspores ne quittent jamais le mégasporange (nucelle). Conséquence : le gamétophyte femelle (sac embryonnaire ou endosperme), dérivé d'une ou de plusieurs mégaspores, reste enfermé dans le nucelle aux dépens duquel il vit en parasite (endoprothallie).

angustifolié (adj.) *(angustifoliate)*

Se dit d'une plante à feuilles très étroites. Ex. : *Lupinus angustifolius* (Fabacées), *Linum angustifolium* (Linacées).

Ant. : latifolié.

angustiseptė (adj.) *(angustiseptate)*
Se dit d'un fruit (silique ou silicule) aplati perpendiculairement à l'aplatissement à la fausse cloison qui est donc, dans ce cas, étroite. Ex. : silicule de la Bourse à pasteur (Brassicacées).
Ant. : latiseptė.

anisogamie (n.f.) *(anisogamy)*
Différence manifeste entre les deux gamètes mâle et femelle. Elle peut être morphologique (taille, forme), physiologique (motilité, différence de comportement) ou des deux types.
Syn. : hétérogamie.
Ant. : isogamie.

anisophyllie (n.f.) *(anisophylly)*
Terme désignant le fait que des feuilles insérées à peu près au même niveau d'un axe, donc d'âge et de fonction comparables, sont de morphologie ou de taille différentes.
Ant. : isophyllie.

anisostémone (adj.) *(anisostemone)*
Se dit d'une fleur dont le nombre d'étamines est inférieur à celui des pétales. Ex. : fleur d'Orchidées.

anneau de croissance (l.m.) Voir bois. *(growth ring, annuel ring)*

anneau initial (l.m.) *(initial ring)*
Méristème circulaire situé dans l'apex caulinaire, initiateur des feuilles.

annuelle (adj.) *(annual)*
Qualifie une plante dont le cycle de vie (de la graine à la graine) se déroule sur une seule année (généralement 4 à 8 mois).

anoxie (n.f.) *(anoxia)*
Condition d'absence totale d'oxygène à laquelle peut être soumis un organisme. Pour une plante, l'anoxie peut être occasionnelle (Ex. : sol inondé) ou structurelle (due à des structures limitant les échanges gazeux, comme c'est le cas chez de nombreux fruits ou due à des téguments entourant certaines graines).

antagonisme (n.m.) *(antagonism)*
Interaction se traduisant par la diminution d'un facteur ou d'un phénomène sous l'action d'un autre facteur ou phénomène. Ex. : en nutrition minérale, les ions Ca inhibent l'absorption du K, du Mg et du Fe.
Ant. : synergie.

antenne collectrice (l.f.) *(light harvesting antenna, light harvesting complex)*
Composante du photosystème ou unité photosynthétique, constituée de protéines particulières ayant la propriété d'établir des liaisons stables avec les pigments photosynthétiques. Elle est responsable de la capture efficace des photons et transmet l'énergie d'excitation au centre réactionnel.
Chez les plantes supérieures, les antennes, incluses dans la membrane photosynthétique, constituent les complexes collecteurs de lumière (*Light Harvesting Complex*, LHC) dont les principales sont LHC I et LHC II. Ces protéines sont liées à la chlorophylle *a* et à la chlorophylle *b* dans des rapports variables. La LHC II qui constitue

l'antenne majeure du photosystème II (PS II) peut subir un changement d'état en s'associant au photosystème I (PSI), limitant ainsi la pression d'excitation au niveau du centre réactionnel du PSII. Ce mécanisme de régulation intervient, notamment, dans la résistance à la photoinhibition chez des plantes alpines exposées à un rayonnement très intense susceptible d'endommager (de façon réversible ou irréversible) les membranes photosynthétiques.

anthèle (n.f.) *(anthela)*

Type d'inflorescence dont les axes latéraux, étalés, sont plus longs que l'axe principal qui les porte. Ces axes sont donc d'autant plus longs qu'ils sont insérés plus bas. Ex. : Joncs (*Juncus*, Juncacées).

anthère (n.f.) *(anther)*

Partie terminale, élargie d'une étamine et renfermant, ordinairement, les grains de pollen dans deux loges polliniques, chacune provenant de la fusion de deux sacs polliniques (équivalents de microsporanges). Au niveau de ces derniers, et à partir de cellules-mères diploïdes, s'élaborent, par méiose, les microspores haploïdes qui évolueront sur place en grains de pollen (gamétophytes mâles).

anthéridie (n.f.) *(antheridium)*

Organe limité par une assise de cellules stériles producteur de gamètes mâles ou anthérozoïdes ; il correspond au gamétange mâle des Bryophytes (Mousses), et des Ptéridophytes (Fougères). L'organe homologue chez les non-archégoniates (Algues, Champignons) est appelé gamétocyste mâle (ou spermatocyste).

anthérozoïde (n.m.) *(antherozoid)*

Gamète mâle mobile grâce à des cils ou à des flagelles, formé dans les spermatocystes des non-Archégoniates (Algues, Champignons) ou dans les anthéridies des Archégoniates (Bryophytes, Ptéridophytes, Préspermaphytes).

> Les Anglo-Saxons privilégient le terme de *spermatozoïd.*

anthèse (n.f.) *(anthesis)*

Période d'épanouissement de la fleur pendant laquelle ses pièces florales s'ouvrent pour laisser échapper ou recevoir le pollen.

anthocarpe (n.m.) *(anthocarp)*

Faux fruit formé par le gynécée et l'une ou l'autre pièce florale, le périanthe par exemple. Ex. : anthocarpe des Nyctaginacées.

anthocyanes (n.f.) *(anthocyan, anthocyanin)*

Terme regroupant des pigments végétaux : les anthocyanidines ou anthocyanidols (aglycones) et leurs dérivés glycosylés les anthocyanosides ou anthocyanines. Ce sont des composés polyphénoliques ou aromatiques appartenant à la grande classe des Flavonoïdes.

Leur couleur est fonction du nombre d'OH présents, de méthyls, de sucres et du pH de la vacuole : du rose rouge en milieu acide au bleu violacé en milieu légèrement basique (elles se dégradent quand le pH est trop élevé).

Moins de 20 aglycones sont connus (parmi lesquelles la pélargonidine, la malvidine, la cyanidine, le delphinidine…) mais il existe une très grande variété de dérivés.

> Les couleurs des pétales de la plupart des fleurs et des fruits sont dues, en grande partie, à des anthocyanes. Ces dernières sont amphotères ; leurs sels acides sont habituellement rouges, leurs sels métalliques bleus et, en solution neutre, ils sont violets. Ils s'accumulent dans les vacuoles des cellules épidermiques. Les fleurs aux pétales roses ou rouges contiennent des anthocyanines dérivées de la pélargonidine et de la cyanidine, peu hydroxylées ; celles dont les pétales tirent vers le bleu et le violet contiennent des anthocyanines dérivées de la delphinidine, plus riche en radicaux hydroxyles. En plus des anthocyanines, la couleur des fleurs dépend de la présence de copigments tels que les flavones, les flavonols, etc., et de la chélation de métal, particulièrement le fer et l'aluminium.

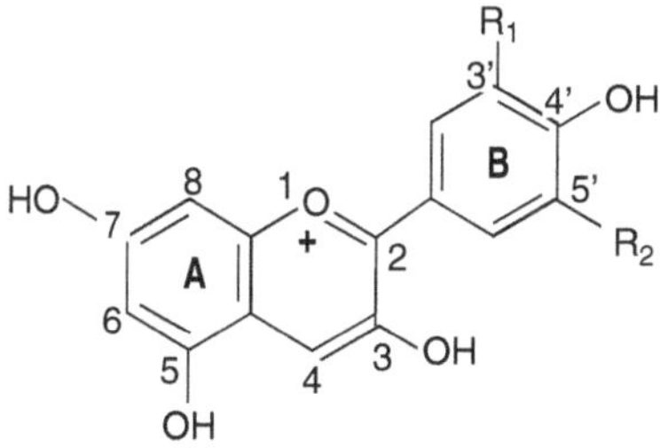

R_1 = H	R_2 = H : pélargonidine	Orangé
R_1 = OH	R_2 = H : cyanidine	Magenta
R_1 = OCH_3	R_2 = H : péonidine	
R_1 = OH	R_2 = OH : delphinidine	Mauve
R_1 = OCH_3	R_2 = OH : pétunidine	
R_1 = CH_3	R_2 = CH_3 : malvidine	

▶ Structure des anthocyanidines ◀

anthophore (n.m.) *(anthophore)*

Allongement du réceptacle entre le calice et la corolle (Ex. : Silénoïdées), ou entre le pédicelle et le périanthe.

anthropochorie (n.f.) *(anthropochory)*

Condition des plantes (dites anthropochores) dont les semences (spores, graines, akènes, etc.) sont disséminées par actions et déplacements de l'Homme, intentionnellement (introduction dans un milieu naturel pour des raisons agricoles ou ornementales) ou le plus souvent involontairement (par les véhicules, les semelles, les transports de marchandises, etc.).

> ⚠ Ne pas confondre avec anthropophilie.

anthropophilie (n.f.) *(anthropophily)*

Condition des plantes (dites anthropophiles) dont les grains de pollen sont disséminés par actions et déplacements de l'Homme. Ex. : espèces cultivées, mauvaises herbes.

anticipé (adj.) *(early)*

1. Se dit d'un bourgeon axillaire qui se développe avant que le bourgeon apical soit formé.
2. Se dit d'un rameau qui se développe avant que le rameau qui le porte soit lignifié.

antipode (n.f.) *(antipodal cell)*

Chacune des cellules antipodiales (habituellement au nombre de trois) d'un sac embryonnaire de l'ovule d'une plante à fleurs, situées à l'extrémité opposée de l'oosphère (et du micropyle). Ces cellules de transfert, ne participant généralement pas à la fécondation, mais participant à la dégradation des réserves du nucelle, finissent par dégénérer.

antitranspirant (n.m. et adj.) *(antitranspirant)*

Substance chimique que l'on répand à la surface des feuilles pour en limiter la transpiration. L'acide abscissique, en modifiant le métabolisme végétal, provoque la fermeture partielle des stomates, diminuant ainsi la photosynthèse par réduction de l'absorption du dioxyde de carbone.

antrorse (adj.) *(antrorse)*

Se dit d'une étamine dont l'anthère (et notamment sa zone de déhiscence) est dirigée vers le haut.

apérianthé (adj.) *(aperianthed)*

Qualifie une fleur dépourvue de périanthe. En font partie les plantes à chatons : Bétulacées (*Betula*, *Corylus*), Casuarinacées (*Casuarina glauca*), Salicacées (*Salix*, *Populus*), Pipéracées (*Piper*).
Syn. : achlamydé.

aperture (n.f.) *(aperture)*

Zone de moindre résistance à la surface de la paroi du grain de pollen, permettant la sortie du tube pollinique. Elle peut être circulaire ou allongée en sillon. Fondamentalement il y a une seule (majorité des Monocotylédones) ou trois apertures (Dicotylédones vraies ou Eudicotylédones). Les grains de pollen de certaines espèces (Ex. : Musacées, Aristolochiacées) en sont dépourvues (inaperturés).
Syn. : pore germinatif.

apétale (adj.) *(apetalous)*

Se dit d'une fleur (ou du végétal qui la porte) dépourvue de pétales. Le groupe des végétaux Apétales, autrefois considéré comme une unité taxonomique appartient à la classe des Dicotylédones. Ex. : Amaranthe (Amaranthacées), Betterave, Épinard (Chénopodiacées), Ortie (Urticacées).

apex (n.m.) *(apex)*

Partie terminale d'un organe (tige, racine), contenant le méristème apical.

aphylle (adj.) *(aphyllous)*

Se dit d'une plante, d'une tige ou d'un pédoncule définitivement dépourvu de feuilles comme la Cuscute (*Cuscuta*) ou dont les feuilles sont discrètes et soudées à la tige ou réduites à des écailles ou à des épines comme c'est le cas de beaucoup de xérophytes. Chez certaines Liliacées, les tiges peuvent s'aplatir et simuler des « fausses feuilles », appelées cladodes. Ex. : Asparagus des fleuristes, Petit-Houx.

apical (adj.) *(apical)*

Qui se trouve au sommet (apex) ou termine un organe comme le méristème apical d'une tige ou d'une racine.
Ant. : basal.

apicule (n.f.) *(apicule)*

Petite pointe courte, aiguë, peu consistante, placée à l'extrémité d'un organe. Ex : apicule de la gousse de Lentille (*Lens culinaris*).

> ⚠ Ne pas confondre avec mucron.

apocarpie (n.f.) *(apocarpy)*

État d'un gynécée d'une fleur (dite apocarpique) d'Angiospermes dont les carpelles sont libres (non soudés) et sont distincts les uns des autres. Ex. : fleur d'Hellebore (*Helleborus*), de Renoncule (*Ranunculus*), de Rosier (*Rosa*).

Syn. : dialycarpie.

Ant. : syncarpie.

apoflorie (n.f.) *(apoflory)*

Réversion partielle ou totale de l'inflorescence par retour du programme inflorescentiel au programme végétatif avec expression d'une viviparité. Ex. : *Poa bulbosa* L. var. *vivipara* (Paturin bulbeux, Poacées), *Polygonum viviparum* (Polygonacées), *Kalanchoe pinnata* (Crassulacées) qui produisent des bulbilles au lieu des fleurs. Tombée au sol, chacune d'elles donne une nouvelle plante feuillée.

apogamie (n.f.) *(apogamy)*

Forme d'apomixie qui représente le développement d'un embryon sans fécondation préalable à partir d'une cellule du sac embryonnaire autre que l'oosphère, le plus souvent une synergide. Ex. : Orchidées, *Alchemilla*, Rosacées.

apoméiose (n.f.) *(apomeiosis)*

Suppression temporaire ou définitive de la méiose, conduisant à la formation de gamètes non réduits.

apomixie (n.f.) *(apomixis, apomixy)*

Forme de reproduction particulière dans laquelle la formation de nouveaux individus se fait sans fécondation et, donc, en l'absence de recombinaison des facteurs génétiques. Deux grands types de modalités peuvent être distingués :

1. Agamospermie : apomixie avec formation de graines normalement constituées mais dont les embryons ne sont pas issus de l'union de deux gamètes. La constitution génétique de l'embryon est identique à celle de la plante-mère. Dans ces conditions, l'alternance de phases est supprimée. On distingue deux cas :

- Apomixie gamétophytique : le sac embryonnaire peut être issu de la division mitotique d'une cellule du nucelle ou des téguments (aposporie), ou de la cellule-mère des méiospores (cellule archésporiale), mais sans méiose (apoméiose) ou à la suite d'une méiose escamotée, non réductionnelle (diplosporie). Dans ces conditions, les embryons peuvent se former par l'une des deux voies possibles : i) l'oosphère n'intervient pas (apogamie), ce sont alors les autres cellules du sac embryonnaire, en particulier les synergides (exceptionnellement les antipodes) qui, en se multipliant, engendrent des embryons (polyembryonie) à $2n$; ii) l'oosphère se développe parthénogénétiquement en embryon. Ce cas est plus répandu, en particulier dans la famille des Astéracées. Bien que l'alternance de générations soit conservée, puisqu'il existe bien un sac embryonnaire, il n'en est pas de même de l'alternance de phases qui sont toutes diploïdes. Un cas particulier est celui du genre *Alchemilla* (Rosacées), où on trouve souvent dans la graine deux embryons, dont l'un dérive de l'oosphère et l'autre d'une synergide ou d'une antipode.
- Formation d'embryons adventifs par le développement parthénogénétique d'un embryon à partir d'une cellule somatique diploïde (cellule du nucelle) (Citronnier, Oranger) ou, plus rarement, du tégument interne de l'ovule (aposporie). L'alternance de générations tout comme l'alternance de phases sont supprimées puisque le sac embryonnaire n'existe pas et que les embryons sont diploïdes.

2. Multiplication végétative : apomixie sans formation de graines (boutures, marcottes, bulbilles, propagules…). C'est le cas, par exemple, de *Poa bulbosa* var. *vivipara* (Poacées), de *Polygonum viviparum* (Polygonacées) ou de *Kalanchoe* (Crassulacées) qui produisent des bulbilles au lieu des fleurs (apoflorie). Tombées au sol, chacune d'elles engendre un nouvel individu feuillé.

L'apomixie est pseudogame : la pollinisation est nécessaire pour le développement parthénogénétique de l'embryon.

apoplasme (n.m.) *(apoplasm)*

Ensemble des parois et des espaces intercellulaires (lacunes, méats) constituant un réseau continu à travers lequel l'eau et les sels minéraux peuvent circuler sans traverser les membranes plasmiques. Étant en communication directe avec le milieu ambiant, l'apoplasme est ouvert à la libre diffusion de solutés (ions et molécules). C'est la principale voie d'accès de ces substances dans la vacuole.

Les ions peuvent y pénétrer et en ressortir réversiblement sous l'effet des seules forces physiques (diffusion et échanges d'ions adsorbés), d'où le nom d'espace libre qu'on lui donnait autrefois. Le transport apoplastique de l'eau et des sels minéraux est, toutefois, interrompu dans les parois de l'endoderme par le cadre de Caspary. Ce dernier empêche également le reflux de l'eau et des minéraux de la stèle vers l'écorce.

aposporie (n.f.) *(apospory)*

Forme d'apomixie qui représente la formation d'un sac embryonnaire diploïde par mitoses à partir d'une cellule somatique provenant le plus souvent du nucelle ou du tégument interne de l'ovule. Ex. : différentes espèces d'Épervière (*Hieracium* sp., Astéracées) ou de Mil (*Pennisetum* sp., Poacées).

appareil reproducteur (l.m.) *(reproductive system)*

Chez les Angiospermes, il est constitué par une ou plusieurs fleurs dont la fonction est de produire des graines qui assureront la dissémination de l'espèce, l'appareil reproducteur apparaît dans le dernier temps de la vie des Angiospermes.

appareil vasculaire (l.m.) *(vascular system)*

Partie de l'appareil conducteur formée essentiellement de fibres ligneuses, de parenchyme ligneux, et surtout de trachéides et vaisseaux dans lesquels circule la sève brute (sève ascendante).

appareil végétatif (l.m.) *(vegetative system, vegetative apparatus)*

Partie d'un végétal, rassemblant tous les éléments non reproducteurs.

1. Chez les Cormophytes, il est composé d'une tige feuillée ou cormus (Mousses) auquel s'ajoute, le plus souvent, une racine (Ptéridophytes et Spermaphytes) ;

2. Chez les Thallophytes (Algues, Champignons et certaines Bryophytes), il est constitué d'un thalle.

appendice (n.m.) *(appendage)*

1. Partie secondaire, de forme variable, attachée à une partie principale.

2. Chez les Orchidées, petite pièce insérée entre les lobules du labelle.

apposition (n.f.) *(apposition)*

Dépôt de couches successives de cellulose sur la face interne de la paroi cellulaire, conduisant à l'épaississement de celle-ci.

apprimé (adj.) *(apressed, adpressed)*

Se dit de poils plaqués contre un organe, mais sans y adhérer. Ex. : poils de la Renoncule bulbeuse (*Ranunculus bulbosus*).
Syn. : appliqué.

aquiculture (n.f.) *(aquiculture, hydroponics, soilless gardening or cultivation)*

Technique agricole consistant à cultiver des plantes sur un substrat formé essentiellement d'une solution nutritive (eau enrichie de sels minéraux). Si cette dernière est de l'eau de mer, on parle alors de mariculture.

> Ne pas confondre avec aquaculture, culture (ou élevage) d'organismes aquatiques.

Syn. : culture hydroponique, culture sans sol.

Arabidopsis Voir plante modèle. *(Arabidopsis)*

arachnoïde, aranéeux (adj.) *(arachnoid(eous))*

Couvert de poils fins, mous, enchevêtrés, ayant l'aspect d'une toile d'araignée. Ex. : feuilles et involucre de Chardon.

arborée (adj.) *(arbored)*

Qualifie une formation végétale dominée par les arbres (10 à 40 % de la surface), avec ou sans autres ligneux.

arborescent (adj.) *(arborescent, treelike)*

Qualifie un végétal dont certains caractères (taille, forme et port, en particulier) se rapprochent de ceux des arbres. Ex. : Palmier dattier (*Phœnix dactylifera*), Bananier (*Musa* sp.).

arboretum (n.m.) *(forest garden)*

Endroit où est entretenue une collection d'arbres à des fins écologiques (sauvegarde des espèces menacées de disparition dans leur pays d'origine et constitution d'un patrimoine forestier par le reboisement), scientifiques (étude botanique, dendrologie, étude du comportement forestier de nouvelles espèces introduites dans une région donnée, etc.), et/ou didactiques.

arbre (n.m.) *(tree)*

Plante ligneuse, pérenne, à tige ou tronc unique et droit dont la taille, d'au moins 5 à 7 m de hauteur, peut être considérable à l'âge adulte (Ex. : *Sequoia sempervirens*, plus de 100 m). Le tronc, non rameux à la base, ne porte de branches qu'à partir d'une certaine hauteur au-dessus du sol. Les branches se divisent en rameaux sur lesquels naissent les bourgeons foliaires, qui donneront naissance aux feuilles. Ex. : Pin d'Alep (*Pinus halepensis*), Chêne (*Quercus*), Peuplier (*Populus*).
L'étude des arbres se fait dans le cadre de l'arboriculture (arbres fruitiers), ou de la sylviculture (arbres forestiers).

arbre phylogénétique (l.m.) *(phylogenetic tree)*

Représentation graphique des relations de parenté entre les taxons de rangs spécifiques et supérieurs.

Classiquement, l'établissement des arbres phylogénétiques était basé essentiellement sur des critères morphologiques et chimiques.

Actuellement, les arbres phylogénétiques peuvent être obtenus par des méthodes cladistiques (cladogrammes) ou phénétiques (phénogrammes).

L'analyse phylogénétique moléculaire se base sur la comparaison de séquences de gènes. Pour déterminer la parenté entre deux organismes, on compare les séquences d'un même gène extrait de ces deux organismes, puis on convertit le nombre de différences entre ces séquences en un taux de divergence. En quantifiant les différences entre organismes, on quantifie cet éloignement et on peut reconstruire des arbres phylogénétiques phénétiques ou phénogrammes. Les séquences d'un gène donné (entre individus, populations, espèces) ne se ressemblent donc pas toutes et sont d'autant plus différentes que les individus, populations et espèces sont éloignés génétiquement (et donc que leur ancêtre commun est éloigné dans le temps).

Parmi les gènes qui ont été utilisés pour l'établissement des arbres phylogénétiques, le cytochrome *b*, la RuBisCO et la sous-unité 18 S du ribosome. Des études fondées sur ces trois gènes ont abouti aux mêmes conclusions.

Un arbre n'est qualifié de phylogénétique que si le concept de « descendance, avec modification (de ses caractères) » a été utilisé dans l'analyse des caractères sur laquelle il s'appuie. Ceci signifie que les caractères sont transmis d'une génération à l'autre à travers les mécanismes de l'hérédité (donc « descendance »), avec leurs éventuelles modifications (par exemple mutations).

arbrisseau (n.m.) *(shrub, frutex (pl. ~ ices))*

Végétal ligneux dont la hauteur se situe approximativement entre 2 et 5 mètres, dont la tige qui se ramifie plus ou moins dès la base porte, à l'aisselle de ses feuilles, des bourgeons qui se développent ce qui donne de ce fait un port buissonnant. Cette forme de végétation est le résultat d'une prédominance des bourgeons situés à la base des tiges (basitonie), alors que chez les arbres, ce sont les bourgeons situés les plus hauts qui sont les plus vigoureux (acrotonie). Ex. : Genêt (*Genista*), Laurier-rose (*Nerium oleander*).

Ne pas confondre avec arbuste.

arbuste (n.m.) *(scrub, small shrub, small tree)*

Végétal ligneux d'une hauteur moindre que celle de l'arbre, produisant un grand nombre de rameaux grêles mais présentant, par ailleurs, tous les caractères de ce dernier. Les arbustes peuvent être à feuilles caduques (Ex. : Grenadier, *Punica granatum*, Punicacées) ou à feuilles persistantes (Ex. : Genévrier commun, *Juniperus communis*, Cupressacées).

arbustif (adj.) *(arbustive)*

Qualifie les végétaux dont la forme et le port se rapprochent de ceux des arbustes.

archégone (n.m.) *(archegonium)*

Organe limité par une enveloppe de cellules stériles, producteur du gamète femelle, l'oosphère. Typiquement en forme de bouteille, il se compose d'un ventre surmonté d'un col plus ou moins allongé (Bryophytes, Ptéridophytes, Gymnospermes).

archégoniates (n.m.pl.) *(archegoniatae)*

Désignent tous les végétaux pourvus d'archégones : Bryophytes, Ptéridophytes et Gymnospermes.

arénicole (adj.) *(arenicolous)*

Qualifie une plante aimant les milieux sableux.
Syn. : psammophile.

aréole (n.f.) *(areola (pl. ~ae), areole)*

1. Amincissement localisé des parois (sur les faces terminales et latérales) de certains éléments conducteurs (trachéides, vaisseaux aréolés) permettant les échanges entre eux. Les trachéides aréolées se rencontrent notamment dans le bois des Gymnospermes.
Syn. : ponctuation.
2. Formation en forme de coussinet spécifique aux Cactacées (Ex. : *Opuntia*), répartie régulièrement le long de la tige et d'où émergent des poils (glochides) ou des épines.

arête (n.f.) *(arista (pl. ~ae), beard, awn)*

Pointe fine, allongée et rigide, insérée sur un organe (généralement, une feuille ou une pièce florale). Chez les Poacées, elle prolonge souvent la nervure médiane de la glumelle externe (dite aussi inférieure). Ex. : épillet d'Avoine (*Avena*), de Seigle (*Secale cereale*).
La présence, l'absence ou le type d'arête sont des caractéristiques variétales.

arille (n.m.) *(aril)*

Excroissance d'origine tégumentaire se formant autour de certaines graines à maturité, sans adhérer au tégument externe. L'arille dérive de la base du funicule au niveau du hile. Souvent charnue et rouge, elle peut recouvrir presque complètement la graine ; c'est le cas chez l'If (*Taxus baccata*).

arillode (n.m.) *(arillode)*

Formation dérivant de la caroncule, qui se développe au niveau du micropyle et qui entoure plus ou moins certaines graines. Ex. : macis de la noix du Muscadier (*Myristica fragans*).

aristé (adj.) *(aristate, awned, barbate, barbed, bearded)*

Se dit d'un organe (feuille, en particulier) présentant une arête au niveau de l'apex. Ex. : glumelle de Poacées.
Ant. : mutique.

ARN (sigle m.) Voir acide nucléique.

aromathérapie (n.f.) *(aromatherapy)*

Branche de la phytothérapie utilisant les huiles essentielles des plantes aromatiques. Elle est notamment efficace sur les problèmes infectieux grâce à ses actions antiseptique et bactéricide.

aromatique (adj.) *(1.aromatic, 3.aromatic compounds)*

1. Se dit d'une plante dégageant une odeur agréable, comme de nombreuses plantes de la famille des Lamiacées (Lavandes, Romarin, Sarriette, Sauge, Thym, etc.).
Syn : odoriférante.
2. Noyau aromatique : dérivé du benzène possédant au moins un substituant sur un de ses carbones.
3. Composés aromatiques : molécules du métabolisme végétal possédant au moins un noyau aromatique dans leur structure Ex. : flavonoïdes, coumarines ;
Syn. : composés phénoliques.

article (n.m.) *(article)*

Portion d'organe (tige, rhizome, gousse de certaines Fabacées, silique) comprise entre deux articulations, deux étranglements ou deux emboîtements, pouvant s'isoler spontanément du reste de l'organe. Ex. : tige de certaines Cactacées, feuilles du *Casuarina*, silique du Radis (*Raphanus*).

ascendant (adj.) *(1.ascendant, ascending)*

1. Se dit d'un organe, principalement d'une tige ou d'un rameau, étalé horizontalement à la base puis redressé vers le haut par son extrémité apicale. Ex. : tige du *Potentilla aurea.*
2. Qualifie la sève brute (eau + sels minéraux) qui monte des racines vers les feuilles.

ascidie (n.f.) *(ascidium (pl. ascidia))*

Feuille différenciée en cornet plus ou moins renflé chez certaines espèces de plantes carnivores. Ex. : *Nepenthes, Utricularia.*

asexué (adj.) *(asexual)*

1. Se dit d'un processus de multiplication qui ne présente pas de phénomènes sexuels.
2. Se dit d'une fleur privée d'étamines et de carpelles. Ex. : chez le Bleuet (*Centaurea*, Astéracées), les fleurs périphériques du capitule sont devenues stériles ; la fonction reproductrice est alors assurée par des fleurs centrales.

asperme (adj.) *(aspermous)*

Se dit d'un fruit sans graines. Ex. : fruits engendrés par parthénogenèse (Banane, Clémentines, Raisins de Corinthe).

assimilat (n.m.) *(assimilate)*

Produit issu de l'assimilation des substances minérales (eau, dioxyde de carbone, oxygène et sels minéraux) par les plantes. Les assimilats photosynthétiques sont mobilisés dans la plante principalement sous la forme de saccharose.

assimilation (n.f.) *(assimilation)*

Utilisation, par un organisme, de molécules simples prélevées directement dans le milieu ou correspondant aux aliments simplifiés par digestion, pour la synthèse de molécules complexes constitutives de la matière vivante. L'assimilation est indispensable pour la croissance mais aussi pour l'entretien de tout être vivant.

Selon leur système d'assimilation, on distingue les autotrophes (essentiellement les plantes vertes) et les hétérotrophes (animaux, champignons).

Par photosynthèse, les végétaux verts fabriquent à partir de l'eau et du dioxyde de carbone prélevés dans le milieu, leurs substances organiques : il y a assimilation chlorophyllienne, ils sont autotrophes.

Les hétérotrophes, ne possédant pas cette propriété, utilisent pour leur synthèse des constituants organiques semi-élaborés. Pour les autres éléments nutritifs (azote, phosphore, etc.), les plantes ne sont capables d'utiliser directement que certaines formes minérales, appelées formes assimilables (nitrates NO_3^-, ammonium NH_4^+, phosphate PO_4^{3-}, potassium K^+, sulfates SO_3^-, magnésium Mg^{2+}, calcium Ca^{2+}...).

assimilation chlorophyllienne (l.f.) Synonyme de photosynthèse.

assise génératrice libéro-ligneuse (l.f.) *(libero-ligneous generative layer)*

Couche de cellules formant un cylindre et qui produit des tissus secondaires : xylème secondaire (ou bois) vers l'intérieur et phloème secondaire (ou liber) vers l'extérieur ; il s'agit donc d'un méristème secondaire qui trouve son origine à partir des cellules procambiales qui

A B C D E F G H I J K L M N O P Q R S T U V W X Y Z

ne se sont pas engagées dans la différenciation du xylème primaire. Cette assise cellulaire se met en place et devient fonctionnelle dans les tiges, les racines, les pétioles et les nervures des feuilles des Gymnospermes et des Angiospermes Dicotylédones où elle assure l'essentiel de la croissance en diamètre de ces organes. Elle n'est pas fonctionnelle chez les Angiospermes Monocotylédones.
Les divisions des cellules de cette assise sont favorisées par l'auxine. Son fonctionnement s'arrête pendant la période hivernale (régions tempérées) ou pendant la saison sèche (régions tropicales), formant des anneaux annuels concentriques.
Syn. : assise génératrice interne, cambium.

assise génératrice subéro-phellodermique (l.f.) *(suber-phellodermic generative layer)*
Couche de cellules formant un cylindre et qui, dans la tige et la racine des Dicotylédones ligneuses, engendre des tissus nouveaux : du suber (ou liège) à l'extérieur et du phelloderme à l'intérieur, constituants essentiellement l'écorce de la plante âgée.
Syn. : assise génératrice externe, phellogène.

assise mécanique (l.f.) *(mechanical layer)*
1. Couche de cellules épidermiques à parois épaissies jouant un rôle capital dans la déhiscence de l'anthère, sous l'effet de l'alternance de l'humidité et de la sécheresse.
2. Rangée de cellules à paroi épaissie en U et permettant l'ouverture des sporanges par temps sec chez les Ptéridophytes.

assise pilifère (l.f.) *(piliferous layer)*
Couche superficielle de cellules dont certaines sont allongées en poils, situées au-dessus de la coiffe de la racine et impliquées dans le processus de l'absorption de l'eau et des sels minéraux.
Syn. : couche pilifère, rhizoderme.

assise subéreuse (l.f.) *(suberous layer)*
Couche de cellules de la racine apparaissant sous l'assise pilifère et assurant l'étanchéité lors de la chute de cette dernière.

association végétale (l.f.) *(association)*
Groupement végétal possédant, à l'échelle d'un territoire donné, une composition floristique déterminée (reflétant des conditions écologiques précises). C'est l'unité phytosociologique de base.
L'association est régie par les conditions du milieu et la compétition interspécifique.
L'association végétale est désignée par le radical du nom d'une espèce ou de deux espèces choisies parmi les plus représentatives (dominantes ou caractéristiques), suivi du suffixe *-etum*. Ex. : *Oleo-Quercetum* (oliveraie-chênaie). Les associations sont groupées en alliances.

> ⚠ Ne pas confondre avec formation végétale.

atactostèle (n.f.) Voir stèle. *(atactostele)*

ATP (sigle de Adénosine-5′-triphosphate) *(adenosine triphosphate)*
Nucléotide formé par l'association d'une molécule de base azotée de la famille des purines (adénine) avec une molécule de sucre à 5 carbones (D-ribose) et trois groupements d'acide phosphorique ; deux de ces groupes phosphatés sont liés par une liaison à haute énergie de type pyrophosphate.

ATPase (sigle f.) *(ATPase)*

Complexe enzymatique membranaire assurant l'hydrolyse de l'**ATP** (en ADP et en phosphate inorganique) dans les mitochondries, les chloroplastes, au niveau du plasmalemme et au niveau du tonoplaste.

atténué (adj.) *(attenuate(d))*

Qui diminue insensiblement de largeur et/ou d'épaisseur, soit à la base, soit au sommet. Ex. : feuilles des *Silene* (Caryophyllacées).

aubier (n.m.) *(sapwood, alburn)*

Couche périphérique la plus jeune du bois d'un arbre, en général plus tendre et plus claire que la partie centrale dite « cœur du bois » ou duramen. Seule cette partie du bois est fonctionnelle (parcourue par la sève ascendante). L'aubier renferme aussi, dans certaines de ses cellules, des substances de réserve, comme l'amidon, que l'arbre mobilise en cas de besoin.

auriculé (adj.) *(auriculate, eared)*

Qualifie un organe comportant latéralement en complément, des organes foliacés en forme d'auricule, c'est-à-dire de petites oreilles. Ex. : feuilles caulinaires du *Camelia sativa* (Théacées).

autochorie (n.f.) *(autochory, self-dispersal)*

Condition des plantes dont les semences développent des mécanismes autonomes de dissémination. Tel est le cas de certains fruits secs (gousses de *Genista cinerea*, Fabacées) et de certains fruits charnus (*Ecballium elaterium*, Cucurbitacées) qui, par rupture brutale, suite à une élévation de la pression interne, propulsent leurs graines à des distances plus ou moins importantes.
Syn. : autodissémination.

autochtone (adj.) Synonyme de natif, indigène. *(autochtonal, autochtonous)*

autoécologie (n.f.) *(autoecology)*

Écologie d'un individu, d'une espèce ou d'une population considérée isolément.

autofécondation, autogamie (n.f.) *(autofertilization, self-fertilization, autogamy)*

Union d'un gamète mâle et d'un gamète femelle provenant d'une seule et même fleur bisexuée d'un même individu dit hermaphrodite. La fécondation entre deux fleurs de sexe opposé d'un même individu peut également être considérée comme un cas d'autofécondation.
Deux conditions sont requises pour que l'autogamie soit possible : il faut que l'anatomie de la fleur s'y prête et que le pollen et l'ovule de la fleur arrivent à maturité à la même période. Elle est obligatoire chez les fleurs cléistogames (Lamiers, Violettes) ou les fleurs à ouverture tardive (certaines Poacées). Environ la moitié des plantes cultivées importantes sont autofécondes : le Blé, le Riz, l'Orge, le Haricot, le Pois, la Tomate, etc. L'autre moitié, allogame, comprend la Carotte, le Palmier dattier, l'Asperge, le Houblon, le Trèfle blanc, le Chou, etc. L'autofécondation est rendue impossible soit par la dioécie, soit par des barrières morphologiques, soit par une maturation des gamètes à des périodes différentes (protérandrie et protérogynie), soit par les mécanismes physiologiques comme l'auto-incompatibilité.
D'un point de vue génétique, l'autofécondation empêche tout brassage génétique des allèles qui se produit lors de la fécondation croisée et favorise un taux très élevé d'homozygotie. De plus, chez beaucoup de plantes normalement allogames, l'autofécondation réduit plus ou moins la vigueur des plantes, leur fécondité et leur production (ce phénomène est parfois appelé dépression consanguine). Chez d'autres espèces (Carotte, Luzerne, etc.), il y a même apparition de plantes non viables. Cette dépression s'explique, au moins en partie, par l'exis-

tence de nombreux allèles létaux récessifs ou d'allèles désavantageux, qui se manifestent seulement à l'état homozygote.
Syn. : autopollinisation, pollinisation directe (chez les plantes à fleurs).
Ant. : allofécondation, allogamie.

auto-incompatibilité (n.f.) *(self-incompatibility, self-sterility)*
Empêchement de la fécondation entre pollen et ovules chez une même plante bisexuée.
L'auto-incompatibilité est, le plus souvent, due, à une inhibition chimique de la germination et de la croissance du tube pollinique sur le stigmate. Dans ce cas, bien que la plante possède des gamètes bien conformés et viables, son pollen est incapable d'autoféconder l'ovule par suite de la présence de deux protéines codées par les gènes du locus S (de l'anglais *self incompatibility*) qui se retrouve sous une forme pluri-allélique, l'une dans les cellules du stigmate (Ex. : Chou, Brassicacées), l'autre dans l'exine du grain de pollen. Cette forme d'auto-incompatibilité est qualifiée de sporophytique car l'exine est synthétisée par le sporophyte, et présente donc certaines molécules (RNAses et glycoprotéines) qui résultent de l'expression d'allèles sporophytiques. Le développement du tube pollinique sur le stigmate n'est possible que si ces protéines sont compatibles (codées par des allèles différents). Dans ce cas, seule la fécondation entre deux plantes disposant d'allèles différents du gène S est possible.
Un autre cas d'auto-incompatibilité, plus fréquent chez les Angiospermes, est lié à l'expression de protéines non compatibles, l'une dans les tissus du style (Ex. : Tabac, Solanacées), l'autre dans l'intine du grain de pollen. Chez *Nicotiana alata*, il a été démontré que certains ARN nécessaires à la croissance du tube pollinique sont détruits par les RNAases présentes dans le style.
En augmentant le brassage du matériel génétique de la descendance, l'auto-incompatibilité, permet la conservation de l'hétérogénéité génétique. Les plantes auto-incompatibles auront pour avantage, la possibilité de coloniser des niches écologiques plus diversifiées.
Au niveau de la pratique agronomique, l'auto-incompatibilité impose de planter, au voisinage des plantes autostériles, plusieurs variétés (dont les époques de floraison coïncident bien) et de favoriser la pollinisation par les insectes (par exemple, par l'installation de ruches d'abeilles).
Syn. : autostérilité.
Ant. : autofertilité.

autopollinisation (n.f.) Synonyme d'autogamie. *(autopollination, self-pollination)*

autopolyploïdie (n.f.) *(autopolyploïdy)*
Cas de polyploïdie résultant de la multiplication du nombre chromosomique de base (x) d'un même individu sans hybridation.
Selon le nombre de génomes haploïdes de base présents, on parle d'autotriploïdie ($2n = 3x$), s'il y en a trois ; d'autotétraploïdie ($2n = 4x$), s'il y en a quatre ; etc.
Les autopolyploïdes sont souvent plus volumineux que les diploïdes correspondants. Ils sont cultivés pour leurs parties végétatives, car leur fertilité est rarement bonne. Ex. : la majorité des variétés cultivées de Betterave sucrière sont des triploïdes à $2n = 3x$ (obtenues par pollinisation de diploïdes mâles-stériles par des autotétraploïdes). La production de sucre est meilleure dans ce cas, mais la stérilité des plantes nécessite l'obtention de nouvelles semences hybrides chaque année.

autotrophe (adj.) *(autotrophic)*
Se dit d'un organisme capable d'utiliser exclusivement des molécules inorganiques élémentaires pour le métabolisme de composés structuraux et fonctionnels. Ceci est valable pour les

squelettes carbonés qui sont formés au cours de la photosynthèse à partir du dioxyde de carbone (CO_2) et de l'eau (H_2O). C'est le cas aussi pour l'assimilation de l'azote dans les composés organiques à partir d'ions nitrate (NO_3), d'ions nitrite (NO_2) et d'ammoniac (NH_3) et de soufre à partir d'ions sulfate (SO_4) et d'ions sulfure (S_2).
Certains organismes (Ex. : bactéries) se procurent de l'énergie en oxydant des molécules minérales pour pouvoir synthétiser un substrat organique, on les qualifie de chimioautotrophes ou chimiolithotrophes. Si l'énergie est fournie par la lumière et les molécules inorganiques réduites sont la source des équivalents réduits, on parle de photoautotrophes ou de photolithotrophes.
Tous les photoautotrophes contiennent de la chlorophylle : ils comprennent les plantes vertes, les Cyanophytes (ex-algues bleues) et les Protistes chlorophylliens (ex-algues vertes unicellulaires).
Les chimioautotrophes comprennent certaines bactéries qui tirent leur énergie de la biosynthèse à partir de l'oxydation de composés inorganiques réduits. Tel est le cas de l'oxydation de l'ammoniac en nitrite ou du nitrite en nitrate (bactéries nitrifiantes), sulfure d'hydrogène (bactéries sulfureuses), composés ferreux en composés ferriques.
Les organismes autotrophes sont des producteurs primaires importants ; les produits de leur activité fournissent l'énergie et le carbone pour les organismes hétérotrophes.
Ant : hétérotrophe.

auxiblaste (n.m.) *(auxiblast)*

Rameau long de Gymnospermes (Ex. : les Pins, *Pinus*), à croissance indéfinie, avec bourgeon terminal et bourgeons axillaires. L'auxiblaste donne chaque année une pousse plus ou moins longue.

auxines (n.f.pl.) *(auxins)*

Classe de substances végétales de croissance qui agissent sur la croissance au niveau des méristèmes.

Toutes les plantes synthétisent de l'auxine d'une manière modulée en fonction du stade de développement. Les auxines sont essentiellement synthétisées dans les apex caulinaires au niveau des méristèmes et régions de croissance active au niveau des parties aériennes. On les retrouve dans la plupart des tissus de la plante y compris dans les feuilles en sénescence. Leur transport se fait préférentiellement dans le phloème, des parties aériennes vers les parties basales (conduction polarisée). Mais au cours de ce transport, elles sont dégradées par des auxines-oxydases, ce qui fait que les concentrations en auxines sont toujours plus fortes près des lieux de synthèse. Cette dégradation représente une forme de régulation évitant des doses excessives d'auxine au niveau des lieux où elle est transportée.

Une des propriétés essentielles des auxines est que leur action sur l'allongement des jeunes cellules est consécutive à une augmentation de la plasticité de la paroi squelettique et à une pénétration d'eau ; la résistance de la paroi diminue et la cellule s'allonge. L'action sur l'activité génique qui suit permet la synthèse d'ARN messagers codant pour des protéines nécessaires à l'élongation.

Les auxines stimulent également l'initiation de la rhizogenèse (caractéristique exploitée au plan pratique), la dominance apicale et la division et différenciation cellulaires. Leur concentration plus importante dans la tige que dans la racine, est optimale aux extrémités des tiges et des feuilles. Elles sont responsables de divers tropismes (phototropisme et géotropisme, notamment). Elles jouent un rôle important dans l'initiation et la formation des racines adventives (d'où le nom d'hormone de bouturage qui leur est donné) et dans la différenciation du xylème. Par contre, elles inhibent l'élongation racinaire en induisant la formation d'éthylène dans ces organes. La croissance des bourgeons axillaires est également inhibée par le maintien de la dominance apicale qui est sous le contrôle des auxines. Enfin, elles retardent la sénescence des feuilles et l'abscission des fruits. L'effet des auxines peut varier selon leur concentration, le type de cellule et le stade de développement de la plante.

La production des auxines est inhibée par la déficience en zinc et en phosphore, elle est favorisée par les gibbérellines et les cytokinines, qui en stimulent le transport.

Bien que ce terme soit souvent utilisé au pluriel, seul l'acide β-indolyl-acétique (AIA) est reconnu ayant un rôle hormonal. D'autres substances naturelles présentent une conformation chimique apparentée et, surtout, une activité auxinique, mais plus faible que celle de l'AIA. Ce sont, pour la plupart d'entre elles, ses précurseurs.

À côté des auxines libres, il existe aussi des formes combinées et plus ou moins actives de l'AIA (esters d'AIA et de sucres, glucosinolates, etc.).

Des auxines et des antiauxines (composés de structure voisine, antagonistes des auxines) synthétiques telles que l'acide α-naphtalyl-acétique (ANA), l'acide β-indolyl-butyrique (AIB) et l'acide 2,4-dichloro-phénoxy-acétique (2,4-D) sont couramment utilisées en culture *in vitro*, en horticulture et en agriculture à cause de leur plus grande stabilité (l'AIA est détruite rapidement à la lumière) et de leur prix de revient. Le 2,4-D, très toxique pour beaucoup d'espèces à feuilles larges, est utilisé comme inducteur de l'embryogenèse somatique et comme désherbant dans les cultures de Céréales. Les autres auxines sont utilisées dans la conservation des Pommes de terre pour inhiber leur bourgeonnement, dans la pulvérisation des arbres fruitiers afin d'empêcher la chute prématurée de leurs fruits, ou encore pour induire la floraison chez l'Ananas et la parthénocarpie chez les Tomates.

auxotrophie (n.f.) *(auxotrophy)*

Condition de vie d'un organisme tributaire d'une source exogène d'un certain facteur de croissance spécifique, par exemple vitamines et autres métabolites qu'il ne peut synthétiser. L'organisme est dit auxotrophe à l'égard de ce facteur.
Ant. : prototrophie.

axillaire (adj.) *(axillary)*

Qualifie un bourgeon ou une fleur situé à l'aisselle du pétiole d'une feuille ou d'un rameau.

azonal (adj.) *(azonal)*

Se dit d'une formation végétale dont le déterminisme écologique est localement indépendant du climat.

azote (N) (n.m.) *(nitrogen)*

Élément chimique de symbole N (de nitrogène). Il représente les 4/5 de l'air atmosphérique, mais il existe aussi sous forme minérale combinée.

C'est aussi l'un des quatre principaux éléments (à côté du carbone, de l'hydrogène et de l'oxygène) essentiels et caractéristiques de la matière vivante, microbienne, végétale ou animale.

La nutrition azotée des plantes s'effectue par deux voies différentes :

- l'assimilation de l'azote minéral, qui est la règle générale pour toutes les espèces ;
- la fixation biologique, que des espèces variées (Fabacées) peuvent en plus de l'assimilation, mettre en œuvre indirectement (symbiose avec des bactéries).

L'azote minéral se trouve dans le sol sous forme de nitrates (azote nitrique, noté $N\text{-}NO_3$), de sels d'ammoniac (azote ammoniacal, noté $N\text{-}NH_4^+$), etc. La préférence de la plupart des végétaux supérieurs, notamment des plantes cultivées, va à l'azote nitrique. L'azote ammoniacal est la forme utilisée préférentiellement par la plupart des champignons, et, accessoirement, par les végétaux supérieurs tels que la Pomme de terre et les jeunes plantes. La réduction des nitrates s'effectue, en général, dans la racine (cas des arbres) mais, chez beaucoup d'espèces, notamment les espèces herbacées (Blé, Tomate), la réduction s'opère également dans la feuille verte à la lumière sous l'influence de la nitrate réductase.

L'azote atmosphérique ne peut être directement assimilé que par certains Cyanophytes et par certaines bactéries libres (Ex. : *Azotobacter* sp., *Clostridium* sp.) ou symbiotiques fixatrices d'azote (Ex. : *Rhizobium* des Fabacées). Le résultat principal de cette fixation est l'incorporation de l'azote élémentaire dans les cellules des végétaux ou des micro-organismes.

L'azote accroît la taille de la plante et le rendement pondéral en favorisant le développement végétatif et en stimulant la croissance. Les besoins en azote fluctuent selon le stade de développement.

De tous les minéraux, l'azote est celui dont la carence restreint le plus la croissance des végétaux et le rendement des cultures. La carence en azote se traduit par une chlorose, avec apparition de taches colorées produites par des pigments anthocyaniques. Ce phénomène est favorisé par une élévation, dans les tissus végétaux du rapport C/N (dû à l'excès des glucides par rapport aux aminoacides). Un excès d'azote se traduit notamment par la verse.

Les plantes contiennent de 0,50 à 3 % d'azote en moyenne (rapportée à la matière sèche). Dans la plante, l'azote se trouve essentiellement sous forme de protéines mais aussi sous forme minérale transitoire (nitrate, nitrite principalement) et de composés aminés (acides aminés libres) ou amidés (asparagine et glutamine).

B

bacciforme (adj.) *(bacciform)*

En forme de baie. Ex. : graine entourée par un arille rouge de l'If (Taxus baccata, Taxacées).

bactériose (n.f.) *(bacterial disease, bacteriosis)*

Affection d'une plante due à une bactérie pathogène, se traduisant, selon les cas, par une tumeur (Ex. : galle du collet due à *Agrobacterium tumefaciens*), une pourriture, une nécrose ou un flétrissement.

baie (n.f.) *(berry)*

Fruit indéhiscent avec épicarpe et endocarpe membraneux et mésocarpe charnu ; la pulpe, entièrement molle, renferme une (baie monosperme) ou, généralement, un nombre variable, parfois élevé, de graines ou pépins éparses (baie polysperme). Souvent comestible. Ex. : Groseille, Myrtille, Raisin, Tomate, Vigne.

balsamique (adj.) *(balsamic)*

Dégageant une odeur rappelant le baume. Ex. : Cistes (*Cistus*, Cistacées).

banque de gènes (l.f.) *(gene bank, gene library)*

Collection de fragments d'ADN, de cultures cellulaires, de graines, d'ovules congelés, de méristèmes, d'embryons, etc. qui permet la conservation du patrimoine génétique de tout organisme ou espèce en vue de sa multiplication à tout moment. Les plantules qui en sont issues servent de point de départ d'opérations de sélection et de croisement.

> On trouve dans les banques de gènes le plus grand nombre possible de variétés améliorées, des mutants, des races anciennes et des formes spontanées.
>
> Les banques de gènes, quels que soient leurs types, constituent un atout précieux pour la recherche en phytogénétique, pour la sélection variétale et, d'une manière générale, en biotechnologie dont l'objectif est de repérer et à transférer des gènes intéressants sur le plan agronomique et économique et qui seront utilisés dans les opérations de croisement et de sélection variétale.

Syn. : génothèque.

banque de graines (l.f.) *(seed bank)*

Endroit où sont entreposées des semences dans des conditions de température et d'humidité contrôlées afin d'en assurer leur préservation prolongée et donc la conservation *ex situ* du potentiel génétique des végétaux, en particulier ceux menacés d'extinction.

Lors de la récolte, les graines sont prélevées sur le plus grand nombre possible d'individus répartis sur l'ensemble de l'aire occupée par une population de façon à englober toute la variabilité génétique de l'espèce. En cas de menace de disparition d'une population, ce vaste stock de gènes faciliterait la réintroduction de l'espèce. Une fois nettoyées et séchées, les graines sont placées dans des récipients entreposés dans un endroit où la température est maintenue entre – 80 °C et 20 °C, selon les espèces. La graine entre en dormance tant et aussi longtemps que les conditions favorables à sa germination ne sont pas réunies. Cette propriété permet d'entreposer les graines à long terme. Périodiquement (tous les dix ans), des tests de germination sont faits pour s'assurer du maintien de la viabilité des semences.

basifixe (adj.) *(basifixed)*

Se dit d'une étamine lorsque le filet est fixé à la base de l'anthère.

basitonie (n.f.) *(basitony)*

Développement prépondérant des rameaux latéraux situés à la base d'une tige. La basitonie aboutit à un port buissonnant.
Ant. : acrotonie.

basophile (adj.) *(basophil(ic, ous))*

Se dit d'une plante poussant préférentiellement sur un sol à pH basique (supérieur à 7). Ex. : Tussilage (*Tussilago farfara*).
Syn. : alcalinophile.
Ant. : acidiphile, acidophile.

bétaïne (n.f.) *(betain)*

Composé organique hydrosoluble s'accumulant dans le cytosol de plantes soumises à une pression osmotique élevée, sans altérer les structures cytoplasmiques, ce qui lui vaut le qualificatif d'osmorégulateur ou de soluté compatible.
La bétaïne est souvent sous forme d'ion mixte avec certains acides aminés : proline-bétaïne ; alanine-bétaïne ; glycine-bétaïne.

bétalaïnes (n.f.pl.) *(betalains)*

Groupe de pigments vacuolaires caractéristiques de l'ordre des Centrospermales, dans les Betteraves (d'où leur nom de *Beta vulgaris*), les Bougainvilliers, les fleurs de Cactus, le Pourpier, etc. chez lesquelles ils remplacent les anthocyanes dans les fleurs, les feuilles, les fruits ou les parties souterraines colorées.
Du point de vue taxonomique, il est important de noter que l'on ne trouve jamais de bétalaïnes dans les plantes produisant des anthocyanes.
Les bétalaïnes comprennent deux groupes de substances : les bétacyanines et les bétaxanthines, de structures voisines. Les premiers, rouges ou violacés, existent à l'état d'hétérosides hydrosolubles (Ex. : bétanine de la Betterave dont l'aglycone est la bétanidine) ; les seconds, de couleur orange à jaune, se rencontrent notamment chez les Cactacées.
Les bétalaïnes sont des dérivés de la phénylalanine.

bicuspide (adj.) *(bicuspidate)*

Se dit d'une pièce fendue à son sommet et se terminant donc en deux pointes.

bilabié (adj.) *(bilabiate)*

Qualifie une fleur dont le calice ou la corolle ont leurs pièces soudées et forment deux lèvres, l'une au-dessus de l'autre, la gorge restant ouverte. Ce caractère est typique des corolles de fleurs de Lamiacées. Ex. : Sauge (*Salvia*). Le plus souvent, la lèvre supérieure de la corolle est formée de deux pétales, la lèvre inférieure est faite de trois pétales.

biloculaire (adj.) *(bilocular)*

Divisé en deux loges par une cloison. Ex. : fruits de la plupart des Brassicacées.

biocénose (n.f.) *(biocenose, biocœnosis)*

Ensemble de la faune (zoocénose), de la flore (phytocénose) et des micro-organismes qui vivent de façon permanente dans les mêmes conditions de milieu et dans un habitat déterminé (biotope). L'ensemble biocénose + biotope forme un écosystème. Ex. : une forêt.

biochore (n.m.) *(biochore)*

1. Portion minuscule d'un habitat. Ex. : un tronc d'arbre mort.
2. Toute zone de la terre dans laquelle un facteur de l'environnement est capable de déterminer certains caractères particuliers dans la végétation.

biodiversité (n.f.) *(biodiversity, biological diversity)*

Variété de la vie sous toutes ses formes et à tous les niveaux d'organisation, dans un milieu donné : la variété des écosystèmes terrestres ou marins (diversité des écosystèmes), variété des espèces vivantes (diversité des espèces) dans une station donnée et variété entre les individus d'une même espèce (diversité intraspécifique ou génétique).
Ces différents concepts sont les sujets directs des disciplines scientifiques comme l'écologie, la taxonomie et la génétique.
Ces trois niveaux de diversité sont intimement reliés et forment ensemble la biodiversité.

> La biodiversité compte parmi les enjeux majeurs des temps actuels. En particulier, c'est un paramètre fondamental pour l'humanité, puisqu'elle constitue notre réservoir alimentaire, vestimentaire, pharmaceutique (plus de 65 % des médicaments prescrits actuellement sont dérivés d'organismes vivants dont la plus grande majorité est issue de plantes) et surtout génétique (amélioration des espèces cultivées par le recours à des gènes de résistance à des maladies, par exemple, issus de plantes sauvages).
>
> D'autre part, la biodiversité est aussi l'un des principaux facteurs favorisant la stabilité des écosystèmes face à d'éventuelles agressions extérieures (incendies, maladies, pollutions).
>
> Les pratiques agricoles de type intensif (destruction des milieux naturels et surexploitation des ressources), l'usage généralisé des pesticides et autres herbicides, etc., sont autant d'agressions qui menacent la biodiversité. Enfin, la conversion et la dégradation des habitats naturels, et donc de leurs cortèges d'espèces animales et végétales, s'avèrent le plus préoccupant.

Syn. : diversité biologique.

biomasse (n.f.) *(biomass)*

Ensemble des organismes vivants et de leurs produits et dérivés dans un milieu. La biomasse est souvent exprimée en poids frais ou sec par unité de surface ou de volume dans le cas de l'environnement marin.

Les sous-produits agricoles ou forestiers (paille, bagasses, bois d'arbres, riches en lignine et en cellulose), avec une production mondiale de 50 000 millions de tonnes, représentent une biomasse importante. Par exemple, pour chaque tonne de Canne à sucre broyée pour la fabrication du sucre, on obtient 90 kg de sucre et 250 kg de bagasse, ce qui représente 25 % de l'agrobiomasse produite sous forme de sous-produit qu'il conviendrait de valoriser. De même, pour chaque tonne de café vert obtenu, il est produit 500 kg de pulpe sèche de café.

Cette biomasse végétale a pour origine la photosynthèse.

biome (n.m.) *(biome)*

Ensemble d'écosystèmes caractéristiques d'une aire biogéographique.

Les biomes sont déterminés par leur climat, leur latitude et leur formation végétale spécifique et dominante. Le désert (chaud ou froid), les forêts (boréales, tropicales ou tempérées), les prairies et steppes, la savane, la taïga et la toundra sont tous des biomes. Les océans et les mers sont également considérés comme des biomes aquatiques.

biométrie (n.f.) *(biometrics, biometry)*

Ensemble des méthodes, appliquées aux populations, aux espèces et aux variétés d'êtres vivants, qui font appel aux mensurations ou aux comptages et à leur traitement statistique.

biosphère (n.f.) *(biosphere)*

Désigne l'ensemble de l'écorce terrestre (lithosphère) jusqu'à quelques mètres de la surface, de l'hydrosphère (fonds marins et océaniques) et des basses couches de l'atmosphère où vivent des organismes vivants.

biosynthèse (n.f.) *(biosynthesis)*

Élaboration d'une molécule ou d'un ensemble supra-moléculaire par une cellule vivante au cours de son métabolisme. Elle résulte d'une séquence de réactions ou biocatalyses complexes qui, partant de précurseurs simples et utilisant de l'ATP et des coenzymes réduits (Ex. : NADPH produit durant le catabolisme), aboutit à la structure de la cellule vivante elle-même selon une hiérarchie d'une complexité croissante.

biosystématique (n.f.) *(biosystematics, biotaxinomy)*

Science des lois de la classification des organismes vivants selon des critères biologiques. C'est donc une science synthétique qui intègre plusieurs aspects de la biologie des populations : morphologie (ornementation de l'exine des grains de pollen et des téguments des graines), anatomie, cytologie, physiologie, biochimie (synthèse de métabolites secondaires : flavonoïdes, saponines, alcaloïdes...), biologie florale (mode de reproduction : allogamie, autogamie...), spécificité parasitaire, génétique moléculaire, etc., par opposition à la systématique classique basée sur les seuls éléments morphologiques et phénologiques. L'intérêt de cette approche est d'étudier certains « marqueurs » des lignées phylogénétiques.

biotechnologie (n.f.) *(biotechnology)*

Application intégrée des connaissances et des techniques de la biochimie, de la microbiologie, de la physiologie, de la génétique et du génie chimique, au traitement des matières par des agents biologiques (micro-organismes, enzymes isolées).

Les biotechnologies consistent, aussi, à tirer profit des micro-organismes et de cellules animales et végétales dont le métabolisme et la capacité de biosynthèse sont orientés vers la production de substances spécifiques utiles.

Il existe actuellement toute une panoplie de techniques, des plus simples, comme la micropropagation des plantes, aux plus sophistiquées, comme la fusion des protoplastes. Le perfectionnement des techniques de culture *in vitro* des cellules et des tissus végétaux, de l'embryogenèse somatique, de l'hybridation somatique avec des espèces sauvages apparentées, de l'haploïdisation et de génie génétique, ouvre des perspectives nouvelles pour l'amélioration des variétés cultivées.

biotope (n.m.) *(biotope)*

Milieu de vie défini d'une communauté donnée (biocénose). On emploie souvent le terme habitat pour les végétaux.
Un biotope est caractérisé par un ensemble de facteurs du milieu ambiant (géographiques, physiques, chimiques).

biotrophe (adj.) *(biotrophe)*

Se dit d'un organisme qui se nourrit à partir d'un autre organisme vivant. Il peut s'agir d'un parasite ou d'un symbiote, selon qu'il est le seul bénéficiaire de cette coexistence ou que les deux partenaires en tirent bénéfice, au niveau trophique.

bipartit(-e) (adj.) *(bipartite)*

Divisé très profondément jusqu'au-delà du milieu, en deux parties.

bipennatifide (adj.) *(bipinnatifid)*

Se dit de feuilles composées d'abord pennatifides et dont les folioles sont également pennatifides.

bipennatiséqué (adj.) *(bipinnatisect)*

Se dit de feuilles composées d'abord pennatiséquées et dont les folioles sont également pennatiséquées. Ex. : Matricaire (*Chamomilla recutita*, Astéracées).

bipenné (adj.) *(bipinnate)*

Se dit de feuilles composées pennées dont les folioles sont elles-mêmes divisées en foliolules pennées. Ex. : *Acacia heterophylla* (Mimosacées).

bisannuel (adj.) *(biennial)*

Qualifie un végétal, monocarpique, dont le cycle de vie est réparti sur deux années successives.
Dans une première période de végétation, la plante emmagasine des réserves dans ses organes souterrains et produit des rosettes de feuilles. C'est dans cet état que le végétal passera la mauvaise saison. Dans la seconde période, elle utilise ses réserves et produit une tige florifère généralement foliacée puis elle meurt. Ex. : Betterave (*Beta vulgaris*), Carotte (*Daucus carota*), Chou (*Brassica oleracea*), Persil (*Petroselinum sativum*), etc.

bisexué (adj.) *(bisexual)*

Synonyme d'hermaphrodite.
Ant. : unisexuée.

bois (n.m.) *(wood)*

Dans le langage courant, matière dure qui constitue la majeure partie du tronc, des branches et des racines des végétaux ligneux.
Il caractérise les plantes dites « vasculaires » (Ptéridophytes et Spermaphytes).

Physiologiquement, le bois assure une double fonction : conduction de la sève brute grâce à ses éléments conducteurs (trachéides et vaisseaux) et soutien grâce à ses éléments lignifiés (trachéides, vaisseaux, fibres) qui lui confèrent une grande résistance mécanique.

Anatomiquement, on distingue le bois primaire ou xylème primaire et le bois secondaire ou xylème secondaire. La tendance actuelle est de réserver le terme de bois aux seules formations secondaires.

Le xylème primaire se différencie dans la jeune plante à partir de cellules procambiales. Cette différenciation est notamment marquée par l'élaboration d'une paroi secondaire sur les faces latérales, suivie d'une lignification discontinue s'effectuant sous forme d'anneaux ou de spirales (trachéides annelées ou spiralées), ou formant un réseau plus dense (vaisseaux rayés, réticulés ou ponctués). Les parois terminales de ces éléments conducteurs subsistent dans le cas des trachéides ou se résorbent dans le cas des vaisseaux.

Le xylème secondaire, ou bois proprement dit, provient du fonctionnement du cambium vasculaire ou assise génératrice libéro-ligneuse. Chez les plantes ligneuses, le cambium fonctionne de façon discontinue, selon un rythme saisonnier : dans les zones tempérées, il arrête de se diviser en automne et en hiver ; il reprend son activité prolifératrice au printemps lorsqu'il y a abondance d'eau et de lumière, avec des fibres larges formant alors un « bois initial » de structure lâche, riche en vaisseaux de grand diamètre, à parois minces permettant la circulation des éléments de la sève, et de couleur claire car pleines d'eau. Le « bois final », qui se forme au cours de l'été lorsque le manque d'eau se fait sentir, présente des vaisseaux de plus petit calibre, associé à des fibres de soutien fortement lignifiées et d'une couleur plus foncée. L'ensemble bois initial et bois final constitue un cerne annuel ou anneau de croissance. Chaque année, le cambium forme un cerne nouveau qui vient s'ajouter au précédent, contribuant ainsi à la croissance en diamètre de l'organe considéré. Ces cernes, visibles en section transversale du tronc, permettent la détermination de l'âge d'un arbre (dendrochronologie). Le bois le plus ancien ou bois de cœur ou duramen, plus sombre, n'est constitué que de cellules mortes ; le bois le plus externe, plus clair et plus tendre, constitue l'aubier, de moindre valeur commerciale.

Le cambium est présent dans les tiges et les racines des Gymnospermes et des Angiospermes Dicotylédones ; il n'est jamais fonctionnel chez les Angiospermes Monocotylédones qui ne produisent donc pas de « bois » (xylème secondaire) au sens botanique du terme.

Chimiquement, le bois est un mélange complexe de trois constituants majeurs : la cellulose (40-45 %), la lignine (20-30 %), les hémicelluloses (20 à 35 %) auxquelles s'ajoutent d'autres substances organiques en faibles quantités (tanins, résines, acides gras, pectines et minéraux). La constitution chimique du bois revêt une extrême importance pour son utilisation. De tous ces composés, la cellulose est le constituant recherché du bois dans les principales industries chimiques du bois. La lignine est la plus indésirable dans la fabrication du papier. En effet, elle est responsable du jaunissement (par photo-oxydation) et de la fragilisation mécanique du papier en empêchant l'établissement des liaisons hydrogènes entre molécules de cellulose et d'hémicellulose, qui assurent la cohésion des fibres.

botanique (n.f.) *(botany)*

Science qui a pour objet l'étude des végétaux.

Le terme de botanique renferme, en fait, diverses disciplines complémentaires qui décrivent et classent les végétaux (systématique et taxonomie) selon leur aspect morphologique (morphologie), anatomique et structurale (anatomie, histologie, cytologie), biologique et physiologique (physiologie, biochimie), leur répartition à l'échelle régionale et mondiale (floristique, phytogéographie, écologie), génétique, etc. C'est donc une science d'observation, mais aussi d'expérimentation. La botanique bénéficie largement des progrès de la recherche fondamentale en écologie, en physiologie, en biologie cellulaire, en biologie et génétique moléculaires et permet également ces progrès. Elle est, de nos jours, une science largement tournée vers les domaines appliqués de l'agronomie, de l'horticulture, de la sylviculture, de la toxicologie, de la pharmacie et de la médecine (phytothérapie, aromathérapie), de l'environnement et de l'aménagement (protection de milieux, d'espèces). L'amélioration génétique des plantes (sélection artificielle), la phytopathologie (désordres physiologiques et maladies infectieuses) et la malherbologie (études des plantes indésirables dans un milieu donné) complètent les 3 premiers domaines d'application.

bourgeon (n.m.) *(bud)*

Organe composé d'un axe très court (future tige, futur rameau ou future fleur) qui, chez les plantes ligneuses, porte des ébauches foliaires imbriquées et recouvertes d'écailles (bourgeon écailleux), tandis que chez les plantes herbacées, il est nu, dépourvu d'écailles.

En fonction de leur position, on distingue :

- les bourgeons terminaux, qui se situent à l'extrémité des tiges, ou des rameaux ;
- les bourgeons axillaires ou latéraux, situés à l'aisselle des feuilles et qui sont des formations initiales de futurs rameaux (bourgeon végétatif) ou des fleurs (bourgeon floral) ;
- les bourgeons adventifs qui peuvent apparaître, d'une façon naturelle ou à la suite de blessures, sur n'importe quelle partie de la plante : tiges, rhizomes ou même des feuilles ; ils n'ont pas de rapport avec le bourgeon terminal. Certains, apparaissant sur les racines, sont à l'origine des drageons.

En fonction de leur devenir, on distingue deux types de bourgeons :

- les bourgeons à bois, étroits et pointus, renferment des ébauches de feuilles ; en s'ouvrant (débourrage), ils engendrent un rameau feuillé ;
- les bourgeons floraux, plus courts et plus larges, renferment des ébauches de fleurs.

Les bourgeons axillaires ne croissent généralement pas dès leur formation. Chez une plante herbacée, ils ne s'allongent qu'après décapitation ou floraison du bourgeon terminal ; chez d'autres espèces, leur croissance se fait tardivement lorsqu'ils sont suffisamment éloignés de ce bourgeon terminal. Dans quelques cas, on observe une ramification importante et généralisée. Ainsi, le bourgeon terminal apparaît responsable de l'inhibition de croissance des bourgeons axillaires sous-jacents. Ce processus est appelé dominance apicale.

Pendant la mauvaise saison (baisse de la température, brièveté de la durée du jour), les bourgeons entrent en état de vie ralentie ou dormance. Les bourgeons reprendront leur croissance dès que les conditions favorables seront rétablies.

bouturage (n.m.) *(taking (of) cuttings, propagation (~ by cuttings))*

Procédé le plus souvent artificiel consistant à obtenir un nouvel individu par enracinement d'un organe isolé d'une plante (le plus souvent jeune rameau, fragment de racine ou de feuille), appelé bouture. Le fragment est coupé et enterré partiellement dans un substrat humide jusqu'à l'apparition de racines adventives et, par suite, des organes qu'il ne possède pas.

Certaines espèces se prêtent mieux au bouturage (*Begonia*, *Pelargonium*, *Tradescantia*, *Vitis*...) que d'autres.

> Ne pas confondre avec marcottage.

brachyblaste (n.m.) *(brachyblast)*

Rameau très court, à croissance très limitée qui, chez les Gymnospermes (Ex. : Pin), porte un bouquet d'aiguilles, mais sans bourgeons latéraux.

Extrémité d'une branche de Pin d'Alep (*Pinus halepensis*) portant de jeunes cônes et des feuilles en aiguilles insérées par groupe de deux sur un rameau court entouré d'écailles à sa base, appelé brachyblaste

bractée (n.f.) *(bract)*

Petit organe foliacé ou membraneux souvent coloré différemment des feuilles, à l'aisselle duquel naissent les fleurs chez certaines espèces, mais qui n'est ni un sépale ni un pétale. Ex. : les « feuilles » d'Artichaut que l'on consomme sont des bractées. Parfois, elles sont très colorées (bractées des fleurs de *Bougainvillea*). L'ensemble des bractées peut former une collerette. Dans certains cas, elles atteignent de grandes dimensions et deviennent coriaces : on les appelle spathes. Ex. : Maïs.

Ces pièces florales colorées du *Bougainvillea spectabilis* (Nyctaginacées) ne sont en réalité que des bractées transformées

bractéole (n.f.) *(bracteole, bractlet)*

Petite bractée accompagnant les pédicelles ou les fleurs, sous le calice ou sous le périgone. Ex. : Muguet (*Convallaria*), Scille (*Scilia*), Violette (*Viola*).

brassinostéroïdes (n.m.pl.) *(brassinosteroids)*

Dérivés stéroïdiques, généralement polyhydroxylés, présents dans certains tissus végétaux à de très faibles concentrations et jouant un rôle de régulateur de croissance. Bien que leur rôle ne soit pas connu avec précision, des études ont montré que le brassinolide, le premier de ces composés isolé du pollen de *Brassica napus*, agit à la manière des auxines, en stimulant l'élongation et la division cellulaires de sections de tige excisées. Le brassinolide inhibe également la croissance racinaire, stimule le géotropisme, accélère la différenciation du xylème et retarde l'abscission.

brévistylé (adj.) *(brevistylate(d))*

À l'intérieur d'une même espèce, qualifie une fleur à style court et donc à stigmates en position basse par rapport aux étamines par opposition à des fleurs à style long (longistylées). Ex. : chez les Primevères (*Primula veris, P. officinalis*, Primulacées).
Ant. : longistylé.

bryologie (n.f.) *(bryology)*

Branche de la botanique qui étudie les Bryophytes.

Bryophytes (n.m.pl.) *(Bryophyta)*

Embranchement du règne végétal, très homogène, rassemblant plus de 24 000 espèces, toutes chlorophylliennes, vivant sur le sol, sur l'humus des forêts, sur d'autres végétaux, parfois dans l'eau douce, très rarement dans l'eau saumâtre. Les Bryophytes sont dépourvus de vrais tissus vasculaires et de vraies racines (ils ont des rhizoïdes). Ils font partie, avec les Ptéridophytes, des Cryptogames.

Leurs caractères morphologiques et anatomiques, leurs exigences écologiques diffèrent suivant les groupes mais elles présentent le même cycle de développement. Ce groupe comprend les Hépatiques, les Mousses et les Anthocérotes.

Les Bryophytes constituent l'un des deux groupes d'Embryophytes dans lequel chaque plante possède deux parties morphologiquement très distinctes. L'une, feuillée ou thalloïde, dont les noyaux cellulaires ont n chromosomes, produit et porte les éléments reproducteurs ou gamètes : c'est le gamétophyte. L'autre, provenant du développement du zygote après la fécondation se développe sur le gamétophyte et possède des noyaux à $2n$ chromosomes. Il produit et porte les spores : c'est le sporophyte. Leur cycle de vie est donc digénétique (alternance de deux phases ou générations). L'une correspondant au sporophyte, l'autre, la phase dominante, correspond toujours au gamétophyte. Le sporophyte formé à partir de l'embryon est totalement ou partiellement parasite du gamétophyte. L'eau du milieu est indispensable pour le transport des gamètes mâles.

bulbe (n.m.) *(bulb, corm)*

Organe de certaines plantes vivaces constitué d'une tige courte souterraine, le plateau, porteur de racines adventives et possédant un bourgeon placé au centre de plusieurs épaisseurs d'écailles (bulbes écailleux) ou de tuniques charnues (bulbes tuniqués), serrées les unes contre les autres. Les tuniques contiennent la majeure partie des réserves nutritives ; une petite partie des réserves se trouve par ailleurs dans le plateau. Il existe des bulbes dits solides ou pleins correspondant à la base de la tige renflée, protégée par des feuilles desséchées. Ex. : colchique (*Colchicum autumnale*). Les bulbes assurent la survie de la plante durant l'hiver ou en période de sécheresse.

A B C D E F G H I J K L M N O P Q R S T U V W X Y Z

> Les bulbes sont caractéristiques des Monocotylédones (sauf exceptions très rares) et plus précisément dans les familles des Amaryllidacées, Liliacées, Iridacées.

bulbifère (adj.) *(bulbiferous)*

Se dit d'espèces chez lesquelles des bulbilles se forment à l'aisselle des feuilles ou à l'emplacement des fleurs. Ex. : Ail (*Allium sativum*).

bulbiforme (adj.) *(bulbiform)*

Renflé en forme de bulbe. Ex. : tubercule de la Renoncule bulbeuse (*Ranunculus bulbosus*, Ranunculacées).

bulbille (n.f.) *(bulbil, bulblet, corm)*

Bourgeon en forme de petit bulbe et dont les feuilles minuscules accumulent des réserves.
Les bulbilles prennent naissance, selon les espèces, à l'aisselle des feuilles (Ex. : Jacinthe), à la base des tiges (*Saxifraga granulata*), à la place des fleurs, à l'aisselle des écailles des bulbes (Ail cultivé), sur la face supérieure de certaines feuilles (*Cardamine pratensis*) ou encore sur les marges d'une feuille (*Kalanchoe*).
Après séparation de la plante mère, les bulbilles poursuivent leur croissance et constituent une nouvelle plante semblable à celle dont elles sont issues.

bursicule (n.f.) *(bursicle)*

Chez les Orchidacées, petite poche membraneuse au niveau de la fleur, dans laquelle est(sont) logé(s) le ou les rétinacles et faisant partie du rostellum.

C

cactiforme, cactoïde (adj.) *(cactaceous)*

Qualifie les espèces qui, n'appartenant pas à la famille des Cactacées, présentent cependant, la forme de certaines espèces de cette famille. Ex. : *Euphorbia resinifera* (Euphorbiacées) présente un port de Cactacées.

cadre de Caspary (l.f.) *(casparian strip, casparian band)*

Bande de subérine et de lignine imprégnant la paroi cellulosique des cellules de l'endoderme. Elle limite le passage de l'eau et des sels minéraux dissous à travers l'endoderme. C'est la présence de cette bande qui différencie l'endoderme des autres tissus voisins.

caduc (caduque) (adj.) *(caducous, deciduous)*

Qualifie un organe (feuille, sépale, pétale en particulier) qui meurt et se détache après avoir rempli sa fonction lors de chaque cycle de vie annuel. Ex. : feuilles du Châtaignier (*Castanea*), sépales du Coquelicot (*Papaver*), de l'Érable (*Acer*), du Hêtre (*Fagus*), de l'Orme (*Ulmus*), du Poirier (*Pyrus*).

Syn. : décidu.

Ant. : persistant.

caducifolié (adj.) *(caducifoliated)*

1. Se dit d'une plante dont les feuilles tombent spontanément chaque année à l'entrée de l'automne ou de l'hiver. Ex. : Châtaignier (*Castanea sativa*), Mélèze (*Larix decidua*).

Généralement, une zone subéreuse, appelée zone d'abscission, se développe à la base du pétiole et provoque la chute de la feuille.

2. Par extension, qualifie une forêt riche en arbres caducifoliés (Chêne, Charme, Frêne, Hêtre).

Syn. : décidu.

Ant. : persistant, sempervirent.

caïeu (n.m.) *(bulblet, bulbo off-set)*

Bourgeon se formant sur le côté du bulbe principal chez certaines espèces bulbeuses. Ex. : Ail cultivé (*Allium sativum*).

cal (n.m.) *(callus (pl. calli))*

Amas de cellules végétales indifférenciées (sans organisation définie) obtenu à la suite d'une lésion (cal cicatriciel), d'une infection ou par culture *in vitro*.

Ces cellules peuvent être cultivées indéfiniment par repiquages successifs, sur des milieux neufs. À partir de cals, on peut régénérer des organes, des plantes entières ou obtenir des suspensions cellulaires.

calcicole, calciphile (adj.) *(calcicole)*

Qualifie une plante préférant ou supportant un sol calcaire. Ex. : nombreuses Lamiacées, Chêne pubescent, Orchidées.

calcifuge (adj.) *(calcifuge, calcifugous, calciphobe)*

Qualifie une plante non susceptible de se développer dans un sol calcaire ou ne pouvant y croître que difficilement. Les plantes calcifuges sont généralement acidophiles et silicicoles. Les terrains siliceux ne contiennent pas de calcaire qui est un véritable poison pour ces plantes en inhibant l'absorption, par les tissus vivants, d'autres ions indispensables à la croissance. Le symptôme le plus caractéristique en est la chlorose calcique qui se traduit par une carence en fer. Tel est le cas de la majorité des Éricacées (Ex. : Bruyères), du Pin maritime (*Pinus maritima*).

Syn. : calciphobe.

calcium (Ca) (n.m.) *(calcium)*

Macroélément de masse atomique 40,08, indispensable au développement de la plante, à la germination et à la maturation de la graine. Au niveau de la cellule végétale, son rôle est lié au maintien de l'intégrité de ses structures, en particulier des membranes lipoprotéiques et des parois cellulaires en leur assurant une meilleure résistance par sa complexation aux acides pectiques de la lamelle moyenne.

Dans le cytoplasme, une faible teneur en Ca^{2+} libre est maintenue principalement grâce à l'éjection de Ca^{2+} hors de la cellule par une ATPase transportant le Ca^{2+}, liée au plasmalemme. Il se retrouve à l'état de sels d'acides organiques dans les vacuoles foliaires où il précipite de nombreuses substances (Ex. : pectate et oxalate de calcium).

Son absorption est stimulée par de nombreux facteurs, par exemple par des phytohormones (acide β-indolyl-acétique, cytokinine et gibbérelline) et par le phytochrome. Le calcium est antagoniste de la plupart des autres ions métalliques et constitue un antidote puissant contre leur excès dans le milieu nutritif. Toutefois, son excès se traduit par des carences, notamment en fer (chlorose calcaire), surtout chez certaines plantes dites calcifuges qui en accumulent de grandes quantités (Ex. : Bruyère, Hortensia, Myrtille, Azalée). Il freine également l'absorption d'eau et accélère la transpiration.

calice (n.m.) *(calyx (pl. calyces))*

Enveloppe extérieure de la fleur, généralement de couleur verte, recouvrant le plus souvent la base de la corolle et constituée par l'ensemble des sépales.

Ces derniers peuvent être libres jusqu'à la base (Giroflée, Renoncule, etc.) ou plus ou moins soudés entre eux (Menthe, Œillet, Primevère, etc.). Dans certaines fleurs, le calice est coloré comme les pétales, on parle alors de sépales pétaloïdes ou de tépales (Tulipe, Ail, etc.). Il peut être persistant (Pommier) ou caduc (Coquelicot), accrescent ou non.

caliciflore (adj.) *(calycifloral, calyciflorate, calyciflorous)*

Qualifie une plante dont le réceptacle floral est en forme de coupe sur laquelle sont insérées les étamines. Ex. : Rose (*Rosa*), Pêcher (*Prunus persica*), Pommier (*Malus*), Potentille (*Potentilla*).

calicule (n.f.) *(calicle, caliculus)*

Ensemble de petites pièces (folioles ou écailles) vertes doublant le calice (dit alors caliculé), placées à l'extérieur et dans l'intervalle des sépales (Fraisier, Mauves, Potentilles, etc.).

Syn. : épicalice.

callose (n.f.) *(callose)*

Homoglucane composé d'unités de β-D-glucopyranose reliées par des liaisons β(1→3). La callose se rencontre au niveau de la paroi cellulaire de certains végétaux où elle est déposée au niveau des cribles des tubes criblés servant au transport de la sève, à la mort des cellules à la mauvaise saison ou en cas de blessures (par obstruction des pores) faisant obstacle aux bactéries et champignons. Sa synthèse s'accroît avec l'âge de la cellule. Elle est également synthétisée au moment de la formation des macrospores dans l'ovule et des microspores dans l'anthère (paroi spéciale callosique) ainsi que lors de la croissance du tube pollinique (bouchons callosiques). Elle est colorable électivement en bleu par le bleu coton, en jaune brillant par l'aniline.

callosité (n.f.) *(callosity)*

Bosse ou renflement, généralement de consistance dure, développé sur certains organes, en particulier sur le labelle de certaines Orchidées.

cambium (n.m.) *(cambium)*

Assise génératrice, ce terme est souvent restreint à l'assise génératrice libéro-ligneuse.

campanulé (adj.) *(campanulate, campaniform, bell-shaped)*

Qualifie un calice ou une corolle en forme de clochette, dressée ou renversée. Ex. : fleurs des Campanules (*Campanula*), Belladone (*Belladona*).

campylotrope (adj.) *(campylotropous)*

Se dit d'un ovule d'Angiospermes présentant une courbure entre la chalaze et le micropyle de sorte que ce dernier se trouve en position latérale. De ce fait, le sac embryonnaire se trouve déporté près du micropyle. Ex. : ovule des Brassicacées, Caryophyllacées, Chénopodiacées.

canaliculé (adj.) *(canaliculate)*

Qualifie un organe (pétiole en particulier) présentant des rainures longitudinales ou un petit canal. Ex. : feuilles de la Carotte (*Daucus carota*), des Œillets (*Dianthus*).

cannelé (adj.) *(fluted)*

Se dit d'un organe portant sur sa longueur des côtes régulières (cannelures) séparées par des creux ou des sillons. Ex. : tige de la plupart des Apiacées.

canopée (n.f.) *(canopy)*

1. Partie supérieure de l'arbre qui porte le feuillage.
2. Ensemble des feuilles et des branches des très grandes plantes ligneuses d'une communauté écologique.

caoutchouc (n.m.) *(rubber)*

Polymère terpénique de haut poids moléculaire extrait d'arbres, dont le plus important est *Hevea brasiliensis* (Euphorbiacées), par des saignées pratiquées sur le tronc.

capité, capitellé (adj.) *(capitate, capitellate)*

Organe terminé en tête arrondie. Ex. : stigmate du Chèvrefeuille (*Lonicera caprifolium*, Caprifoliacées).

capitule (n.m.) *(capitulum, head)*

Type d'inflorescence dans lequel de petites fleurs sessiles sont insérées les unes à côté des autres sur un support commun (réceptacle) élargi, terminant la tige fleurie. C'est l'inflorescence typique de la famille des Astéracées : Chardon, Marguerite, Pissenlit, Souci, Tournesol, etc.

L'ensemble des fleurs est presque toujours entouré par une collerette de bractées extérieures formant l'involucre ; souvent chaque fleur est elle-même accompagnée d'une petite bractée qu'on nomme paillette ou écaille du capitule.

► Capitule de Marguerite (Astéracées) : les fleurs blanches du pourtour simulent une corolle et les fleurs du centre, jaunes, un androcée. Les fleurs externes sont ligulées et stériles alors que les fleurs centrales sont tubuleuses et fertiles ◄

caprification (n.f.) *(caprification)*

Procédé empirique de fécondation des Figuiers comestibles (*Ficus carica*, Moracées) qui consiste à suspendre des branches de Figuiers mâles sauvages (d'un Caprifiguier) parmi les branches des Figuiers cultivés en vue d'introduire un insecte spécifique (*Blastophaga psenes* ou B. *grossorum*) qui assure la fécondation.

capsule (n.f.) *(1. capsule, seed case, 2. capsule)*

1. Chez les Angiospermes, fruit sec déhiscent résultant d'un gynécée syncarpe et s'ouvrant par deux ou plusieurs valves, par des pores, par des dents ou par une sorte de couvercle et libérant les graines. Ex. : capsule du Pavot (*Papaver somniferum*), Gentiane (*Gentiana* sp.).
2. Chez les Bryophytes, partie terminale renflée du sporogone au niveau de laquelle a lieu la réduction chromatique ou méiose donnant les spores à n chromosomes.

caractère (n.m.) *(character, trait)*

Dans la taxonomie, tout trait d'un organisme ou d'un groupe taxonomique pouvant être décrit (caractère qualitatif), mesuré, compté ou quantifié (caractère quantitatif) et utilisé pour une diagnose.
Un caractère peut être morphologique (forme des feuilles, pétales, poils sécréteurs), anatomique (insertion des étamines par rapport au pistil), physiologique (parasitisme), biochimique (pigment, réserves lipidiques, protidiques ou amylacées, latex, toxines), biologique (viviparité).

caractère qualitatif (l.m.) *(qualitative trait, qualitative character)*

Caractère non mesurable simplement et n'existant que sous un nombre limité d'états dans une population.
Son expression, peu influencée par le milieu, est généralement déterminée par un faible nombre de gènes. Ex. : couleur, aspect, pilosité.

caractère quantitatif (l.m.) *(quantitative trait, quantitative character)*

Désigne tout caractère morphologique ou non, mesurable et dont on peut observer une variation continue de sa valeur en fonction du stade de développement.

carbonifère (n.m.) *(carboniferous)*

Période géologique (– 360 à – 340 millions d'années) correspondant à la fossilisation de grandes forêts principalement de Ptéridophytes et dont l'Homme exploite encore actuellement la production photosynthétique.

carence (n.f.) *(deficiency)*

Situation d'insuffisance d'un élément, d'une substance, etc., caractérisée par l'apparition de symptômes physiologiques anormaux (perturbations) dépendant du rôle nutritif (direct ou indirect) de l'élément en cause. Ex. : une carence en fer ou en magnésium (un constituant de la chlorophylle) provoque un jaunissement des feuilles ou chlorose ; les plantes carencées en azote présentent des feuilles jaunes qui finissent par se faner ; une carence en calcium provoque une déformation des feuilles.

On distingue les carences vraies ou primaires et les carences induites ou secondaires.

La carence vraie est le résultat d'un manque d'élément (dans le sol ou dans l'air).

La carence induite survient lorsque l'élément est présent en quantité suffisante mais que l'organisme se trouve dans l'impossibilité d'en faire l'assimilation. Les causes peuvent être dues à des conditions physico-chimiques défavorables. Ce sont principalement :

- chélation, entraînant une immobilisation ;
- pH excessif ;
- antagonisme ou compétition entre éléments.

Syn. : déficience.

carène (n.f.) *(carina, keel)*

1. Crête saillante marquant souvent la nervure médiane. Ex. : glumes du *Phalaris* (Poacées).
2. Désigne aussi l'ensemble des deux pétales inférieurs de la fleur des Papilionacées, plus ou moins soudés entre eux, et ressemblant à la quille ou carène d'un bateau.

caroncule (n.f.) *(caruncle)*

Excroissance se produisant en un point du tégument externe de certaines graines, près du micropyle. Ex. : *Ricinus communis* (Euphorbiacées). Quand elle prend un développement important, on parle d'arillode (macis de la noix muscade).

Syn. : strophiole.

carotène (n.m.) *(carotene)*

Pigment naturel jaune à orangé, appartenant au groupe des caroténoïdes.

Les carotènes α et β sont des carbures d'hydrogène très fortement colorés en orangé. Le β-carotène, le plus répandu d'entre eux, est présent dans les chloroplastes, associé à la chlorophylle. Il colore certains fruits et racines (Ex. : Carotte).

Dans les huiles végétales (certaines variétés d'huiles de Palme peuvent en contenir plus de 0,1 %), il est particulièrement sensible à la chaleur et à l'oxydation.

Les utilisations principales, outre les domaines pharmaceutique et cosmétique, sont alimentaires : colorants naturels de denrées alimentaires diverses (charcuterie, produits laitiers, condiments, potages, confiserie, pâtisserie, boissons, etc.). Les carotènes sont également utilisés dans la formulation de produits cosmétiques destinés au bronzage en provoquant une coloration de la peau.

caroténoïdes (n.m.pl.) *(carotenoids)*

Pigments photosensibles élaborés par les plastes, très répandus chez toutes les plantes supérieures, souvent masqués par la chlorophylle qu'ils protègent de l'oxydation et pour laquelle ils capturent l'énergie fournie par certaines longueurs d'ondes, participant ainsi indirectement à la photosynthèse (pigments accessoires).

Les caroténoïdes sont des tétraterpènes (40 atomes de carbone). On en connaît plus de 300. Jaunes, oranges, bruns ou rouges, leurs couleurs sont dues à la présence dans les molécules de nombreuses doubles liaisons conjuguées responsables de la forte absorption de la lumière dans le bleu et l'ultraviolet proche. Les propriétés d'absorption lumineuse des caroténoïdes diffèrent selon le nombre de liaisons conjuguées. En automne, lorsque la chlorophylle est détruite, ce sont eux qui, avec les anthocyanes, sont responsables de la coloration des feuilles. On les rencontre également souvent dans les tissus non chlorophylliens (Champignons), dans les Bactéries et dans les Algues. Les caroténoïdes participent à la coloration des fleurs, des fruits, des racines, etc., en jaune, orange ou en rouge. Ex. : la racine de la Carotte est riche en carotène, la Tomate est riche en lycopène.

Contrairement aux caroténoïdes des chloroplastes qui sont assez semblables pour l'ensemble des plantes supérieures (β-carotène, lutéine), ceux des chromoplastes présentent une grande variété de structure (lycopène de la Tomate, zéaxanthine du Maïs, violaxanthine de la Violette, rhodaxanthine de l'If, etc.). Les caroténoïdes sont le plus souvent des molécules symétriques. Les doubles liaisons permettent de nombreuses configurations *cis-trans*, mais les caroténoïdes ont, dans leur ensemble, une configuration entièrement *trans*.

Les principaux types structuraux de caroténoïdes comprennent :

➤ des hydrocarbures comme le lycopène, dont les unités isopréniques terminales ne sont pas cyclisées et les carotènes, avec un ou deux cycles non oxygénés ;

➤ les xanthophylles, dérivés cyclisés et oxygénés des carotènes ; les hydroxyles confèrent à ces dernières une polarité plus marquée que celle du β-carotène ou du lycopène ;

➤ des époxydes comme la violaxanthine ;

➤ des dérivés furaniques comme les flavoxanthines.

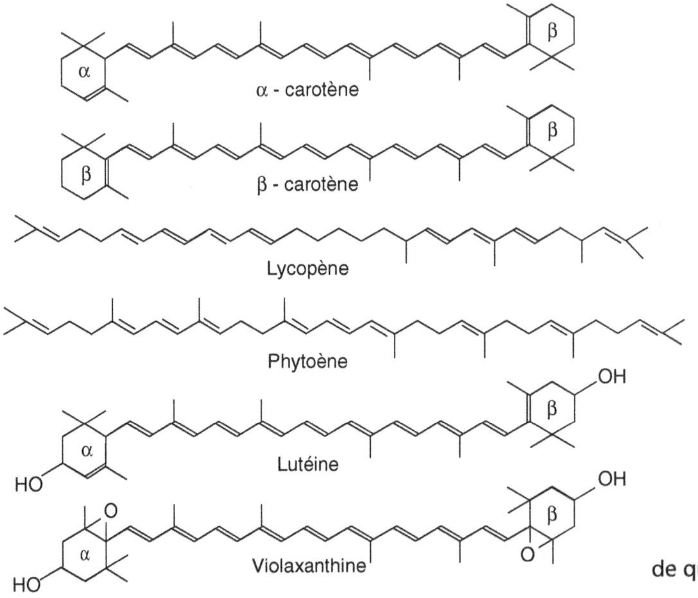

► Structure de quelques caroténoïdes ◄

carpelle (n.m.) *(carpel)*

Unité de base d'un gynécée d'Angiospermes, constituée d'un organe d'origine foliaire modifié formant à sa base une cavité close appelée ovaire, contenant un ou plusieurs ovules. Chez la majorité des Angiospermes, le carpelle est différencié en stigmate, style et ovaire. Le stigmate, de forme variable, poilu, rugueux ou gluant, reçoit les grains de pollen. Le style constitue la partie effilée entre le stigmate et l'ovaire. Les carpelles peuvent être libres (dialycarpie) (Ex. : Renoncules) ou soudés entre eux en une seule structure (gamocarpie) (Ex. : Lis, Orchidées, Pavot).

carpellée (adj.) *(carpellate(d))*

Se dit d'une fleur ne portant que les carpelles. Ex. : fleurs femelles de la bryone dioïque (*Bryonia dioïca*, Cucurbitacées).
Ant. : staminée.
Syn. : pistillée.

carpophore (n.m.) *(carpophore)*

Chez les Apiacées, axe central d'origine carpellaire, plus ou moins persistant, prolongeant le réceptacle et portant les akènes.

caryogamie (n.f.) *(karyogamy)*

Stade terminal de la fécondation, correspondant à la fusion de noyaux des deux gamètes, mâle et femelle.

caryopse (n.m.) *(caryopsis)*

Fruit sec, indéhiscent, issu d'un carpelle unique et libre, renfermant une seule graine soudée au péricarpe mince par toute sa surface. C'est le fruit caractéristique des Poacées. Ex. : Blé (*Triticum*), Maïs (*Zea*), Orge (*Hordeum*), Riz (*Oryza*), etc.

caryosystématique (n.f.) *(karyosystematics)*

Méthode de la systématique basée sur des caractères cytogénétiques.

caryotype (n.m.) *(karyotype)*

Représentation figurative et ordonnée de l'ensemble des chromosomes d'un noyau, caractéristique d'un organisme donné, par paires d'homologues (chaque chromosome d'origine maternelle est apparié à son homologue d'origine paternelle), classés par groupes morphologiques (par taille décroissante).
Syn. : formule chromosomique.

casque (n.m.) *(galea)*

Partie supérieure de certaines fleurs, généralement constituée soit par les sépales (ou le sépale supérieur), soit par les pétales, recourbés vers l'avant. Ex. : Orchidacées, Sauge officinale (*Salvia officinalis*), Aconit napel (*Aconitum napellus*).

catabolisme (n.m.) *(catabolism)*

Ensemble des réactions de dégradation des molécules organiques complexes, contenant de l'énergie (lipides, protéines, glucides) en composés plus simples (acides gras, acides aminés, oses) ou produits inorganiques ultimes (H_2O, CO_2, NH_3), par les voies respiratoires (oxydatives) ou fermentaires. L'énergie produite au cours de ces réactions, stockée sous forme d'ATP principalement, sert aux différents aspects du fonctionnement cellulaire.
Syn. : désassimilation.

catalase (n.f.) *(catalase)*

Enzyme (E.C : 1.11.1.6) dont le groupement prosthétique ou hème est constitué de 4 noyaux pyrroles en cercle et dont les atomes d'azote sont orientés vers le centre. Le fer ferrique est chélaté entre les atomes d'azote des noyaux pyrroles et peut encore contracter deux autres liaisons. Localisée dans les peroxysomes, elle catalyse la décomposition du peroxyde d'hydrogène, toxique pour la cellule, formé par suite de l'action des déshydrogénases aérobies :

$$2\ H_2O_2 \rightarrow O_2 \text{ libre} + 2\ H_2O.$$

Syn. : hydrogène-peroxyde : hydrogène-peroxyde oxydoréductase.

caudicule (n.f.) *(caudicle)*

Pédicelle très fin, portant les pollinies d'une fleur d'Orchidacées ou d'Asclépiadacées et se terminant à sa base par le rétinacle.

caulescent (adj.) *(caulescent)*

Se dit d'une plante dont la tige apparaît nettement au-dessus du sol.
Ant. : acaule, acaulescent.

cauliflorie (n.f.) *(cauliflory)*

Phénomène présenté par les plantes dont les fleurs ou les inflorescences naissent directement sur les tiges. Ex. : Le Cacaoyer (*Theobroma cacao*, Sterculariacées) a la particularité de porter ses fruits sur son tronc.

caulinaire (adj.) *(caulinary, cauline)*

1. Tout ce qui se rapporte à la tige.
2. Qualifie un organe inséré sur la tige ou une plante ayant une tige. Dans ce cas, la tige feuillée se trouve au-dessus du sol.

cécidie (n.f.) *(gall)*

Excroissance ou tumeur végétale due à divers agents vivants : Acariens (acarocécidie), Insectes (entomocécidie), Animaux (zoocécidie), Diptères (diptérocécidie), Champignons (mycocécidie), Algues (algocécidie), Végétaux (phytocécidie), Bactéries (bactériocécidie). La galle du collet (crown-gall) est due à l'infection par les bactéries du sol du genre *Agrobacterium tumefaciens* dont l'action est de tumoriser des cellules au niveau du collet.
Syn. : galle.

cellule (n.f.) *(cell)*

Plus petite structure vivante capable de se reproduire de façon autonome, unité constitutive de tout organisme vivant.

À la différence des Procaryotes (Bactéries au sens large), les Eucaryotes (Champignons, Végétaux, Animaux) présentent des cellules caractérisées par l'existence d'un noyau limité par une double enveloppe membranaire et d'organites cytoplasmiques bien individualisés. Chez toutes les cellules vivantes, le cytoplasme est limité extérieurement par la membrane plasmique ou plasmalemme.

Les cellules des végétaux supérieurs sont, en outre, pourvues d'une paroi squelettique de nature polysaccharidique, constituant un cadre externe plus ou moins rigide ; certaines possèdent des plastes au niveau desquels s'effectuent, soit la photosynthèse (chloroplastes), soit l'accumulation d'amidon (amyloplastes) soit le stockage de différents pigments (chromoplastes). La cellule végétale se singularise également par l'existence d'une vacuole souvent volumineuse, jouant un rôle primordial dans les échanges d'eau entre la cellule et son milieu environnant. C'est un réservoir d'eau contenant en solution des composés du métabolisme primaire (acides carboxyliques, glucides, acides aminés et protéines, etc.) et des composés du métabolisme secondaire (pigments, tanins, alcaloïdes, etc.).

cellule compagne (l.f.) *(companion cell)*

Cellule parenchymateuse spécialisée bordant les tubes criblés du phloème des Angiospermes. De forme allongée, les cellules compagnes comportent un noyau volumineux et de nombreuses mitochondries. Le cytoplasme de ces cellules est dense, leurs vacuoles sont peu volumineuses, l'activité métabolique y est élevée.

Les cellules compagnes interviennent essentiellement à deux niveaux : la synthèse des protéines de remplacement nécessaires à la survie des tubes criblés et le transfert des produits de la photosynthèse du phloème des plus fines nervures foliaires vers les tubes criblés.

cellule de garde (l.f.) *(guard cell)*

Paire de cellules épidermiques réniformes entourant une ouverture appelée ostiole et formant le stomate.

Chaque cellule de garde est pourvue de chloroplastes. Les parois cellulaires cellulosiques des cellules de garde sont inégalement épaissies : les parois adjacentes à l'ostiole sont rigides et épaisses, les parois externes sont plus minces et plus élastiques. Les changements dus à la plasmolyse et à la turgescence de ces cellules provoquent la fermeture ou l'ouverture du stomate, permettant ainsi de réguler les échanges de vapeur d'eau, d'oxygène et de dioxyde de carbone à travers le stomate.

Syn. : cellule stomatique.

cellule de transfert (l.f.) *(transfert cell)*

Type de cellules compagnes situées au voisinage des tubes criblés. Riches en mitochondries groupées le long de la membrane plasmique, leur paroi en contact des tubes, présente de très nombreux plasmodesmes et de nombreux replis intracellulaires ce qui augmente la surface de contact. Ces cellules assurent l'incorporation des assimilats élaborés dans le mésophylle à la sève élaborée à partir des nervures.

cellule mère du pollen (l.f.) *(pollen mother cell)*

Cellule du sporophyte (anthère) à $2n$ chromosomes qui va subir la méiose et être à l'origine des microspores qui se différencieront en gamétophyte mâle ou grain de pollen à n chromosomes.

cellule mère du sac embryonnaire (l.f.) *(embryo mother cell)*

Chez les Angiospermes, cellule à $2n$ chromosomes du nucelle qui va subir la méiose et être à l'origine de macrospores haploïdes. 1 (sac monoprothallé ou monosporé), 2 (sac biprothallé ou bisporé) ou 4 (sac tétraprothallé ou tétrasporé) de ces macrospores vont se différencier en un gamétophyte femelle ou sac embryonnaire à nombre de noyaux variable.

cellule totipotente (l.f.) *(totipotent cell)*

Cellule peu ou non encore différenciée dont on peut réorienter la différenciation grâce à l'apport de substances de croissance à son milieu de culture.

cellulolytique (adj.) *(cellulolytic)*

Se dit d'un organisme capable de dégrader la cellulose. Ex. : certaines bactéries et champignons du sol, pourvus de cellulase.

cellulose (n.f.) *(cellulose)*

Polymère linéaire résultant de la polycondensation de molécules de glucose, de formule brute $(C_6H_{10}O_5)_n$, contenant en moyenne 5 000 unités liées les unes aux autres par des liaisons glycosidiques de type $\beta(1 \rightarrow 4)$. Deux unités de glucose constituent une unité cellobiose.

La longueur de la chaîne varie d'une plante à une autre et selon sa position dans la paroi cellulaire. Pour le Coton, par exemple, le nombre d'unités glucopyranose est d'environ 15 000 et pour la cellulose du bois, 10 000. Sa masse moléculaire est très élevée, de l'ordre de 500 000 daltons, elle peut atteindre quelques millions. La polymérisation est contrôlée par un complexe enzymatique situé au niveau de la membrane plasmatique : la cellulose synthétase.

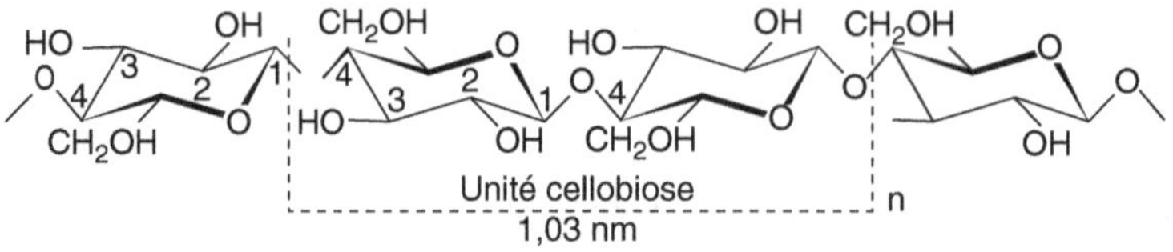

Structure de la molécule de cellulose

La cellulose est la principale substance de structure des plantes et le constituant majeur de la fibre de Coton et des fibres des végétaux papetiers et fourragers (bois, Lin, Chanvre, Jute, etc.). Elle est, de ce fait, la molécule organique la plus abondamment synthétisée sur la planète. On estime la biosynthèse mondiale de cellulose à 45-50 milliards de tonnes.

Synthétisée dans le cytoplasme des cellules végétales, la cellulose est déposée à l'extérieur de la membrane plasmique pour former les parois cellulaires et participe au soutien et à la rigidité des tissus.

La cellulose se trouve surtout dans la paroi secondaire, accompagnée par les lignines, mais aussi dans la paroi primaire de la fibre. La cellulose se trouve exceptionnellement à l'état presque pur dans les parois cellulaires des poils des graines de Coton (près de 98 %), ce qui explique l'importance économique de ce produit naturel.

En raison de sa richesse en groupements OH (3 par unité structurale), la cellulose présente une grande affinité pour l'eau, on dit qu'elle est hydrophile.

Les chaînes de cellulose sont regroupées parallèlement en faisceaux dans la paroi primaire pour former des microfibrilles comportant chacune quelques dizaines de molécules (environ 40) de cellulose. Leur cohésion est assurée par des liaisons hydrogènes entre les hydroxyles libres d'un glucose et les atomes d'oxygène d'un autre glucose de la chaîne adjacente. Les fibrilles de cellulose sont construites par l'assemblage de microfibrilles en faisceaux cylindriques de 100 nm de diamètre. Les fibrilles, à leur tour, sont alignées et assemblées entre elles de manière à former les fibres de cellulose. Ces dernières forment des couches autour de la cellule. Leur orientation est souvent différente d'une couche à une autre ce qui assure la rigidité de la membrane cellulosique. De plus, elles sont noyées dans une matrice amorphe constituée d'autres molécules, généralement des hémicelluloses, des pectines, des protéines. Elles sont souvent incrustées de lignine.

Les matériaux cellulosiques représentent la source la plus importante de carbone organique rapidement recyclable dans la nature.

centrifuge (adj.) *(centrifugal)*

Qui va du centre vers la périphérie. Cet adjectif est employé pour caractériser le sens de différenciation du xylème primaire des tiges des Phanérogames chez lesquelles le protoxylème (partie du xylème qui se différencie le premier) occupe une position interne tandis que le métaxylème (partie du xylème qui se différencie plus tardivement) se situe en position plus externe.
Ant. : centripète.

centripète (adj.) *(centripetal)*

1. Qui se dirige vers le centre. Cet adjectif est employé pour caractériser le sens de différenciation du xylème primaire des racines des Phanérogames chez lesquelles, à l'inverse des tiges, le protoxylème est en position plus externe que le métaxylème (disposition exarche du xylème primaire). Le sens de différenciation du phloème primaire est, dans le cas des tiges comme des racines, toujours centripète.
2. Qualifie le sens de la floraison (de la périphérie vers le centre) sur un capitule d'Astéracées et dans une ombelle d'Apiacées.
Ant. : centrifuge.

centrosome (n.m.) *(centrosome)*

Corpuscule placé à la périphérie du noyau cellulaire, au contact de la membrane nucléaire, chez certains végétaux, et qu'on observe à chacun des pôles du fuseau au moment de la mitose.

cépée (n.f.) *(clump (of coppice shoots))*

Ensemble des tiges ou rejets issus d'une même souche d'un arbre après exploitation à la surface du sol.

céréales (n.f.pl.) *(cereals)*

Important groupe de végétaux alimentaires, constituant le régime de base de la majorité de l'humanité. Ils se répartissent de façon distincte selon les continents : Blé (et Orge) pour les pays occidentaux et maghrébins, Riz pour l'Asie, Mil et Sorgho pour l'Afrique, Maïs pour les Amériques et les Antilles.
À l'exception du Sarrasin qui est une Polygonacée, toutes les Céréales sont de la famille des Poacées.

cerne (n.m.) *(annual ring, tree ring)*

Zone circulaire d'accroissement annuel du bois d'une tige ligneuse de grande taille (tronc). Il comprend une zone sombre (bois final) et une zone claire (bois initial).

▶ Les cernes annuels : chaque année le cambium produit du xylème secondaire (bois) ; la succession de ces productions annuelles forment, en coupe transversale, des cernes concentriques, visibles à l'œil nu. On remarque également que la partie centrale du bois, de couleur plus foncée, correspond au « bois de cœur » ou duramen. C'est la partie la plus âgée du bois ; ses parois lignifiées sont enrichies en tanins et résines. Seule la partie périphérique, appelée aubier, assure la conduction de la sève ◀

cespiteux (adj.) *(caespitose, cespitose, tufted)*

Qualifie une plante à port gazonnant ou présentant des petites touffes compactes se développant à partir de rhizomes nombreux, courts et serrés les uns contre les autres. Ex. : Armoise commune (*Artemisia vulgaris*), plusieurs Poacées et Saxifrages.

chagriné (adj.) *(pebbed, granulated)*

Ayant une surface granuleuse. Ex. : graines de plusieurs *Arenaria*.

chaîne alimentaire (l.f.) *(alimentary chain)*

Ensemble des relations de nature alimentaire unissant les organismes (y compris les micro-organismes) d'une communauté.

Les animaux (herbivores), incapables de synthétiser la matière organique dont ils ont besoin pour leur croissance, doivent la puiser chez les organismes chlorophylliens autotrophes dont ils se nourrissent. Ainsi se crée le premier maillon de la chaîne constituée par les plantes vertes productrices de matières organiques grâce à la photosynthèse. Les consommateurs primaires servent à leur tour de nourriture aux consommateurs secondaires (carnivores). À leur mort, les végétaux comme les animaux, sont décomposés par des micro-organismes (décomposeurs) et minéralisés pour servir de base nutritive aux plantes vertes et un nouveau cycle recommence.

Syn. : chaîne trophique.

chalaze (n.f.) *(chalaza)*

Région de l'ovule au niveau de laquelle divergent les éléments vasculaires qui l'irriguent. Elle est souvent opposée au micropyle.

chambre pollinique (l.f.) *(pollen chamber)*

Chez les Préspermaphytes, dépression nucellaire creusée sous le micropyle des ovules, servant à retenir le pollen. Elle est remplie d'un liquide mucilagineux chez les Ginkgoales, contrairement aux Cycadales. Ce liquide permet aux gamètes mâles libérés de se rendre « en nageant », grâce à des cils, jusqu'aux oosphères.

chambre sous-stomatique (l.f.) *(substomatic(al) chamber)*

Cavité située juste au-dessous des cellules stomatiques et communiquant avec l'extérieur par l'ostiole.

chaméphyte (n.m.) Voir forme biologique. *(chamaerophyte)*

champignon (n.m.) *(fungus (pl. fungi))*

Dans la taxonomie des êtres vivants, les Champignons étaient considérés autrefois comme appartenant au règne végétal. La tendance actuelle est de les en séparer et d'en faire un règne à part entière (incluant les Lichens).

> Les champignons sont des organismes eucaryotes, hétérotrophes, dont l'appareil végétatif est constitué, le plus souvent, d'un mycélium filamenteux, cloisonné ou non, limité par une paroi riche en chitine. Certains groupes (Levures) possèdent une structure unicellulaire. D'autres, possèdent une organisation plus complexe avec des différences considérables de taille, d'aspect, de structure, d'activités métaboliques, etc.
>
> Trois types de relations peuvent s'instaurer entre les champignons et les plantes : saprophytisme (rôle de décomposeurs des organismes végétaux ou

animaux morts), symbiose (association avec des Algues ou des Cyanobactéries pour constituer des Lichens, association avec des racines de Phanérogames pour réaliser des mycorhizes), parasitisme entraînant le plus souvent des maladies (champignons pathogènes) en particulier chez les Angiospermes.

Les principales maladies des plantes sont provoquées par des champignons.

Les champignons symbiotiques sont capables de favoriser la croissance des végétaux par la formation d'associations plantes-champignons appelées mycorhizes. La moitié environ des espèces de champignons est susceptible de former de telles associations, les arbres concernés constituent la quasi-totalité du peuplement des forêts : Conifères (Pins, Sapins, Épicéas, Mélèzes, Cèdres…), Feuillus (Peupliers, Bouleaux, Hêtres, Chênes, Châtaigniers, etc.).

chaparel (n.m.) *(chaparral)*

Formation végétale dense dominée par des arbustes et des arbrisseaux sclérophylles (à petites feuilles dures et persistantes), rencontrée à des altitudes moyennes, le long des côtes du sud de la Californie. Le climat est du type méditerranéen (hiver doux, humide et court, été sec et long). Les chaparels en région méditerranéenne, plus connus sous le nom de maquis, sont dominés par une variété d'arbustes et d'arbrisseaux tels que le Chêne, les Bruyères, l'Olivier et le Pistachier.

charbon (n.m.) *(1., 2. coal, 3. smut)*

1. Le charbon végétal est obtenu par calcination du bois dans des vases couverts (à l'abri de l'air) jusqu'à ce qu'il ne dégage plus de fumée.
Ce procédé, utilisé actuellement à l'échelle industrielle, permet une fabrication rapide et de qualité ainsi que la récupération de sous-produits volatils dont on tire de l'alcool méthylique, de l'acide acétique et des goudrons.
2. Minéral provenant de la fossilisation de végétaux ; il a une composition variable selon les conditions de fossilisation : durée, température, pression, pH, etc. C'est ainsi qu'on distingue les différents types suivants selon leur teneur en carbone (en %) : tourbes (50-58), lignites (55-75), houille maigre (35-40), houille grasse (70-85), anthracites (85-98) et graphite (100).
3. Maladie des plantes due à une bactérie (*Bacillus anthracis*) ou à des champignons de l'ordre des Ustilaginales. Les ovaires des plantes atteintes se trouvent remplis de spores noires. Ex. : charbon du Maïs dû à *Ustilago maydis*.

charnu (adj.) *(pulpy)*

Se dit d'un organe formé de tissus parenchymateux, de consistance plus ou moins molle. Ex. : réceptacle de la fleur du Fraisier et d'un fruit à mésocarpe parenchymateux. Ex. : baie, drupe, péponide.
Syn. : pulpeux.

chasmogamie (n.f.) *(chasmogamy)*

État d'une fleur dont les pièces florales s'ouvrent au moment de l'anthèse pour recevoir le pollen provenant d'un autre plant (pollinisation croisée).
Ant. : cléistogamie.

chaton (n.m.) *(catkin, ament)*

Épi allongé de fleurs sessiles unisexuées (mâles ou femelles) ou dans lequel l'un des sexes domine, à enveloppes florales absentes, réduites ou écailleuses. Il rappelle plus ou moins la queue d'un chat. Ex. : chatons du Bouleau (*Betula*), Châtaignier (*Castanea*), du Noisetier (*Corylus*), du Peuplier (*Populus*), du Saule (*Salix*), du Tamarix (*Tamaris*), etc.

chaume (n.m.) *(culm, straw)*
Nom de la tige caractéristique des Poacées, formée d'une succession de nœuds très marqués d'où partent des feuilles linéaires engainantes et d'entre-nœuds le plus souvent creux.
Syn. : éteule.

ch(é)iroptérophilie (n.f.) *(cheiropterophily)*
Pollinisation assurée par des Chauves-souris. Ex. : Baobab (*Adansonia digitata*) et Kapokier (*Ceiba pentandra*, Bombacacées).

chevelu (n.m.) *(root hairs)*
Nom désignant l'ensemble que forment les radicelles et, d'une manière générale, les racines capillaires d'un végétal.

chimère (n.f.) *(chim(a)era)*
Nom désignant un organe mixte ou une plante constituée de deux sortes de tissus de génotypes ou de ploïdie différents. Ex. : feuilles panachées des Sansevières ; le rameau néoformé à la suite d'une greffe est constitué des tissus du greffon (ou épibiote) et de ceux du porte-greffe (ou hypobiote).

chimioautotrophe, chimiolithotrophe (adj.) Voir autotrophe. *(chemoautotrophic)*

chimiotaxonomie (n.f.) *(chemotaxonomy, chemical taxonomy)*
Science qui étudie la filiation des espèces au moyen de certains des constituants chimiques qui les constituent ou qu'elles produisent.

> Suivant leur répartition, chez les végétaux, on peut considérer qu'il existe deux types de substances : les substances peu spécifiques et les substances très spécifiques :
>
> **1.** Les substances peu spécifiques sont le plus souvent le produit du métabolisme primaire (protéines, enzymes). Ces substances, présentes chez l'ensemble des végétaux, ne présentent qu'un intérêt limité sur le plan chimiotaxonomique.
>
> **2.** Au contraire, les substances très spécifiques, de structure généralement complexe, qui sont élaborées par le métabolisme secondaire (flavonoïdes, alcaloïdes, saponines, terpénoïdes, etc.) ont parfois une répartition limitée à quelques familles, genres ou espèces végétales.
>
> La chimiotaxonomie fait appel aux techniques de la phytochimie : isolement des substances en passant par des fractionnements éventuels et identification par des méthodes de l'analyse physicochimique : chromatographie, spectrophotométrie ultraviolette et visible, infrarouge, spectrométries de masse et de résonance magnétique nucléaire.

chimiotropisme (n.m.) Voir tropisme. *(chemotropism)*

Chlamydospermes (n.f.pl.) *(chlamydosperms)*
Groupe de Spermaphytes, possédant des caractères intermédiaires entre les Gymnospermes et les Angiospermes. On y reconnaît 3 genres représentés par un très petit nombre d'espèces : les *Welwitschia* (une espèce), les *Gnetum* (une trentaine d'espèces) et les *Ephedra* (une quarantaine d'espèces).

Certains caractères les rapprochent des Angiospermes (présence de vaisseaux parfaits ; feuilles opposées, bractées organisées en enveloppe entourant les organes reproducteurs (d'où le nom dérivé du grec *khlamys* : manteau) ; étamines pourvues d'un filet et parfois de nectaires), d'autres des Gymnospermes (ovules nus).

chlorenchyme (n.m.) *(chlorenchyma)*

Tissu parenchymateux contenant de nombreux chloroplastes comme dans le mésophylle de la feuille.

chlorophylle (n.f.) *(chlorophyll)*

Pigment vert caractéristique du chloroplaste.

C'est la chlorophylle qui capte l'énergie lumineuse (essentiellement la lumière bleue et la lumière rouge, de longueur d'onde 500 et 700 nm respectivement) nécessaire à la synthèse des éléments organiques à partir de l'eau et du dioxyde de carbone. Ce processus est appelé photosynthèse.

Il existe plusieurs types de chlorophylles (chlorophylles *a, b, c, d* et *e*) dont les plus fréquemment rencontrées sont la chlorophylle *a* (omniprésente chez toutes les plantes vertes terrestres et les Algues) et la chlorophylle *b* (Plantes supérieures, certaines Algues, Fougères, Mousses). Les chlorophylles c, *d* et *e* sont limitées aux Algues.

Chimiquement, les différentes chlorophylles ont en commun un chromophore constitué par la jonction de quatre noyaux pyrroles en un système cyclique plan (porphyrine) chélatant un ion central Mg^{2+} et acylé (pyrrole IV) par un alcool primaire non saturé, le phytol en C20 qui confère la liposolubilité à la molécule. Les chlorophylles *a* et *b* diffèrent par la structure des chaînes latérales portées par les noyaux pyrroles : la première porte un groupement méthyle sur le carbone β de l'un des noyaux pyrroliques alors que la seconde porte un groupement formyle à la même position. Leurs formules brutes sont respectivement :

a : $(MgC_{32}H_{30}ON_4)\ COOCH_3\text{-}COOC_{20}H_{39}$

b : $(MgC_{32}H_{28}O_2N_4)\ COOCH_3\text{-}COOC_{20}H_{39}$

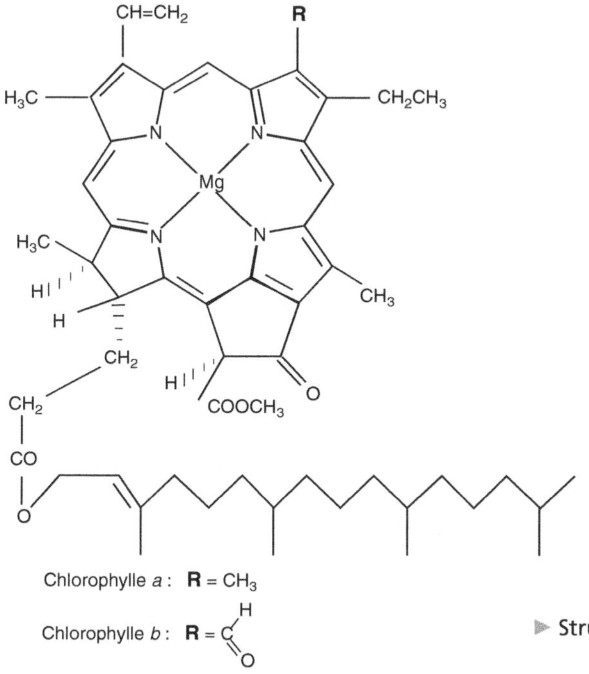

▶ Structures des chlorophylles *a* et *b* ◀

Les chlorophylles forment jusqu'à 10 % de la composition des membranes photosynthétiques. Les chlorophylles *a* et *b* sont normalement accompagnées de 2 caroténoïdes : le carotène et la xanthophylle.

chloroplaste (n.m.) *(chloroplast)*

Organite cytoplasmique des cellules végétales réalisant la photosynthèse. Il renferme un pigment vert, la chlorophylle, d'où son nom.

D'un point de vue cytologique, les chloroplastes dérivent des proplastes, organites cellulaires peu différenciés et spécifiques aux Eucaryotes. De forme ellipsoïde, les chloroplastes sont entourés d'une double membrane : une membrane externe perforée et une membrane interne douée de perméabilité sélective. Cette dernière forme des invaginations vers l'intérieur, orientées parallèlement au grand axe du chloroplaste, appelées thylakoïdes. La membrane des thylakoïdes délimite un compartiment appelé espace intrathylakoïdien. La chlorophylle se trouve dans les membranes des thylakoïdes. Entre les thylakoïdes, on observe des empilements de saccules ou grana renfermant toutes les molécules impliquées dans les réactions lumineuses de la photosynthèse. La phase centrale non structurée au sein de laquelle se développe le système membranaire, appelée stroma, renferme les enzymes catalysant les réactions du cycle de Calvin, des gouttelettes lipidiques, des globules d'amidon ainsi que des ribosomes.

Les chloroplastes sont les sites de synthèse principaux des acides gras. Ils assurent également la réduction des nitrites en ammonium et sont le siège de la voie des pentoses-phosphates génératrice de pouvoir réducteur sous forme de NADPH.

Les chloroplastes, comme les mitochondries, présentent une hérédité cytoplasmique dans la mesure où leur déterminisme héréditaire ne dépend pas directement des chromosomes nucléaires. Ils possèdent, en effet, leur propre ADN différent de l'ADN nucléaire, et ont leurs propres systèmes de réplication de l'ADN, de transcription de l'ADN en ARN, et de traduction des ARN messagers en protéines.

chlorose (n.f.) *(chlorosis)*

Perte de chlorophylle pouvant résulter d'une maladie, d'une carence en fer, en magnésium, soufre, azote, etc., sénescence ou toute autre condition empêchant la synthèse de chlorophylle telle que l'absence de lumière. Elle se traduit par le jaunissement ou l'étiolement du système foliacé des végétaux. Le végétal qui en est atteint est dit chlorotique.

chorologie (n.f.) *(chorology)*

Étude de la dispersion et de la répartition des espèces végétales, non seulement d'un point de vue géographique mais aussi historique (c'est-à-dire évolution dans le temps de cette répartition) et écologique (causes intervenant sur cette répartition). Cette répartition ne peut donc être comprise parfaitement sans connaître celle de la flore antérieure.

chromoplaste (n.m.) *(chromoplast)*

Plaste non photosythétique, de forme irrégulière et variée, caractérisé par l'accumulation de pigments caroténoïdes qu'il produit (xanthophylle, jaune ; carotène, rouge clair). Ces plastes colorent la racine de la Carotte, la chair ou la peau de nombreux fruits (Tomates, par exemple), les pétales de nombreuses fleurs.

chromoprotéine (n.f.) *(chromoprotein)*

Métalloprotéine dont le groupement prosthétique, de nature tétrapyrrolique avec une partie minérale centrale, confère une coloration à l'ensemble de la molécule. Ex. : chlorophylle, phytochrome. Les flavoprotéines appartiennent également à ce groupe.

chromosome (n.m.) *(chromosome)*

Structure nucléaire de forme déterminée (en général allongée), portant les gènes, le chromosome est constitué d'une très longue molécule d'ADN à laquelle sont associées des protéines.
Son nom vient du fait qu'il est coloré facilement par certains colorants. Chez les Eucaryotes, les chromosomes ne sont observables comme entité morphologique que pendant la mitose et la méiose.
Le nombre, la taille et la forme des chromosomes d'une espèce donnée sont constants, en général, mais varient de l'une à l'autre. Deux types de variations fréquentes sont observés chez les végétaux : des multiplications de stocks chromosomiques complets (euploïdie), ou des excès ou manques de quelques chromosomes (aneuploïdie). Dans le cas des mosaïques, des tissus ou des individus sont constitués de cellules génétiquement différentes.

circadien (adj.) *(circadian)*

Qualifie un phénomène biologique répétitif, généralement régulier, associé à l'alternance du jour et de la nuit, approximativement à intervalles de 24 heures.

circumnutation (n.f.) Voir nutation. *(circumnutation)*

cire (n.f.) *(wax)*

Les cires sont des macromolécules hydrophobes qui revêtent la membrane externe des cellules épidermiques des feuilles, des fruits et de la tige de certaines plantes, notamment chez les xérophytes limitant leur transpiration ; on les trouve, plus rarement, à l'intérieur même des cellules.

cirrheuse (adj.) *(cirrhous)*

Se dit d'une feuille se terminant par une pointe en vrille enroulée.

clade (n.f.) *(clade)*

En phylogenèse, ensemble de tous les organismes vivants et fossilisés, descendant d'un ancêtre commun (groupe monophylétique).
Syn. : taxon monophylétique.

cladistique (n.f.) *(cladistics)*

Méthode par laquelle on tente de reconstituer l'ordre d'apparition des embranchements qui s'est produit au cours de l'évolution d'une clade, en recherchant les caractères communs (synapomorphies) entre les différents groupes vivants ou éteints et, donc, leur degré de parenté.
Syn. : systématique phylogénétique, cladisme, méthode de Hennig (promoteur de la méthode, 1913-1976).

cladode (n.m.) *(cladode)*

Tige ou rameau chlorophyllien aplati ou aciculaire ressemblant à une feuille et remplissant le rôle de celle-ci. Ex. : cladodes aplatis du Petit Houx (*Ruscus aculeatus*, Liliacées), cladodes aciculaires des *Asparagus* (Liliacées).

▶ Cladodes de *Ruscus aculeatus* ◀

cladogenèse (n.f.) *(cladogenesis)*

Synonyme de spéciation.

cladogramme (n.m.) *(cladogram)*

Schéma arborescent construit sur la base des résultats de l'analyse cladistique et qui reflète les relations de parenté phylogénétique entre plusieurs taxons.

Le cladogramme peut être également mis en œuvre sur d'autres objets que les taxons. On peut ainsi comparer des regroupements de caractères morphologiques, des chromosomes, des molécules de protéines ou des gènes.

> ⚠ Ne pas confondre avec arbre phylogénétique, phénogramme.

Syn. : diagramme généalogique.

cladome (n.m.) *(cladome)*

Structure algale de base. Il peut être constitué d'une simple file de cellules avec quelques ramifications (cladome uniaxial) ou de plusieurs files de cellules accolées (cladome multi ou pluriaxial) avec des ramifications plus ou moins complexes.

classe (n.f.) *(class)*

En systématique classique, grande subdivision taxonomique d'un embranchement qui comprend en général plusieurs ordres liés, de nombreuses familles et de très nombreux genres et espèces. Ex. : les ordres des Liliales (Tulipe, Lis, Jacinthe, etc.), des Poales appartiennent à la classe des Monocotylédones ; Les Amentales (Bouleau, chêne, Hêtre, etc.), les Urticales (Ortie, Figuier, etc.) à la classe des Dicotylédones. En systématique moderne, ces 2 classes sont éclatées en différentes lignées.

classification (n.f.) Voir taxonomie. *(classification)*

clé (n.f.) *(key)*

En taxonomie, système d'identification rapide d'un spécimen à l'aide d'une série de choix selon tel caractère par opposition à tel autre (Ex. : fleur à 3 pétales ou à 5 pétales…).

cléistogamie (n.f.) *(cleistogamy)*
Cas particulier de l'autogamie obligatoire où la fleur ne s'ouvre pas à maturité, sa fécondation se faisant dans le bourgeon floral par le pollen de ses propres étamines. Les fleurs cléistogames sont souvent petites. Ex. : Lamiers (*Lamium*), Violettes (*Viola*).
Ant. : chasmogamie.

climacique (adj.) Relatif au climax. *(climacic)*

climax (n.m.) *(climax)*
État d'équilibre relativement stable vers lequel tend un groupement végétal naturel (généralement forestier) avec la faune, le sol et le climat sur un territoire et à un moment donné. L'écosystème y est considéré à son plus haut degré de maturation, en équilibre par autorégénération (en l'absence de toute perturbation naturelle ou intervention humaine).
Au sein d'une région où le climax est forestier dans des conditions écologiques favorables, un changement brutal de l'environnement physique (incendie, maladie, sécheresse prolongée, etc.) peut bloquer son évolution à un stade antérieur : stade pionnier, semi-arboré, pelouse, fruticée ou lande.
Syn. : formation climacique.

cloison (n.f.) *(dissepiment, septum)*
Lame membraneuse partageant l'ovaire ou le fruit en deux ou plusieurs loges qui renferment les ovules ou les graines. Elle est dite complète ou incomplète selon qu'elle occupe ou non toute la hauteur du fruit.
Syn. : septum.

clone (n.m.) *(clone)*
Ensemble de cellules ou organismes entiers dérivant d'une seule cellule, tissu ou organisme initial par un mécanisme non sexué (appelé clonage) et possédant le même patrimoine génétique. À l'inverse des autres rangs taxonomiques (famille, genre, espèce) qui sont des abstractions, un clone (tout comme un individu) possède une réalité objective. Cette entité finie est formée et maintenue par multiplication végétative ou apomictique, naturelle ou artificielle, d'un individu initial. Les variations observées entre les individus du clone y sont purement phénotypiques. Un clone peut cependant présenter quelques divergences génétiques avec le temps par des mutations spontanées au niveau des méristèmes végétatifs ou, parfois, par intégration de génomes viraux latents au génome-hôte.

cochléaire (adj.) *(cochlear, cochleate)*
Contourné comme une coquille d'Escargot. Ex. : lobes des pétales dans un bourgeon floral.

cœnocarpe, cœnocarpique (adj.) Synonyme de syncarpe. *(cœnocarpous)*

cœur du bois (l.m.) Synonyme de duramen. *(heartwood)*

coiffe (n.f.) *(root cap)*
Sorte de capuchon fragile terminant la racine, protégeant le méristème apical, et se régénérant continuellement. La partie axiale de la coiffe, appelée columelle, est le lieu de perception de la gravistimulation.

coléoptile (n.m.) *(coleoptile)*
Organe en forme de petite gaine, généralement conique, percé à son apex et qui, au moment de la germination du caryopse d'une Graminée, recouvre la gemmule et les jeunes feuilles qui en sont issues.

coléorhize (n.m.) *(coleorhiza)*

Gaine protectrice couvrant la radicule de l'embryon chez les Poacées.

collatéral (adj.) *(collateral)*

Se dit de bourgeons surnuméraires placés au voisinage du bourgeon principal dans un plan perpendiculaire à l'axe de la tige. Cette disposition est typique de certaines Monocotylédones.

collenchyme (n.m.) *(collenchyma)*

Tissu de soutien vivant qui reste flexible et qui naît d'un parenchyme par épaississement de ses parois primaires par la cellulose et les pectines. Il contient des plastes, l'amidon y est rare ou nul. On le trouve dans les tiges non lignifiées des jeunes plantes, sous l'épiderme des pétioles des feuilles et autres organes aériens en cours de croissance (jamais dans les racines). Aucune paroi secondaire ne se forme dans les cellules de ce tissu comme dans le parenchyme mais, à la différence de ce dernier, il ne présente pas de lacunes entre ses cellules. Ces dernières sont généralement allongées, parallèlement à l'axe longitudinal de la plante.

collet (n.m.) *(neck)*

Zone de transition entre la tige et la racine principale d'une plante. Il peut être indistinct, renflé ou rétréci.

colonne (n.f.) *(column)*

1. Ensemble des étamines unies par leurs filets comme chez les Malvacées.

2. Désigne aussi la colonne formée par l'ensemble des étamines et du style de la fleur de certaines Orchidacées, et dont le nom scientifique est gynostème.

columelle (n.f.) *(columella)*

1. Partie centrale de la coiffe racinaire, composée de statocytes sensibles à la gravité, ce qui permet aux racines de s'accroître selon un gravitropisme positif.

2. Organe présent dans la capsule des Bryophytes et produisant les spores.

3. Désigne parfois l'axe central où sont fixés les ovules d'un ovaire pluriloculaire à placentation axile.

communauté (n.f.) *(community)*

Ensemble des populations de plantes et d'animaux vivant naturellement dans un environnement commun. Les individus et populations d'une communauté interagissent les uns avec les autres et avec les facteurs non biotiques. La communauté et les facteurs non biotiques constituent un écosystème. Une communauté est dite fermée si aucune autre espèce de son extérieur ne peut interagir avec ses membres. Elle est dite ouverte si de nouvelles espèces peuvent s'y développer.

compagne (adj.) *(companion)*

Se dit d'une plante non caractéristique d'une association végétale mais l'accompagnant presque toujours.

compétition (n.f.) *(competition)*

Interaction entre les individus de la même espèce (compétition intraspécifique) ou d'espèces différentes (compétition interspécifique) pour l'utilisation de ressources restreintes d'un territoire (nourriture, espace, etc.).

Dans des cas extrêmes, la compétition peut aboutir à l'élimination d'une ou de plusieurs espèces, se répercutant ainsi sur la densité et la répartition et, par conséquent, l'évolution d'un peuplement végétal dans son biotope.

complète (adj.) *(complete)*

Se dit d'une fleur possédant les quatre ensembles de pièces florales : sépales, pétales, étamines et carpelles. Une fleur complète est également dite parfaite.
Ant. : incomplète.

composé (adj.) *(compound)*

1. Se dit d'une feuille dont le limbe est divisé en sous-unités individualisées : ces divisions distinctes ou folioles, sessiles ou pétiolulées, ressemblant à autant de petites feuilles, sont attachées au pétiole commun reconnaissable à ce qu'il est le seul à posséder à sa base un bourgeon axillaire et éventuellement des stipules. Ex. : feuilles de l'Acacia, du Frêne, du Marronnier, de la Rose.
2. Se dit d'un tissu constitué de plusieurs types cellulaires. Ex. : tissu conducteur constitué de xylème et de phloème.
3. Qualifie un ovaire avec deux ou plusieurs carpelles (ovaire pluricarpellé), libres ou soudés entre eux.
4. Se dit aussi d'une inflorescence dont l'axe principal porte lui-même des ramifications. Ex. : ombelle composée (d'ombellules) des Apiacées, épi composé (d'épillets) des Poacées.
Ant. : simple.

composite (adj.) *(composite)*

Se dit d'une inflorescence qui présente une combinaison de plusieurs types d'inflorescences : grappes d'ombelles (Ex. : Lierre), grappes d'épillets (Ex. : Avoine), corymbe de capitules (Ex. : Mille-feuille), etc.

composition floristique (l.f.) *(floristic composition)*

Liste des espèces végétales présentes en un endroit donné.

conceptacle (n.m.) *(conceptacle)*

Réceptacle creux chez certaines fleurs, formé par la concrescence à leur base des sépales, pétales et étamines. Ex. : Églantier (*Rosa canina*, Rosacées).

concolore (adj.) *(concolorous)*

De même couleur. Ex. : pièces périanthaires de la plupart des Monocotylédones.
Ant. : discolore.

concrescent (adj.) *(concrete)*

Se dit d'un organe soudé à un autre. Ex. : pétales dans une corolle gamopétale.

condupliqué (adj.) *(conduplicate)*

Se dit d'une feuille pliée en deux vers l'intérieur dans toute sa longueur, suivant la nervure médiane dans le bourgeon encore clos. Ex. : Cerisiers.

cône (n.m.) *(cone)*

Inflorescence mâle ou femelle des Conifères (Ex. : Pin), formée de pièces latérales ou écailles portées par un axe central et se recouvrant les unes les autres. Chez les Gymnospermes, le cône mâle est constitué d'un axe autour duquel s'insèrent de nombreuses écailles portant à leur face inférieure des sacs polliniques : chaque écaille ayant valeur d'étamine, le cône mâle peut être considéré comme étant une fleur. Le cône femelle, beaucoup plus massif, est constitué également d'un axe autour duquel s'insèrent en spirale régulière des écailles, chacune d'elles étant axillée par une bractée et portant à sa face supérieure un ou plusieurs ovules qui, après fécondation, se transformeront en graines. Chaque écaille ayant valeur de fleur, un cône femelle peut être considéré comme étant une inflorescence.

conifères (n.m.pl.) *(conifers)*

Sous-embranchement des Gymnospermes, ordre des Coniférales, comprenant uniquement des arbres ou des arbrisseaux. Leurs feuilles sont, le plus souvent, en forme d'aiguilles persistantes (sauf chez le Mélèze) ou d'écailles résistantes au froid et à la sécheresse. Généralement monoïques ou quelquefois dioïques (*Taxus, Juniperus),* polycarpiques, leurs inflorescences ont la forme de cônes. Leur croissance en largeur se fait par des cambiums. Leur xylème est constitué de trachéides. Les Conifères sont presque toujours des résineux.

Syn. : résineux.

conné (adj.) *(connate(d))*

Qualifie des feuilles opposées et soudées par leur base. Ex. : *Gentiana lutea* (Gentianacées), Chèvrefeuille (*Lonicera*, Caprifoliacées).

Ne pas confondre avec adné.

connectif (n.m.) *(connective)*

Partie sommitale stérile du filet d'une étamine située entre les deux loges polliniques de l'anthère. Il peut parfois se prolonger en appendice au-dessus de l'anthère.

connivent (adj.) *(connivent)*

Se dit d'organes qui se touchent sans se souder. Ex. : ombellules de la Carotte (*Daucus carota*), anthères des *Solanum.*

contourné (adj.) *(contorted)*

Qualifie des organes (feuilles, pétales et écailles, en particulier) dont les bords se recouvrent partiellement en séquence régulière tout en tournant sur eux-mêmes (en spirale) dans un bourgeon.

convar (n.m.) Voir cultivar. *(convar)*

convergence (n.f.) *(convergence)*

Ressemblance morphologique, anatomique, physiologique ou chimique entre des espèces appartenant à des familles systématiquement distantes mais soumises à des contraintes identiques (froid, sécheresse, humidité...). Ex. de convergences morphologiques : les plantes succulentes des régions chaudes désertiques (Cactacées principalement mais également Euphorbiacées, Asclépiadacées...), les plantes en coussinet rencontrées aux hautes altitudes (Brassicacées, Caryophyllacées...), les plantes aquatiques à tiges à grandes lacunes aérifères.

On parle de convergence homoplastique quand la ressemblance porte sur un caractère de même type chez des végétaux systématiquement différents. Ex. : tige de type stipe chez les Palmiers, Cycas et Fougères arborescentes. On parle de convergence hétéroplastique quand il s'agit de ressemblance entre des éléments de nature différente. Ex. : la fleur de l'*Aristolochia clematitis* et l'inflorescence (spadice) d'*Arum maculatum.* Dans ce cas, en plus de la convergence morphologique, il y a convergence fonctionnelle.

convoluté (adj.) *(convolute(d))*

1. Se dit d'un organe enroulé sur lui-même en forme de cornet, suivant sa longueur, de sorte que ses marges se chevauchent. Ex. : feuilles jeunes de nombreuses Monocotylédones.

2. Se dit d'une préfoliaison traduite par des feuilles enroulées sur elles-mêmes en cornets dans le bourgeon et d'une préfloraison imbriquée chez laquelle les pétales sont tous mi-recouverts et mi-recouvrants donnant l'impression d'un bouton floral tordu.

cordé, cordiforme (adj.) *(cordate, cordiform)*

Qualifie tout organe en forme de cœur : c'est le cas de certaines feuilles dont le pétiole est attaché entre deux lobes arrondis à la base du limbe. Ex. : feuille de l'Aristoloche clématite (*Aristolochia clematitis*), silique de la Capselle bourse-à-pasteur (*Capsella bursa-pastoris*).

corme (n.m.) *(corm)*

Tige souterraine très courte, plus ou moins globuleuse, ayant l'apparence d'un bulbe, contenant toutes les réserves de la plante, et enveloppée par un petit nombre de feuilles sèches, sans réserves mais pas d'écailles.

Les cormes se trouvent chez diverses Monocotylédones (Ex. : corme du Crocus, des Glaïeuls) et assurent la survie de la plante durant l'hiver ou en période de sécheresse.

Ne pas confondre avec le fruit du Cormier (*Sorbus domestica*, Rosacées).

cormophytes (n.m.pl.) *(cormophytes)*

Groupe paraphylétique, typiquement terrestre, réunissant des plantes possédant en commun certains caractères morphologiques : présence d'une tige portant des feuilles ou des frondes, pourvue de racines (sauf cas particuliers). On y inclut une partie des Bryophytes (à l'exclusion des Hépatiques à thalle), les Ptéridophytes, les Préspermaphytes et les Spermaphytes.

Parmi les Cormophytes, seuls les Trachéophytes sont vascularisés (xylème et phloème).

Syn. : végétaux supérieurs, Archégoniates.

cormus (n.m.) *(cormus)*

Appareil végétatif des Cormophytes, constitué d'un système d'axes de nature caulinaire et possédant ou non des racines (Ptéridophytes et Spermaphytes) et des feuilles.

corolle (n.f.) *(corolla)*

Nom désignant l'ensemble formé par les pétales d'une fleur. Généralement colorée la corolle a pour fonction d'attirer les insectes pollinisateurs. Elle peut être persistante ou caduque.

Dans une corolle, les pétales peuvent être :

- indépendants jusqu'à la base (Renoncule, Giroflée, Carotte, etc.), on parle de corolle dialypétale, ou plus ou moins soudés en tube (Liseron, Sauge, etc.), on parle alors de corolle gamopétale ;
- disposés en plusieurs plans, la corolle est dite actinomorphe (Ex. : Primevère) ;
- disposés en un seul plan (vertical), la fleur est dite alors zygomorphe (Ex. : Orchidacées, Fabacées).

Corolle de Papillonacées

corolliflore (adj.) *(corolliflorous)*

Se dit d'une plante dont les étamines sont insérées sur la corolle. Ex. : Chèvrefeuille (*Lonicera*, Caprifoliacées).

coronule (n.f.) *(coronule)*

Petite couronne d'appendices libres, connivents ou soudés prolongeant le tube formé par certaines corolles. Ex. : *Narcissus* sp. (Amaryllidacées).

Syn. : paracorolle.

corpus (n.m.) *(corpus)*

Partie interne du méristème apical caulinaire des plantes vasculaires, située sous la *tunica*. Au niveau du corpus, les cellules se divisent dans toutes les directions, donnant naissance à la moelle de la tige.

corrélation organique (l.f.) *(organic correlation)*

Interdépendance équilibrée dans le développement des organes d'une plante par transfert d'un signal provenant du lieu d'origine et parvenant au lieu de réponse.

Le phénomène de la dominance apicale, par exemple, est la résultante des interactions entre le bourgeon apical et les bourgeons axillaires, à la faveur du premier.

D'autres types de corrélations peuvent être distingués au niveau d'une plante supérieure. Ainsi, la racine alimente la tige en eau et en sels minéraux. Les gibbérellines et les cytokinines sont synthétisées essentiellement dans la racine, (corrélation racine/tige). En contrepartie, tous les produits de la photosynthèse et les substances de croissance produites dans la partie supérieure alimentent également les racines (corrélation tige/racine).

cortex (n.m.) *(cortex)*

Tissu caulinaire ou racinaire entre l'épiderme et le phloème.

corymbe (n.m.) *(corymb)*

Type d'inflorescence dans laquelle les pédicelles, de longueur inégale et insérés à des niveaux différents amènent les fleurs pratiquement dans un même plan.

Le corymbe peut être simple (Ex. : Pommier) ou composée de petits corymbes (Ex. : Aubépine).

cosmopolite (adj.) *(cosmopolitan)*

Qualifie un taxon (espèce, genre, famille, etc.) présent sur tous les continents.
Ant. : endémique.

> ⚠ Ne pas confondre avec ubiquiste.

cotylédon (n.m.) *(cotyledon)*

La (ou les) feuilles primordiales accompagnant l'embryon chez les Spermaphytes. Il existe un seul cotylédon chez les Monocotylédones (Orchidacées, Liliacées, Poacées, Arécacées, etc.), deux chez les Dicotylédones (Rosacées, Fabacées, Solanacées, etc.).
Chez les graines albuminées, le(s) cotylédon(s) est (sont) foliacé(s) (Ex. : Ricin), tandis que chez les graines exalbuminées (Ex. : Haricot), ce sont les cotylédons qui accumulent les substances de réserve.
Au moment de la germination, les cotylédons constituent les premières feuilles de la plantule. Chez les plantes à germination épigée (Ex. : Haricot, Hêtre), les cotylédons, portés hors du sol, assurent la photosynthèse et remplissent donc la fonction des feuilles ; leur forme est généralement notablement différente de celles des feuilles épicotylaires. Chez les plantes à germination hypogée (Ex. : Fève, Chêne), les cotylédons restent, dans un premier temps, dans le sol et constituent des organes de réserve nutritive de la jeune plantule.
Les Gymnospermes en possèdent jusqu'à une douzaine, le nombre variant dans chaque plante.

coumarines (n.f.pl.) *(coumarins)*

Nom générique de certaines substances présentes dans de nombreuses plantes particulièrement les familles des Astéracées (*Hieracium pilosella*), Apiacées (*Ammi visnaga, Angelica archangelica*), Fabacées *Melilotus albus, M. officinalis*), et Rubiacées (*Galium odoratum*). Ce sont des dérivés des acides hydroxycinnamiques et qui sont le point de départ d'une famille de composés qui se forment par une substitution en 6, 7 et 8 sur un cycle aromatique.

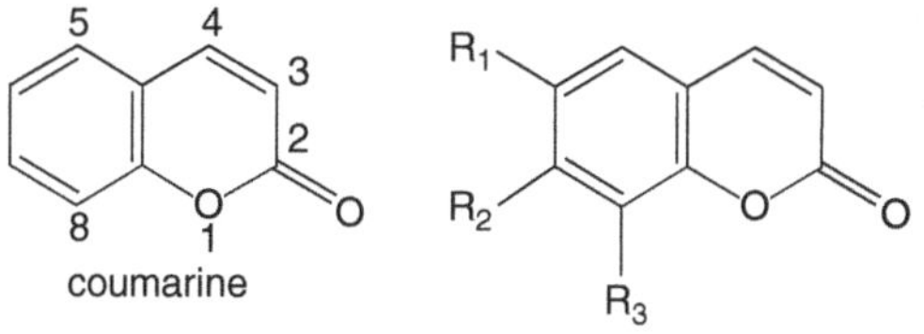

coumarine

$R_1 = R_3 = H$,	$R_2 = OH$	ombelliférone
$R_1 = R_3 = H$,	$R_2 = OCH_3$	herniarine
$R_1 = R_2 = OH$,	$R_3 = H$	esculétol
$R_1 = OCH_3$,	$R_2 = OH$, $R_3 = H$	scopolétol
$R_1 = OCH_3$,	$R_2 = R_3 = OH$	fraxétol

▶ Structure des coumarines ◀

couronne (n.f.) *(1. corona, crown, top, 2. corona)*

1. Partie supérieure de l'arbre qui comprend les branches et les feuilles.
2. Appendices du périanthe soudés entre eux et généralement saillants. Ex. : Amaryllidacées.

couvert végétal (l.m.), **couverture végétale** (l.f.) *(plant cover)*

Ensemble des plantes qui couvrent le sol (prairie, culture, etc.) et qui peut le protéger des variations brutales de température et d'humidité, et de l'érosion par ruissellement. On parle de couvert forestier lorsqu'il s'agit d'arbres.

crampon (n.m.) *(tendril)*

Sorte de courte racine aérienne, adventive, à l'aide de laquelle certaines espèces grimpantes se fixent à des supports placés à proximité. Ex. : crampons du Lierre (*Hedera helix*).

crassulescente (adj.) *(crassulescent)*

Se dit de plantes caractérisées par leur succulence et possédant des feuilles épaisses gorgées d'eau. Les plantes crassulescentes regroupent diverses familles, en particulier des Crassulacées, des Euphorbiacées et des Cactacées.

crénelé (adj.) *(crenate(d))*

Se dit d'une feuille dont le bord est à dents larges et arrondies (crénelures). Ex. : feuilles de la Violette (*Viola*), du Lierre terrestre (*Hedera helix*).

cristé (adj.) *(crested)*

Qualifie un organe pourvu d'appendices dont l'ensemble ressemble à une crête de Coq.

croisement (n.m.) *(crossing)*

Mise en présence de matériels génétiques différents en vue de nouvelles recombinaisons génétiques.

croissance (n.f.) *(growth)*

Ensemble des modifications quantitatives irréversibles qui se traduisent par un accroissement de dimensions ou de poids d'une cellule, d'un organe ou d'un organisme, résultant de l'élongation et de la multiplication cellulaires, jusqu'à son développement complet.

> Chez les plantes supérieures, la croissance en longueur résulte de l'activité des méristèmes apicaux (racinaire et caulinaire), la croissance en diamètre résulte, de l'activité des cambiums chez les Gymnospermes et Angiospermes Dicotylédones et de l'activité des méristèmes d'élargissement chez les Monocotylédones.
>
> La croissance est aussi accompagnée de changements morphologiques progressifs résultant de modifications du métabolisme de l'individu. C'est le phénomène de différenciation.
>
> Certains phénomènes qui s'apparentent à la croissance ne sont que des processus réversibles, parfois passifs. Ex. : augmentation des dimensions des cellules par une entrée d'eau (turgescence) ; augmentation de masse de cellules, de tissus ou d'organes liés à l'accumulation temporaire de réserves amylacées élaborées par photosynthèse.

croissance définie (l.f.) *(definite growth)*

Mode de croissance par lequel le méristème terminal d'un axe feuillé ne croît que pendant une période déterminée au début de son existence puis se transforme en une structure incapable de poursuivre un fonctionnement végétatif ultérieur (fleur, épine, vrille…) ou meurt.

croissance indéfinie (l.f.) *(indefinite growth)*

Mode de croissance par lequel un axe feuillé, terminé par un méristème végétatif, peut s'allonger, théoriquement, pendant toute la durée de vie de la plante.

croissance primaire (l.f.) *(primary growth)*

Croissance produite par les méristèmes apicaux (racinaire, caulinaire et foliaire), donnant naissance à l'organisation primaire de la plante (mise en place dans un premier temps de la croissance végétale). Les tissus qui en dérivent sont appelés tissus primaires : parenchymes, collenchyme, sclérenchyme, tissus conducteurs primaires (xylème et phloème), tissus de revêtement (épiderme, rhizoderme).

croissance secondaire (l.f.) *(secondary growth)*

Croissance en épaisseur produite par le fonctionnement de deux méristèmes.

Lors de la croissance secondaire, le fonctionnement de l'assise génératrice libéro-ligneuse ou cambium et celui de l'assise génératrice subéro-phellodermique ou phellogène, provoquent l'accroissement en diamètre des tiges et des racines. Les tissus qui en dérivent sont appelés tissus secondaires : le xylème secondaire et le phloème secondaire (en continuité avec le xylème et le phloème primaires) produits, respectivement, à l'intérieur et à l'extérieur du cambium, le phelloderme et le suber produits, respectivement à l'intérieur et à l'extérieur du phellogène. Ces tissus se rencontrent chez les Angiospermes Dicotylédones et chez les Gymnospermes. Chez les Monocotylédones, on n'observe pas habituellement de croissance secondaire. Du suber peut cependant se former en cas de blessure (tissu cicatriciel). Chez les espèces pluriannuelles, à la fin de chaque saison de croissance, le cambium vasculaire cesse de croître, formant un anneau ou cerne. Dans ce cas, on observe des cercles concentriques de bois au niveau des tiges et des racines.

croissance végétative (l.f.) *(vegetative growth)*

Croissance des racines, des tiges, des feuilles.

cryptogame (n.m.) *(cryptogam)*

Désigne un végétal dont les organes reproducteurs sont cachés ou peu apparents.

Les Cryptogames sont soit non vasculaires (formés d'un tissu cellulaire sans vaisseaux différenciés) et dépourvus de véritables racines, comme les Mousses, soit vasculaires et possèdent alors des vaisseaux différenciés comme les Ptéridophytes (Fougères, les Lycopodes, les Prêles, etc.).

Les cryptogames sont dépourvus de fleurs et de graines, la dissémination se faisant au stade des spores (à n chromosomes) donnant le gamétophyte qui porte les organes reproducteurs. Ce sont des cryptogames qui sont les premiers végétaux ayant colonisé les terres émergées il y a 450 millions d'années (Bryophytes et Ptéridophytes).

Ant. : phanérogame.

cryptogamique (adj.) *(cryptogamic)*

Qualifie, généralement, une maladie parasitaire provoquée par un champignon.

cryptophyte (n.m.) *(cryptophyte)*

Voir forme biologique.

cultivar (n.m.) (cv : abréviation française de *cultivated variety*) *(cultivar)*

Désigne toute variété végétale agricole, médicinale, sylvicole ou horticole, maintenue en culture et par la culture, quelle qu'en soit sa nature génétique (clone, hybride de première génération, population, etc.) et qui se distingue par tout caractère stable et identifiable à l'intérieur d'une espèce végétale donnée.

Ce terme est parfois utilisé pour désigner uniquement les variétés obtenues par sélection naturelle ou par croisement. De plus en plus, le génie génétique est mis à contribution pour introduire chez certains cultivars des caractéristiques nouvelles intéressantes.

Un groupe de cultivars apparentés est appelé convar.

Ne pas confondre avec variété botanique, qui est une subdivision de l'espèce et qui se retrouve à l'état naturel. La différence entre un cultivar et une variété réside dans le fait que les caractéristiques uniques d'un cultivar ne sont généralement pas transmises d'une génération à l'autre par les graines. Par conséquent, ces plantes doivent être multipliées par multiplication végétative.

culture énergétique (l.f.) *(energetic crop)*

Se dit de toute culture destinée à la production d'énergie. La production d'éthanol à partir de la Canne à sucre (*Saccharum officinarum*), du Topinambour (*Helianthus tuberosus*), du Manioc (*Jatropha manihot*) ou des graines de Céréales, en est l'exemple typique.

culture *in vitro* (l.f.) *(in vitro culture)*

Technique de production cellulaire permettant la conservation en survie, la prolifération voire même l'obtention d'organismes entiers, *in vitro* dans des conditions aseptiques et contrôlées, à partir d'un fragment de tissu initial ou explant, prélevé sur l'organisme qu'on souhaite multiplier.

La culture *in vitro* peut être réalisée à partir des embryons (embryogenèse), des bourgeons ou des méristèmes, des grains de pollen (androgenèse), des ovaires, des ovules ou des sacs embryonnaires non fécondés (gynogenèse) ou encore à partir d'explants divers (cotylédons, tiges, racines, feuilles, fleurs). Elle est également possible à partir de protoplastes.

La culture *in vitro* présente deux intérêts essentiels pour l'agriculture :

1. La multiplication de méristèmes préexistants :

➤ possibilité d'obtenir un taux de multiplication de loin plus important que les meilleures techniques classiques de multiplication, en un temps relativement bref et dans un espace restreint, de certaines plantes intéressantes ou d'espèces dont le taux de multiplication naturel est faible (arbres fruitiers, Pomme de terre, Fraisier, etc.) ;

➤ possibilité de repérer plus rapidement des lignées de plantes aux performances physiologiques et aux caractéristiques agronomiques ou nutritionnelles supérieures ;

➤ régénération de plantes saines à partir des méristèmes prélevés sur de nombreuses variétés cultivées virosées. Chez ces plantes, seul le méristème reste indemne.

➤ indépendance vis-à-vis des facteurs de l'environnement (climat, parasites, contraintes géographiques et saisonnières) ;

➤ contrôle qualitatif et quantitatif de la production.

2. La régénération à partir de culture de tissus ou de cellules est possible parce que les cellules végétales peuvent exprimer toutes les potentialités pour redonner des individus complets identiques à la plante sur laquelle les cellules ont été prélevées : cette propriété est appelée « totipotence cellulaire ».

cunéiforme (adj.) *(cuneate, cuneiform)*

Qualifie un organe en forme de coin (angle aigu) ou de triangle renversé. Ex. : feuilles de *Saxifraga cuneata* (Saxifragacées).

cupressoïde (adj.) *(cupressoid)*

Qualifie un feuillage constitué d'écailles étroitement repliées, apprimées, à la manière des feuilles des Cupressacées. Ex : Cyprès (*Cupressus*).

cupule (n.f.) *(cupule)*

Petite coupe écailleuse, ligneuse, formée par la soudure de bractées et entourant complètement la base de certaines fleurs ou fruits. Ex. : cupule du gland du Chêne (*Quercus*).

cuspidé (adj.) *(cuspidate)*

Se dit d'une feuille insensiblement terminée par une pointe longue et raide. Ex. : feuilles du Châtaignier (*Castanea*).

> ⚠ Ne pas confondre avec apiculé et mucroné.

cuticule (n.f.) *(cuticle)*

Revêtement externe de la paroi des cellules de l'épiderme de la tige et des feuilles, constituée par une couche continue, plus ou moins épaisse, d'une substance grasse, appelée cutine, qui joue un rôle protecteur (étanchéité).

La cuticule est relativement imperméable à l'eau et aux gaz, limitant la perte d'eau par transpiration. L'épaisseur de la cuticule varie avec les conditions de l'environnement. Les plantes natives des zones arides possèdent une cuticule très épaisse tandis que les plantes des zones humides à cuticule très fine voient celle-ci s'épaissir lorsqu'elles sont soumises à des conditions de sécheresse.

La cuticule intervient aussi dans la défense contre les agressions extérieures des organismes pathogènes, tels que les champignons et les bactéries. En raison de sa nature cireuse, la cuticule est réfractaire à l'eau et par conséquent empêche la germination des spores de champignons qui nécessite de l'humidité. Après germination, certains champignons sont capables de produire une cutine estérase ou cutinase, enzyme hydrolysant les liaisons esters entre les groupes hydroxyles et carboxyles des acides cutiniques, facilitant ainsi, la pénétration des hyphes fongiques à l'intérieur de la plante.

cutine (n.f.) *(cutin)*

Polymère hydrophobe et relativement non digestible, trouvé dans la paroi externe de l'épiderme des plantes, formant la cuticule de certains organes (tiges, feuilles).

cyathe, cyathium (n.m.) *(cyathium)*

Inflorescence particulière des Euphorbes (*Euphorbia* sp.), constituée par une fleur femelle centrale réduite à un pistil tricarpellé et entourée de quelques fleurs mâles monostaminées ; l'ensemble étant entouré par un involucre de bractées simulant un petit calice, appelé péricyathe et possédant des glandes nectarifères de diverses formes.

Cycadales (n.f.pl.) *(Cycads)*

Groupe de plantes appartenant aux Préspermaphytes (certains auteurs les classent dans les Gymnospermes natrices). Surtout représentées par des fossiles, certaines d'entre elles ressemblent à des Palmiers (*Cycas* sp.). Dioïques, avec les pieds mâles forment des cônes allongés libérant du pollen, les pieds femelles ayant des feuilles centrales modifiées, disposées également en un cône plus ou moins volumineux et portant des ovules de grande taille car les réserves ont été faites avant la fécondation. L'ovule fécondé germe tout de suite sans période de dormance.

cycle cellulaire (l.m.) *(cell cycle)*

Séquence des étapes par lesquelles une cellule passe d'une division à une autre. Le cycle cellulaire des Eucaryotes est divisé grossièrement en 4 phases : G_1, S, G_2 et M. Les phases G_1, S et G_2 représentent l'interphase. Durant la phase S, il y a doublement de la teneur en ADN, conséquence de la réplication des chromosomes. La phase G_2 est celle des préparations finales de la division cellulaire (cytokinèse). Le cycle cellulaire se termine par la phase M qui correspond à la mitose proprement dite, conduisant à la naissance de deux cellules-filles ; chacune ayant la moitié du stock chromosomique.

cycle de Calvin (l.m.) *(Calvin cycle)*

Ensemble de la voie métabolique localisée dans le stroma des chloroplastes et qui, lors de la phase thermochimique de la photosynthèse, produit des glucides et libère de l'oxygène à partir du dioxyde de carbone et de l'eau.

Le cycle de Calvin se rencontre chez toutes les Phanérogames chlorophylliennes.

Il s'agit d'un ensemble complexe de réactions enzymatiques où l'on distingue 3 étapes essentielles : fixation du CO_2, réduction du CO_2 et utilisation du carbone réduit.

1. Fixation du CO_2 atmosphérique : étape clé assurée par la ribulose 1,5-bisphosphate carboxylase/oxygénase (communément appelée RuBisCO), la fixation du CO_2 se fait sur le ribulose 1,5-bisphosphate lequel sera coupé par hydrolyse en deux trioses (acide 3-phospho-glycérique ou APG) :

Ribulose 1,5-bisphosphate + $CO_2 \rightarrow$ 2 (3-Phosphoglycérate)

2. Réduction du CO_2 : étape centrale du cycle de Calvin, au cours de laquelle le CO_2 fixé va être réduit, la fonction acide carboxylique (-COOH) devenant fonction aldéhyde (-CHO).

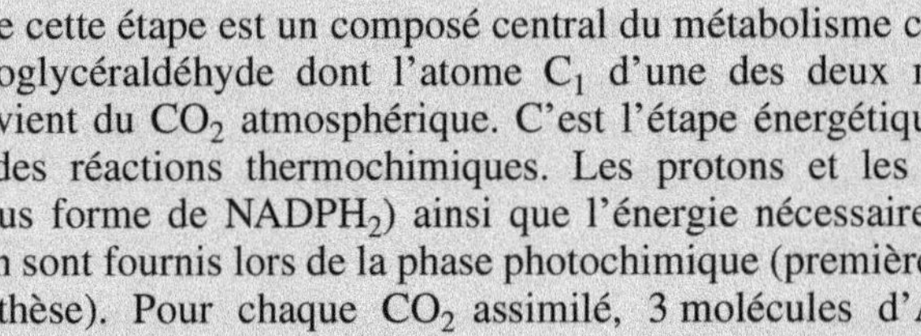

Le produit de cette étape est un composé central du métabolisme cellulaire : le 3-phosphoglycéraldéhyde dont l'atome C_1 d'une des deux molécules formées provient du CO_2 atmosphérique. C'est l'étape énergétique la plus importante des réactions thermochimiques. Les protons et les électrons (apportés sous forme de $NADPH_2$) ainsi que l'énergie nécessaire (ATP) à cette réaction sont fournis lors de la phase photochimique (première étape de la photosynthèse). Pour chaque CO_2 assimilé, 3 molécules d'ATP sont hydrolysées et 2 molécules de $NADPH_2$ sont oxydées. Pour 3 molécules de CO_2 fixées par 3 molécules de ribulose 1,5-bisphosphate, 6 molécules de 3-phosphoglycéraldéhyde sont produites, 5 d'entre elles sont utilisées pour régénérer les 3 ribulose 1,5-bisphosphate, la sixième représente le gain net de matière organique par la cellule.

3. Les molécules de phospho-glycéraldéhyde sont utilisées par deux voies métaboliques : la voie de synthèse glucidique (amidon) et la voie de régénération de l'accepteur initial du CO_2, le ribulose 1,5-bisphosphate par des transformations entre glucides phosphorylés, permettant la poursuite de la fixation du dioxyde de carbone.

Une partie des trioses-phosphates transite à travers l'enveloppe des chloroplastes et est à l'origine du saccharose, formé dans le cytosol.

Le nom complet est : cycle de Calvin-Benson-Basham.

cycle de développement (l.m.) *(life cycle)*

Succession de différents états chromosomiques (phases) représentés par différents états morphologiques (générations). Chez les végétaux supérieurs, le cycle est haplodiplophasique avec une phase haploïde et une phase diploïde correspondant à 2 générations (cycle digénétique) respectivement au gamétophyte qui produit les gamètes et au sporophyte qui donne les spores. La rencontre des gamètes (haploïdes) donne lieu à la fécondation dont résulte un œuf ou zygote (diploïde). Ce zygote se développe en un sporophyte qui subit la méiose au niveau de certaines structures (sporanges) donnant des méiospores ou spores haploïdes dont la germination redonnera un gamétophyte. Au cours de l'évolution du monde végétal a eu lieu une réduction de plus en plus poussée du stade gamétophytique : chez les Bryophytes, le gamétophyte est représenté par la plante feuillée et le sporophyte vit en parasite de ce gamétophyte. Alors que chez les groupes suivants, le gamétophyte n'est plus représenté que par le prothalle chez les Ptéridophytes et par le sac embryonnaire pour la partie femelle et par de grain de pollen pour la partie mâle chez les Angiospermes.

cycle de Krebs (l.m.) *(Krebs cycle, citric acid cycle, tricarboxylic acid cycle)*

Voie finale dans le catabolisme oxydatif des glucides, protéines et lipides en aérobiose et au cours de laquelle l'acétyl-CoA est oxydé en dioxyde de carbone (CO_2), en même temps que du NADH, du $FADH_2$ et de l'ATP sont produits.

Certains intermédiaires du cycle de Krebs (α-cétoglutarate, oxaloacétate, succinate) sont aussi des précurseurs d'acides aminés.

Syn. : cycle des acides tricarboxyliques, cycle citrique.

cycle floral (l.m.) *(floral cycle)*

Ensemble des pièces florales d'un même type, insérées en cercle sur un même niveau, par opposition à une disposition hélicoïdale.

⚠ La notion de cycle s'applique essentiellement aux pièces florales alors que celle de verticille s'applique à tout élément anatomique quel qu'il soit (feuilles, bractées, pièces florales, etc.).

cycle glyoxylique (l.m.) *(glyoxylic cycle)*

Forme écourtée du cycle de Krebs dans laquelle deux molécules d'acétyl CoA sont converties en une molécule de succinate et deux atomes d'hydrogène.

Ce cycle a lieu seulement chez certains micro-organismes, algues et plantes supérieures, dans les organes riches en lipides (graines des Oléagineux : Ricin, Soja, Tournesol, etc.) et dans des organites appelés glyoxysomes.

cyclique (adj.) *(cyclic)*

Qualifie une fleur constituée par une succession de cycles concentriques de pièces florales alternant régulièrement d'un verticille à un autre. Ex. : fleur de Rosacées.

Ant. : acyclique.

cylindre central (l.m.) Voir stèle.

cyme (n.f.) *(cyme)*

Type d'inflorescence définie constituée par un axe principal qui porte une fleur terminale (la plus ancienne), de part et d'autre duquel partent un ou plusieurs axes secondaires, se terminant chacun par une fleur et se ramifiant également de la même façon. On distingue :

- cyme unipare : les axes successifs se développent d'un seul côté de l'axe principal. De façon simplifiée, 2 cas particuliers de cymes unipares sont rencontrés : les cymes scorpioïdes où les axes latéraux apparaissent toujours du même côté, comme à partir d'une crosse déroulée (Ex. : *Solanum tuberosum*, nombreuses Borraginacées) et les cymes hélicoïdes où les axes latéraux apparaissent alternativement d'un côté puis de l'autre ;
- cyme bipare : les deux axes latéraux sont opposés. C'est, de loin, le type de cyme le plus répandu chez les Angiospermes. Ex. : Lin (*Linum*), Saponaire (*Saponaria*) ;
- cyme multipare (ou pluripare) : plusieurs axes latéraux partent du même point de l'axe principal.

cystogamie (n.f.) Synonyme d'hologamie. *(cystogamy)*

cystolithe (n.m.) *(cystolith)*

Concrétion cristalline d'oxalate de calcium ou de carbonate de calcium déposé dans certaines cellules périphériques (appelées idioblastes) des feuilles de certaines plantes (Urticacées, Acanthacées, Moracées) et relié à la paroi par un pédicelle imprégné de silice. Ex. : feuilles de Figuier (*Ficus carica*).

cytochimie (n.f.) *(cytochemistry)*

Ensemble des méthodes d'étude chimique des constituants cellulaires dont l'analyse est faite *in situ* afin d'en connaître la signification.

Ces méthodes sont basées sur l'emploi de réactifs qui forment avec les constituants recherchés des combinaisons détectables au microscope photonique par leurs colorations spécifiques, ou en microscopie électronique par leur pouvoir élevé de diffusion des électrons, qui leur confère un contraste important.

Les réactions cytochimiques nécessitent l'emploi préalable de fixations appropriées qui ne déplacent ni ne dénaturent les produits recherchés. Elles permettent des localisations de protéines, enzymes, polyosides, acides nucléiques, lipides, etc.

cytogénétique (n.f.) *(cytogenetics)*

Science s'intéressant à l'étude du matériel chromosomique. L'étude des chromosomes permet de connaître le niveau de ploïdie, de réaliser un caryotype permettant ainsi de voir toute anomalie numérique ou structurale (chromosome de taille anormale par exemple). Le plus souvent, cette étude s'intéresse plus précisément au déroulement de la mitose et de la méiose.

Chez les végétaux, l'analyse cytogénétique est généralement réalisée sur le méristème apical des pointes de racines.

cytokinine (n.f.) Voir kinine. *(cytokinin)*

cytologie (n.f.) *(cytology)*

Science qui s'intéresse à la forme, à la composition, à la physiologie et à la reproduction des cellules.

L'étude structurale de la cellule peut être réalisée au microscope photonique, soit sur des cellules vivantes après utilisation de colorants non destructeurs, soit sur des cellules mortes, fixées à l'aide d'agents physiques ou chimiques dans un état aussi voisin que possible du vivant, et colorées. Le microscope électronique, grâce à son pouvoir séparateur 400 fois supérieur à celui du microscope photonique (200 et 0,5 nm, respectivement) permet de mieux connaître l'architecture membranaire mais ne révèle que les structures fixées.

cytoplasme (n.m.) *(cytoplasm)*

Tout le milieu interne et vivant de la cellule sauf le noyau, les vacuoles et les inclusions, limité extérieurement par la membrane plasmique et intérieurement par le tonoplaste. Il comporte une substance fondamentale colloïdale, le cytosol, renfermant des compartiments délimités par un système membranaire ou organites (mitochondries, chloroplastes, appareil de Golgi, réticulum endoplasmique, peroxysomes, glyoxysomes), des protéines, des enzymes, etc. Conventionnellement, le noyau, bien que situé dans le cytoplasme, n'en fait pas partie. Noyau et cytoplasme constituent le protoplasme.

Le cytoplasme est le siège de nombreuses voies métaboliques : dégradation des glucides jusqu'au stade pyruvate (glycolyse), voie des pentoses, biosynthèse des acides gras, activation des acides aminés et synthèse des protéines, synthèse des mononucléotides, etc. Les échanges de substances avec le milieu extérieur sont réglés par la membrane plasmique, de nature lipoprotéique.

cytosol (n.m.) *(cytosol)*

Substance fondamentale hétérogène du cytoplasme cellulaire contenant les organites ainsi que des protéines, des acides aminés, des gouttelettes lipidiques, des ARN, etc., siège d'une intense activité métabolique. Le cytosol renferme aussi d'autres éléments structurés : les microfilaments et microtubules, dont l'ensemble constitue le cytosquelette. Le cytosol assure la continuité physique et métabolique entre les structures cellulaires, agissant comme un réservoir de nombreux métabolites essentiels.

A Z D

débourrage, débourrement (n.m.) *(bud burst)*

Stade phénologique dans le développement des végétaux, marqué par l'ouverture des bourgeons des arbres et l'épanouissement des feuilles nouvelles. La date du débourrement dépend de l'espèce considérée et du climat (en particulier, la température) dans lequel elle évolue.

décidu (adj.) Synonyme de caduc. *(deciduous)*

décombante (adj.) *(decumbent)*

Se dit d'une tige couchée sur le sol, sans racines adventives, mais dont l'extrémité, légèrement redressée, retombe sous son propre poids. Ex. : Thym (*Thymus vulgaris*).

décurrente (adj.) *(decurrent)*

Se dit d'une feuille, une foliole ou une bractée sessile dont le limbe se prolonge en aile foliacée sur le pétiole, pétiolule ou sur la tige, au-delà de son point d'insertion. Ex. : Bouillon blanc (*Verbascum thapsus*, Scophulariacées), Bourrache (*Borrago officinalis*), Consoude (*Symphytum*, Borraginacées).

décussées (adj.) *(decussate)*

Se dit des feuilles opposées deux à deux, les plans foliaires successifs étant perpendiculaires entre eux. Ex. : *Acer* (Acéracées) ; *Stachys palustris* (Lamiacées).

dédifférenciation (n.f.) *(dedifferentiation)*

Perte pour une cellule somatique jeune ou partiellement différenciée, de certaines caractéristiques cytologiques ou biochimiques (pouvoir de synthèse de substances de croissance, par exemple) obtenues lors de la différenciation et retour au stade méristématique. Toute organogenèse est précédée par une phase de dédifférenciation cellulaire. Ex. : proembryogenèse précédant l'organogenèse embryonnaire, néoformation de racines adventives sur des boutures de tiges ; à la suite de traumatismes divers, certaines cellules de tissus altérés peuvent engendrer de nouvelles cellules à fonction différente de celle d'origine.

défeuillaison (n.f.) *(leaffall)*

Chute naturelle des feuilles chez une espèce à feuillage caduc.

> ⚠ Ne pas confondre avec défoliation.

Syn. : effeuillaison.

définie (adj.) *(definite)*

Qualifie une inflorescence où la fleur la plus âgée se trouve à l'extrémité de l'axe principal, chaque nouvel axe floral apparaissant en dessous de la fleur précédente et se terminant par une fleur.
Syn. : cyme.

défoliation (n.f.) *(defoliation)*

Pratique manuelle destinée à hâter la maturation des fruits en éliminant les feuilles gênantes.
Syn. : effeuillage.

déhiscent (adj.) *(dehiscent)*

Se dit d'un organe (fruit, anthère, sporange) qui s'ouvre de lui-même à maturité pour libérer son contenu (graines, pollens, spores).
Le mode de déhiscence est caractéristique d'un organe particulier. La paroi de l'organe peut être modifiée et la déhiscence peut se faire dans une direction particulière, prédéterminée par des structures histologiques (longitudinale, transversale, circulaire, etc.). Les principaux types de déhiscence incluent la déhiscence operculaire (par un operculum), apicale ou poricide (par des pores situés au sommet de l'organe), loculicide (ouverture dans le dos des loges carpellaires chez certains fruits : Pensée, Tulipe, Marron d'Inde), septicide (le long des septa entre les loges comme chez la Colchique et la Gentiane) et septifrage.

deltoïde (adj.) *(deltoid)*

Se dit d'une feuille, en particulier, de forme triangulaire, le limbe étant lié au pétiole au milieu d'un côté. Ex. : feuilles du Bouleau (*Betula*).

demi-fleuron (n.m.) *(ray floret)*

Fleur ligulée zygomorphe de nombreuses Astéracées, à pétales déjetés en languette vers l'extérieur.

dendrogramme (n.m.) *(dendrogram)*

Schéma arborescent exprimant les liens entre des taxons sous la forme d'une succession de ramifications. Les cladogrammes et les phénogrammes sont des dendrogrammes représentant des affinités phylogénétiques et phénétiques, respectivement.

dendrologie (n.f.) *(dendrology)*

Science qui étudie les arbres et, plus généralement, les végétaux ligneux. Elle englobe la dendroclimatologie ou étude des anneaux de croissance (épaisseur, densité) dans le but de reconstruire les conditions climatiques qui ont eu lieu dans le passé et qui déterminent la croissance des arbres, la dendrochronologie basée sur le comptage et l'analyse morphologique des anneaux de croissance des arbres pour dater différents événements du passé (archéologiques, climatiques, écologiques, géomorphologiques, hydrologiques…) et la dendrométrie ou étude des formes, des dimensions, de l'accroissement et de l'âge des arbres.

développement (n.m.) *(development)*

Ensemble de manifestations morphologiques successives d'un organisme liées à l'initiation et à l'apparition de nouveaux organes au cours de sa vie, depuis la fécondation jusqu'à la mort.
Quelle que soit la complexité morphologique ou physiologique d'un organisme, son développement présente, tout à la fois, trois aspects étroitement interdépendants :

- divisions cellulaires qui augmentent le nombre des cellules constituant l'organisme ;

- modifications quantitatives, qui se traduisent par l'augmentation des dimensions (longueur, surface, volume ou masse) dont l'ensemble constitue la croissance ;
- modifications qualitatives, qui se traduisent par l'acquisition progressive et ordonnée de nouveaux caractères morphologiques et physiologiques particuliers, différents suivant les tissus : c'est la différenciation.

diadelphe (adj.) *(diadelphous)*

Se dit de l'androcée d'une fleur dont les étamines sont soudées entre elles par leurs filets en deux groupes dont l'un peut être réduit à une seule étamine. Ex. : Haricot (*Phaseolus vulgaris*), Pois (*Pisum sativum*).

diagnose (n.f.) *(diagnosis)*

Définition la plus courte possible mais complète des caractères individualisant un taxon (espèce, genre, famille, etc.), souvent accompagnée de la figuration de la forme prise comme type. La diagnose originelle d'un taxon est rédigée en latin et publiée dans un ouvrage ou un périodique officiellement enregistré et archivé afin de permettre sa consultation ultérieure. La détermination d'un spécimen donné se fait par comparaison avec ces diagnoses.

diagramme floral (l.m.) *(floral diagram)*

Représentation schématique de l'organisation d'une fleur.

> Dans le cas du diagramme de section, le plus utilisé, on représente une coupe transversale hypothétique, perpendiculaire à l'axe de la fleur et passant par toutes ses pièces, y compris les bractées et, éventuellement, les préfeuilles.
>
> Dans le cas du diagramme de section théorique, on fait également figurer les pièces florales virtuelles ou avortées.
>
> Enfin, dans le cas du diagramme d'insertion, on représente la forme et la place des surfaces d'insertion des différentes pièces florales.
>
> Les sépales et les pétales sont représentés par des arcs de cercles (reliés entre eux ou non selon que ces pièces sont soudées ou libres), les étamines par des 8 (coupes de leurs anthères) et le pistil par une coupe transversale faite au niveau de l'ovaire. Les pièces soudées sont réunies par un trait continu.

> Ne pas confondre avec formule florale.

diagramme pollinique (l.m.) *(pollen diagram)*

Représentation graphique de l'abondance de divers types de pollens rencontrés dans les sédiments. Les diagrammes polliniques renseignent sur l'histoire de la végétation et des climats dans le passé (surtout pour l'ère quaternaire).

Les fréquences relatives des différents pollens (en pourcentages) constituent le spectre pollinique d'un niveau sédimentaire. La représentation des spectres de niveaux superposés permet de construire un diagramme pollinique.

diakène (n.m.) *(diachene)*

Fruit sec indéhiscent, constitué de deux méricarpes se disjoignant à maturité. Ex. : diakène des Apiacées (Carotte, Fenouil).

Dialy-

Préfixe signifiant pièces libres.
Ant. Gamo-.

dialycarpellé ou **dialycarpique** (adj.) Carpelles libres *(dialycarpic)*
dialypétale (adj.) Pétales libres et distincts les uns des autres *(dialypetalous)*
Syn. : polypétale.
dialysépale (adj.) Sépales séparés. *(dialysepalous)*
dialystémone (adj.) : Étamines libres. *(dialystemone)*

diandre, diandrique (adj.) *(diandrous)*

Se dit d'une fleur dont l'androcée est constitué par deux étamines. Ex. : Oléacées.

diaspore (n.f.) *(diaspore)*

Désigne tout fragment de l'appareil végétatif ou de l'appareil reproducteur d'un végétal susceptible, après isolement du pied-mère, de reconstituer un individu entier.

La diaspore peut être une partie de fruit (Ex. : silique du Radis) ou un fruit entier (Ex. : silicule de Luzerne), une inflorescence (Ex. : capitule de Bardane), un fruit composé (mûre du Mûrier), une graine (Spermaphytes) ou tout organe de multiplication végétative.

Certaines de ces diaspores sont plus particulièrement adaptées au transport par le vent (anémochorie), par les insectes (entomochorie), par les animaux (zoochorie), par l'eau (hydrochorie), par l'Homme (anthropochorie)...

dichlamydée (adj.) *(dichlamydeous)*

Se dit d'une fleur qui a deux enveloppes florales, un calice et une corolle.
Ant. : Monochlamydée.

dichogamie (n.f.) *(dichogamy)*

Condition où des parties mâles et femelles des fleurs hermaphrodites atteignent la maturité de façon décalée dans le temps empêchant ainsi l'autogamie. Il peut s'agir d'une :

- protérandrie ou protandrie : mâle avant femelle (plus fréquente). Ex. : les Apiacées, Campanules (*Campanula*) ;
- protérogynie ou protogynie : femelle avant mâle. Ex. : Lamiacées.

dichotome, dichotomique (adj.) *(dichotomic, dichotomous)*

Qualifie un organe (tige, racine, rameau) à ramification bifurquée en forme de fourche. Elle est rencontrée chez les Ptéridophytes, Algues, *Ceratophyllum*). On la rencontre également au niveau de la nervation des feuilles du *Ginkgo biloba*.

dicline (adj.) Synonyme d'unisexué. *(diclinous)*

Ant. : monocline.

Dicotylédones (n.f.pl.) *(Dicotyledons)*

Classe la plus importante des Spermaphytes Angiospermes (2/3 des espèces) L'embryon des Dicotylédones est caractérisé par la présence de deux cotylédons opposés. Cet ensemble, très diversifié comprend les arbres à bois dur, les arbrisseaux et de très nombreuses plantes herbacées. Les principales familles sont représentées par les Orchidacées (plus de 20 000 espèces), les Astéracées (20 000 espèces, 1 000 genres) et les Fabacées (15 000 espèces, 700 genres).

En plus de la présence de 2 cotylédons, les Dicotylédones possèdent d'autres caractéristiques structurales : i) les feuilles sont typiquement à nervation pennée, palmée ou réticulée et sont, le plus souvent, complètes avec limbe, pétiole, et éventuelles annexes, ii) le nombre de base des pièces florales est généralement de 5 (pentamérie), parfois de 4 (tétramérie), exceptionnellement de 3 (trimérie) ce qui est la règle chez les Monocotylédones, iii) l'accroissement en diamètre des tiges et racines résulte de l'activité d'assises génératrices et en particulier d'un cambium vasculaire producteur de bois et de liber. Les tiges peuvent ainsi devenir de véritables troncs, iv) les faisceaux libéro-ligneux primaires sont disposés en anneaux dans les tiges, v) le système racinaire est généralement pivotant, constitué d'une racine verticale principale qui donne naissance à de nombreuses petites racines secondaires, vi) le pollen est généralement tricolpé, c'est-à-dire muni de trois sillons de germination.

La distinction entre les deux sous-classes, Monocotylédones et Dicotylédones n'a rien d'absolu ; des traits de Monocotylédones se retrouvent chez des Dicotylédones et *vice versa* : des cas de Dicotylédones monocotylées se rencontrent dans quelques familles : Apiacées, Ranunculacées, Lentibulariacées, Nymphéacées ; nervation réticulée des Dioscoréacées-Aracées ; trimérie des Fagacées, Polygonacées ; etc. Les classifications les plus modernes subdivisent maintenant les Angiospermes en se basant tout d'abord sur la morphologie des grains de pollen : pollens monoaperturés et dérivés et pollens triaperturés et dérivés. Les nouveaux groupes ainsi délimités ne recouvrent pas exactement l'ancienne sub-division en Mono et Dicotylédones.

didyname (adj.) *(didynamous)*

Se dit d'une fleur ayant 4 étamines, 2 grandes et 2 plus petites. Ex. : majorité des Lamiacées, Digitale (*Digitalis*, Scrophulariacées).

différenciation (n.f.) *(differentiation)*

Terme utilisé pour caractériser la formation d'organes différents (tige, feuille, racine, etc.) ou, plus fréquemment, pour qualifier l'ensemble des processus qui, à l'échelle cellulaire, mènent à une spécialisation fonctionnelle. Chez les plantes vasculaires, cette différenciation cellulaire s'effectue, le plus souvent, à partir de cellules qui présentent des caractères méristématiques primaires (état dédifférencié) : rapport nucléoplasmique élevé, faible vacuolisation, pauvreté en substances de réserve, forte densité de ribosomes.

La différenciation peut suivre au moins deux voies principales : i) formation des divers parenchymes et tissus de soutien par croissance cellulaire importante, vacuolisation et modifications diversifiées de la paroi cellulaire, ii) formation d'un procambium, première étape de différenciation menant à la constitution des tissus conducteurs (xylème et phloème primaires) et à l'origine du futur éventuel cambium vasculaire ou assise génératrice libéro-ligneuse (cas des Dicotylédones et des Gymnospermes).

Les cellules d'un organisme, construites à peu près sur le même plan, sont toutes potentiellement capables d'assurer certaines fonctions métaboliques fondamentales. La diversité des cellules mises en place au cours de la différenciation est le témoin des multiples potentialités que contenait le zygote.

La différenciation résulte de la synthèse de protéines différentes. Le contenu enzymatique détermine une différence structurale en rapport avec les fonctions de la cellule. Il s'ensuit que la différenciation dépend du patrimoine génétique qui, contenant l'intégralité des informations morphogénétiques, ne s'exprime cependant que partiellement dans chacun des types cellulaires. L'expression de ces processus de différenciation cellulaire est sous le contrôle d'interactions intercellulaires (information de position) et de l'environnement (facteurs externes). Des cellules contenant le même génome connaissent des destinées différentes parce qu'elles expriment certains gènes à des moments précis de leur différenciation.

Chez les plantes vasculaires, et durant la transition du stade juvénile au stade adulte, la lignification constitue un exemple de différenciation biochimique directement associée à des modifications ultrastructurales irréversibles au niveau pariétal menant à la mort programmée de la cellule. Ces cellules lignifiées mortes jouent un rôle de première importance de soutien (sclérenchyme, bois), permettant le port érigé de la plante, et de conduction de la sève brute (trachéides et vaisseaux du bois).

diffus (adj.) *(diffuse)*

1. Disposé irrégulièrement et dans tous les sens.

2. Se dit aussi pour caractériser un mode de croissance. Ex. : croissance diffuse du parenchyme cortical de la racine de Ficaire en cours de tubérisation par opposition à la croissance localisée par hyperactivité du cambium vasculaire lors de la tubérisation du Radis.

dimonoïque (adj.) *(dimonoecious)*

Se dit d'une plante présentant sur le même pied des fleurs hermaphrodites et des fleurs mâles ou femelles (elle est soit gynomonoïque, soit andromonoïque).

dimorphisme (n.m.) *(dimorphism)*

Propriété pour un organisme de produire des organes homologues (même type) se présentant sous deux formes différentes. Par exemple, les Primevères sont dimorphes avec deux types d'individus, les uns aux fleurs brévistylées avec anthères situées au-dessus du stigmate, les autres aux fleurs longistylées avec anthères en dessous du stigmate.

dioécie (n.f.) *(dioecy)*

Cas d'une espèce (dite dioïque) où fleurs mâles et fleurs femelles sont portées par deux individus distincts. Ex. : Chanvre (*Cannabis*), Palmier dattier (*Phœnix dactylifera*), Hêtre (*Fagus*), Ortie (*Urtica dioica*), Saule (*Salix*), etc. La pollinisation ne peut se faire alors que par l'intermédiaire du vent, des Animaux ou de l'Homme.

Ant. : monoécie.

dioxyde de carbone (CO_2) (l.m.) *(carbon dioxide)*

Gaz atmosphérique absorbé par les plantes vertes qui, à l'aide de l'énergie lumineuse et en présence d'eau, l'utilisent pour la synthèse de glucides, grâce au processus de la photosynthèse.

diploïde (adj.) *(diploid)*

État normal d'un organisme ou d'une cellule somatique eucaryote possédant deux jeux de chromosomes homologues dans le même noyau. Les cellules diploïdes donnent naissance à des cellules haploïdes par le processus de la méiose. Le terme de diploïde est symbolisé par

$2n$. L'état diploïde est réalisé par la fusion de deux gamètes haploïdes, d'origine différente, l'un dérive du parent femelle et l'autre du parent mâle.

diplophase (n.f.) *(diplophase)*

Phase du cycle de développement d'une plante, correspondant à la période durant laquelle ses noyaux ont un nombre double ($2n$) de chromosomes ; elle correspond chez ces plantes à la génération sporophytique.
Ant. : haplophase.

diplosporie (n.f.) *(diplospory)*

Formation d'un sac embryonnaire dont les constituants sont à $2n$ chromosomes à partir d'une macrospore $2n$ par simple mitose (apoméiose), à la suite d'une méiose escamotée ou anormale. Il se développe alors un embryon sans fécondation (apomixie) à partir de l'oosphère diploïde (parthénogenèse diploïde) ou à partir d'une autre cellule diploïde du sac embryonnaire (apogamie diploïde).

diplostémone (adj.) *(diplostemone)*

Se dit d'une fleur possédant deux verticilles d'étamines, celles du verticille externe alternant régulièrement avec les pétales. Ex. : Géranium (*Pelargonium*).

disamare (n.f.) *(disamara)*

Samare double dont les ailes font un angle variable. Ex. : Érable (*Acer pseudoplatanus*).

disciflore (adj.) *(disciflorous)*

Se dit d'une fleur possédant un disque nectarifère au-dessus du réceptacle floral. Cette caractéristique a donné son nom à une série de familles de Dicotylédones Dialypétales, les Disciflores, aujourd'hui appelées Rosidées (Ex. : Rutacées).

discrimination isotopique (l.f.) *(isotope discrimination)*

Le CO_2 atmosphérique contient plusieurs isotopes du carbone dans les proportions 98,9 % de ^{12}C ; 1,1 % de ^{13}C et 10^{-10} % de ^{14}C, respectivement. En marquage isotopique (une des techniques d'étude des voies métaboliques), il importe que les molécules non marquées et les mêmes molécules marquées par une variété isotopique soient reconnues, par les systèmes biologiques, de façons identiques. Or, cette similarité de traitement n'est pas toujours respectée, les systèmes biologiques manifestant alors, par une discrimination de nature chimique et enzymatique, des préférences quantitatives selon l'isotope en jeu.

Durant l'assimilation photosynthétique du CO_2, les plantes utilisent préférentiellement $^{12}CO_2$ (normal) plutôt que $^{13}CO_2$ et $^{14}CO_2$. Il y a donc un fractionnement isotopique de telle sorte que la teneur en ^{13}C de la matière sèche des plantes est toujours inférieure à celle du CO_2 de l'air. La discrimination des deux isotopes ^{12}C et ^{13}C par les plantes C_3 lors de la photosynthèse foliaire dépend de plusieurs facteurs :

- disponibilité en CO_2 de l'atmosphère ambiante ;
- diffusion du CO_2 de l'air à l'intérieur de la feuille (diffusion de CO_2 en phase liquide de l'espace intercellulaire jusqu'aux sites de carboxylation dans les chloroplastes) ;
- affinité spécifique de la RuBisCO vis-à-vis des deux isotopes ;
- fractionnements isotopiques lors de la photorespiration et de la respiration mitochondriale.

Le premier facteur est pratiquement constant dans les conditions naturelles. Étant donné que le $^{12}CO_2$ est plus léger que le $^{13}CO_2$, il diffuse légèrement plus rapidement vers le site de carboxylation. La photorespiration et la respiration mitochondriale, en dégradant la matière organique et produisant du CO_2, peuvent modifier la discrimination isotopique globale. Cependant, cette dernière étant la plus importante au niveau de la réaction de carboxylation catalysée par la RuBisCO. Cette enzyme présente une discrimination intrinsèque beaucoup plus importante que celle de la P.E.P carboxylase (enzyme de fixation du CO_2 chez les plantes C_4). C'est cette différence inhérente à la discrimination effectuée par ces deux enzymes de carboxylation qui explique la divergence de composition isotopique observée chez les plantes C_3 et plantes C_4.

Les plantes CAM peuvent avoir un comportement intermédiaire entre celui des plantes C_3 et celui des plantes C_4. Chez les plantes CAM qui fixent le CO_2 par la PEP carboxylase pendant la nuit, le taux de ^{13}C est semblable à celui des plantes C_4. Cependant, lorsqu'elles sont bien arrosées, elles balancent au type C_3 en ouvrant leurs stomates et en fixant le CO_2 pendant le jour par la RuBisCO. Dans ces conditions, la composition de l'isotope change plus vers celle des plantes C_3. En conséquence, les valeurs des rapports $^{13}C/^{12}C$ chez les plantes CAM renseignent sur la quantité de carbone fixé par l'un ou l'autre des deux modes de carboxylation, C_3 ou C_4.

disque (n.m.) *(disc, disk)*

1. Organe glanduleux, plus ou moins aplati, surmontant le réceptacle autour du pistil de certaines fleurs Dicotylédones (d'où l'appellation de Disciflores, qui leur est donnée) et qui élabore du nectar. Ex. : Rutacées.

2. Partie centrale du labelle de certaines Orchidées.

dissémination (n.f.) *(dispersal)*

Propagation des espèces végétales qui peut être effectuée, soit par les organes de reproduction, soit par les organes de multiplication végétative.

La dissémination de la descendance revêt divers aspects selon le type de végétal :

➤ projection mécanique : par suite d'augmentation de la pression interne dans le fruit, les graines sont expulsées brutalement jusqu'à quelques mètres de distance. Ex. : capsule de Balsamine (*Impatiens balsamina*, Balsaminacées), du Concombre d'âne (*Ecballium elaterium*, Cucurbitacées) ;

➤ stolons. Ex. : Lierre terrestre (*Hedera helix*) ;

➤ marcottage, naturel (Ex. : Ronces) ou artificiel (Ex. : Fraisier), chez les végétaux supérieurs ;

➤ bouturage, du fait de l'Homme. Ex. : Geranium (*Pelargonium*) ;

➤ le vent : ce moyen concerne les spores (Champignons, Algues, Mousses et Fougères) et les graines de petites tailles (chez certaines plantes supérieures) ou celles qui possèdent des graines pourvues de dispositifs spéciaux tels que les poils (Cotonnier, Peuplier), les aigrettes (akènes du Pissenlit), les expansions latérales foliacées (samares de l'Orme, de l'Érable) ;

➤ l'eau, chez les plantes aquatiques dont les graines ou les fruits flottent (Ex. : Nénuphar, Nymphéacées) ou plantes vivant à proximité de l'eau (Ex. : Cocotier) ;

➤ animaux : ce mode de dissémination concerne de nombreuses plantes dont les graines et les fruits (souvent charnus) sont ingérés par des Oiseaux ou des Mammifères (frugivores) qui ne digèrent pas les graines ou dont les fruits possèdent de petits crochets (Bardane, Carotte, Luzernes) qui s'attachent à la toison des animaux qui les transportent parfois à de très grandes distances.

distique (adj.) *(distichous, bifarious, two ranked)*

Se dit d'organes disposés sur deux génératrices opposées, le long d'un axe commun, dans un même plan. Ex. : feuilles de Poireau (*Allium porrum*), de Charme (*Carpinus*), de l'If (*Taxus baccata*), épillets du Ray-grass (*Lolium perenne*). Ces génératrices peuvent être verticales (orthostiques) ou courbées en spirales (spirostiques).

divariqué (adj.) *(divaricate)*

Se dit de pédoncules ou de rameaux s'écartant beaucoup (angle très ouvert) de l'axe support.

dominance apicale (l.f.) *(apical dominance)*

Phénomène largement répandu dans le règne végétal, par lequel la croissance du bourgeon apical inhibe la croissance des bourgeons axillaires (latéraux) sous-jacents.

Chez les plantes supérieures, la dominance apicale est partiellement contrôlée par l'acide abscissique, les cytokinines, les gibbérellines et les auxines produites dans les bourgeons apicaux. Son intensité diminue avec l'âge, se traduisant par une ramification latérale plus importante (comme c'est le cas chez les arbres). De même, l'élimination de la partie sommitale d'une plante déclenche le développement des bourgeons situés au-dessous d'elle.

La dominance apicale influe également sur l'orientation des rameaux latéraux qui, au lieu d'avoir une croissance verticale (ou orthotrope), prennent une orientation horizontale (croissance plagiotrope). Si l'apex est coupé, les rameaux à croissance plagiotrope se redressent.

Une dominance plus ou moins prononcée est responsable en grande partie du port des arbres (croissance droite, oblique ou horizontale). Si la dominance est faible, tous les bourgeons axillaires croissent également (port « en boule »). Si, au contraire, la dominance est forte, les ramifications ne se produisent que plus tard. Ce phénomène est particulièrement net chez les Conifères (Épicéa, Sapin).

Syn. : inhibition par corrélation de croissance.

dormance (n.f.) *(dormancy)*

Inaptitude à la germination présentée par certains organes végétaux même lorsque toutes les conditions de l'environnement sont apparemment favorables (présence d'eau, bonne oxygénation, température modérée, etc.).

La dormance concerne les organes de croissance des végétaux ou les semences (bourgeons, tubercules, bulbes, graines).

Pour les graines, les mécanismes de la dormance sont nombreux et divers et l'on distingue deux grandes catégories : la dormance embryonnaire et la dormance tégumentaire. La dormance embryonnaire se manifeste par l'absence de germination de l'embryon même débarrassé des diverses structures qui l'entourent. Dans le cas de la dormance due aux inhibitions tégumentaires, la germination a lieu si l'embryon est dénudé ou le tégument scarifié. Certains composés, dont la plupart dérivent de produits phénoliques aux propriétés antimicrobiennes, stockés dans les téguments des graines, jouent également un rôle d'inhibiteur du processus germinatif. Ils peuvent soit avoir une action spécifique en bloquant la mobilisation des réserves du grain, soit empêcher la graine de s'imbiber d'eau du fait de leur caractère hydrophobe. Ils peuvent même, quelquefois, empêcher l'entrée d'oxygène nécessaire à l'embryon (Ex. : Pommier, Tournesol). L'élimination de ces inhibiteurs peut être effectuée par trempage des graines dans l'eau. Dans la nature, c'est l'eau de pluie ou la fonte de neige qui provoque leur lessivage. Tel est le cas des graines des plantes désertiques qui germent seulement à la suite des précipitations abondantes. Certaines graines ont des enveloppes trop résistantes pour que l'embryon puisse les rompre. On parle alors de graines dures ou de dureté tégumentaire.

Certaines graines requièrent souvent une période de dormance pour leur maturation. Dans le cas des Céréales, par exemple, la germination est empêchée tant que la graine est attachée à la plante-mère et favorise la dispersion des graines. Certaines graines nécessitent de la lumière pour germer et ont tendance à ne germer que près de la surface du sol ; ce sont, en général, de petites graines renfermant peu de réserves alimentaires (Ex. : graines de quelques variétés de Laitue). On dit que ces graines ont une photosensibilité positive. D'autres, au contraire, ne germent que quand elles sont profondément enfouies dans le sol ; ce sont, en général, de grosses graines renfermant des réserves abondantes.

La durée pendant laquelle une graine en dormance reste viable et apte à la germination varie de quelques jours, quelques semaines, quelques mois, plusieurs années, et même des décennies, suivant l'espèce et les conditions de conservation, mais surtout de la température. La dormance peut être levée par un traitement thermique adéquat en jouant sur l'alternance de température, par l'exposition à la lumière et par des traitements chimiques. Toutes ces techniques ont de larges applications agronomiques.

Les plantes bisannuelles et pérennes ainsi que les espèces ligneuses (arbres fruitiers) perdent souvent leurs feuilles et forment des bourgeons dormants. Chez d'autres plantes, ce sont les parties souterraines de la multiplication végétative, comme les bulbes, bulbilles et tubercules, qui peuvent entrer en dormance à certains stades de leur développement.

La dormance revêt une signification écologique considérable dans la mesure où les plantes utilisent ce phénomène comme stratégie d'adaptation face à l'adversité de l'environnement. Les graines peuvent germer uniquement à l'époque la plus favorable.

dorsifixe (adj.) *(dorsifixed)*

Se dit d'une étamine lorsque le filet est fixé dans le dos de l'anthère. Ex. : étamines des Poacées, du Lis.

Ant. : ventrifixe.

dorsiventral, dorsoventral (adj.) *(dorsiventral, dorsoventral)*

Symétrie d'un organe présentant une face ventrale et une face dorsale structurellement (et souvent morphologiquement) distinctes. Ex. : feuilles avec un épiderme sur les 2 faces mais un parenchyme palissadique uniquement (en principe) du côté de la face ventrale (adaxiale) et les nervures plus marquées du côté de la face dorsale (abaxiale).

Ant. : isobilatéral.

double fécondation (l.f.) *(double fertilization)*

Processus caractéristique des Angiospermes consistant en l'union simultanée des deux gamètes mâles (cellules spermiques), véhiculés par le tube pollinique, à deux cellules du sac embryonnaire : l'un avec l'oosphère ou gamète femelle (uninucléée) et l'autre avec la cellule centrale (binucléée, dans la majorité des cas).

Avant la double fécondation il y a une phase progamique marquée par la formation du tube pollinique qui s'enfonce dans le style jusqu'à l'ovaire. Ce tube pollinique constitue le vecteur des deux gamètes mâles issus de la division en deux du noyau reproducteur que renfermait le grain de pollen ; par chimiotactisme, il atteint un ovule, pénètre généralement par le micropyle (porogamie) et décharge son contenu dans une des deux synergides du sac embryonnaire. Exceptionnellement, il peut cheminer dans la paroi même de l'ovaire et atteindre le sac embryonnaire en remontant à l'intérieur du funicule (chalazogamie). Cette modalité est rencontrée chez quelques familles de Dicotylédones telles que les Juglandacées et les Casuarinacées. Plus rarement encore, le tube pollinique peut pénétrer latéralement par le funicule ou le tégument (*Cucurbita*).

La double fécondation proprement dite consiste alors en la fusion d'une cellule spermique avec l'oosphère (syngamie) et de la seconde cellule spermique avec la cellule centrale. Cette double plasmogamie est suivie par le processus de caryogamie (fusion des noyaux). Pour une espèce diploïde, la fécondation de l'oosphère aboutit à la formation d'un zygote-plantule diploïde qui évoluera en un embryon, celle de la cellule centrale donne le zygote-albumen (ou zygote accessoire) à degré de ploïdie variable selon les familles. Ce zygote-albumen est à l'origine de l'albumen, tissu nourricier gorgé de réserves (grains d'amidon, d'aleurone, gouttelettes d'huile). La présence d'un albumen fonctionnel est indispensable au bon développement de l'embryon. Cet albumen peut être résorbé (graine exalbuminée) ou être très visible dans la graine (l'embryon et ses cotylédons n'occupent alors qu'une partie du volume de la graine).

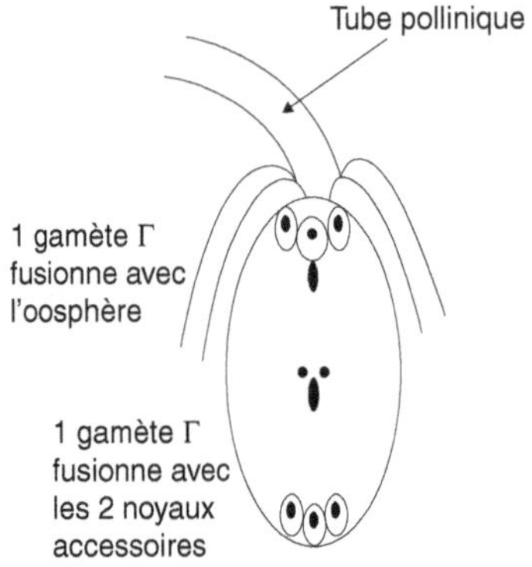

► Schéma de la double fécondation ◄

Une forme rudimentaire de double fécondation a été rapportée chez des Chlamydospermes : *Ephedra* et *Gnetum gnemon*, avec production d'un embryon surnuméraire qui finit par avorter.

drageon (n.m.) *(root sucker)*

Organe aérien naissant sur les racines (ou, par extension, sur les parties souterraines) de certaines espèces vivaces herbacées ou ligneuses et sortant du sol à une certaine distance de l'individu qui l'a engendré en produisant des racines adventives lui permettant de reproduire le végétal qui le porte. La séparation du drageon, ou drageonnage, est utilisée pour la propagation de diverses plantes : arbres fruitiers (Cerisier, Prunier, Framboisier), Lilas, Muguet, etc.

Syn. : rejet, surgeon (arbres).

drupacé (adj.) *(drupaceous)*

Qualifie un fruit ayant l'aspect ou la consistance d'une drupe sans en être forcément une.

drupe (n.f.) *(drupe)*

Fruit indéhiscent dont l'épicarpe est membraneux, le mésocarpe charnu et pulpeux tandis que l'endocarpe sclérifié constitue le noyau. Le contenu de ce dernier souvent appelé amande correspond à la graine. Ex. : Abricot (*Prunus armeniaca*), Cerise (*Prunus cerasus*), Pêche (*Prunus persica*), Olive (*Olea europaea*), etc. Les drupes composées sont des polydrupes (fruit multiple). Ex. : Framboise.

drupéole (n.f.) *(drupelet)*

Drupe élémentaire faisant partie d'une drupe composée. Ex. : chaque élément du fruit du Roncier, du Framboisier (Rosacées).

duramen (n.m.) *(duramen)*

Bois dur le plus ancien situé au centre du tronc d'un arbre (bois de cœur). Zone souvent colorée, et non fonctionnelle du fait de l'obturation des vaisseaux. La partie périphérique du bois, appelée aubier, est plus claire et fonctionnelle. Le duramen est souvent imprégné de tanins chez les Feuillus et de résine chez les Conifères.
Syn. : bois de cœur.

duraminisation (n.f.) *(duramenization, heartwood formation)*

Processus conduisant à la formation du duramen.

eau (n.f.) *(water)*

Constituant fondamental du milieu cellulaire, l'eau intervient activement dans tous les processus physico-chimiques du métabolisme, dans l'équilibre osmotique, élimination des déchets, etc.

Les organismes possèdent une eau de constitution et une eau circulante. En proportion variable selon les espèces et les tissus considérés mais relativement constante dans un tissu d'un organisme donné, l'eau qui représente 60 à 90 % du poids des végétaux, a un rôle mécanique (dans le maintien de la turgescence des cellules et des tissus) et physiologique. Elle joue le rôle de solvant et de transporteur aux nutriments et aux substances élaborées. C'est aussi un métabolite essentiel dont la photolyse (scission en protons et en ions OH^-), au cours de la photosynthèse, permet l'accumulation de protons nécessaires à la réduction du dioxyde de carbone.

Une teneur en eau suffisante est indispensable pour la survie, la germination, la croissance et le développement des plantes. Le déficit hydrique fait partie des contraintes de l'environnement qui peuvent empêcher ou diminuer la croissance des végétaux. Une baisse de 20 % dans les tissus végétaux en état de vie active, est suffisante, en général, pour entraîner la mort de la plante. Un déficit hydrique peut être causé soit par une indisponibilité d'eau dans le substrat, soit par une transpiration excessive, soit par une absorption inadéquate ou par une combinaison de ces facteurs. L'indisponibilité de l'eau peut également être due à des températures trop basses ou une eau très salée (sécheresse physiologique).

écaille (n.f.) *(scale)*

1. Élément plus ou moins coriace du bourgeon des plantes à fleurs ou du cône des Gymnospermes. Chez ces derniers, ce terme désigne également les feuilles quand elles sont triangulaires et accolées contre les rameaux (Thuya).
2. Feuille rudimentaire imbriquée, parfois charnue, ordinairement blanchâtre ou brune, enveloppant certains organes (bourgeons, bulbes écailleux).

échinulé (adj.) *(echinulate)*

Garni de petites épines.

écologie (n.f.) *(ecology)*

Discipline scientifique qui étudie les rapports entre les êtres vivants (biocénose), leurs milieux de vie, souvent limités à l'échelle stationnelle (biotope), leurs cycles biologiques et leur phénologie. Cette science s'intéresse également à l'équilibre des écosystèmes, leur perturbation, leur évolution et leur dynamisme. C'est donc une science de synthèse au carrefour de multiples disciplines fondamentales et appliquées (botanique, zoologie, physiologie, biochimie, microbiologie, agronomie, climatologie, pédologie, phytosociologie, etc.).

écologue (n.m.) *(ecologue)*

Scientifique spécialisé dans l'étude des relations entre les êtres vivants et leur milieu.

> Ne pas confondre écologue avec écologiste**,** partisan d'un courant associatif ou politique militant en faveur de l'écologie.

écophysiologie végétale (l.f.) *(plant ecophysiology, physiological plant ecology)*

Étude du fonctionnement et des adaptations physiologiques des végétaux aux contraintes de leur environnement.

Cette discipline contribue à mieux appréhender les échanges de matière et d'énergie entre biosphère, atmosphère et hydrosphère (cycle du carbone, cycle de l'azote, etc.) et où les plantes sont l'acteur principal.

L'écophysiologie végétale s'intéresse aux cycles de production de biomasse végétale.

écorce (n.f.) *(bark)*

1. Anatomie végétale : partie de la tige ou de la racine située à la périphérie, en continuité avec le cylindre central qui, lui, contient les tissus conducteurs.

2. Couche externe (suber) d'une tige ligneuse, d'un tronc d'arbre, de ses branches ou d'une racine et qu'on peut détacher ; elle est de couleur, de consistance, de forme et d'épaisseur variables selon les espèces. S'exfoliant ou s'usant continuellement à sa partie externe, elle se renouvelle à sa partie interne, grâce à l'activité d'une couche cellulaire dite phellogène ou assise génératrice subéro-phellodermique.

> Dans quelques cas particuliers, l'écorce limitée au suber acquiert une importance économique. C'est le cas du Chêne-liège (*Quercus suber*, Fagacées) dont on exploite le liège tous les dix ans environ, et du Quinquina (*Cinchona* spp., Rubiacées) dont on extrait la quinine et la quinidine.
>
> L'écorce de la majorité des plantes ligneuses est riche en tanins. Elle peut également contenir des alcaloïdes.

écosphère (n.f.) *(ecosphere)*

Partie de la planète qui renferme l'ensemble des êtres vivants et leur environnement dont les propriétés physico-chimiques créent les conditions favorables à la vie à la surface de la Terre. Elle inclut trois milieux physiques : l'atmosphère, depuis sa limite supérieure jusqu'à la surface du sol, l'hydrosphère, depuis la surface des océans jusqu'aux fonds marins les plus profonds, et la lithosphère, en particulier la totalité des roches sédimentaires.

Ne pas confondre avec biosphère.

écosystème (n.m.) *(ecosystem)*

Système dynamique organisé en une seule et même unité fonctionnelle, composé d'un ensemble d'êtres vivants (animaux, végétaux, bactéries, champignons) en relation les uns avec les autres (biocénose) et présentant entre ses membres et avec le milieu physique (biotope) où ils évoluent, des interactions complexes d'ordre énergétique et trophique, permettant le maintien et le développement de la vie. Ex. : un étang, une prairie, une forêt, etc.

Un écosystème est composé de : i) composants non biotiques (non vivants) ; ii) des producteurs (autotrophes, principalement plantes vertes) ; iii) des consommateurs (hétérotrophes, notamment des herbivores et des carnivores ainsi que des bactéries décomposant la matière organique morte). Les éléments vivants d'un écosystème constituent la communauté. La nature des composants non biotiques (géologique, pédologique et atmosphérique) détermine les types d'organismes trouvés ; les organismes à leur tour peuvent altérer progressivement les composants non biotiques se trouvant dans leur environnement.

écotype (n.m.) *(ecotype)*

Groupe d'individus d'une même espèce végétale (ou animale) ayant subi une adaptation à des conditions écologiques par suite de l'action sélective d'un environnement particulier.
Les caractéristiques morphologiques, anatomiques et physiologiques particulières de ces écotypes dépendent des facteurs écologiques du milieu et sont plus ou moins distinctes de celles des autres individus de la même espèce. Souvent, un écotype ne se différencie du type dont il dérive que par des aptitudes physiologiques ou morphologiques mineures (Ex. : taille moyenne très petite par rapport à la taille moyenne du type dont il dérive). Selon les facteurs du milieu responsables des caractères distinctifs de ces écotypes, on parlera, par exemple, d'édaphotype (sol) ou de climatotype (climat). Les écotypes sont, toutefois, capables de s'hybrider.
La colonisation d'un nouveau biotope peut favoriser les individus possédant ces caractéristiques. Il peut donc y avoir sélection sur ces caractères ou fixation aléatoire d'un caractère marginal (dérive génétique) qui peut se maintenir ultérieurement par la sélection s'il s'avère avantageux.

> La notion d'écotype n'est pas une notion nomenclaturale.

Syn. : race écologique.

ectophyte (n.m.) *(ectophyte)*

Organisme parasite ou non, ou symbiotique, vivant à l'extérieur de son hôte, à sa surface.
Ant. : endophyte.

ectoplasme (n.m.) *(ectoplast)*

Synonyme de membrane cytoplasmique.

ectotrophe (adj.) *(ectotrophic)*

Se dit d'une mycorhize où le champignon se développe en surface des racines de la plante-hôte.
Ant. : endotrophe.

écusson (n.m.) *(shield bud, shield graft)*

1. Partie de l'écaille d'un cône de Gymnosperme visible sur le cône fermé.
2. Bourgeon détaché de son support avec un fragment d'écorce en vue d'une greffe.

édaphique (facteur ~) (adj.) *(edaphic (~ factor))*

Se dit d'une des caractéristiques d'un sol affectant la biologie (croissance) et l'écologie (relation entre les organismes vivants et le sol) des plantes qui s'y développent : pH, teneur en calcium, salinité, teneur en humus, etc.
Certains groupements végétaux sont à déterminisme édaphique. Tel est le cas des halophytes, rencontrées sur des sols salés.

À différencier du terme pédologique qui désigne également ce qui est relatif aux caractéristiques du sol mais envisagées sous leurs aspects physique et chronologique : granulométrie, texture, etc.

édapho-climatique (adj.) *(edaphoclimatic)*

Concernant le climat du sol.

édaphon (n.m.) *(edaphon)*

Ensemble des organismes vivants dans le sol.

élaïosome (n.m.) *(elaiosome)*

Corpuscule renfermant des réserves huileuses mais, parfois, aussi des protéines ou de l'amidon, produit par certaines fleurs ou associé à certains fruits (ex. : *Knautia*, Dipsacacées) ou certaines graines (ex. : *Myrtus communis*, Myrtacées), non indispensable pour leur viabilité mais souvent associé à la myrmécochorie (disséminaton par les fourmis) et à l'entomochorie (dissémination par des insectes) en jouant un rôle attracteur.

élongation (n.f.) *(elongation)*

Phase de croissance en longueur des tiges et des rameaux. L'élongation d'une tige est la manifestation directement observable de la croissance primaire.

embranchement (n.m.) *(phylum)*

Unité de classification juste en dessous du règne et au-dessus de la classe, regroupant des classes de végétaux possédant des caractères communs. Ex. : Spermaphytes, Ptéridophytes, Bryophytes.
Syn : division, phylum.

embrassante (adj.) *(amplectant)*

Synonyme d'amplexicaule.

embryogenèse somatique (l.f.) *(somatic embryogenesis)*

Développement d'un embryon à partir d'explants prélevés sur l'appareil végétatif de la plante ou à partir de cellules végétales somatiques cultivées *in vitro*.
L'embryogenèse somatique peut être induite au niveau de cellules isolées d'origine sporophytique.
Cultivés sur des milieux appropriés, ces embryons peuvent produire des plantules ou vitroplants, identiques à la plante de départ et qui peuvent être acclimatés en serre avant leur transplantation en pépinières.

embryogenèse zygotique (l.f.) *(zygotic embryogenesis)*

Ensemble des phénomènes de croissance et de développement qui amènent le zygote-plantule à se transformer, par divisions successives, en un ensemble de cellules différenciées constituant un organisme.

Chez les Angiospermes, l'embryogenèse débute typiquement juste après la fécondation des deux cellules du sac embryonnaire à l'intérieur de l'ovule par les deux gamètes apportés par le tube pollinique. La fécondation de l'oosphère par un anthérozoïde aboutit à la formation du zygote-plantule, tandis que la fécondation de la cellule centrale aboutit à la formation d'un zygote accessoire à l'origine de l'albumen, tissu nourricier.

Trois étapes principales marquent le développement embryonnaire :

1. La proembryogenèse ou phase de segmentation qui conduit d'abord à la formation d'un proembryon. La première division mitotique du zygote s'effectue transversalement, séparant l'oosphère fécondée en une cellule basale (du côté micropylaire) et une cellule apicale (du côté chalazien). Chez beaucoup d'espèces, seule cette dernière participe à la formation de l'embryon. La cellule basale continue de se diviser transversalement et produit une file de cellules appelée suspenseur qui ancre l'embryon au niveau du micropyle ovulaire et lui fournit des nutriments provenant de la plante mère. Il est à noter que chez quelques familles (Campanulacées, Lamiacées, Plantaginacées, Scrophulariacées), le suspenseur ne se développe pas. Pendant ce temps, la cellule apicale continue sa division et forme un proembryon globuleux attaché au suspenseur filamenteux.

2. L'organogenèse embryonnaire : les ébauches du ou des cotylédons (embryon cordiforme chez les Dicotylédones) apparaissent sous forme de protubérances du proembryon entre lesquelles est pris l'apex de la tige embryonnaire. À l'autre extrémité de l'axe embryonnaire, au contact du site d'ancrage du suspenseur, se trouve l'apex de la racine embryonnaire qui est également porteur de méristème. Les futures structures caractéristiques sont déjà mises en place : axe hypocotyle-radicule, primordium(s) cotylédonnaire(s) (Mono- ou Dicotylédones), territoire précaulinaire ou apex caulinaire chez les Phanérogames (embryon au stade torpille).

3. La maturation embryonnaire marquée par l'accumulation de substances de réserves, une dessiccation poussée jusqu'à ce que l'eau ne représente plus que 5 à 15 % de sa masse, puis la quasi-cessation de l'activité métabolique lors du repos séminal, caractéristique des Spermaphytes et, éventuellement, l'entrée en dormance des graines.

embryon (n.m.) *(embryo)*

Plante rudimentaire contenue dans la graine et issue du développement d'un zygote chez les Embryophytes.

Chez les Gymnospermes, l'embryon résulte d'une fécondation simple (gamète mâle plus oosphère). En revanche, chez les Angiospermes, la fécondation est double : les deux noyaux mâles du grain de pollen fécondent, d'une part, l'oosphère, à l'origine de l'embryon, et, d'autre part, les deux noyaux polaires du sac embryonnaire, qui sont à l'origine de l'albumen.

La segmentation conduit d'abord à la formation d'un proembryon. La seconde étape ou organogenèse embryonnaire, conduit à la formation des organes embryonnaires caractéristiques (voir embryogénèse zygotique).

Chez les Angiospermes, la présence d'un ou de deux cotylédons (feuille embryonnaire à structure simple) différencie les espèces monocotylédones des espèces dicotylédones. Chez les Gymnospermes, le nombre de cotylédons varie de 6 à 12. Après germination, ils donnent naissance aux premières feuilles de la plantule.

embryon nucellaire (l.m.) *(nucellar embryo)*

Embryon né du développement végétatif d'une cellule des tissus somatiques entourant le sac embryonnaire (le nucelle), et non pas de la fécondation de l'oosphère, le gamète femelle.

endémique (adj.) *(endemic)*

Qualifie une plante confinée naturellement à une région particulière ou à une zone géographiquement homogène, généralement assez exiguë (île, versant d'une montagne, etc.). Ex. : *Abies numidica* est rencontré uniquement dans le massif des Babors, en Algérie ; *A. nebrodensis* dont quelques pieds seulement existent dans le nord de la Sicile.

Ant. : cosmopolite, ubiquiste.

endémisation (n.f.) *(endemization)*

Ensemble des processus et phénomènes aboutissant à l'individualisation géographique d'une population à l'intérieur d'un taxon donné, donc à l'apparition d'une endémique de la zone géographique concernée.

endémisme (n.m.) *(endemism)*

Caractère d'un taxon à restreindre son habitat dans une région plus ou moins étendue et bien déterminée. La notion d'endémisme n'a donc de sens que si la zone à laquelle elle s'applique est explicitée.

L'endémisme confère à chaque région naturelle une originalité floristique d'autant plus grande que le nombre de taxons endémiques et leur niveau systématique (espèce, genre, famille) sont élevés.

endocarpe (n.m.) *(endocarp)*

Partie interne de l'enveloppe du fruit ou péricarpe, la plus proche de la graine. C'est cette partie qui constitue le noyau dans les drupes. Dans le cas d'une hespéride, il est représenté par les cloisons des quartiers et possède des poils glanduleux.

endoderme (n.m.) *(endodermis)*

Couche cellulaire spécialisée limitant intérieurement l'écorce et entourant le cylindre central, bien visible notamment dans la racine primaire des Angiospermes et dans la stèle des Ptéridophytes. Il se distingue, à la fois, structuralement et physiologiquement, des cellules adjacentes. La caractéristique la plus remarquable est le renforcement de la paroi de ses cellules les plus vieilles par des dépôts secondaires de subérine, constituant une barrière à la diffusion libre des solutés.

Endomitose (n.f.) *(endomitosis)*

Duplication des chromosomes sans division du noyau. Dans ce cas, lorsque les chromosomes ne se séparent pas (polyténie), il se forme des chromosomes géants polyténiques. Lorsque les chromosomes se séparent, on atteint un état polyploïde et plus particulièrement un état endopolyploïde (polyploïdie somatique) contrairement à la polyploïdie générative où les gamètes contiennent déjà plus d'un lot de chromosomes.

endophyte (n.m.) *(endophyte)*

Végétal qui vit à l'intérieur d'un autre. Il peut s'agir d'un endoparasite ou d'un symbiote.

Syn. : endotrophe.

Ant. : ectophyte.

endopolyploïdie (n.f.) Voir endomitose. *(endopolyploidy)*

endoprothallie (n.f.) *(endoprothally)*

Désigne le fait que le gamétophyte femelle se développe sur le sporophyte (endosperme des Préspermaphytes et des Gymnospermes, sac embryonnaire des Angiospermes).

endosperme (n.m.) *(endosperm)*

Chez les Gymnospermes, il correspond à un tissu haploïde correspondant au gamétophyte femelle, issu d'une série de mitoses à partir d'une macrospore du nucelle. C'est l'analogue fonctionnel du sac embryonnaire des Angiospermes.

> ⚠ Ne pas confondre avec le périsperme des Angiospermes, tissu de réserve à $2n$ chromosomes.

endosymbiose (n.f.) *(endosymbiosis)*

Type de symbiose entre deux organismes où l'un d'eux, habituellement un micro-organisme, est logé à l'intérieur des cellules de l'autre.

endotrophe (adj.) *(endotrophic)*

Se dit d'une mycorhize où les filaments du champignon se développent dans les parois des cellules ou dans les cellules des racines de la plante-hôte.
Ant. : ectotrophe.

endozoochorie (n.f.) *(endozoochory)*

Condition des plantes dont les semences sont disséminées par les animaux qui, attirés par la couleur et l'odeur, consomment les fruits juteux, les graines résistantes étant éliminées avec les excréments.

énergie germinative (l.f.) *(germination power)*

Expression qui désigne, pour un échantillon donné de semences, le pourcentage de semences germées au bout d'un temps donné, représentant une fraction (le tiers ou la moitié) du temps normalement nécessaire à la germination de l'ensemble de l'échantillon pour l'espèce considérée (pour les Céréales, par exemple, on l'évalue au bout de 4 jours).

engaînant(e) (adj.) *(sheating)*

Se dit de feuille, pétiole ou stipule formant à leur base une gaine autour de la tige ou du rameau. Ex. : feuilles des Poacées, stipules des Renouées, etc.

ensiforme (adj.) *(ensiform)*

Qualifie un organe (feuille en particulier) long et effilé ayant la forme d'épée. Ex. : feuille de la Céphalanthère (*Cephalanthera longifolia*, Orchidacées), de l'*Iris* et du Glaïeul (Iridacées).

entière (adj.) *(entire)*

Se dit d'une feuille ou d'une foliole à limbe sans divisions, ni dents, ni saillies. Ex. : feuilles du Buis (*Buxus sempervirens*).

entomochorie (n.f.) *(entomochory)*

Dissémination des semences de certaines plantes (dites entomochores) par les Insectes.

> ⚠ Ne pas confondre avec entomophilie.

entomogamie, entomophilie (n.f.) *(entomogamy, entomophily)*

Transport du pollen de certaines plantes (dites entomogames ou entomophiles) par les insectes (Abeilles, Bourdons, Papillons).

Lorsque ceux-ci visitent les fleurs pour se nourrir du nectar ou du pollen, ils se frottent nécessairement aux étamines, retenant ainsi sur leur corps des grains de pollen qu'ils transportent sur une autre plante. Les fleurs entomogames ont, en général, des pétales colorés et/ou un parfum attirant les insectes de même que du nectar servant de nourriture pour les insectes.

Le pollen est parfois gluant pour faciliter sa fixation sur l'insecte. Ex. : les Apiacées, Lamiacées, Orchidacées. Chez ces dernières (notamment le genre *Ophrys*), l'émission d'un mélange de substances imitant la phéromone sexuelle de femelles d'Hyménoptères attire les mâles qui, en tentant de s'accoupler avec les fleurs réalisent la pollinisation.

Certaines plantes présentent des adaptations morphologiques à ce type de pollinisation : la fleur de Sauge possède deux étamines à balancier qui basculent sous la poussée de l'insecte et déposent leurs grains de pollen sur son dos.

Ne pas confondre avec entomochorie.

enveloppe florale (l.f.) *(floral envelope)*

Ce terme désigne, d'une manière générale, la corolle et le calice (dans le cas d'un périanthe complet) ou le calice seul dans le cas des Monochlamydées.
Syn : pièce périanthaire.

environnement (n.m.) *(environment)*

Ensemble des facteurs biotiques (êtres vivants) ou abiotiques (température, intensité lumineuse, humidité, etc., et autres facteurs physico-chimiques) de l'habitat. L'étude des relations entre ces différents éléments relève de l'écologie.

enzyme (n.f.) *(enzyme)*

Protéine jouant le rôle de catalyseur dans une réaction biochimique, caractérisée par une grande efficacité catalytique et une haute spécificité (par rapport à la réaction et au substrat), agissant en infime quantité et ne se retrouve pas modifiée à la fin de la réaction. Ex. : amylase, cellulase, peroxydase.

éperon (n.m.) *(spur)*

1. Prolongement tubulaire étroit ou sous forme de cornet, à la base d'un pétale ou d'un sépale et contenant souvent du nectar. Ex. : *Orchis elata* (Orchidacées), *Linaria vulgaris* (Scrophulariacées), *Tropaeolum majus* (Tropaéolacées), etc.
2. Prolongement d'un organe en deçà du point d'insertion de sa base.

éphémère (adj.) *(ephemere)*

1. Se dit d'une fleur qui ne s'épanouit qu'une fois, puis se fane rapidement. Ex. : Hélianthème (*Helianthemum helianthemoides,* Cistacées).
2. Se dit d'une plante (éphémérophyte) qui accomplit son cycle de vie (de la germination à la production des graines et la mort) en un temps très court, avant que le sol ne soit desséché. La longueur de ce cycle végétatif est très variable d'une espèce à l'autre, mais elle est généralement de 1 à 4 mois, parfois 2 à 3 semaines seulement. Ex. : la Rose des déserts (*Anastatica hierochuntica*, Brassicacées), qui vit dans les régions méditerranéennes arides, effectue sa germination en quelques heures et fructifie en quelques jours.

épi (n.m.) *(spike, ear)*

Inflorescence, de type racémeux, dans laquelle les fleurs, sessiles ou à pédoncules très courts sont disposées sur toute la longueur d'un axe commun, allongé, appelé rachis. Cette inflorescence caractérise une famille d'Angiospermes importante : celles des Poacées (Blé, Orge, Avoine, etc.). Chez le Blé, par exemple, l'inflorescence est un épi de petits épis (épillets), c'est-à-dire un épi composé.

épiblaste (n.m.) *(epiblast)*

Excroissance tissulaire présente dans l'embryon de certaines Poacées, apposé au scutellum.

épicalice (n.m.) *(epicalyx)*

Verticille de petites bractées, persistantes ou caduques, situées sous le calice de certaines fleurs. Ex. : Malvacées, Rosacées, Sterculiacées.
Syn. : calicule.

épicarpe (n.m.) *(epicarp)*

Partie la plus externe du péricarpe du fruit, très souvent extrêmement mince, appelée communément « peau » du fruit. Ex. : épicarpe du Raisin, de la Pêche.
Syn. : exocarpe.

épicotyle (n.m.) *(epicotyl)*

Partie de la tige située au-dessus du point d'insertion des cotylédons et s'interrompant au point d'insertion des premières feuilles apparaissant à l'issue de la germination. Dans les plantes à feuilles en rosette, l'épicotyle est très court et la première feuille sort de la gemmule, ainsi que les autres feuilles par la suite et à la même hauteur.

épiderme (n.m.) *(epiderm(a, is))*

Tissu de revêtement d'une feuille ou d'une jeune tige, constitué habituellement d'une seule couche de cellules le plus souvent parallélépipédiques, étroitement unies de façon à former une couverture protégeant la plante des agressions d'éventuels agents pathogènes (bactéries, champignons), lésions, dessiccation, etc.
L'épiderme des plantes terrestres porte souvent des poils et est toujours recouvert par une cuticule doublée parfois par un revêtement de cire qui renforce sa fonction de protection en réduisant les pertes d'eau par évaporation. De place en place, des stomates mettant en contact le milieu extérieur et le milieu intérieur permettent les échanges gazeux. Les cellules épidermiques sont vivantes et d'origine parenchymateuse.

épigé (adj.) *(epigeal, epigeous)*

Placé à la surface et apparent hors du sol.
Ant. : hypogé.

épigyne (adj.) *(epigynous)*

Se dit des organes (étamines, enveloppes florales) d'une fleur (ou de la fleur elle-même) à ovaire infère, situés au-dessus du gynécée. Ex. : étamines des Roses (*Rosa*), fleur du Groseillier (*Ribes*, Saxifragacées).
Ant. : hypogyne.

épillet (n.m.) *(spikelet)*

Épi très réduit, caractéristique des Poacées (Graminées), formé d'une ou de plusieurs fleurs comprises entre deux bractées basales nommées glumes. Chaque fleur est également entourée de glumelles. Les épillets sont en général regroupés en épis composés ou en panicules.

épipétale (adj.) *(epipetalous)*

Situé en face de chaque pétale.
Syn. : oppositipétale.

épiphyte (n.m.) *(epiphyte)*

Plante vivant sur d'autres végétaux dont elle ne se sert que comme support mécanique, sans en être parasite. L'épiphyte est nutritionnellement indépendant et la plante qui le porte n'en souffre pas. Ex. : les Orchidées des zones tropicales vivants sur les branches des arbres, certaines Aracées et Broméliacées.
Les vrais épiphytes ou holoépiphytes, sont des plantes qui ne s'enracinent jamais dans le sol. Ils passent tout leur cycle de vie ancrés à la plante hôte.
Les hémiépiphytes sont strictement épiphytiques durant une phase de leur cycle de vie mais sont enracinés dans le sol pendant une autre phase. Dans la majorité des cas, les épiphytes s'approvisionnent en eau et éléments minéraux à l'aide de leurs racines adventives ou aériennes qui s'enroulent autour de l'écorce de la plante hôte ou croissent en direction du sol, quelquefois à plus de 30 mètres de haut vers la litière d'une forêt ombragée.

épisépale (adj.) *(episepalous)*

Situé en face de chaque sépale.
Syn. : oppositisépale.

épitonie (n.f.) *(epitony)*

Développement plus marqué des branches latérales provenant des bourgeons secondaires situés au-dessus (face adaxiale) par rapport à ceux situés au-dessous. Il en résulte une ramification dissymétrique de part et d'autre des branches secondaires. Ce port concerne les buissons (Ex. : Ronces).
Ant. : hypotonie.

épizoochorie (n.f.) *(epizoochory)*

Synonyme d'exozoochorie.

équitant (adj.) *(equitant)*

Se dit de feuilles condupliquées, à insertion distique.

éricoïde (adj.) *(ericoid)*

1. À feuilles ou port semblable à celui des Bruyères (genre *Erica*) : feuilles courtes et linéaires, à bord récurvé. Ex. : feuilles de Romarin (*Rosmarinus officinalis*).
2. Se dit d'une végétation composée d'Éricacées ou de plantes en ayant l'aspect.

espèce (n.f.) *(species)*

Ensemble de tous les individus, d'aspect semblable, qui, au sein d'un même genre, présentent en commun des caractères très proches ou similaires qui les distinguent des autres espèces de ce genre et qui sont potentiellement capables de s'entrecroiser et de produire de nouvelles plantes fécondes.
L'espèce est l'unité systématique habituelle des botanistes et l'unité usuelle adoptée dans les flores. Ex. : *Triticum vulgare, vulgare* est le nom d'espèce.

> Bien qu'applicable dans la plupart des cas, la définition de l'espèce souffre de quelques exceptions et incommodités. Il n'existe donc actuellement pas de consensus absolu sur la définition d'une espèce, si bien que plusieurs concepts ont été proposés dont les deux principaux sont :

➤ espèce biologique ou génétique : communauté d'êtres vivants interféconds pouvant échanger du matériel génétique et produisant des descendants eux-mêmes féconds conservant les caractères de leurs parents au cours des générations. Les membres d'une même espèce possèdent un pool génétique commun, mais les différentes espèces sont sexuellement isolées et donc interstériles. Il existe, cependant, des exceptions. Ex. : Certains genres entiers contiennent des espèces interfertiles : *Carduus, Quercus, Mentha, Rumex, Rosa, Salix, Verbascum, Viola*, etc. ;

➤ espèce taxonomique : Les espèces taxonomiques sont nommées et identifiées selon des critères anatomiques et physiologiques. Ce concept comporte certains risques, notamment dans le cas de certains dimorphismes ou polymorphismes. La plupart des cas sont liés au sexe (plantes dioïques, monoïques ou polygames à proportions de fleurs variables...), mais certains peuvent en être indépendants et doivent alors s'observer sur un même individu. Ex. : variation de la morphologie des feuilles de *Atriplex halimus* (Chénopodiacées) en fonction du biotope.

espèce exotique (l.f.) *(exotic species, alien species)*

Toute espèce introduite de façon délibérée ou par inadvertance par les humains dans un écosystème se trouvant à l'extérieur de son aire de répartition normale.

espèce extirpée (l.f.) *(extinct species)*

Toute espèce sauvage qui a disparu d'un lieu ou d'une région mais qui existe ailleurs.

espèce menacée (l.f.) *(threatened species)*

Toute espèce sauvage menacée de disparition imminente ou d'extinction si les facteurs (déforestation, développement industriel et touristique, urbanisation, introductions d'espèces animales et végétales envahissantes, agriculture extensive, carrières, pollution, perturbations naturelles) qui contribuent à son déclin persistent.

Plus de 19 000 espèces de plantes sont considérées comme menacées à travers le monde.

espèce pionnière (l.f.) *(pioneer species)*

Espèce capable de s'installer et de croître dans des endroits pauvres, dépourvus d'autre végétation. Ces plantes peuvent être remplacées par d'autres ultérieurement. Les espèces pionnières bénéficient souvent d'associations symbiotiques (mycorhizes, fixateurs d'azote).

espèce protégée (l.f.) *(protected species)*

Espèce qui, pour des raisons de rareté (espèce endémique, espèce surexploitée), de danger de disparition imminent ou de sensibilité particulière aux activités de l'Homme, bénéficie d'une protection juridique. C'est le cas de certains Cactus, Orchidées, certains Acajous, certains Cyclamens. Cette protection interdit de récolter, de détruire ou de posséder hors de son habitat naturel une plante ayant été désignée menacée ou vulnérable, sous peine de sanctions.

espèce vulnérable (l.f.) *(vulnerable species)*

Toute espèce sauvage qui est particulièrement exposée à la menace parce que ses effectifs sont en forte régression, ou que son aire de répartition est de plus en plus restreinte à cause de destruction intensive de son habitat naturel, de la surexploitation, de la cueillette abusive ou pour toute autre raison. Elle passera dans la catégorie « espèce menacée » si les facteurs de vulnérabilité persistent.

esquive (n.f.) *(escape)*

Mécanisme d'adaptation mis en œuvre par une plante soumise à une contrainte de l'environnement de façon à réduire ou à annuler l'effet néfaste de ces conditions. Par exemple, dans le cas d'un stress hydrique, la plante tend à achever son cycle de développement pendant la période favorable.

Syn. : échappement.

étage de végétation (l.m.) *(altitudinal zonation)*

Type de végétation au flanc d'une montagne, d'aspect relativement homogène, de composition caractéristique liée aux variations altitudinales des conditions écologiques.

L'étagement de la végétation est dû au fait que les facteurs climatiques (température, précipitations, enneigement, éclairement, vents, etc.) et édaphiques varient graduellement lorsqu'on s'élève en altitude, entre deux niveaux critiques marquant les limites de l'étage. La distinction des étages de végétation s'effectue en recherchant des indices physionomiques aisément discernables tels que la distribution de quelques espèces arborescentes types ; la substitution de l'une d'elles par une autre révèle un changement climatique important et revêt donc une réelle valeur physionomique.

Ex. : les étages de végétation sous influence médio-européenne peuvent être répartis sommairement en 5 niveaux :

➤ l'étage collinéen : étage inférieur de végétation des plaines et collines entre 600 et 1 200 m d'altitude, défini comme l'étage des Chênes à feuilles caduques et du Châtaignier ;

➤ l'étage montagnard : étage de végétation de montagne, situé approximativement entre 1200 et 1800 m d'altitude et défini par le Hêtre, le Sapin et le Pin sylvestre ;

➤ l'étage subalpin : entre 1 800 et 2 400 m d'altitude, le plus élevé des étages sylvatiques, caractérisé par le Mélèze ;

➤ l'étage alpin : étage de végétation toujours asylvatique de montagne aux altitudes supérieures à 2 300 et jusqu'à 2 800 m ;

➤ l'étage nival : au-delà de 2 800-2 900 m, occupé par les neiges, seuls quelques lichens et algues peuvent y survivre.

Il est à noter que les altitudes mentionnées représentent des moyennes et qu'elles peuvent être plus ou moins différentes d'une région à une autre. Certaines plantes peuvent être présentes à différents étages du paysage, mais sous des formes différentes.

étamine (n.f.) *(stamen)*

Organe mâle d'une fleur, porté par le réceptacle floral et placé entre la corolle et le pistil. Une étamine est généralement formée d'une partie allongée et grêle, le filet, terminé par une partie renflée appelée anthère. Celle-ci est le lieu de production des grains de pollen (gamétophytes mâles), dans des cavités appelées sacs polliniques (microsporanges), généralement au nombre de 4, souvent fusionnés en 2 loges séparées par un connectif.

Le nombre des étamines d'une fleur est très variable selon les espèces : une (Orchis, Orchidacées), deux (Olivier, Oléacées), trois (Crocus, Iridacées), cinq (Bouillon blanc, Scophulariacées), six (Lis, Liliacées), huit (Parisette, Liliacées), dix (Haricot, Fabacées), etc., *n* (c'est-à-dire un nombre important et indéterminé comme chez la Renoncule, Ranunculacées). Les étamines, dont l'ensemble constitue l'androcée, peuvent être libres jusqu'à la base ou plus ou moins soudées entre elles ou aux autres parties de la fleur (pétales, pistil). Les fleurs qui n'ont que des étamines, sans pistil, sont appelées fleurs staminées.

À maturité, l'anthère s'ouvre et laisse échapper le pollen qui, déposé sur le stigmate d'une fleur de la même espèce, permet la fécondation.

Le nombre des étamines, leurs formes, leurs tailles (égales ou inégales), leurs positions, leur agencement (sur un ou plusieurs cycles, sur une spire), leurs rapports avec les autres pièces florales, leur soudure éventuelle (par leurs anthères ou leurs filets, etc.), le mode d'ouverture des sacs polliniques, le type des grains de pollen qu'elles libèrent, sont autant de critères utilisés en systématique.

étendard (n.m.) *(banner, standard)*

Pétale supérieur, généralement le plus large, dans les fleurs des Papilionacées. Il est au-dessus de deux pétales situés à droite et à gauche (ailes).

ethnobotanique (n.f. ; adj.) *(ethnobotany)*

1. Discipline qui étudie les rapports que les sociétés humaines entretiennent avec les plantes qu'elles utilisent.

2. Relatif à cette discipline.

éthylène (n.m.) *(ethylene)*

Gaz hydrocarbonique insaturé, de formule C_2H_4, dérivé de la méthionine et produit par la majorité des organes végétaux en concentration variable et particulièrement par les régions apicales en croissance active, les fleurs et par les fruits en maturation.

Sa production est inhibée par la lumière et par des conditions d'anaérobiose. Le dioxyde de carbone est un antagoniste de l'éthylène.

L'éthylène joue un rôle dans la maturation des fruits et dans la levée de la dormance des graines. Il stimule l'abscission des feuilles et des fruits, inhibe l'élongation de la tige et favorise leur expansion latérale. Il jouerait également un rôle de messager chimique.

étiolement (n.m.) *(etiolation)*

État d'une plante devenant décolorée (par perte de chlorophylle) lorsqu'une condition vitale est absente ou insuffisante (manque d'air, de lumière, élément minéral, etc.).

La plante étiolée possède des feuilles réduites, peu développées dans le cas d'une Dicotylédone et des feuilles enroulées, parfois allongées dans le cas d'une Monocotylédone. Les entre-nœuds sont souvent fins et allongés et la lignification est réduite. La lumière renverse les effets de l'obscurité, favorisant le développement normal des feuilles et des entre-nœuds. Des changements anatomiques apparaissent à la lumière : plus grande lignification, différenciation de l'épiderme de la tige et formation des poils. Mais le changement biochimique le plus profond est le développement de chloroplastes photosynthétiquement actifs. C'est le verdissement, s'accompagnant de synthèse de la chlorophylle, de ribosomes, de lipides et de protéines (dont la synthèse des enzymes de la photosynthèse) et la différenciation du système membranaire.

étioplaste (n.m.) *(etioplast)*

Type de plaste élaboré en l'absence de lumière, on le trouve chez les feuilles étiolées et chez certains organes privés de lumière tels que les racines et l'hypocotyle. À la suite d'une exposition à la lumière, de nouveaux constituants du plaste tels que l'ARN, les protéines, lipides, ribosomes et pigments sont synthétisés.

Eucaryote (n.m. et adj.) *(eukaryote)*

Organisme uni- ou pluri-cellulaire dont le matériel génétique (chromosomes véritables associés à des protéines) est contenu dans un noyau séparé du cytoplasme par une membrane nucléaire. Le cytoplasme renferme de nombreux organites (mitochondries, réticulum, appareil de Golgi, plastes chez les végétaux, etc.) spécialisés dans des fonctions particulières. Il renferme également un cytosquelette et la division nucléaire se fait par mitose et par méiose. Les Eucaryotes comprennent les champignons, les Protistes, les végétaux et les animaux.
Ant. : Procaryote.

euploïdie (n.f.) *(euploidy)*

État d'une cellule ou d'un organisme ayant un nombre entier de jeux complets de chromosomes multiple du nombre de base haploïde (x). Ex. : diploïde (2x), triploïde (3x), tétraploïde (4x), etc.
Ant. : aneuploïdie.

eutrophisation (n.f.) *(eutrophication, eutrophization)*

Développement exagéré d'Algues et de plantes aquatiques dans des eaux de surfaces enrichies en éléments minéraux (phosphates et nitrates, en particulier), ce qui a pour conséquence la disparition de l'oxygène dissous et l'accumulation de matières organiques susceptibles de devenir cause de pollution.

évapotranspiration (n.f.) *(evapotranspiration)*

Ensemble des émissions de vapeur d'eau sous l'action conjuguée de l'évaporation du sol et de la transpiration des plantes d'un couvert végétal sur une surface donnée. Ses valeurs sont fonction des climats et de la nature du couvert végétal.

évitement (n.m.) *(avoidance, avoidancy)*

Mécanisme d'adaptation mis en œuvre par une plante soumise à une contrainte de l'environnement de sorte à se parer contre l'effet néfaste de ces conditions. Par exemple, dans le cas d'une contrainte hydrique, la plante tend à maintenir un potentiel hydrique élevé en réduisant sa transpiration par fermeture des stomates, enroulement foliaire, etc.

évocation florale (l.f.) *(floral evocation)*

Étape survenant à la suite de l'induction florale, conduisant à la transformation plus ou moins irréversible du méristème caulinaire de l'état végétatif vers l'état floral. Elle précède la morphogenèse florale proprement dite et qui consiste en l'initiation des premières structures florales.

exalbuminée (adj.) *(exalbuminous)*

Qualifie une graine dont l'embryon a digéré tout l'albumen au cours de sa maturation. Les réserves sont alors stockées dans les cotylédons. Ex. : graine du gland de Chêne (*Quercus*), graine de Haricot (*Phaseolus vulgaris*). Chez les Orchidées, l'albumen ne se forme pas car l'œuf secondaire dégénère très tôt après sa formation.

excrétions racinaires (l.f.pl.) *(root exudates)*

Substances extrêmement variées chimiquement qui sont synthétisées et excrétées dans le sol par les systèmes racinaires de la plupart des espèces.
Les excrétions racinaires sont constituées par des produits du métabolisme secondaire. Elles comprennent des huiles essentielles, des gommes, des mucilages, des résines, du latex, des tanins, des alcaloïdes, des isoflavonoïdes, etc.

Ces exsudats peuvent être appréciés ou redoutés par les autres végétaux (y compris par les germes du sol). Il en résulte, selon les cas, des phénomènes de stimulation ou d'inhibition, voire de toxicité susceptible d'entraîner la mort. On parle alors d'autotoxicité si la plante est toxique pour sa propre espèce ; de télétoxie si la plante est toxique pour une (ou plusieurs) espèce(s) de son entourage.
Syn. : exsudats racinaires.

exfoliation (n.f.) *(exfoliation)*
Chute naturelle d'une partie externe morte d'un arbre, de forme plane et mince.

exhalaison, exhalation (n.f.) *(exhalation)*
Production de gaz, par exemple par une résine.
Ne pas confondre avec vapeur qui se dit plutôt de l'état gazeux d'un liquide.

exine (n.f.) *(exine)*
Enveloppe externe du grain de pollen, ornementée de crêtes, sillons, stries, et permettant d'identifier les espèces qui les produisent. L'exine est également traversée par des pores germinatifs. C'est par l'un d'eux que passe l'intine pour constituer le tube pollinique lors de la « germination » du grain de pollen.
Chez de nombreux Gymnospermes, l'exine se décolle de l'intine et forme deux ballonnets aérifères latéraux remplis d'air qui faciliteront la dissémination aérienne des grains de pollen à grande distance.

exocarpe (n.m.) *(exocarp)*
Synonyme d'épicarpe.

exozoochorie (n.f.) *(exozoochory)*
Condition des plantes dont les semences sont disséminées passivement par les animaux en se fixant à leurs pattes, leurs poils ou leurs plumes. Ces semences sont souvent des fruits secs munis de pointes ou d'épines. Ex : Bardane (*Arctium lappa*), Luzerne (*Medicago*).
Syn. : épizoochorie.

expansines (n.f.pl.) *(expansins)*
Protéines extracellulaires non enzymatiques intervenant dans la plasticité des parois cellulaires en rompant l'adhésion non covalente de la matrice polysaccharidique (hémicelluloses) aux microfibrilles de cellulose, ce qui permet l'expansion de la paroi sous l'effet de la pression de turgescence. L'activité des expansines est maximale dans les tissus en croissance. Des gènes d'expansines ont été détectés chez tous les végétaux vasculaires. La comparaison des ADN*c* de l'expansine de nombreuses plantes (Arabette, Concombre, Pois, Riz, Pin, etc.) a montré que ces protéines sont très conservées du point de vue de leur taille et leur séquence en acides aminés.
À côté de leur rôle dans l'expansion de la paroi, et donc dans la croissance cellulaire, les expansines sont impliquées dans d'autres processus durant la croissance de la plante et son développement : organogenèse de la feuille, germination du tube pollinique chez les Graminées et dégradation de la paroi durant la maturation des fruits. Une deuxième classe de protéines étroitement apparentées, nommées β-expansines, a été identifiée chez des Graminées. Ce sont des allergènes polliniques.

explant (n.m.) *(explant)*
Fragment d'organe ou de tissu qui est prélevé sur un végétal vivant, dans le but de culture cellulaire ou de greffe.

exsorption (n.f.) *(exsorption)*

Rejet d'une substance dans le sol par les racines d'une plante.
Les substances rejetées peuvent être des ions minéraux, des produits azotés par les plantes fixatrices d'azote ou d'autres excrétions racinaires. Les quantités d'ions exsorbés sont toujours beaucoup plus faibles que les quantités absorbées. Les ions rejetés peuvent être simplement des ions OH^- (dans le cas de l'assimilation des nitrates) ou au contraire des protons H^+ pour contrebalancer l'absorption d'ions NH_4^+, par exemple.
Ant. : absorption.

exsudation (n.f.) *(exsudation)*

Libération de toute substance (eau, résine) dans le milieu extérieur par les différents organes (feuille, tige, racine…) d'un végétal.

extensine (n.f.) *(extensin)*

Glycoprotéine associée aux fibrilles de cellulose dans la paroi primaire des cellules végétales et intervenant dans les mécanismes de leur extension. Elle est constituée d'une chaîne polypeptidique sur laquelle sont greffées de courtes ramifications glycosidiques. Le polypeptide est caractérisé par sa richesse en lysine, en sérine et en hydroxyproline. Cette dernière se lie aux arabinogalactanes eux-mêmes liés aux xyloglucanes qui sont liés, à leur tour, aux fibrilles de cellulose (orientées dans le sens de l'axe de l'organe en croissance) par des liaisons covalentes.

extinction (n.f.) *(extinction)*

Disparition définitive d'une espèce, suite à une dégradation générale de l'état de l'environnement.
Les causes de l'extinction des espèces actuelles sont nombreuses et, en grande partie, liées à l'activité humaine plutôt qu'à des processus naturels.
Les principales causes en sont :

- la destruction des habitats naturels, liée à l'activité humaine : développement urbain, construction de routes, agriculture intensive, exploitation forestière, assèchement des marais et pollution ;
- la surexploitation des espèces ;
- l'extermination volontaire ou involontaire d'espèces ;
- l'introduction, accidentelle ou intentionnelle, d'espèces étrangères destructrices et/ou envahissantes dans un habitat.

extrorse (adj.) *(extrorse)*

Se dit des étamines dont les anthères s'ouvrent vers l'extérieur de la fleur. Ex. : anthères de l'*Anemone* (Ranunculacées), *Papaver rhoeas* (Papavéracées).

Fabacées (n.f.pl.) *(Fabaceae)*

Famille ou « Superfamille » de plantes Dicotylédones, dialypétales, superovariées, herbacées ou arborescentes, annuelles, bisannuelles ou pérennes dont le fruit est une gousse ou légume.

Avec leurs 18 000 espèces répandues dans le monde entier, les Fabacées sont, avec les Orchidacées et les Astéracées, les plus importants groupes de Spermaphytes. Elles se subdivisent en 3 sous-familles : les Faboïdées (ex. : Papilionacées) sous-famille la plus importante, Césalpinioïdées et les Mimosoïdées. Parmi ces dernières, on compte surtout des arbres des régions chaudes (*Mimosa*, *Acacia*, *Cassia*, etc.).

Les Fabacées ont la particularité de vivre en symbiose avec les bactéries installées dans des nodosités racinaires (ou plus rarement caulinaires) et assimilant l'azote atmosphérique. Leurs racines présentent, en effet, des nodosités où vivent des bactéries spéciales (appartenant aux genres *Rhizobium* et *Burkholderia*), fixatrices de l'azote de l'air dont elles enrichissent considérablement le sol. Cette capacité s'avère particulièrement précieuse lorsque les sols sont pauvres en azote. L'agriculture exploite cette particularité naturelle en alternant la culture de Fabacées et plus précisément de Faboïdées avec celle des autres végétaux cultivés qui bénéficient de leur apport. Dans les terres pauvres en humus, on enterre, avant la floraison, les Faboïdées (Lupins, Féveroles, etc.) destinées à produire un « engrais vert » ; les micro-organismes du sol les transforment en éléments directement assimilables par les plantes.

Syn. : Légumineuses.

faciès (n.m.) *(facies)*

1. Aspect général et port d'une plante à première vue.
2. Aspect général ou physionomie propre à un milieu naturel.

facteur limitant (l.m.) *(limiting factor)*

Se dit de tout élément de l'environnement (nutriment, lumière, humidité, température, etc.) qui, par sa présence trop faible (en dessous du seuil normal) ou excessive (excédant les limites de tolérance), tend à inhiber ou à restreindre à lui seul l'accomplissement d'une fonction physiologique d'un organisme (Ex. : croissance) ou d'une molécule (réaction chimique) alors que tous les autres facteurs sont favorables.

faculté germinative (l.f.) *(germination power)*

La faculté germinative des graines est évaluée par le nombre de graines qui germent après une durée déterminée (généralement 7 jours pour beaucoup d'espèces) sur 100 graines mises à germer.
Syn. : capacité de germination.

faisceau conducteur (l.m.) *(conducting bundle)*

Regroupement fonctionnel d'éléments appartenant soit au xylème (faisceau ligneux) soit au phloème (faisceau libérien). Les faisceaux conducteurs caractérisent les structures anatomiques primaires des tiges, des racines et des feuilles des plantes vasculaires. Dans les tiges primaires et les feuilles, les 2 tissus conducteurs sont superposés en faisceaux libéro-ligneux. Dans les racines primaires, ils sont alternés.

famille (n.f.) *(family)*

Unité systématique (subdivision de la classe) comprenant l'ensemble des genres présentant en commun des caractères généraux. Les noms de familles commencent par une majuscule et se terminent par la désinence francisée « acées » ou latinisée « *aceae* » ajoutée au nom du genre typique de la famille en question. Ex. : Chénopodiacées et *Chenopodiaceae* ; Rosacées et *Rosaceae*. Les *Cactaceae*, *Onagraceae* et *Winteraceae* font exception à cette règle puisqu'il n'y a plus de genres *Cactus*, *Onagra* et *Wintera* dans la terminologie scientifique actuelle.

fasciation (n.f.) *(fasciation)*

Anomalie qui atteint la tige et souvent aussi les rameaux des plantes ligneuses et herbacées, déformant ces organes en les rendant aplatis en rubans, de sorte qu'ils deviennent méconnaissables et en donnant l'impression qu'ils sont accolés en faisceaux. Ex. : fasciation de la Vigne due au virus du court-noué.

fasciculé (adj.) *(fascicular, fascicled)*

Se dit d'organes semblables disposés en faisceaux : rapprochés et insérés par leur extrémité en un seul point commun sur l'axe. Ex. : racines des Poacées.

fastigiés (adj.) *(fastigiated)*

Se dit de rameaux dressés et rapprochés du tronc, donnant une forme élancée à l'arbre. Ex. : Cyprès (*Cupressus*), Peuplier (*Populus*).

fausse-cloison (l.f.) *(false septa, replum)*

S'applique en particulier à la cloison, d'origine placentaire, apparaissant tardivement et séparant en 2 « loges » un ovaire bicarpellé au départ uniloculaire. Ex. : silique des Brassicacées.
Syn. : replum.

faux-fruit (n.m.) *(false-fruit)*

Fruit complexe comprenant des structures autres que l'ovaire. Souvent, l'essentiel du faux-fruit est constitué par le réceptacle floral accrescent (Ex. : Fraise, *Fragaria vesca*) ou du réceptacle d'inflorescence (Ex. : Figue, *Ficus carica*).
Syn. : pseudocarpe.

fécondation (n.f.) *(fecundation, fertilization)*

Chez les Bryophytes et les Ptéridophytes, correspond à la fusion d'un gamète mâle cilié (anthérozoïde) se déplaçant dans l'eau avec le gamète femelle (oosphère) situé dans l'archégone. Chez les Spermaphytes, formation d'un œuf ou zygote par l'union d'un gamète mâle (noyau spermatique) formé dans le grain de pollen et d'un gamète femelle (oosphère) localisé dans un ovule. Cette fécondation (ou syngamie) conduit à la formation d'un embryon.
Chez les Gymnospermes, la fécondation est généralement simple ; chez les Angiospermes, elle revêt un caractère particulier appelé double fécondation.

fermentation (n.f.) *(fermentation)*

1. Transformation d'un substrat organique par des micro-organismes, en présence d'oxygène (fermentation aérobie) ou en son absence (fermentation anaérobie).

2. Ensemble des processus de transformation de composés organiques par des cellules pour produire de l'énergie chimique sous forme d'ATP en conditions anaérobies.

Dans les cellules anaérobies, c'est le seul processus produisant de l'énergie. Au cours de leur existence, les plantes peuvent traverser des périodes d'hypoxie ou d'anoxie ; des processus fermentaires sont alors enclenchés pour soutenir la croissance de la plante.

ferrédoxine (n.f.) *(ferredoxin)*

Protéine contenant du fer et du soufre (2Fe-2S), caractérisée par son potentiel redox très bas et intervenant dans le transport d'électrons dans un certain nombre de réactions : réduction des nitrites dans les chloroplastes, photosynthèse, etc.

feuille (n.f.) *(leaf)*

C'est l'organe principal de la photosynthèse, de la respiration et de la transpiration des plantes ; à son niveau se font les échanges entre le végétal et l'atmosphère.

Généralement formée d'un limbe (lame verte au rôle assimilateur) plus ou moins large, et d'un pétiole étroit la rattachant à la tige, la feuille est dite sessile quand elle est dépourvue de pétiole, embrassante quand sa base se prolonge en oreillettes de part et d'autre de la tige ; elle peut aussi se prolonger en ailes le long de la tige ou être munie, au niveau de son insertion sur la tige, d'excroissances de forme variée appelées stipules.

La feuille se distingue de la tige et de la racine en ce qu'elle est toujours bilatérale dans sa morphologie et dans son anatomie : on y reconnaît une partie droite et une gauche, une face supérieure et une face inférieure (dorso-ventralité).

L'examen d'une coupe de limbe montre qu'il renferme un tissu plus ou moins lâche, le mésophylle, de nature parenchymateuse, très riche en chloroplastes. Ses deux faces sont recouvertes d'une assise unistrate : l'épiderme dont les parois externes des cellules sont enduites d'une couche de cuticule qui limite l'évaporation. De petits orifices (à la face inférieure) appelés stomates permettent les échanges gazeux entre la feuille et l'atmosphère environnant. Des faisceaux conducteurs de sève apparaissent extérieurement sous forme de nervures, parallèles ou en réseau.

Les feuilles peuvent être classées en 2 grandes catégories : simples ou composées (de plusieurs folioles), elles-mêmes comprenant quelques types principaux qu'il est nécessaire de bien connaître pour arriver à déterminer les plantes.

– La feuille simple peut être linéaire, spatulée, lancéolée, ovale, arrondie, avec tous les intermédiaires possibles ; elle est souvent dentée plus ou moins profondément, crénelée ou lisse. Sa nervation peut être pennée (Chêne), palmée (Ricin), parallèle (Poireau) ou pseudo-parallèle (Muguet).

– Les feuilles composées peuvent avoir leurs folioles de part et d'autre du pétiole principal : feuille composée pennée (paripennée si le nombre de folioles est pair, imparipennée si nombre impair de folioles). Les folioles peuvent partir du même point : feuille composée palmée.

Les feuilles (d'Angiospermes notamment) peuvent subir des modifications variées pour assumer certaines fonctions particulières. Ainsi, au cours des premières étapes de la formation des feuilles, le primordium foliaire peut se différencier en vrilles (certaines Fabacées), en épines (Cactacées) ou en pièges chez les plantes carnivores, etc.

La base du limbe où s'insère le pétiole, peut être aiguë, arrondie, échancrée en cœur, hastée, obtuse, élargie en oreillettes…

La disposition des feuilles sur la tige (phyllotaxie) est aussi importante : elles peuvent être éparses (Ex. : Lin), alternes, opposées deux à deux, verticillées par trois ou plus ou en rosette.

En fonction de leur durée de vie, on oppose les feuilles caduques aux feuilles persistantes.

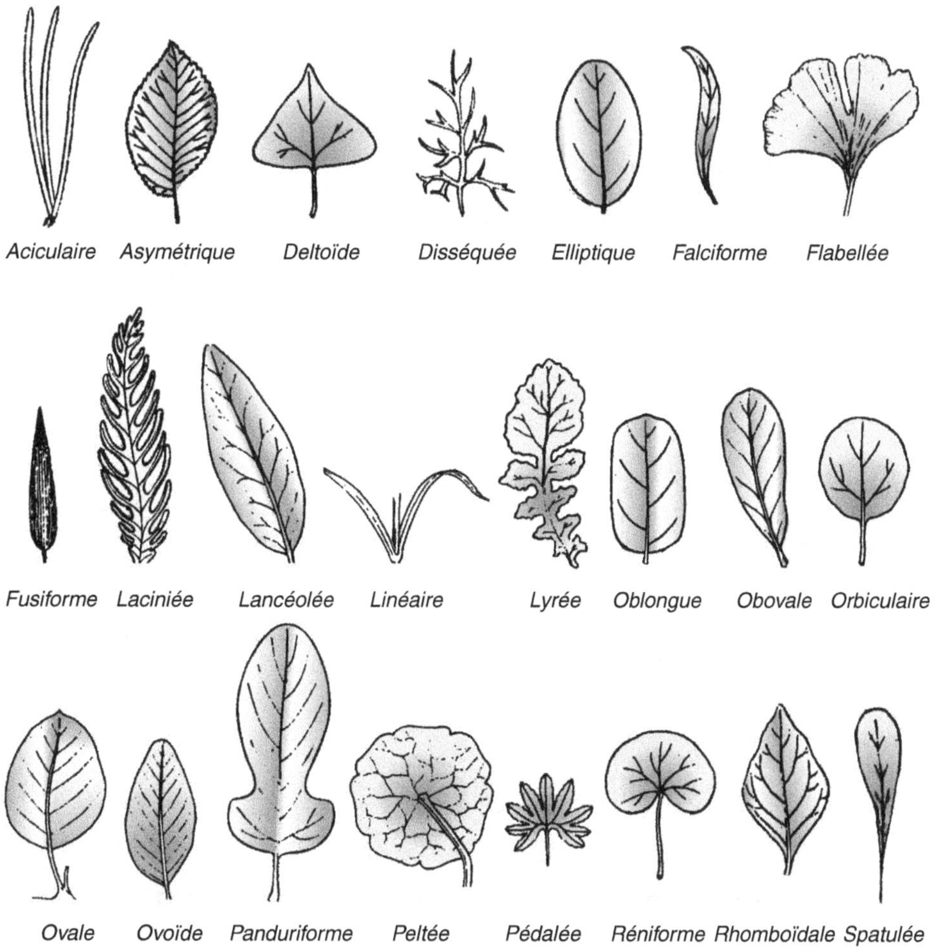

▶ Caractérisation des feuilles d'après la forme générale du limbe ◀

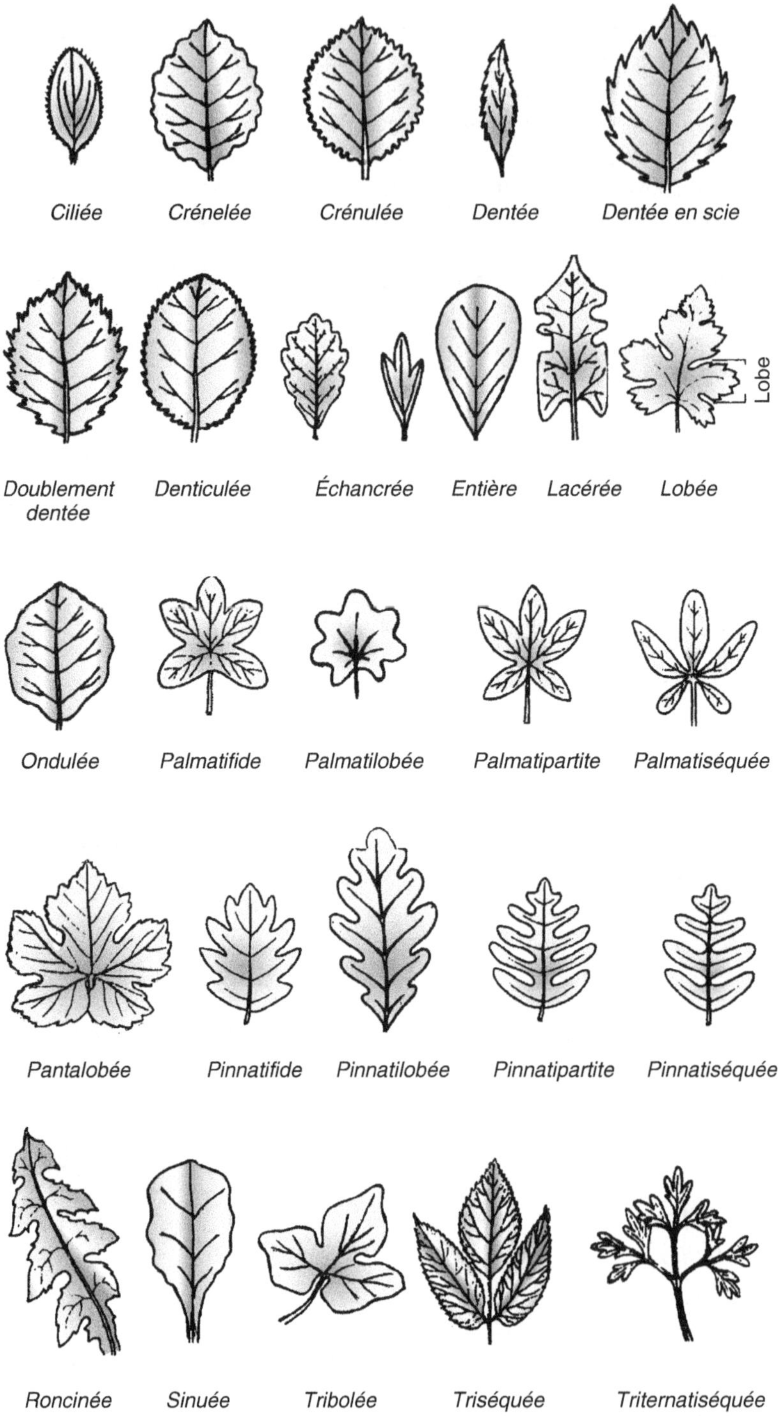

Caractérisation des feuilles d'après leur marge

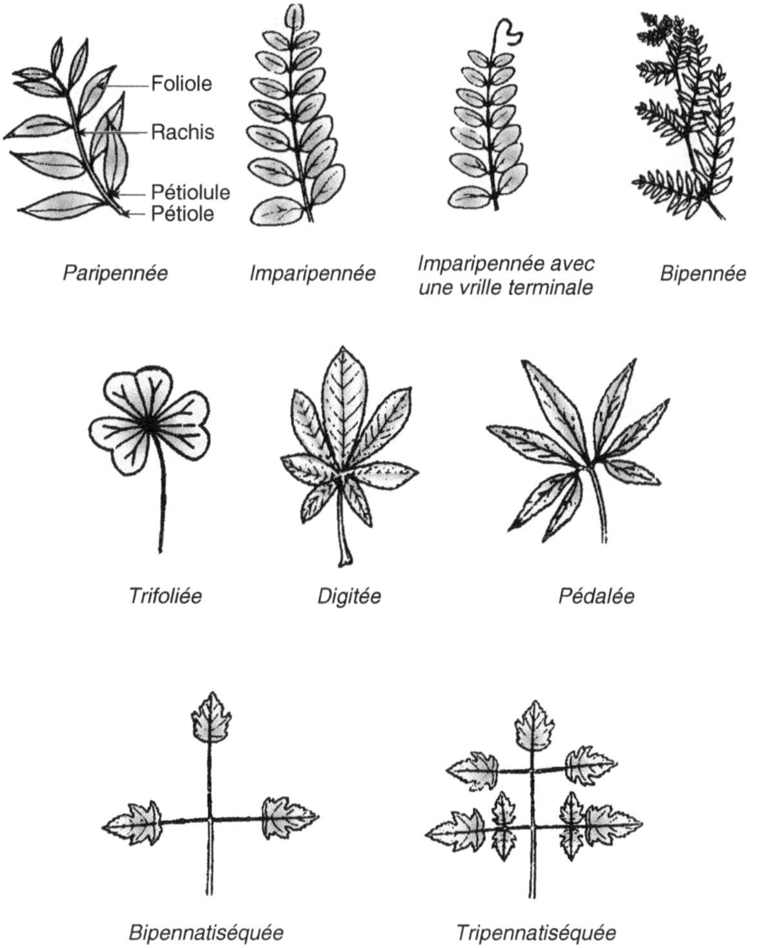

▶ Feuilles composées ◀

feuillu (adj.) *(leafy, broadleaved tree)*

Terme de sylviculture désignant un arbre ayant des feuilles à limbe assez large et plan et qui tombent à l'automne, par opposition aux feuilles des Résineux, qui sont en forme d'aiguilles ou d'écailles et qui sont persistantes. Ce terme s'applique en général aux arbres Angiospermes (Chênes, Hêtre, Charme, Peupliers, etc.) afin de les distinguer des Conifères.

fibre (n.f.) *(fibre)*

Cellule allongée aux extrémités effilées, à paroi souvent épaissie, rencontrée dans le xylème, le phloème ; d'autres sont des trichomes.

Selon leurs utilisations, on peut diviser les fibres végétales en deux catégories : les fibres destinées à l'industrie textile et les fibres destinées à la fabrication du papier.

La première catégorie comprend les fibres provenant des poils séminaux des graines de Cotonnier (*Gossypium* sp.), du Kapokier (*Ceiba pentandra*) ; les fibres du phloème, essentiellement cellulosiques, tirées des tiges de plantes herbacées : Chanvre (*Cannabis sativa*), Lin (*Linum usitatissimum*), Jute (*Corchorus capsularis*), Ramie (*Boehmeria nivea*) ; les fibres tirées des

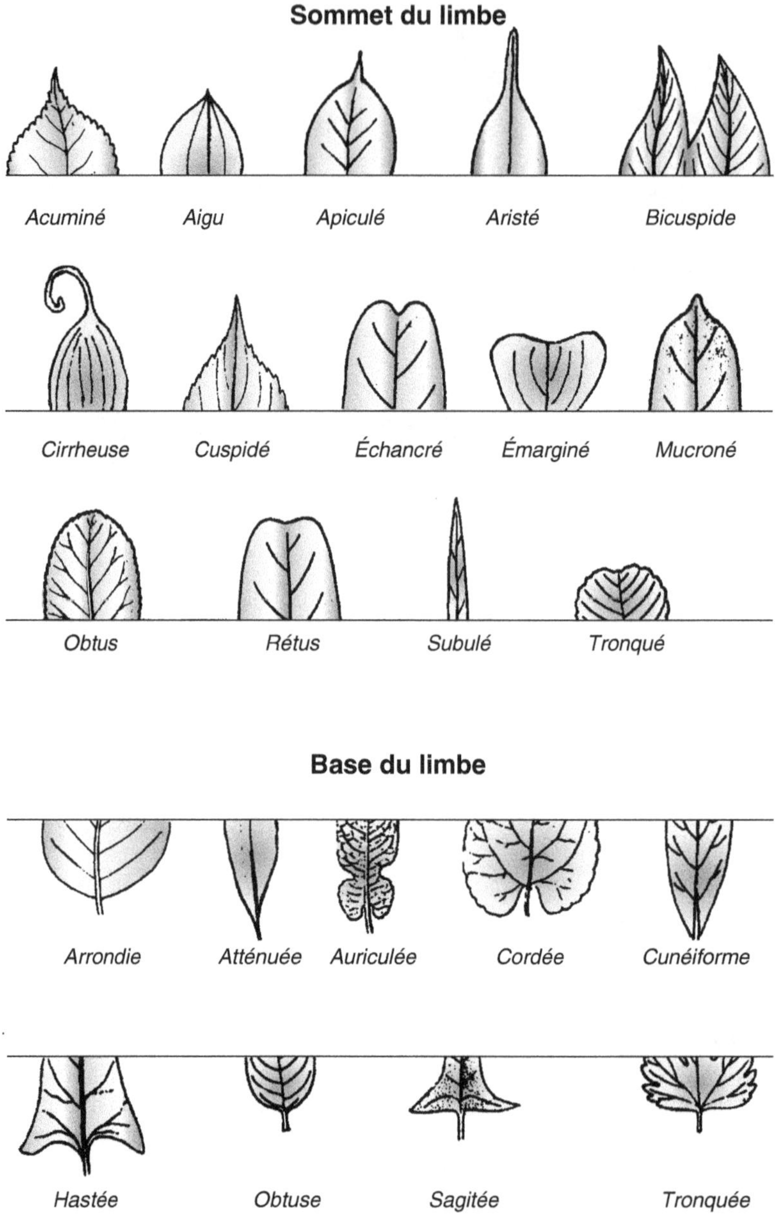

▶ Caractérisation des feuilles d'après le sommet et la base du limbe ◀

feuilles d'Alfa (*Stipa tenacissima*) et de Sisal (*Agave sisalana*) ou d'enveloppes de fruits (noix de Coco). Les fibres textiles obtenues à partir de ces plantes ont perdu de leur importance depuis l'invention des fibres synthétiques. Seul le Coton garde encore une place importante.
La deuxième catégorie comprend les fibres de bois de Feuillus et de Résineux. Les fibres du bois, présentes surtout dans le xylème, ont les parois, épaissies et lignifiées, et sont de longues cellules mortes à maturité, jouant essentiellement un rôle de soutien et de conduction.

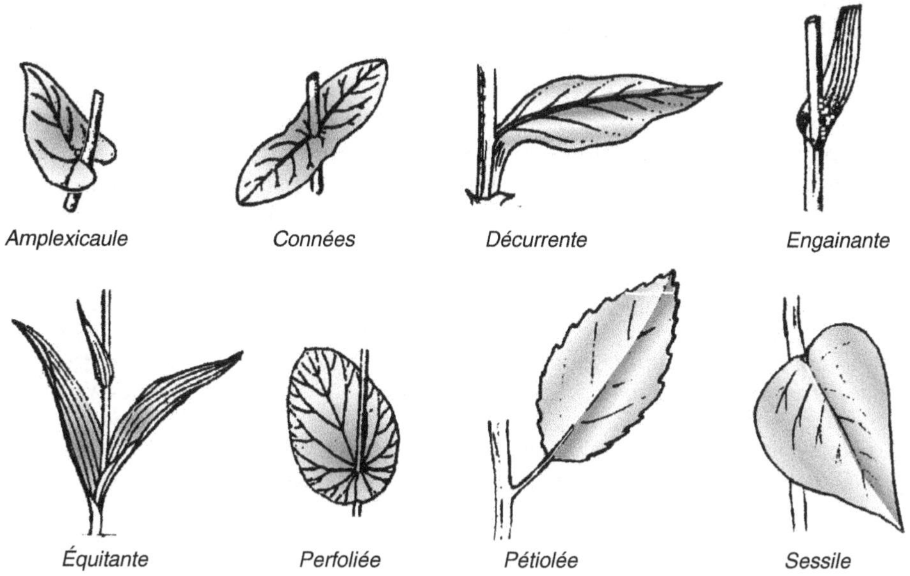

Caractérisation des feuilles d'après l'insertion du limbe sur la tige

fibreux (adj.) *(fibrous)*

1. Composé d'un ensemble de fibres.

2. Les racines sont dites fibreuses quand elles forment une touffe de filaments simples peu ramifiés. Ex. : nombreuses Poacées.

-fide *(-fid)*

Suffixe indiquant qu'un organe (Ex. : feuille), est fendu jusque vers son milieu.
Voir palmatifide, pennatifide.

filet (n.m.) *(filament)*

Partie inférieure effilée de l'étamine, servant de support aux anthères et fixée au réceptacle floral ou soudée sur la corolle.

fimbrié (adj.) *(fimbriated)*

À marges finement découpées en éléments simples (ou fimbrilles) comme une frange. Ex. : pétales de l'Œillet (*Dianthus superbus*).

fistuleux (adj.) *(fistular, fistulose, fistulous)*

En forme de cylindre creux. Ex. : chaume des Poacées, tige de *Asphodelus fistulosus* (Liliacées), de la Ciguë (*Conium maculatum*), feuilles d'Oignon (*Allium cepa*).

fixation de l'azote (l.f.) *(nitrogen fixation)*

Terme désignant la transformation de l'azote minéral atmosphérique en une forme organique combinée, sous l'action de certains micro-organismes procaryotes appelés fixateurs d'azote, qui peuvent être libres ou symbiotiques.

Ces procaryotes ont en commun la possession d'une enzyme appelée nitrogénase, leur permettant de fixer l'azote moléculaire atmosphérique. Celui-ci est transformé en azote ammoniacal suivant le schéma :

$$N_2 + 3\ H_2 \rightarrow 2\ NH_3 + 54{,}4\ \text{kJoules}.$$

Le résultat principal de cette fixation est l'incorporation de l'azote élémentaire dans les cellules des végétaux ou des micro-organismes, sous forme de glutamine.

Quelques-uns de ces procaryotes vivent en symbiose avec des plantes. Cette fixation permet à ces végétaux d'assimiler l'azote ammoniacal et de l'incorporer dans les acides aminés. Ex. : fixation symbiotique de l'azote entre les bactéries du genre *Rhizobium* et certaines Légumineuses.

La fixation de l'azote atmosphérique concerne également certains arbres et arbustes. Les Acacias, qui appartiennent au groupe des Mimosacées, les Aulnes (Bétulacées), et les Casuarinas (Casuarinacées) hébergent des micro-organismes fixateurs d'azote dans leurs racines, au contact desquelles se forment des nodules. Les procaryotes impliqués sont des Actinomycètes du genre *Frankia*. Les plantes qui bénéficient de ces symbioses sont le plus souvent des espèces pionnières, capables de coloniser des milieux pauvres en azote.

La fixation biologique de l'azote atmosphérique est la voie majeure d'introduction de l'azote gazeux dans l'écosystème.

flabellé, flabelliforme (adj.) *(flabellate, flabelliform, fan-shaped)*

Disposé en éventail ou en forme d'éventail. Ex. : feuilles de Palmier nain (*Chamaerops humulis*, Arécacées).

flavedo (n.m.) *(flavedo)*

Couche externe, jaune ou orangée du péricarpe (peau) des Oranges et fruits voisins, dans laquelle se trouvent les huiles essentielles. La partie interne est l'albédo.

flavonoïdes (n.m. pl.) *(flavonoids)*

Les flavonoïdes sont des pigments incolores ou colorés. Ce sont des composés polyphénoliques, largement répandus dans le règne végétal, avec plus de 4 000 structures décrites et dont la liste s'allonge constamment avec le développement de nouvelles techniques analytiques. Certains d'entre eux ont des propriétés pharmacologiques diverses (antiradicaux libres notamment).

Les flavonoïdes sont surtout abondants et diversifiés chez les plantes supérieures, particulièrement dans certaines familles : Apiacées, Astéracées, Fabacées, Polygonacées et Rutacées.

Présents dans tous les organes aériens, ils ont une teneur maximale dans les organes jeunes (feuilles et boutons floraux). Les deux principaux groupes de flavonoïdes, les flavones et les flavonols (le plus souvent sous forme *O*-hétérosides), se rencontrent dans les fleurs et les feuilles des plantes vertes. Les catéchines et les proanthocyanidines sont plus abondants dans les tissus lignifiés que dans les autres tissus. Les Anthocyanes, dont les couleurs vont du rose au bleu violacé, sont souvent responsables de la couleur des fleurs et des fruits.

Les flavonoïdes, sous forme d'hétérosides hydrosolubles, s'accumulent dans les vacuoles, préférentiellement dans les cellules des tissus superficiels (épiderme des feuilles ou entre l'épiderme et le mésophylle). Chez les fleurs, ils sont concentrés dans les cellules épidermiques. Cette localisation superficielle leur permet de jouer un rôle de protection contre les rayons ultraviolets, et de défense contre les pathogènes des plantes (phytoalexines). Les isoflavonoïdes jouent également un rôle dans la nodulation par les *Rhizobium*. Par les couleurs qu'ils confèrent aux pétales des fleurs, ils interviennent dans la reproduction, dans l'attraction des pollinisateurs.

Chez les Gymnospermes, les proanthocyanidines sont ubiquistes.

flétrissement (n.m.) *(wilt(ing))*

État d'une plante, généralement dû à une importante perte d'eau (activité métabolique, transpiration), non compensée par une absorption suffisante. Les plantes ne peuvent, en général (sauf adaptations particulières), prélever l'eau du sol en dessous d'une certaine limite. En effet, la présence de sels, d'argile, d'humus augmente la rétention d'eau du sol et limite son absorption. Après retour aux conditions normales, si la perte est modérée, le flétrissement peut être réversible.

Certains éléments du sol freinent l'absorption de l'eau et accélèrent la transpiration, surtout chez les plantes dites calcifuges. C'est le cas du calcium, par exemple.

Le flétrissement peut également être provoqué par une attaque fongique ou bactérienne. Ex. : de nombreux polysaccharides de bactéries phytopathogènes produisent le flétrissement des feuilles par obstruction physique de la circulation.

fleur (n.f.) *(flower)*

Ensemble des organes assurant la reproduction des Phanérogames.

Une fleur est constituée d'un axe prenant naissance à l'aisselle d'une feuille. La partie inférieure de cet axe, habituellement munie de préfeuilles, représente le pédoncule de la fleur dont l'extrémité plus ou moins renflée constitue le réceptacle floral à la base duquel peut s'insérer une bractée. Sur ce réceptacle sont insérées les différentes pièces florales. Une fleur peut être hermaphrodite (environ 70 % des fleurs d'Angiospermes) et contenir à la fois organes mâles (étamines) et femelles (carpelles), ou seulement mâle ou femelle (fleur unisexuée). De l'extérieur vers l'intérieur d'une fleur hermaphrodite, on distingue généralement quatre types de pièces florales souvent regroupées en verticilles sur le réceptacle floral :

➤ deux ensembles de pièces stériles ou enveloppes florales formant le périanthe :

1. le calice constitué de sépales généralement chlorophylliens, destinés à protéger la fleur en bouton ;

2. la corolle constituée de pétales généralement vivement colorés dont le rôle est d'attirer les animaux pollinisateurs qui sont pour la plupart des insectes.

La fleur possède habituellement calice et corolle, mais peut n'avoir que le calice, vert ou coloré, ou une seule enveloppe florale réduite à des écailles (Graminées) ou aucune enveloppe florale.

Chez les Dicotylédones, certaines fleurs sont dépourvues de pétales (apétales), d'autres sont à pétales séparés (dialypétales) et d'autres enfin à pétales soudés entre eux (gamopétales). Chez certaines fleurs, les pétales portent à leur base un nectaire sécrétant le nectar ;

➤ deux ensembles de pièces fertiles directement impliquées dans les phénomènes de reproduction :

1. l'androcée constitué par l'ensemble des étamines. Chaque étamine comprend un filet et une anthère ;

2. le gynécée ou pistil constitué par l'ensemble des carpelles libres ou soudés entre eux, au centre de la fleur. Chaque carpelle est composé d'un ovaire, partie renflée et creuse contenant le ou les ovules, et d'un style, prolongement de l'ovaire qui s'épanouit à sa partie terminale en un stigmate destiné à réceptionner les grains de pollen véhiculés par les agents pollinisateurs.

Les fleurs peuvent être actinomorphes (symétrie axiale) comme celles de la Renoncule, ou zygomorphes (symétrie bilatérale) comme celles des Orchidacées, ou des Papilionacées (Fabacées).

Certaines fleurs sont isolées (Coquelicot, Tulipe), mais le plus souvent elles sont groupées en ensembles appelés inflorescences.

Le polymorphisme de la fleur et de ses éléments constitutifs (nombre, forme, agencement, symétrie, etc.) revêt une importance essentielle en systématique.

De nombreuses plantes à fleurs font l'objet de cultures à des fins ornementales ou alimentaires.

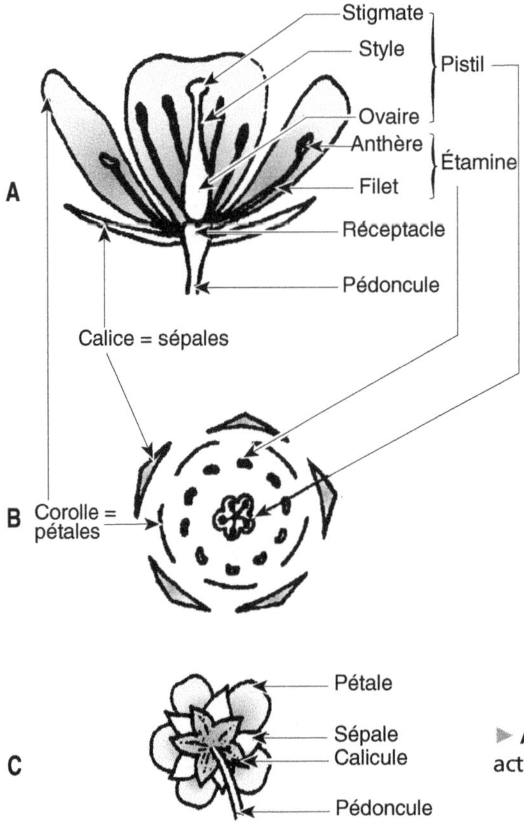

A- Schéma de l'organisation d'une fleur actinomorphe complète typique, en coupe longitudinale. **B-** Diagramme floral. **C-** Fleur vue de dessous

fleuron (n.m.) *(floret, disc floret, disc flower)*

Petite fleur tubuleuse, actinomorphe, ordinairement à 5 dents, au centre du capitule de nombreuses Astéracées. Ex. : fleurons des Camomilles. Chez certaines Astéracées, le capitule ne comporte que des fleurs en fleurons (Ex. : Bleuet)

flexueux (adj.) *(flexuous, flexuose)*

Plié ou courbé plusieurs fois en zigzag. Ex. : axe de l'épi de l'Ivraie (*Lolium*, Poacées).

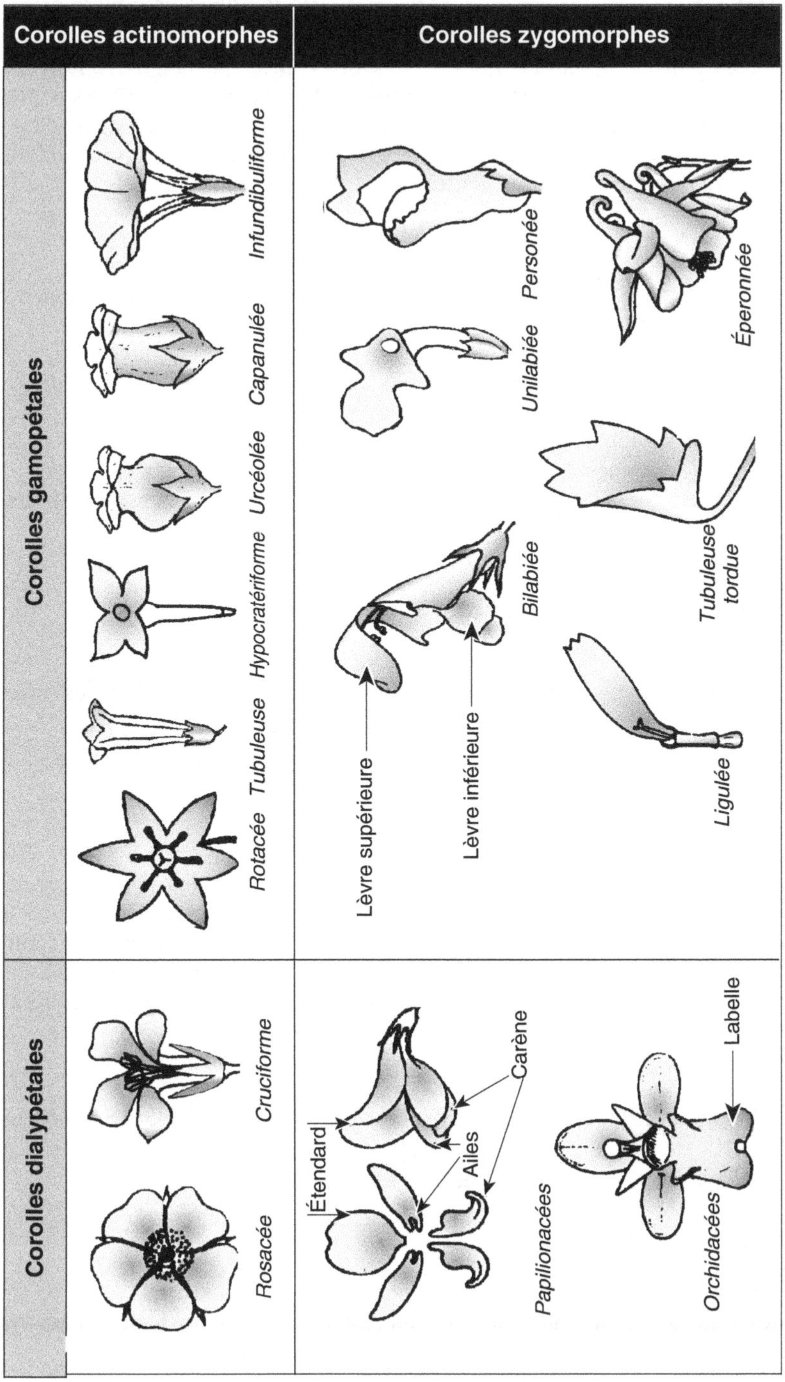

▶ Principaux types de corolles ◀

floraison (n.f.) *(flowering, blossoming, efflorescence)*

Moment où les fleurs d'une plante sont épanouies.
L'aptitude à la floraison est sous la dépendance de divers facteurs internes (substances de croissance) et externes (photopériode, froid...) variables selon les espèces végétales considérées.
Il existe également des plantes qui ne fleurissent qu'une fois au cours de leur cycle de vie (plantes monocarpiques), alors que d'autres fleurissent à plusieurs reprises, parfois au cours d'une même année (plantes polycarpiques).
Syn. : anthèse.

flore (n.f.) *(flora)*

1. Ensemble des espèces végétales qui se trouvent dans une région ou un milieu donné. Ces espèces forment des types de végétation diversifiés.
Ne pas confondre avec végétation.
2. Guide (livre) qui recense les espèces végétales présentes sur un territoire géographiquement délimité et permet leur détermination grâce à un système de clé basée sur des caractères visibles à l'œil ou à la loupe et conduisant, au fur et à mesure de la démarche, à la détermination d'unités taxonomiques de plus en plus fines. Ex. : Flore de Bonnier.
Un tel ouvrage se base sur l'analyse floristique sur le terrain et les comparaisons avec les diverses sources de documentation, en particulier les herbiers.

florifère (adj.) *(floriferous)*

1. Qualifie un axe qui porte des fleurs. **2.** Qui donne beaucoup de fleurs.

floristique (n.f.) *(floristics)*

Science qui étudie la flore d'une région afin d'en établir la composition et les relations avec d'autres régions.

flosculeux (adj.) *(flosculous, flosculose, floscular)*

Se dit d'une fleur composée uniquement de fleurons.

flux génique ou **flux de gènes** (l.m.) *(gene flow)*

Diffusion de gènes d'une population vers une autre, par le pollen. Un flux génique élevé homogénéise les populations en les rendant génétiquement similaires les unes aux autres.
L'efficacité du flux de gènes est dépendante du succès de la pollinisation (fécondation) et du succès d'établissement des graines (individus viables). Elle peut être entravée au niveau zygotique (incompatibilité ovule-pollen, compétition pollinique) et postzygotique (avortement des graines ou faible viabilité).

foliacé (adj.) *(foliaceous)*

Qualifie un organe ayant l'aspect d'une feuille. Ex. : stipules du Pois (*Pisum sativum*).

> Ne pas confondre avec feuillé, porteur de feuilles.

foliole (n.f.) *(leaflet)*

Chacune des sous-unités indépendantes d'une feuille composée. On peut distinguer les folioles des feuilles par l'absence de bourgeon axillaire à l'aisselle du pétiolule.

follicule (n.f.) *(follicle)*

Fruit à péricarpe sec et déhiscent, constitué d'un seul carpelle contenant généralement plusieurs graines et s'ouvrant à maturité par une fente unique ventrale, se distinguant ainsi de la gousse qui a deux fentes de déhiscence. Ex. : follicules de l'Aconit (*Aconitum*), de l'Hellébore (*Helleborus*).

▶ Follicule de *Brachychiton populneum* (Sterculiacées) s'ouvrant par une fente ventrale (ou placentaire) en libérant les graines ◀

forêt boréale (l.f.) *(boreal forest)*

Une des trois principales zones forestières au monde ; elle est située dans les régions nordiques (entre 50° et 60° de latitude nord) et est caractérisée par la prédominance de quatre genres de Conifères : Epicéa (*Picea* spp.), Mélèze (*Larix* spp.), Pin (*Pinus* spp.), Sapin (*Abies* spp.). Les Feuillus n'y sont représentés que par le Bouleau (*Betula*, Bétulacées) et le Saule (*Salix*, Salicacées).

forêt tempérée (l.f.) *(rainforest)*

Forêt présente en Asie, en Amérique et en Europe, dans des zones à climat saisonnier, avec des températures tombant au-dessous du gel en hiver et des étés chauds et humides. La végétation est constituée essentiellement d'arbres feuillus caducifoliés tolérant l'ombrage : Chêne, Érable, Frêne, Hêtre, Noyer, etc. On y trouve également des Résineux à feuilles persistantes.

forêt tropicale (l.f.) *(tropical forest)*

Forêt occupant de vastes territoires en zone tropicale où les précipitations sont fréquentes et intenses et d'au moins 250 cm par an. La plus grande part de la diversité biologique mondiale se trouve dans les forêts tropicales humides ; l'inventaire des espèces est encore très incomplet. La végétation est dominée par des arbres à larges feuilles toujours vertes formant un couvert continu.

forêt vierge (l.f.) *(virgin forest)*

Forêt de la zone équatoriale, impénétrable, étagée (Fougères arborescentes, Palmiers), aux sous-bois obscurs, à végétation épiphyte abondante, aux lianes très développées.
Syn. : forêt équatoriale.

formation végétale (l.f.) *(vegetal formation)*

Ensemble des végétaux qui présentent des caractères biologiques et morphologiques similaires, déterminés principalement par des facteurs climatiques, mais aussi édaphiques, biotiques et intrinsèques.

Ces caractères peuvent être des critères de taille (haute et basse), de stratification (monostrate ou pluristrate), de densité (dense, claire, ouverte ou fermée), d'étendue spatiale, d'aspect (homogène ou hétérogène), de biomasse (production annuelle par unité de surface) ou de renouvellement de la matière (productivité) ainsi que les rythmes saisonniers (caducité ou sempervirence). Aussi parle-t-on de forêts de Conifères, de forêts de Feuillus, etc. Des qualificatifs géographiques peuvent aussi être ajoutés (alpin, équatorial, méditerranéen, océanique, tropical, etc.), écologiques (calcicole, halophile, hygrophile, etc.), biologiques (caducifolié, persistant, sempervirent, etc.) ou taxonomique (steppe à Alfa, forêt de Chênes, lande à Bruyères, etc.) afin de permettre une plus fine description des grandes formations végétales du globe.
Le terme s'applique donc aux formes biotiques dominantes et non à la composition floristique d'un territoire donné, définissant les associations végétales.

forme (n.f.) *(form, forma)*

Nom donné à l'ensemble des individus qui, chez certaines espèces, présentent des caractères mineurs (Ex. : couleur de la fleur, forme de la feuille, etc.), conduisant à la constitution de types particuliers entrant dans leur polymorphisme.
Ces variations sont parfois déterminées par les facteurs de l'environnement et non hérités génétiquement. Ex. : *Gleditsia triacanthos* f. *inermis* est le nom donné à des individus inermes de cette espèce, habituellement très épineuse.
La forme botanique est le rang le plus bas de la hiérarchie taxonomique.

forme biologique (l.f.) *(biological form, life form)*

Ce terme désigne la morphologie d'une espèce végétale lorsque cette dernière est caractéristique d'une adaptation à certains facteurs du milieu.

Raunkier, botaniste danois, a proposé en 1934 un système simple de classification des diverses formes biologiques de plantes. Ce système s'appuie sur la durée de vie de la tige, la position des bourgeons au cours des saisons, à savoir en hiver et durant les périodes de sécheresse estivale :

➤ phanérophytes et nanophanérophytes : les premiers sont des plantes vivaces dont les bourgeons sont situés à plus de 2 m du sol. Ce sont des arbres, arbustes, grandes plantes herbacées ou des épiphytes présents en milieu tropical humide mais certains sont adaptés à des climats tempérés en réduisant les pertes d'eau par des différenciations comme des écorces épaisses (Chêne vert) ou des feuilles réduites (aiguilles des Conifères) ou encore la chute des feuilles en hiver (feuillus à feuillage caduc). Les seconds ont une hauteur de 0,5 à 2 m. Ces plantes résistent à l'hiver grâce à une vie fortement ralentie de tous les organes aériens ;

➤ chaméphytes : plantes dont les tiges portent des bourgeons pérennants se situant entre 10 et 50 cm du sol. Ces bourgeons sont, de ce fait, susceptibles d'être couverts par la neige en hiver ce qui les protège des fortes gelées. Les Chaméphytes comptent parmi eux notamment les arbustes nains de la toundra, des plantes herbacées (Ex. : Armoise blanche, Lavande, Thym) et des plantes ligneuses frutescentes ou sous-frutescentes ;

➤ hémicryptophytes : les bourgeons hivernaux sont situés au ras du sol. Les Hémicryptophytes comptent parmi eux les herbes à talle (Ex. : Blé d'hiver), les plantes vivaces à rosette ou à stolons superficiels et les plantes dont les bourgeons se trouvent au niveau du sol à la base des feuilles persistant ou non en hiver (Ex. : Pâquerette, Pissenlit) ;

➤ cryptophytes ou géophytes : plantes herbacées vivaces particulièrement adaptées à la rigueur du froid hivernal grâce à leurs parties souterraines riches en matières nutritives et qui peuvent être soit des rhizomes, soit des tubercules (Ex. : Pomme de terre), soit des bulbes (Ex. : Liliacées à bulbe de la région méditerranéenne, Crocus, Jacinthes, Tulipe). On inclut également dans cette catégorie les plantes dont les organes pérennants sont enfouis dans la vase (hélophytes, Ex. : Roseaux), ou l'eau (hydrophytes) ;

➤ hydrohémicryptophytes : plantes aquatiques affrontant l'hiver sous la forme d'une souche portant des bourgeons à la surface du substrat solide ou vaseux ;

➤ hydrogéophytes : plantes vivaces aquatiques affrontant l'hiver sous la forme d'un rhizome porteur de bourgeons immergés dans l'eau. Ex. : Nénuphar ;

➤ thérophytes ou plantes annuelles : ces végétaux survivent aux saisons défavorables sous forme de graines résistantes. Par contre, la partie végétative meurt totalement. Ils sont rares sous les climats froids et abondants sous climat méditerranéen ;

➤ hydrothérophytes : plantes aquatiques annuelles, libres ou fixées, affrontant l'hiver sous la forme de graines ou de bourgeons particuliers. Ex. : Élodée.

Syn. : type biologique.

formule florale (l.f.) *(floral formula)*

Représentation symbolique et chiffrée des pièces florales. Les sépales, pétales, étamines et carpelles sont désignés par les lettres capitales S, P, E et C, respectivement. La formule florale du Laurier-rose, par exemple, sera énoncée comme suit : 5 S + 5 P + 5 E + 2 C. Lorsque le nombre de pièces de même type est élevé, il est indiqué par le signe ∞. ou n Ex. : 5 S + 5 P + ∞ E + ∞ C, pour les Renoncules.

(!) Ne pas confondre avec diagramme floral.

fornice (n.m.) *(fornix (pl. ~ices))*

Petit repli au niveau de la gorge de la corolle chez certaines espèces. Ex. : Borraginacées.

fronde (n.f.) *(frond)*

Feuille, généralement de grande taille, chez les Ptéridophytes (Fougères) et les Préspermaphytes, enroulées en crosse. Elles portent les fructifications (sporanges) sur la face inférieure.

fructifère (adj.) *(fructiferous)*

Se dit de la partie du végétal qui porte le fruit. Ex. : rameau.
Ant. : stérile.

fructification (n.f.) *(fructification, fruitage)*

1. Production des fruits par les Angiospermes.
2. Époque de cette production.

fruit (n.m.) *(fruit)*

Ovaire mûr (habituellement après fécondation) et tout autre structure qui lui est étroitement associée.

La transformation de la fleur en fruit est sous contrôle hormonal : le fruit se différencie grâce aux substances de croissance, ou phytohormones, comme l'acide indolyl-acétique (ou AIA), qui accélère la multiplication cellulaire.

Les formes et la texture des fruits sont très variables, parfois secs, à péricarpe membraneux ou coriace (akène, capsule, follicule, gousse, silique), parfois charnus, à péricarpe épais entièrement pulpeux (baie) ou à endocarpe ligneux (drupe). Certains fruits sont si petits qu'on les nomme, à tort graines (fruits de l'Anis vert, du Chardon, du Pissenlit, etc.). Ils se reconnaissent de ces dernières, en général, par les traces du style ou des styles qui les surmontent.

Les fruits peuvent être déhiscents et s'ouvrir spontanément à maturité par des pores ou des valves (gousse du Haricot, capsule du Coquelicot, etc.) pour libérer leurs graines, ou indéhiscents et rester constamment clos jusqu'au dessèchement ou jusqu'à l'écrasement de leur enveloppe ou jusqu'à ce que la germination ait écarté leur enveloppe (caryopse du Blé, akène des Lamiacées, des Astéracées, samare de l'Érable, de l'Orme ou du Frêne).

Selon leur origine, on distingue différents types de fruits :

➤ fruit simple : se développant à partir d'un seul ovaire qu'il soit unicarpellé ou pluricarpellé (dans ce cas, les carpelles sont soudés et forment une ou plusieurs loges). Ex. : akène des Astéracées, gousse des Fabacées, baie du Poivrier, drupe de cerise, baie de la tomate ;

➤ fruit multiple : formé par une fleur pluricarpellée où les carpelles sont indépendants, chacun d'eux donnant un fruit au sens strict. Ex. : mûre du Mûrier, fraise, framboise ;

➤ fruit agrégé ou composé : se développant à partir de plusieurs fleurs d'une même inflorescence. Chaque fleur produit un fruit, qui, une fois mûr, reste soudé aux autres. Ex. : l'ananas est constitué des baies soudées entre elles, de leurs bractées épaissies et de l'axe central de l'inflorescence.

➤ faux-fruit ou fruit accessoire : se formant à partir d'autres éléments que l'ovaire appelés induvies. Ainsi la fraise est-elle un réceptacle devenu charnu et portant, à sa surface les véritables fruits qui sont des akènes ; la figue, un réceptacle creux contenant un très grand nombre de fleurs donnant chacune un akène. La pomme est issue d'un ovaire infère concrescent au réceptacle floral.

Fruit provenant :

- d'une seule fleur
  - unicarpellée ou gamocarpellée .... fruit simple
  - dialycarpellée .... fruit multiple
- de plusieurs fleurs
  - d'une même inflorescence .... fruit composé
- de la combinaison de l'ovaire d'une ou
  - de plusieurs fleurs avec d'autres organes .... fruit complexe ou pseudo-fruit

Classification des fruits d'après leur origine

Les fruits adoptent enfin, pour se disperser, un grand nombre de dispositifs souvent remarquables. Les fruits charnus sont disséminés par les animaux qui les consomment, certains fruits secs possèdent des expansions qui permettent leur dispersion par le vent (Ex. : disamare du Sycomore, « parachute » des akènes de pissenlit), d'autres s'accrochent à la fourrure des animaux (Ex. : akènes des *Galium*, Rubiacées), d'autres enfin (déhiscents ou indéhiscents) sont dispersés par l'eau.

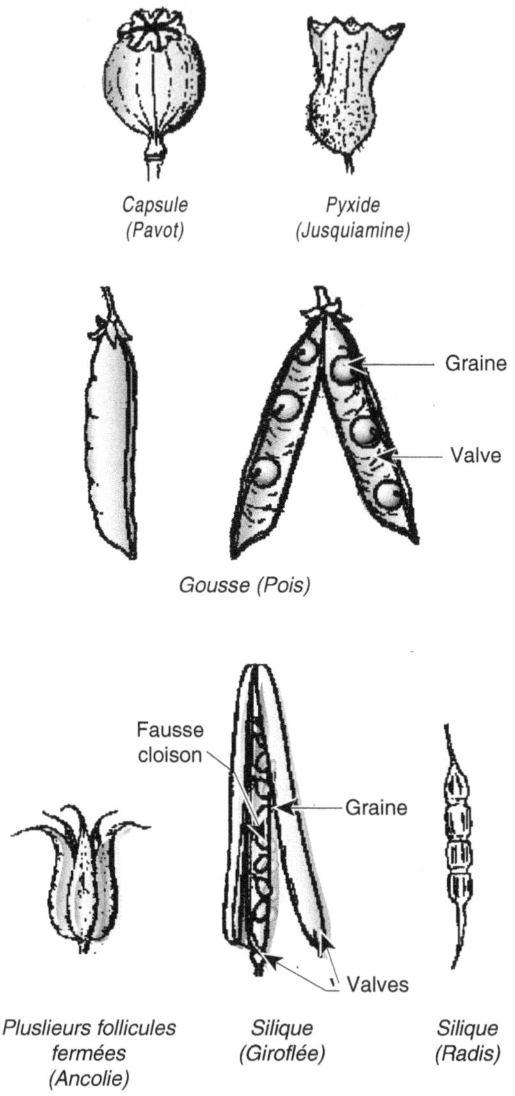

► Fruits secs déhiscents ◄

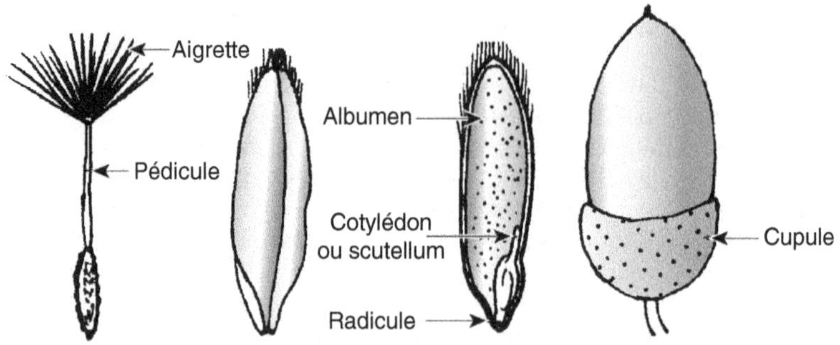

Akène (Pissenlit) *Caryopse (Blé)* *Gland (Chêne)*

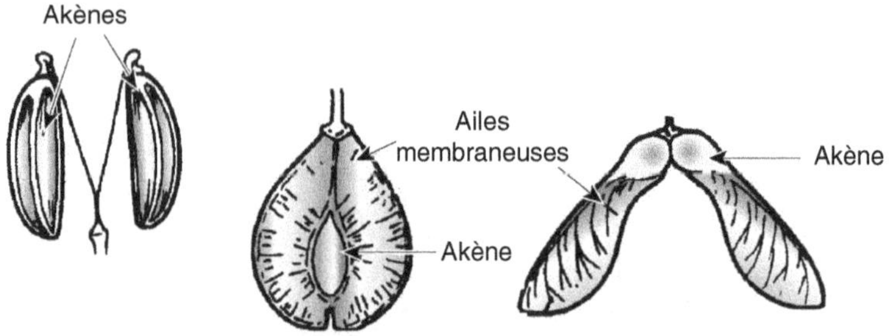

Méricarpe (Apiacées) *Samare (Orme)* *Disamare (Érable)*

▶ Fruits secs indéhiscents ◀

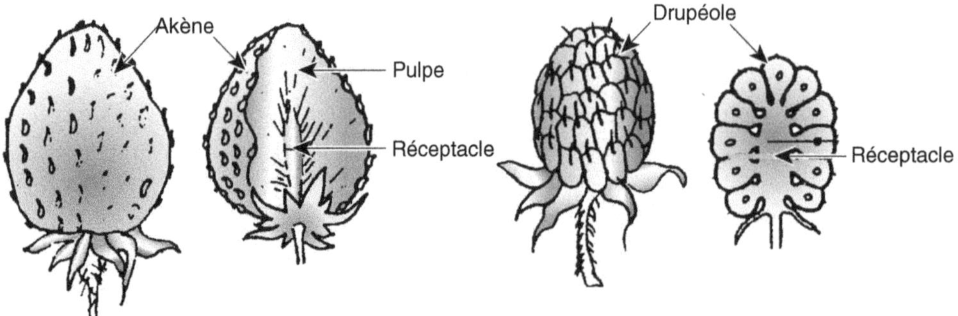

Fraise *Framboise*

▶ Fruits multiples ◀

frutescent (adj.) *(frutescent, fruticose)*

Qualifie un végétal présentant une tige ligneuse, généralement ramifiée dès la base et ne dépassant pas 4 à 5 m de hauteur. Ex. : Ronce (*Rubus*).

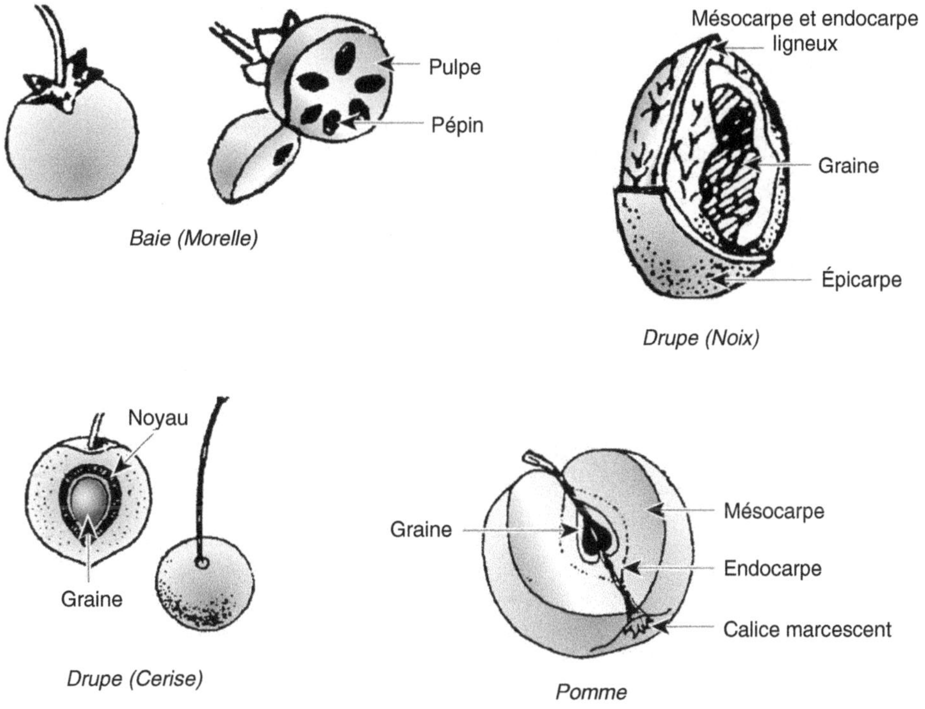

▶ Fruits charnus ◀

fruticée (n.f.) *(shrubbery)*

Formation végétale transitoire (généralement) très répandue dans le bassin méditerranéen, résultat de la dégradation de la forêt, dominée par des plantes frutescentes.

fugace (adj.) *(fugacious)*

Qualifie une plante entière ou un organe qui ne persiste pas. Ex. : sépales du Coquelicot (*Papaver rhoeas*), fleur de *Datura stramonium.*

funicule (n.m.) *(funicle, funiculus (pl. ~li))*

Pédicelle vascularisé qui rattache l'ovule (puis la graine) au placenta des parois de l'ovaire (puis du fruit). Particulièrement bien visible chez les Légumineuses, quand on ouvre les gousses ou chez la graine de Ricin (*Ricinus communis*).

fusion de protoplastes (l.f.) *(protoplast fusion)*

Technique utilisant l'association de protoplastes hétérologues conduisant à la mise en commun de tout ou partie de leurs contenus cellulaires et notamment leurs génomes en vue de créer de nouvelles variétés végétales inter- ou intraspécifiques.

Syn. : hybridation cellulaire, hybridation somatique, fusion somatique.

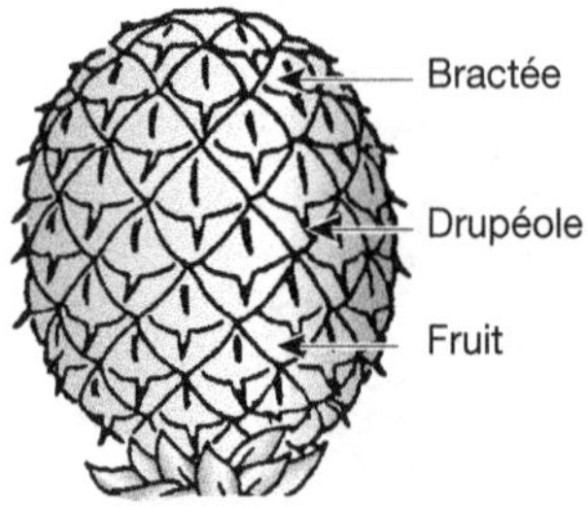

Ananas

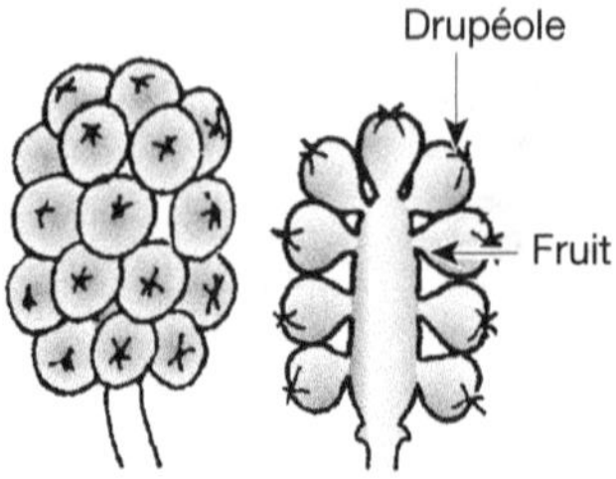

Mûre (Mûrier noir)

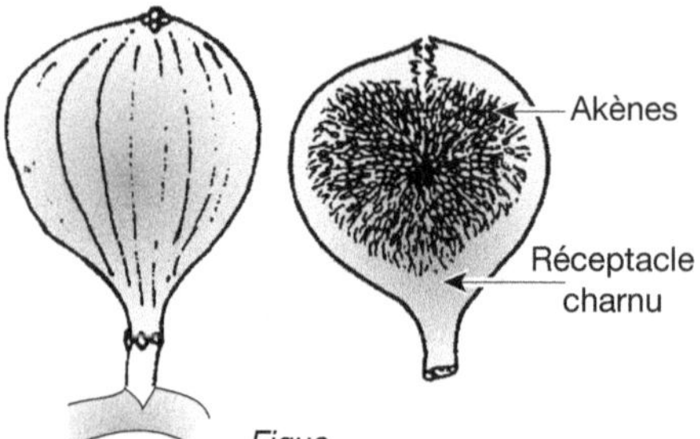

Figue

► Fruits composés ◄

fût (n.m.) *(bole)*

Partie dénudée de la tige d'un arbre, entre le sol et les premières branches principales, et donc productrice d'un bois sans nœuds.

futaie (n.f.) *(high forest)*

Peuplement d'arbres adultes nés de semis. La futaie est dite régulière si les individus sont de la même tranche d'âge, jardinée dans le cas contraire. Elle peut être uniforme lorsqu'elle est formée d'une seule essence, ou mixte lorsqu'elle est formée par un mélange d'essences d'ombre et de lumière.

G

gaine (n.f.) *(sheath)*

Base plus ou moins élargie du pétiole mais également d'une feuille sessile, d'une bractée ou d'une stipule, entourant plus ou moins la tige. Elle peut également former un cylindre clos, continu (Cypéracées), ou un cylindre fendu longitudinalement (la plupart des Poacées).

galbule (n.f.) *(galbulus)*

Cône femelle, chez certaines Gymnospermes, à écailles charnues soudées en une masse parfois bacciforme. Ex. : Cyprès (*Cupressus*), Genévrier (*Juniperus*).

galle (n.f.) *(gall)*

Synonyme de cécidie.

galle du collet (l.f.) *(crown gall)*

Excroissance sur les tiges due aux bactéries *Agrobacterium tumefaciens* dont l'action provoque la tumorisation des cellules au niveau du collet.

gamète (n.m.) *(gamete)*

Cellule reproductrice, mâle ou femelle, dont le noyau contient un nombre haploïde de chromosomes, assurant la fécondation avec un autre gamète en produisant un œuf diploïde à partir duquel naît la génération suivante.
Les gamètes mâles (anthérozoïdes ou cellules spermatiques) sont généralement mobiles (zoogamètes) et plus petits que les gamètes femelles ou oosphères.

> Chez les Bryophytes et les Ptéridophytes, les gamètes mâles se déplacent dans l'eau du milieu grâce à des cils (anthérozoïdes). Chez les Spermaphytes, ils ne possèdent pas de cils (noyaux gamétiques ou spermatiques) et sont apportés au contact de l'ovule par un tube pollinique formé par la germination du grain de pollen.

gamétogenèse (n.f.) *(gametogenesis)*

Ensemble des processus contribuant à la formation des gamètes mâle et femelle à partir d'une cellule originelle dite cellule mère.

gamétophyte (n.m.) *(gametophyte)*

Individu issu d'une méiospore, produisant les gamètes possédant un nombre de chromosomes égal à la moitié de celui de l'espèce considérée.

> Chez les Bryophytes et les Ptéridophytes, le gamétophyte est soit uni-, soit bisexué.

Chez les Angiospermes, les gamétophytes sont toujours unisexués et réduits à quelques cellules : grain de pollen (gamétophyte mâle), structure bi- ou tricellulaire donnant les gamètes mâles, et le sac embryonnaire (gamétophyte femelle) de l'ovule, structure constituée généralement de 7 cellules (parfois 4) dont l'oosphère. Chez les Gymnospermes, le gamétophyte femelle est représenté par l'endosperme.

gamo-

Préfixe signifiant à pièces soudées. Ex. : gamosépales, gamopétales, etc.
Ant. : dialy-

gamocarpe (adj.) *(gamocarpous)*

Synonyme de syncarpe.

gamopétale (adj.) *(gamopetalous)*

Fleur ou corolle dont les pétales sont soudés au moins à leur base.
Syn. : sympétale, monopétale.
Ant. : dialypétale.

gamosépale (adj.) *(gamosepalous)*

Fleur ou calice dont les sépales sont soudés au moins à leur base.
Syn. : synsépale, monosépale.
Ant. : dialysépale.

gamostémone (adj.) *(gamostemone)*

Fleur dont les étamines sont soudées entre elles, soit par leurs filets (Fabacées, Malvacées), soit par leurs anthères (Cucurbitacées).
Ant. : dialystémone.

garrigue (n.f.) *(scrub, garrigue)*

Formation végétale typiquement méditerranéenne, résultat de la dégradation de la forêt sur sol calcaire ou siliceux, pauvre en humus et avec rocher affleurant, comprenant des herbes à feuilles persistantes ou caduques, odorantes (Thym, Romarin, Cistes, Lavandes, etc.), des arbustes épineux, des arbrisseaux et des sous-arbrisseaux (Buis, Chêne kermès, Genévrier oxycèdre) qui constituent des bouquets assez espacés pour permettre la circulation entre eux.

Les plantes de la garrigue présentent diverses adaptations leur permettant de résister à l'aridité de l'été : système racinaire important, réduction de la surface foliaire, bord des feuilles enroulé, stomates abrités dans des cryptes, présence d'une cutine épaisse.

géminés (adj.) *(geminate)*

Qualifie des organes disposés deux par deux côte à côte. Ex. : feuilles de Pin (*Pinus*), fleurs de la Vesce cultivée (*Vicia sativa*).

gemme (n.f.) *(resin, pitch)*

Oléorésine récoltée sur les Pinacées (Ex. : Pin maritime) à la suite de l'entaille de l'écorce du tronc (gemmage) ; constituée d'essences de térébenthine, d'acides résiniques, d'eau et d'impuretés.
Syn. : poix.

gemmule (n.f.) *(gemmule)*
Premier bourgeon porté par la plantule au sommet de la tigelle et qui engendrera la tige feuillée. À sa base s'insère(nt) le (ou les) cotylédon(s).
Syn. : plumule.

gène (n.m.) *(gene)*
Plus petite portion du génome nécessaire et suffisante pour coder un caractère précis transmissible des parents à la descendance.
Chacun des quelques milliers de gènes d'une cellule exerce un rôle spécifique. Ensemble, ils dirigent le développement et le fonctionnement de l'organisme. Un caractère donné peut être sous la dépendance d'un gène (caractère monogénique), mais, le plus souvent, plusieurs gènes contrôlent un même caractère (polygénique).

génécologie (n.f.) *(genecology)*
Branche de la génétique des populations traitant des relations causales entre la variation génétique des populations d'espèces et les facteurs de l'environnement.
Syn. : génétique écologique.

générique (adj.) *(generic)*
Qui a trait au genre, sert à le caractériser, à le distinguer.

génétique (n.f.) *(genetics)*
Branche de la biologie qui étudie l'hérédité, normale ou pathologique, des caractères d'un individu et leurs modes de transmission à sa descendance.

génétique des populations (l.f.) *(population genetics)*
Branche de la génétique qui étudie les changements du matériel génétique des individus d'une population sous l'effet de différentes forces évolutives (mutations, sélection, consanguinité, etc.) par la comparaison statistique des distributions des fréquences alléliques.

géniculé (adj.) *(geniculate, kneeled)*
Plié brusquement, en faisant un angle marqué, en forme de genou. Ex. : arêtes des épillets de l'Avoine (*Avena*), nœud de la tige des Poacées.
Syn. : genouillé.

génome (n.m.) *(genome, genetic pool)*
Ensemble de l'information génétique, sous forme d'ADN, contenu dans un virus, un organite, un organisme unicellulaire ou les cellules d'un organisme pluricellulaire. L'unité de transmission héréditaire du génome est le gène. L'organisme entier peut donc être considéré comme la résultante de l'expression de l'ensemble de ses gènes.
Le génome végétal est réparti entre le génome nucléaire qui concentre la majorité de l'information génétique et les génomes chloroplastique et mitochondrial qui sont eux aussi porteurs d'une information héréditaire. Pour une espèce donnée, le génome est semblable pour tous les individus. Il existe, cependant, des variations de séquences d'ADN entre les individus d'une population : c'est la variabilité génétique.
On estime que le nombre de gènes portés par un génome nucléaire de plante est compris entre 20 000 et 50 000.

génome chloroplastique (l.m.) *(chloroplastic genome)*
Les chloroplastes ont un génome, caractérisé par des chromosomes composés de quelques dizaines (10 à 100) de molécules d'ADN circulaires dont la taille varie, selon l'espèce considérée, de 120 000 à 217 000 paires de bases (20 à 30 fois moins que l'ADN d'une bactérie),

comportant une centaine de gènes. Le nombre de ces molécules dans chaque chloroplaste varie avec les conditions de milieu et l'âge.

Le génome chloroplastique possède ses propres systèmes de réplication de l'ADN, de transcription de l'ADN en ARN et de traduction des ARN messagers en protéines. Mais ces systèmes ressemblent, en beaucoup de points, à ceux des Procaryotes. Le génome chloroplastique code pour 4 ARN ribosomiques (entrant dans la constitution des ribosomes chloroplastiques), 30-31 ARN de transfert et une cinquantaine de protéines identifiées. Comme pour le génome mitochondrial, l'ADN chloroplastique coopère avec le génome nucléaire pour la synthèse de protéines importantes fixées sur la membrane des thylacoïdes et autres. En effet, les protéines codées par le génome chloroplastique s'associent souvent à des polypeptides importés du cytoplasme pour former des enzymes ou des ensembles oligomériques fonctionnels (Ex. : ATPase, RuBisCO, ribosomes, photosystèmes I et II). À part la grosse sous-unité de la ribulose 1,5-bisphosphate carboxylase/oxygénase (RuBisCO), aucune enzyme soluble ne semble codée par le génome chloroplastique. Cette enzyme est composée de l'assemblage de 8 sous-unités identiques d'une grande chaîne polypeptidique codée par l'ADN chloroplastique et de 8 exemplaires d'une petite chaîne polypeptidique codée par le noyau et importé dans le chloroplaste. La plupart des autres protéines chloroplastiques sont donc codées par le génome nucléaire, synthétisées dans le cytoplasme et importées dans le chloroplaste. L'expression des gènes dans les compartiments nucléo-cytoplasmique et chloroplastique est donc sujette à une régulation transcriptionnelle et traductionnelle précise afin d'assurer une synthèse coordonnée des polypeptides qui doivent s'associer dans le chloroplaste pour former des complexes fonctionnels.

génome mitochondrial (l.m.) *(mitochondrial genome)*

Le génome mitochondrial des végétaux présente une richesse d'information de 10 à 100 fois supérieure à ce que l'on peut trouver dans celui d'un Champignon ou d'un Vertébré mais ne représente que quelques pour cent de l'ADN cellulaire. Sa composition en bases est remarquablement constante pour toutes les plantes (47 % de G + C). Par contre, sa taille varie de 200 Kpb à 2 500 Kpb suivant les plantes, comportant 100 à 120 gènes. À titre de comparaison, le génome mitochondrial des Vertébrés a une longueur de 16 à 20 Kpb alors que le plus petit génome mitochondrial connu chez les plantes supérieures est de 180 Kpb chez le Thym (Lamiacées) et 208 Kpb chez les *Brassica hirta* (Brassicacées). Celui du Melon est estimé à 2 400 Kpb. Cette différence de taille considérable entre le génome mitochondrial des plantes par rapport à celui des animaux est expliquée par l'abondance des régions non codantes chez les premières, contrastant avec une organisation compacte des régions codantes dans l'ADN mitochondrial (ADN*mt*) des seconds. La structuration de cette information est assez proche de celle des chloroplastes, mais son polymorphisme génétique est nettement plus marqué : une plante donnée héberge dans ses mitochondries plusieurs types de molécules d'ADN d'organisation et de taille très variables d'une espèce à l'autre.

génotype (n.m.) *(genotype)*

Composition génétique d'un individu ou d'une espèce. Le phénotype d'un individu correspond à l'expression de la totalité ou, le plus souvent, d'une partie seulement de ses gènes, c'est-à-dire de son génotype.

genouillé (adj.) *(kneeled)*

Synonyme de géniculé.

genre (n.m.) *(genus)*

Unité systématique comprenant l'ensemble des espèces d'une même famille présentant entre elles certains caractères distinctifs communs, mais plus restreints que ceux unissant les espèces des différents genres constituant cette famille. C'est le premier terme de la nomenclature binomiale définissant une espèce. Ex. : *Phœnix dactylifera*, *Phœnix* est le genre.

géophyte (n.f.) Voir forme biologique. *(geophyte)*

géotropisme (n.m.) *(geotropism)*

Orientation de la croissance de certains organes (racines, tiges, pièces florales) en réponse à la gravité.

Les racines sont à géotropisme positif (croissance en direction du centre de la terre), les tiges sont à géotropisme négatif (croissance en direction inverse). Dans ces deux cas, il s'agit d'orthogéotropisme. Le stimulus est perçu par l'extrémité de la racine qui contrôle la distribution de l'auxine. Dans les racines horizontales, l'auxine s'accumule dans la partie inférieure en concentration inhibant la croissance ; les cellules supérieures de la plante s'allongent plus rapidement, provoquant l'incurvation de la racine vers le bas. Ce phénomène est appelé plagiogéotropisme. Les tiges rampantes et les rhizomes, se développant horizontalement, sont dites diagéotropiques.

Syn. : gravitropisme.

germe (n.m.) *(germ)*

1. Terme couramment employé pour désigner l'embryon, comme dans le « germe de Blé ».
2. Désigne également le bourgeon du tubercule de Pomme de terre ou « œil ».

germination (n.f.) *(germination)*

Phénomène caractérisant le passage d'une graine, d'un grain de pollen, d'une spore, d'un état de vie ralentie à un état de croissance active.

Lorsque les conditions ambiantes d'humidité, de lumière, d'oxygène et de température sont favorables, la germination d'une graine débute par une absorption d'une quantité d'eau (phase d'imbibition) qui varie avec la nature des réserves nutritives (les graines oléagineuses absorbent beaucoup plus d'eau que les graines amylacées). La graine rompt ses téguments et la radicule commence à s'allonger (phase de germination *stricto sensu*). L'activité métabolique reprend et, les divisions cellulaires sont déclenchées. La graine élabore alors des structures qui lui permettront de devenir une jeune plante autonome (phase de croissance).

La plantule se développe dans deux directions privilégiées : la gemmule, précurseur de la tige feuillée, se soulève hors de la terre tandis que se développe dans le sol la radicule, précurseur du système racinaire.

> Chez les Phanérogames, on distingue deux types de croissance de la plantule selon que les cotylédons sont soulevés au-dessus du sol (germination épigée, Ex. : Soja) ou maintenus dans le sol (germination hypogée, Ex. : Petit Pois).
>
> La croissance de la gemmule, dépourvue au départ de chlorophylle, est rendue possible grâce à la mobilisation des réserves de la graine, accumulées, notamment, sous forme de protides, lipides, glucides, etc. Ces réserves sont localisées dans l'albumen ou dans les cotylédons chez les Angiospermes,

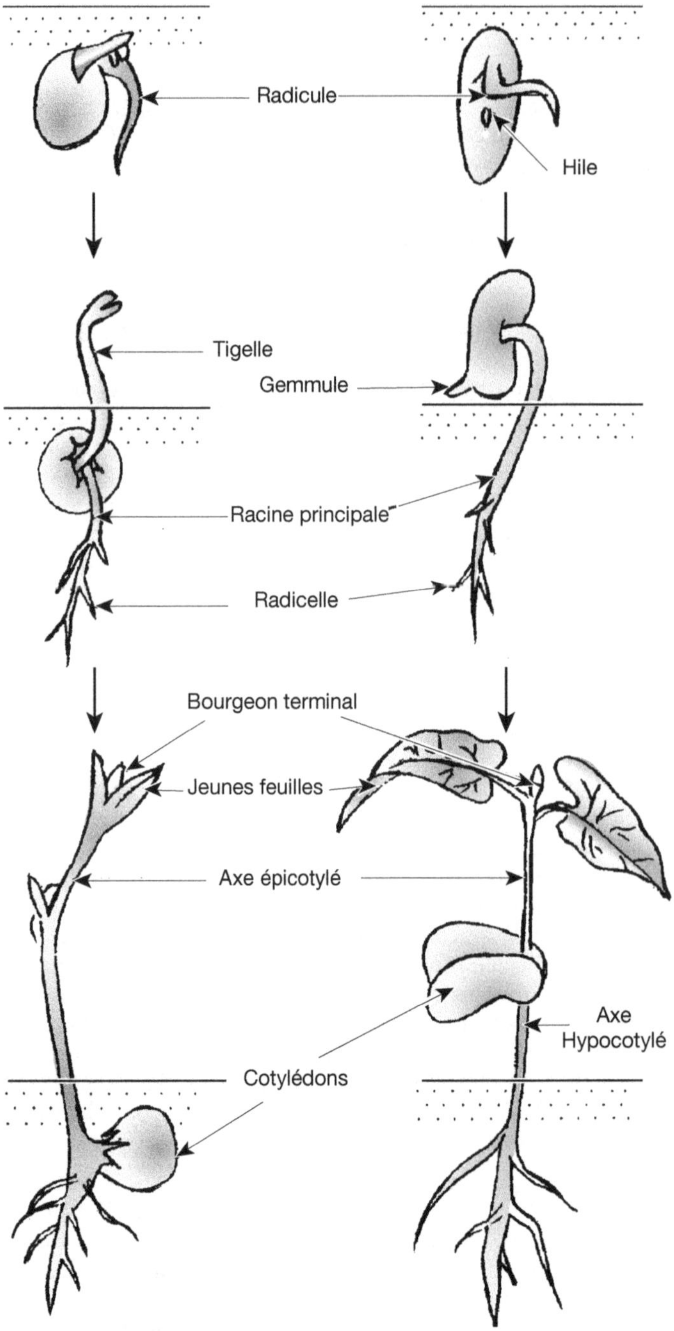

Germination hypogée de la graine de Pois.

Germination épigée de la graine de Haricot.

▶ Germination des graines ◀

et dans l'endosperme chez les Gymnospermes. Lors de la germination, plusieurs gènes sont activés dans un ordre chronologique pour produire les enzymes nécessaires au développement de l'embryon (α-amylase, protéases, lipases, etc.). Les processus métaboliques accompagnant la germination sont marqués par une activité enzymatique, respiratoire et hormonale active. L'apport d'oxygène devient indispensable (excepté les plantes aquatiques et le Riz qui germent en anaérobiose). La température modifie la vitesse de germination, la lumière est indispensable pour un certain nombre de semences (dites à photosensibilité positive). De plus divers facteurs du milieu de développement des plantes-mères (photopériode, qualité de la lumière, température) peuvent modifier de façon notable la réponse à la lumière des semences qu'elles produisent.

L'embryon élabore différents types de substances de croissance qui sont transloquées dans l'albumen ou dans les cotylédons et qui jouent un rôle déterminant dans l'hydrolyse des réserves. Le rôle que joue l'acide gibbérellique dans la stimulation de l'activité α-amylasique est bien connu chez les Céréales et les Légumineuses. L'activité hormonale peut entraîner la production de substances promotrices ou inhibitrices de la germination.

Très souvent, lorsque la graine arrive à maturité, elle ne peut pas germer immédiatement et entre en état de vie ralentie ou quiescence, auquel peut s'ajouter un état de dormance. Elle ne retrouve son pouvoir de germination qu'après un temps variable selon les espèces et lorsque les conditions ambiantes favorables sont réunies.

germoplasme (n.m.) *(germ(o)plasm)*

Désigne, pour une entité taxonomique donnée (espèce ou variété), toute cellule, tissu ou organe végétal à partir duquel il est possible de reproduire ou de propager la plante.

Une banque de gènes peut être constituée d'une collection de germoplasmes. Les germoplasmes des plantes cultivées sont le plus souvent conservés actuellement sous forme de cultures de tissus, de méristèmes et de cellules. À tout moment, ces germoplasmes peuvent être multipliés et les plantules qui en sont issues, utilisées dans les programmes de sélection et de croisement.

gibbérelline (n.f.) *(gibberellin)*

Une des classes de substances de croissance végétales. Leur nom dérive de celui d'un Ascomycète phytopathogène, *Gibberella fujikuroi*, responsable de l'allongement excessif des plantules de Riz et à partir duquel, les premières gibbérellines GA_1, GA_2 et GA_3 ont été isolées.

Les gibbérellines forment un groupe de composés très semblables structurellement. Plus de 110 composés gibbérelliques ont été identifiés à l'heure actuelle d'après leur structure, leur répartition dans les tissus ou les organes particuliers et leur spectre d'activité.

On peut trouver les gibbérellines chez toutes les plantes et également chez les Champignons, où elles sont inégalement réparties ; certaines n'existent que chez les premières, d'autres que chez les seconds et, enfin quelques-unes sont communes aux deux groupes (GA1, 3 4, 7, 9). Une même plante peut en posséder plusieurs.

Les gibbérellines sont particulièrement synthétisées dans les parties terminales des jeunes pousses mais également dans les semences et fruits immatures, les jeunes feuilles, les embryons et les pétioles.

Les gibbérellines ont des activités physiologiques à différents niveaux :

- élongation des tiges (cellules des entre-nœuds), plus par une augmentation des dimensions que par une augmentation des mitoses ;
- synergisme avec les autres types de substances de croissance, en particulier l'acide indolyl-acétique lors des processus de différenciation du cambium ;
- induction florale chez certaines plantes de jours longs telles que le Choux ou l'Épinard, en conditions de jours courts ou les espèces exigeant la vernalisation ;
- stimulation de la croissance des feuilles et des fruits ;
- levée de la dormance chez les graines, tubercules et bourgeons, s'opposant ainsi à l'acide abscissique responsable du maintien de la dormance ;
- inhibition de la sénescence des feuilles et de la maturation des fruits ;
- stimulation de la synthèse de l'α-amylase chez les graines d'Orge en germination, permettant, ainsi, la dégradation de leurs réserves amylacées et leur utilisation pour le développement de l'embryon.

En raison de ces diverses propriétés, les gibbérellines sont largement utilisées en horticulture et en agriculture. GA_3, connu sous le nom d'acide gibbérellique, est le seul produit du groupe à être commercialisé, pour utilisation horticole et en malterie pour la dégradation accélérée de l'amidon et l'augmentation du taux d'amylases actives.

gitonogamie (n.f.) *(geitonogamy)*

Pollinisation d'une fleur par du pollen d'une autre fleur du même individu.

glabre (adj.) *(glabrous, smooth)*

Qualifie un organe dont la surface est sans poils ou autre excroissance. Ex. : feuilles de Buis (*Buxus sempervirens*), de Chou (*Brassica oleracea*), de Réglisse (*Glycyrrhiza glabra*).
Ant. : pubescent, velu.

glande (n.f.) *(gland)*

Petit organe formé de cellules gonflées, vésiculeuses, contenant des liquides de nature variée. Lorsqu'elles sont internes les glandes contenant les huiles essentielles, par exemple, sont soit de type schizogène (formation par division et écartement d'un groupe de cellules glandulaires, Ex. : Astéracées), soit de type schyzolysigène (formation par division, écartement et lyse des couches de cellules les plus internes Ex. : Rutacées). Dans le cas d'une localisation en surface, les glandes forment des poils ou sont réunies en groupes de poils, le produit de sécrétion se concentrant le plus souvent entre la paroi extérieure et la cuticule de la cellule productrice.

gliadine (n.f.) *(gliadin)*

Protéine du Blé, du groupe des prolamines mais aussi le protide majoritaire des amandes. C'est un des composés du gluten.

globulines (n.f.pl.) *(globulins)*

Désigne un ensemble de protéines de structure globulaire dont la caractéristique commune est de n'être soluble que dans les solutions faiblement salines.

Elles sont présentes dans les Céréales et les Légumineuses où elles constituent, en général les protéines majeures des graines.

glochide (n.f.) *(glochid)*

Aiguillon très court formant souvent des coussinets chez les Cactacées.

glomérule (n.f.) *(glomerule, glomerulus)*

Inflorescence dense et globuleuse, formée de nombreuses fleurs sessiles ou à axes très courts, fixées au même niveau et dérivant de la cyme.

glucide (n.m.) *(glucide)*

Les glucides représentent l'un des principaux composants de la matière vivante. Ce sont des composés issus plus ou moins directement du dioxyde de carbone et de l'eau grâce à la photosynthèse, apanage des plantes vertes. L'amidon et la cellulose sont des exemples de glucides illustrant bien l'importance de cette classe de composés pour la vie.

glucose (n.m.) *(glucose)*

Monosaccharide de formule $C_6H_{12}O_6$, universellement présent dans le monde vivant, très abondant dans les fruits mûrs et le miel à côté de son isomère, le lévulose.
Le glucose est l'un des premiers éléments de la synthèse des glucides dans les feuilles des végétaux, lors de la photosynthèse et constitue la source d'énergie majeure dans le métabolisme. Il rentre dans la constitution de nombreux oligosaccharides (saccharose, maltose, etc.) et polysaccharides (cellulose, amidon) des végétaux ; c'est, notamment, l'ose le plus abondant des parois cellulaires. Il est souvent lié à divers principes actifs sous forme de glucosides (ou hétérosides).

glucoside (n.m.) *(glucoside)*

Hétéroside dont le glucide constitutif est une molécule de glucose exerçant un effet favorable sur la solubilité du glucoside et son absorption, voire son transport vers tel ou tel organe.

glumacé (adj.) *(glumaceous)*

De la nature ou la consistance écailleuse des glumes. Ex. : bractées des Cypéracées

glume (n.f.) *(glume)*

Chacune des deux bractées membraneuses entourant la base de l'épillet des Poacées. Elles contribuent à former la balle (résidu du battage des Céréales).

glumelle (n.f.) *(glumella, lemma)*

Chacune des deux petites bractées verdâtres enveloppant chaque fleur dans l'épillet des Poacées. La glumelle inférieure s'appelle le lemme, la glumelle supérieure s'appelle la paléole. Les glumelles, comme les glumes, contribuent à former la balle des Céréales.

glutamine (n.f.) *(glutamin)*

Forme de transport de l'azote réduit dans la sève élaborée chez certaines Fabacées (Lupin, Vesce). C'est également une forme de réserve d'azote organique dans les bulbes et tubercules.

glutélines (n.f.pl.) *(glutelins)*

Groupe de protéines végétales (Céréales) simples, solubles seulement dans des solutions acides ou alcalines diluées ou dans les agents dissociants (SDS, guanidine, urée), insolubles dans l'eau et les solvants neutres et non coagulables à la chaleur.
Ce groupe contient les gluténines, constituants du gluten. Chez le Riz, les gluténines représentent plus de 80 % des protéines et les prolamines seulement 5 %.

gluten (n.m.) *(gluten)*

Nom donné à l'ensemble de la fraction protéique des grains de Céréales après élimination des glucides et des substances hydrosolubles par lixiviation.

Le gluten est essentiellement composé de deux protéines de types différents, riches en glutamine et en proline, la gliadine (une prolamine) (60 à 80 % du gluten de blé) et la gluténine (une glutéline) (15 à 35 % du gluten de blé). La première lui donne des propriétés d'extensibilité, la seconde des propriétés d'élasticité. La teneur relative en gluten destine une Céréale à la panification ou à la fabrication de pâtes alimentaires. Le gluten du Blé tendre, insoluble dans l'eau, forme un réseau plastique au cours du pétrissage et, grâce à ses propriétés élastiques, il retient le dioxyde de carbone dégagé pendant la fermentation. Ces propriétés viscoélastiques jouent un rôle essentiel dans la texture des pâtes boulangères en leur donnant un aspect alvéolé. Les farines de Seigle, Riz, Orge, Maïs et Sarrasin, par contre, sont très pauvres en gliadine ; aussi ne peuvent-elles fournir que des pains compacts et de digestion difficile. Ces Céréales sont dites non-panifiables.

gluténines (n.f.pl.) *(glutenins)*

Protéines appartenant au groupe des glutélines, constituées de chaînes polypeptidiques (sous-unités) similaires à celles des gliadines, mais reliées entre elles par des ponts disulfures intercaténaires pour former des polymères. Traitées par un agent réducteur en milieu dénaturant, les molécules de gluténines se dissocient en sous-unités différant par leur poids moléculaire : des sous-unités gluténines de faible poids moléculaire (30 000 à 70 000) et des sous-unités de haut poids moléculaire (70 000 à 90 000).

Elles sont relativement bien équilibrées en acides aminés.

glycane (n.m.) *(glycan)*

Synonyme de polysaccharide.

glycophyte (n.f.) *(glycophyte)*

Plante dont la croissance est diminuée en présence d'une salinité excessive dans le sol (généralement supérieure à 6 g/L de NaCl). Ex. : Haricot, Fève, Pois, Luzerne, Citronnier, etc.

La plupart des espèces d'intérêt agronomique sont rangées dans ce groupe.

Ant. : halophyte.

glycoprotéine (n.f.) *(glycoprotein)*

Molécule protéique de taille plus ou moins importante à laquelle sont liées, par covalence, des chaînes oligosaccharidiques latérales de nature variée (galactose, glucose, mannose, hexosamine, xylose, fucose, arabinose, acide N-acétyl muranique, acides uroniques, N-acétyl-glucosamine et l'acide sialique).

Les glycoprotéines biologiquement importantes dans le règne végétal comprennent des enzymes (protéases, glycosidases, nucléases, hydrolases), des substances de croissance, des antigènes et des lectines. La plupart des protéines membranaires sont glycosylées. Elles jouent un rôle primordial dans les phénomènes de reconnaissance.

glycoside (n.m.) *(glycoside)*

Synonyme d'hétéroside.

> À différencier de glucoside.

glyoxysome (n.m.) *(glyoxysome)*

Organite de la cellule végétale, participant à l'oxydation des acides gras. Les glyoxysomes se développent en grand nombre lors de l'utilisation des réserves des graines d'oléagineux.

gomme (n.f.) *(gum)*

Se dit de produits végétaux glucidiques s'écoulant de l'écorce de certaines plantes dites gummifères (*Astragalus gummifer,* Fabacées ; *Acacia senegal*, Mimosacées ; *Sterculia* spp., Sterculiacées). Elles s'exsudent, tantôt naturellement, tantôt à la suite de piqûres d'insectes, parfois après incision de l'écorce.

Ce sont des macromolécules visqueuses et plus ou moins solubles dans l'eau, généralement inodores, fades.

Les gommes se distinguent des mucilages du fait qu'elles s'exsudent à l'extérieur du végétal et se concrètent par dessiccation au contact de l'air, alors que les mucilages sont des constituants cellulaires normaux, préexistant dans des formations histologiques spécialisées (cellules et canaux) fréquentes dans le tégument externe des graines. Elles se distinguent également des résines parce qu'elles sont insolubles dans les solvants organiques.

Certaines gommes sont encore utilisées de nos jours par l'industrie agroalimentaire comme agents épaississants (Ex. : gomme tragacanthe E413).

gommose (n.f.) *(gummosis)*

Exsudation anormale de gomme le long des branches et du tronc de certains végétaux (Ex. : Fabacées, Sterculiacées, Rosacées), à la suite de la chaleur, de la sécheresse, d'une affection bactérienne ou fongique, de traumatismes naturels ou provoqués par des incisions. Ex. : Chez les agrumes du genre *Citrus*, la gommose est souvent déclenchée par un parasite, le champignon *Phytophtora citrophtora.*

gousse (n.f.) *(1. legume, pod, 2. clove of garlic)*

1. Fruit sec, provenant d'un seul carpelle et s'ouvrant à maturité suivant deux fentes longitudinales (dorso-ventralement) en deux valves pour libérer les graines disposées en deux rangées alternantes. C'est le fruit caractéristique des Légumineuses. Ex. : gousses du Haricot (*Phaseolus vulgaris*), du Pois (*Pisum sativum*).

Syn. : légume

2. caïeu de l'Ail (*Allium sativum*).

graine (n.f.) *(seed)*

Organe caractéristique des Spermaphytes, provenant exclusivement du développement et de la maturation de l'ovule après fécondation, et renfermant l'embryon avec des réserves nutritives nécessaires à son développement. L'ensemble est enveloppé par un tégument, plus ou moins dur.

> Chez les Angiospermes, les graines sont enfermées dans le fruit (provenant de l'ovaire), alors qu'elles sont nues et supportées par des écailles fertiles regroupées en cônes chez les Gymnospermes.
>
> Chez les Gymnospermes, la graine renferme un embryon et l'endosperme haploïde.
>
> Chez les Angiospermes, dans le même ovule, il se produit une double fécondation : une cellule spermatique (gamète mâle) fusionne avec l'oosphère (gamète femelle) pour constituer le zygote-plantule à l'origine de l'embryon-plantule et de la future plante, l'autre cellule spermatique fusionne avec la cellule centrale, le plus souvent binucléée, pour réaliser un zygote-albumen à l'origine du tissu nourricier (albumen).

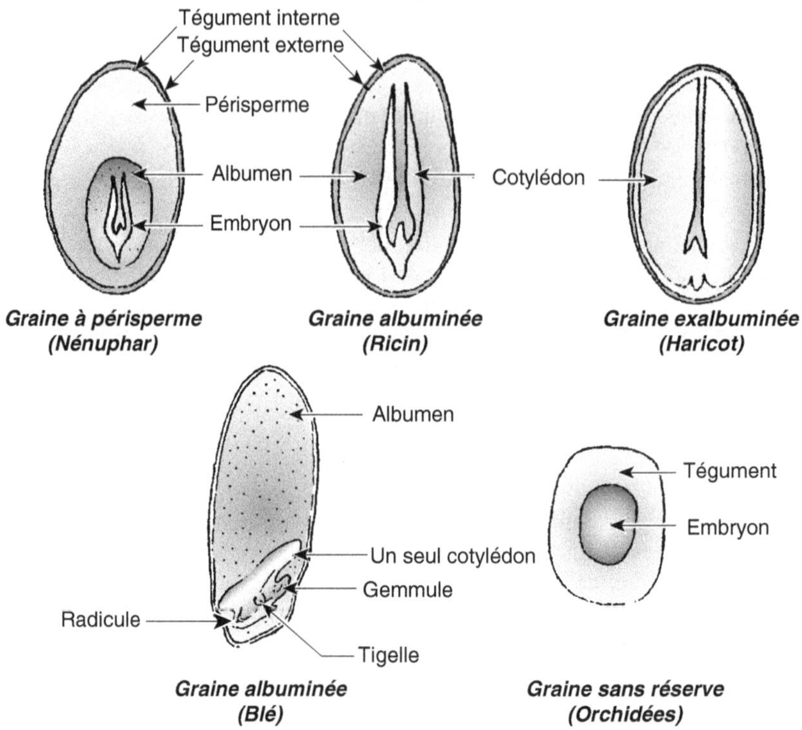

Différents types de graines et caryopse de Poacées

Au cours de la maturation, le ou les téguments de l'ovule se transforment en téguments de la graine. Les parois de leurs cellules s'épaississent et se sclérifient, constituant une enveloppe imperméable à l'eau et à l'oxygène. L'embryon atteint une taille de l'ordre de 1 mm à 1 cm (le ou les cotylédons sont ordinairement visibles), il se déshydrate progressivement et passe à l'état de vie ralentie. Trois possibilités peuvent se produire :

- la graine mûre est formée d'un embryon, accompagné d'albumen et de périsperme (restes du nucelle), dans une enveloppe tégumentaire, (un ou deux téguments plus ou moins durs). La graine est dite à périsperme. Ex. : Caryophyllacées, Chénopodiacées, Nymphéacées, Pipéracées… ;
- l'embryon et l'albumen subsistent tous deux mais le nucelle disparaît complètement, la graine est dite albuminée. Ex. : Apiacées, Euphorbiacées, Poacées, Polygonacées… ;
- seul l'embryon subsiste, les réserves sont stockées dans les cotylédons, la graine est dite exalbuminée. Ex. : Astéracées, Brassicacées, Fabacées, Rosacées… ;

À maturité, le fruit peut se détacher et tomber ou s'ouvrir régulièrement, ou encore se fragmenter : dans tous les cas, le résultat est normalement la dispersion des graines.

Les graines ont des tailles extrêmement variables, selon l'espèce, de quelques fractions de mm, pour l'Aulne ou les Orchidacées, à plusieurs cm, chez l'Avocat. Leurs formes sont également très diverses : sphérique, ellipsoïde, ovoïde, lenticulaire, anguleuse, réniforme ou « cérébriforme » (Noyer). Certaines sont ailées ou ciliées, comme beaucoup de fruits.

La graine est capable de rester très longtemps à l'état dormant, c'est-à-dire qu'elle ralentit temporairement ses activités physiologiques. Ce phénomène se produit, notamment, lorsque les conditions extérieures ne permettent pas à la plantule de se développer normalement. Elle ne reprend son activité que si elle est mise dans des conditions de température et d'humidité favorables et si la dormance est levée, en donnant une plante semblable à celle qui l'a formée : c'est le phénomène de la germination.

La longévité des graines (c'est-à-dire la période pendant laquelle la graine est en vie latente tout en conservant son pouvoir germinatif) varie beaucoup d'une espèce à l'autre ; elle est souvent de quelques années et peut varier de quelques semaines (Orme, Peuplier, Saule) à une dizaine d'années (Avoine, Blé, Carotte, Chicorée, Concombre).

graminiforme, graminoïde (adj.) *(graminiform, graminoid)*

Se dit d'une plante à port ou à feuilles ressemblant à celles des Poacées (Graminées) : linéaires, étroites, à nervures parallèles.

granum (l. pl. grana) *(granum)*

Structure chloroplastique, visible au microscope photonique sous forme de granule vert et au microscope électronique sous forme d'une série de saccules à lamelles parallèles, étroitement liés les uns aux autres et disposés en hélice. Les grana contiennent la chlorophylle et des pigments caroténoïdes directement impliqués dans la photosynthèse.

grappe (n.f.) *(bunch, raceme)*

Inflorescence à ramification monopodiale (racemeuse), constituée d'un ensemble de fleurs ou de fruits équidistants, portés par un pédoncule et des pédicelles sensiblement de même longueur et fixés eux-mêmes à des niveaux distincts sur un axe commun à croissance continue. Quand les pédicelles sont très courts, voire absents, la grappe devient un épi (Ex. : Lupin, Digitale).

La floraison s'effectue successivement de la base vers l'apex (floraison acropète).

Une grappe peut être simple, composée ou composite. Dans une grappe simple, toutes les fleurs sont portées par un pédoncule très net et sont attachées le long d'un axe, les unes au-dessus des autres (Ex. : *Linaria chalepensis*, Scrophulariacées). Dans une grappe composée, les grappes de fleurs sont disposées elles-mêmes en grappe (Ex. : Vigne). Parmi les grappes composites, on rencontre des grappes d'ombelles (Ex. : Lierre), des grappes d'épillets (Ex. : panicule de l'Avoine)…

Syn. : racème.

grasse (adj.)

Synonyme de succulente.

greffage (n.m.), **greffe** (n.f.) *(grafting, graftage)*

Méthode de propagation végétale par l'association d'un fragment d'une plante sur un individu d'une espèce étroitement apparentée ou d'une autre variété de la même espèce. Cette opération permet de réunir chez un seul individu les principales qualités d'espèces ou de variétés différentes. L'individu servant de support est désigné sous le nom de sujet ou porte-greffe ou hypobiote et le végétal à reproduire sous celui de greffon ou d'épibiote. Le greffon est en général un rameau pourvu de bourgeons bien formés, prélevé sur l'espèce ou la variété à multiplier ; il est greffé sur un sujet muni de racines et ayant une tige. Après un certain temps, il s'établit des liens tissulaires entre les deux partenaires réunis en un seul individu présentant les caractéristiques des deux (chimère). Généralement, le porte-greffe est choisi pour son port et sa résistance, le greffon pour la qualité de ses fruits ou de ses fleurs. Cette opération constitue le greffage.

greffon (n.m.) Voir greffe. *(scion)*

grimpant (adj.) *(climbing)*

Qualifie un végétal dont la tige s'élève en s'accrochant aux supports voisins à l'aide de crampons (Lierre), de vrilles (Bryone, Pois, Vigne, certains Liserons), de racines adventives (*Monstera tenuis*, *Philodendron*), d'épines en crochets (*Smilax*) *ou* en s'enroulant tout entier (plante volubile) autour de son support (Chèvrefeuille, Clématite).

guttation (n.f.) *(guttation)*

Phénomène permettant, à une plante, de régler la concentration du suc cellulaire par exsudation d'eau sous forme de gouttelettes liquides, chargées de sels minéraux (calcium surtout), chez certaines plantes, particulièrement le long des bordures des feuilles, au niveau des hydathodes. Ex. : feuilles de Primevère (*Primula*), de Fraisier (*Fragaria*), Saxifrage (*Saxifraga*), Tomate (*Lycopersicon esculentum*), Lierre (*Hedera helix*).

Ce phénomène s'observe particulièrement quand l'air et le sol sont chargés d'humidité (Ex. : culture en serre) en l'absence d'évaporation, et par conséquent l'absorption l'emporte sur la transpiration qui est très peu intense.

> Ne pas confondre avec sudation.

Gymnospermes (n.f.pl.) *(Gymnosperms)*

L'un des trois sous-embranchements des Spermaphytes, comprenant environ 600 espèces, caractérisées par des graines nues (gymnospermie) c'est-à-dire non enfermées dans un carpelle comme chez les Angiospermes (angiospermie).

> Les Gymnospermes sont des végétaux souvent de grande taille (Ex. : Séquoias), toujours ligneux, à croissance généralement monopodiale. Les ramifications peuvent être à croissance verticale (orthotrope), ou horizontale (plagiotrope). Leur bois est dit homoxylé, car formé uniquement de trachéides à ponctuations aréolées ayant, à la fois, un rôle de conduction de la sève brute et de soutien. Ex. : Pins (*Pinus* sp.), Sapins (*Abies*), Genévrier commun (*Juniperus communis*), Cyprès (*Cupressus sempervirens*).
>
> Les feuilles, souvent alternes, se présentent sous forme d'aiguilles ou d'écailles généralement persistantes, parfois caduques (comme chez le Mélèze ou le Cyprès chauve).
>
> L'appareil reproducteur femelle est représenté par des cônes plus ou moins allongés possédant des écailles insérées en spirale sur l'axe. Chaque écaille possédant une bractée (écaille réduite) le cône femelle est parfois assimilé à

une inflorescence. À la face supérieure des écailles on trouve, le plus souvent, deux ovules. Ces derniers sont nus sur l'écaille ovulifère, recevant directement le pollen : il n'y a donc ni style ni stigmate. Il n'y a pas de chambre pollinique comme chez l'ovule des Préspermaphytes et l'ovule est toujours entouré par un seul tégument protecteur. Ce tégument renferme le nucelle ou macrosporange dans lequel se forment après méiose quatre macrospores. Trois dégénèrent, la macrospore restante se développe au sein du nucelle par mitose pour donner le gamétophyte femelle ou endosperme. L'endosperme, bien que réduit à quelques centaines de cellules, possède plusieurs archégones rudimentaires qui se différencient au pôle apical ou pôle micropylaire. Une seule oosphère par ovule sera fécondée par l'un des deux gamètes mâles, le second dégénère.

L'appareil reproducteur mâle est formé de nombreux petits cônes, portant des écailles fertiles (ayant valeur d'étamines) à la face inférieure desquelles se trouvent des sacs polliniques. Le cône mâle est parfois assimilé à une fleur. C'est à l'intérieur des sacs polliniques qu'a lieu la méiose donnant des microspores se développant, par mitoses, en grains de pollen ou gamétophytes mâles, réduits à quelques cellules et munis, le plus souvent, de deux ballonnets aérifères.

Comme chez les Angiospermes, le cycle de développement est toujours digénétique haplodiplophasique avec réduction extrême de la génération gamétophytique.

Les Gymnospermes sont, le plus souvent, monoïques, rarement dioïques (Ex. : If, *Taxus baccata*), mais leurs cônes sont toujours unisexués. La pollinisation est anémophile.

gynécée (n.m.) *(gynoecium)*

Ensemble des carpelles constituant la partie femelle d'une fleur, ordinairement situés au centre de celle-ci, en spirale ou en verticille.

Les carpelles peuvent être libres entre eux (gynécée dialycarpe ou apocarpe) ou soudés (gynécée gamocarpe ou syncarpe). Dans le premier cas et à la base du gynécée, se trouvent les ovaires ; dans le deuxième cas, un ovaire composé formé par la réunion des ovaires de chaque carpelle. La concrescence latérale entre les carpelles peut subsister, formant les septums ou disparaître, laissant une colonne au centre de la cavité ovarienne, la columelle, (Ex. : Caryophyllales, Primulacées).

Les fleurs n'ayant que le gynécée et pas d'étamines, sont dites fleurs pistillées ou fleurs femelles. Ex. : chatons femelles des Saules (*Salix*).

gynobasique (adj.) *(gynobasic)*

Qualifie un style libre qui prend naissance à la base des carpelles. Ex. : Lamiacées, Rosacées.

gynodioécie (n.f.) *(gynodioecy)*

Cas de polygamie caractérisée par l'existence de deux types d'individus, les uns à fleurs hermaphrodites, les autres à fleurs femelles. Ex. : Thym (*Thymus vulgaris*), Figuier (*Ficus carica).*

gynogenèse (n.f.) Voir haploïdisation. *(gynogenesis)*

gynomonoécie (n.f.) *(gynomonoecy)*

Cas de polygamie caractérisé par l'existence d'un seul type d'individus portant, à la fois, des fleurs hermaphrodites et des fleurs femelles. Ex. : Pariétaire (Urticacées).

gynophore (n.m.) *(gynophore)*

Axe intrafloral plus ou moins développé prolongeant le réceptacle et portant le gynécée. Ex. : gynophore de la fleur des Rosacées, certaines Brassicacées.
Syn. : podogyne.

gynostème (n.m.) *(gynosteme, gynostemium)*

Organe mixte en forme de colonne particulier aux fleurs d'Orchidacées, formé par la soudure de l'étamine (ou des 2 étamines) avec la partie supérieure du gynécée (l'ovaire étant infère).

habitat (n.m.) *(habitat)*

Milieu physique naturel caractérisé par des conditions écologiques globalement uniformes et constantes, dans une localité géographique déterminée, dans lequel une espèce végétale prospère.

> Un habitat peut contenir de nombreuses niches écologiques, maintenant ainsi de nombreuses espèces différentes.

Syn. : station.

halophile (adj.) *(halophilous)*

Qualifie une plante (ou un micro-organisme) capable de vivre dans des sols chargés en sels.

halophyte (n.f.) *(halophyte)*

Plante vivant en milieux saumâtres et salés (bords de mer, chotts, sebkhas). Les halophytes, qui sont essentiellement des Angiospermes possèdent des caractères de xérophytisme, mais contrairement aux xérophytes, elles ne sont pas capables de supporter de longues périodes de sécheresse. Les halophytes sont souvent succulentes et enracinées superficiellement. Ex. : Les Chénopodiacées (*Salicornia*, *Suaeda*, *Beta maritima, Atriplex, Salsola*). Pour survivre, croître et assurer leur cycle de développement dans ces milieux, les halophytes ont développé de nombreuses adaptations physiologiques.
Ant. : glycophyte.

hampe (n.f.) *(scape)*

Syn. : scape.

haplodiploïdisation (n.f.) Voir haploïdisation. *(haplodiploidization)*

haplodiplophasique (adj.) *(haplodiplophasic)*

Qualifie le cycle de développement d'un organisme comportant une alternance de deux phases, haploïde (haplophase) et diploïde (diplophase). Dans certains cas, haplophase et diplophase ont une importance égale (cas de certaines Algues). Plus généralement, une phase l'emporte sur l'autre. Ex. : l'haplophase chez les Bryophytes, la diplophase chez les Ptéridophytes et Spermaphytes.

haploïde (adj.) *(haploid)*

Qualifie une cellule, un tissu ou un organisme n'ayant qu'un seul jeu de chromosomes différents. Le nombre haploïde des chromosomes est variable selon les espèces mais constant pour une espèce donnée : il est 12 chez la Tomate, 10 chez le Maïs, etc.
Les gamètes des plantes diploïdes ont un statut haploïde.

haploïdisation (n.f.) *(haploidization)*

Technique visant à obtenir des plantes haploïdes à partir du gamétophyte mâle (androgenèse) ou femelle (gynogenèse) avec mise en œuvre ou non de la culture *in vitro*, dans un but d'amélioration végétale.

Les individus haploïdes sont stériles, mais leur génome peut être doublé artificiellement, par exemple par trempage des racines ou des microboutures au stade embryonnaire, obtenues *in vitro* dans une solution de colchicine qui rétablit un nombre chromosomique normal et une bonne fertilité. L'ensemble des étapes d'obtention des haploïdes et du doublement de leur stock chromosomique est appelé haplodiploïdisation. Les gamètes mâles et femelles formés par les individus ainsi obtenus étant identiques, il y a absence de ségrégation dans les descendances en autofécondation ; de telles plantes sont donc complètement homozygotes et définitivement identiques à leurs parents. La gynogenèse peut se faire par culture *in vitro*, sur un milieu artificiel, soit des ovaires, soit des ovules non pollinisés, soit encore des sacs embryonnaires, non fécondés.

L'androgenèse est devenue la principale technique pour l'obtention de plantes haploïdes chez une gamme variée d'espèces ornementales, potagères, céréalières ou fourragères. Les anthères sont prélevées en condition stérile à un stade bien précis dans des boutons floraux, au moment de la première mitose pollinique, aboutissant à la formation des cellules précurseurs des grains de pollen, les microspores. Mises en culture sur un milieu nutritif liquide agité, ces dernières arrêtent leur différenciation en grains de pollen et donneront, après quelques semaines, des embryons. Au bout de 3 semaines, ces derniers donneront des plantules. L'obtention d'individus mâles haploïdes donnera, après doublement de leurs génomes, des « supermâles » qui pourront servir de géniteurs à des variétés entièrement mâles, souvent plus productives que les variétés femelles. Dans certains cas, des résultats analogues peuvent être obtenus à partir du pollen isolé ou les microspores.

haplophase (n.f.) *(haplophase)*

Phase du cycle de développement d'un végétal correspondant à la période durant laquelle les noyaux contiennent un nombre haploïde de chromosomes, coïncidant avec la génération gamétophytique. Sa durée au cours du cycle de développement varie selon les groupes de végétaux.

Ant. : diplophase.

haptotropisme (n.m.) *(haptotropism)*

Orientation d'un organe provoquée par le contact avec un support solide.

Un contact ou choc mécanique (pluie, vent, blessure) peut déclencher chez certaines plantes une inhibition de la croissance (contacts répétés) ou, simplement, une rétraction des feuilles. Ces mouvements sont parfois très rapides comme, par exemple, les feuilles de la Dionée (*Dionaea muscipula*, plante carnivore) ou celles de la Sensitive (*Mimosa pudica*).

Le contact permanent peut influer également sur la morphologie des individus (thigmomorphogenèse). Ainsi, dans la nature, les plantes soumises à des vents violents sont plus ou moins rabougries et déformées.

Syn. : thigmotropisme.

hasté (adj.) *(hastate, halberd-shaped)*

Qualifie un organe (feuille en particulier) en forme de fer de hallebarde, avec à la base deux lobes étalés horizontalement. Ex. : feuilles de l'Arroche (*Atriplex hastata*), du Liseron (*Convolvulus*).

> Ne pas confondre avec sagitté.

héliophile, héliophyte (adj.) *(heliophilous)*

Qualifie une espèce végétale ayant d'importants besoins en lumière pour se développer, et donc caractéristique des milieux très éclairés. Ex. : Genêt épineux (*Calycotome spinosa*), Figuier (*Ficus carica*), Palmier dattier (*Phœnix dactylifera*), Vigne (*Vitis vinifera*).
Ant. : héliophobe, héliofuge, sciaphile.

héliophobe (adj.) *(heliophobe)*

Qualifie une espèce végétale se développant en lumière atténuée et pouvant donc pousser dans l'ombre des appartements ou des sous-bois. Ex. : *Oxalis acetosella* (Oxalidacées).
Ces plantes commencent à assimiler à une intensité lumineuse faible et elles craignent un ensoleillement trop fort. Elles présentent des dispositifs qui leur permettent de tirer parti d'un éclairement modéré : leurs feuilles sont planes et étalées, généralement glabres, et placées les unes par rapport aux autres de manière à ne pas se gêner.

> Ne pas confondre avec ombrophile.

Syn. : sciaphile.
Ant. : héliophile.

hélophyte (n.f.) *(helophyte)*

Plante croissant sur la vase, mais dont le sommet émerge à l'air libre. Ex. : Sagittaire (*Sagittaria sagittaefolia,* Alismatacées).

> Ne pas confondre avec héliophyte.

héméropériode (n.f.) *(hemeroperiod)*

Longueur de jour dans une période de 24 heures.
Ant. : nyctopériode.

hémicelluloses (n.f.pl.) *(hemicelluloses)*

Ce sont des polysaccharides existant dans les parois primaire et secondaire des cellules végétales tapissant et reliant entre elles les fibrilles de cellulose.
Les hémicelluloses représentent 20 à 25 % de la masse du bois de Résineux et 30 à 35 % de celle du bois des Feuillus. Cette proportion dépasse 30 % dans la paille et les rafles de Maïs.
Les hémicelluloses se distinguent de la cellulose par leur degré de polymérisation plus faible, par leur structure ramifiée et par la nature des éléments constitutifs. Alors que la cellulose donne du glucose à l'hydrolyse, les hémicelluloses donnent du D-mannose, du D-galactose, du D-xylose, de L-arabinose et, en plus faible proportion, le L-rhamnose et le L-fucose. L'acide D-glucuronique leur est souvent associé. Il s'agit donc d'un polymère hétérogène

formé par condensation de ces oses. Comme la cellulose, elles forment des chaînes, souvent plus courtes et pouvant porter de courtes ramifications substituées.

hémicryptophyte (n.f.) Voir forme biologique. *(hemicryptophyte)*

hémiparasite (adj.) *(hemiparasite)*

Se dit d'une espèce végétale capable de photosynthèse, mais puisant dans une plante hôte une partie des substances nécessaires à sa croissance. Ex. : Les Viscacées (le Gui, *Viscum album*).
Syn. : semi-parasite.

herbier (n.m.) *(herbarium (pl. ~ria))*

1. Collection de plantes séchées et pressées.
Source importante de renseignements pour la recherche et la conservation des plantes, l'herbier est un instrument d'étude indispensable au botaniste. Il permet, entre autre, de garder la trace de plantes qui pourraient avoir disparu. L'étude en herbier est une des étapes intéressantes pour la taxonomie. Ex. : herbier du Muséum National d'Histoire Naturelle de Paris, herbiers des Royal Botanic Gardens à Kew, près de Londres.
2. Groupement de végétaux marins littoraux dominés par des Phanérogames. Ex. : herbier à Posidonies (*Posidonia oceanica).*

herchogamie (n.f.) Voir allogamie. *(herchogamy)*

hérédité (n.f.) *(heredity)*

Mode de transmission des caractères d'un être vivant à ses descendants.
Ces caractères, assurant la permanence d'une espèce, sont codés par les gènes, eux-mêmes portés par les chromosomes. Ces derniers sont transmis, après une duplication préalable de la cellule germinale en quatre cellules-filles par le processus de la méiose. La structure d'un gène peut être modifiée au cours de ce processus. On dit qu'il y a mutation.
Les caractères transmis par les gamètes constituent le génotype de l'individu. Leur expression peut, secondairement, être modulée par l'environnement dans lequel vit le sujet, l'ensemble formant le phénotype.

hérédité chromosomique (l.f.) *(chromosomal heredity or Mendelian inheritance)*

Transmission, des parents aux descendants, des caractères portés par les chromosomes nucléaires, par le jeu de la ségrégation au moment de la formation des gamètes par la méiose, et de leur combinaison au moment de la fécondation. Cette transmission biparentale obéit aux lois de Mendel.
Syn. : hérédité mendélienne.

hérédité cytoplasmique (l.f.) *(cytoplasmic heredity, cytoplasmic inheritance)*

Transmission, des parents aux descendants, des caractères héréditaires par l'ADN des organites extranucléaires tels que les mitochondries et les chloroplastes. Cette transmission est généralement uniparentale.
Contrairement aux gènes chromosomiques, les mutations de l'ADN mitochondrial et chloroplastique ne sont pas de type mendelien.
Chez la majorité des Angiospermes, les chloroplastes et les mitochondries sont très préférentiellement transmis par les cellules de la lignée femelle (oosphères) au cours des croisements sexués, c'est-à-dire que les zygotes héritent la totalité de leurs mitochondries et chloroplastes de leur cellule maternelle et qu'elles n'en reçoivent aucune du gamète mâle parental alors que pour la plupart des Gymnospermes, les chloroplastes sont à hérédité paternelle et les

mitochondries à hérédité maternelle. L'ADN mitochondrial et l'ADN chloroplastique sont ainsi responsables d'une hérédité non mendelienne.
Syn. : hérédité extrachromosomique, hérédité non mendélienne.
Ant. : hérédité chromosomique.

hérédité quantitative (l.f.) *(quantitative inheritance)*
Hérédité des caractères pondérables (poids, hauteur, etc.) sous la dépendance de plusieurs gènes.

hermaphrodite (adj.) *(hermaphrodite, hermaphroditic)*
Se dit d'une fleur (ou de l'individu qui la porte) présentant à la fois les deux sexes, mâle et femelle. C'est le cas de la grande majorité des plantes à fleurs (environ 90 %). Ex. : Rosacées, Blé, Pomme de terre, Haricot. Cette caractéristique ne signifie pas que ces fleurs hermaphrodites soient autofécondes.
Syn. : bisexué.
Ant. : unisexué.

hespéride (n.f.) *(hesperidium)*
Baie divisée en plusieurs loges, à épicarpe glanduleux aromatique et coloré en jaune ou orange par les caroténoïdes, à mésocarpe spongieux et blanc et à endocarpe membraneux portant des poils fusiformes remplis d'un liquide plus ou moins sucré à maturité. Ex. : Agrumes (Citron, Orange…).

hétéroblastique (adj.) *(heteroblastic)*
Qualifie le mode de développement de certaines feuilles d'un même végétal présentant entre elles des différences de formes et de tailles.

hétérogamie (n.f.) *(heterogamy)*
Mode de fécondation qui fait intervenir des gamètes mâles et femelles morphologiquement et physiologiquement différents (hétérogamètes).
Ant. : homogamie.

hétéromérie (n.f.) *(heteromerism)*
État d'une fleur dont les différents cycles n'ont pas tous le même nombre de pièces.
Ant. : isomérie.

hétéromorphisme (n.m.) *(heteromorphism)*
État de ce qui existe sous des aspects ou des formes différentes.
Ant. : isomorphisme.

hétéropétalie (n.f.) *(heteropetaly)*
Pétales de différentes formes dans une même fleur. La fleur est dans ce cas zygomorphe. Ex. : *Delphinium perigrinum* (Pied d'alouette, Ranunculacées) ; Fabacées.

hétérophyllie (n.f.) *(heterophylly)*
Production de différentes formes de feuilles chez un même individu (dit hétérophylle).
Chez certaines plantes, les feuilles juvéniles diffèrent des feuilles adultes (hétéroblastie). Chez d'autres, des formes variables de feuilles sont produites en réponse à des conditions particulières de l'environnement. Par exemple, certaines espèces aquatiques, telles que la Renoncule aquatique (*Ranunculus aquatilis*) et la Sagittaire (*Sagittaria sagittifolia*), possèdent 3 types de feuilles : les immergées sont laciniées, les flottantes sont cordiformes, les aériennes sont sagittées.
Ant. : homophyllie.

hétéroprothallie (n.f.) *(heteroprothally)*

Existence de prothalles mâles et de prothalles femelles séparés (Ex. : Isoétales, Prêles, Ptéridophytes).

hétéroside (n.m.) *(heteroside, glucoside)*

Classe de composés très hétérogène, constituée de molécules naturelles renfermant une fraction glucidique (ose ou oligoside) à laquelle est lié (par le remplacement d'un groupement hydroxyl du sucre, avec élimination d'une molécule d'eau) un autre groupe non glucidique, appelé aglycone ou génine dont la nature peut être très variée mais qui renferme toujours une fonction alcool ou phénol (–OH) : alcool, phénol, stérol, etc. ; amine ($-NH_2$, –NH–) ou thiol (–SH). Ex. : les anthocyanosides sont des flavonoïdes qui colorent les pétales de la plupart des fleurs.

Lorsque la partie glucidique est constituée uniquement de glucose, on parle de glucoside.

Les hétérosides sont des composés thermolabiles, polaires et non volatiles.

Syn. : glycoside.

hétérosis (n.m.) *(heterosis, hybrid vigor)*

Accroissement de vigueur (augmentation de la croissance, du rendement, précocité, résistance aux conditions extrêmes, etc.) des hybrides (ou l'hétérozygote) de première génération (F1) provenant du croisement entre deux lignées, races, variétés ou sous-espèces. Ex. : Maïs (*Zea mays*). L'application du terme hétérosis ne doit pas être étendue aux hybrides interspécifiques et intergénériques ; il y a cependant un « effet hybride ».

Syn. : vigueur hybride.

hétérosporangie (n.f.) *(heterosporangy)*

Situation caractérisée par l'existence, dans la même espèce, de deux types de sporanges, les microsporanges et les macrosporanges, contenant, respectivement, les microspores et les macrospores (hétérosporie) Ex. : Sélaginelles (Ptéridophytes).

Ant. : homosporangie.

hétérosporie (n.f.) *(heterospory)*

Situation où existent dans la même espèce deux types de méiospores (spores d'origine méiotique), les unes donnant naissance aux macrospores et les autres aux microspores. Les plantes hétérosporiques ou hétérosporées produisent des gamétophytes mâles et femelles distincts. Les microspores se développent en gamétophytes mâles (microgamétophytes) produisant des anthéridies, les macrospores se développent en gamétophytes femelles (macrogamétophytes) produisant des archégones. Microspores et macrospores peuvent être portées par le même individu sporophytique ou sur des individus séparés.

Ant. : homosporie.

hétérostémonie (n.f.) *(heterostemony)*

Étamines d'une même fleur de différentes tailles. Ex. : Brassicacées, Lamiacées, Scrophulariacées, etc.

hétérostylie (n.f.) *(heterostyly)*

Coexistence, chez une même espèce, d'individus possédant des fleurs (dites hétérostylées) à style de différentes tailles : soit 2 types de fleurs, les unes à style court, les autres à style long (distylie Ex. : Primevères, *Primula* sp.) soit 3 types de fleurs, à style court ou à style moyen ou à style long (tristylie Ex. : Lin, *Linum*, Oxalis, *Oxalis acetosella*).

Ant. : homostylie.

hétérotrophe (adj.) *(heterotrophic)*

Qualifie un organisme dont la source principale d'éléments nutritifs (carbone, azote) est d'origine organique, c'est-à-dire provenant d'autres organismes vivants végétaux ou animaux (c'est alors un parasite) ou de résidus d'êtres vivants (c'est alors un saprophyte). Tous les animaux, certains végétaux non chlorophylliens de même que la plupart des bactéries sont hétérotrophes.
Ant. : autotrophe.

hétéroxylé (adj.) *(heteroxylic)*

Se dit du bois secondaire constitué, à la fois, d'éléments conducteurs (vaisseaux, trachéides) et d'éléments de soutien (parenchyme lignifié, fibres). Caractéristique du bois de la majorité des Angiospermes.
Ant. : homoxylé.

hétérozygotie (n.f.) *(heterozygosity)*

État d'un individu qui, pour un caractère héréditaire donné, porte des allèles différents sur deux chromosomes homologues : il est dit hétérozygote pour un tel caractère.
Très fréquemment, un seul allèle se manifeste ; il est alors appelé allèle dominant. Dans les cas où les deux allèles s'expriment, on dit qu'ils sont codominants.
L'hétérozygotie est favorisée et maintenue par l'allogamie, et représente un important facteur de variabilité génétique.
Ant. : homozygote.

hexaploïde (adj.) *(hexaploid)*

Se dit d'une plante possédant six fois le nombre de base de chromosomes (6x) dans ses cellules somatiques. C'est le cas, notamment, du Blé tendre (*Triticum aestivum* = *T. vulgare*) ayant pour base 3 génomes A, B et D, de 7 chromosomes : $2n = 6x = (2 \times 3) \times 7 = 42$.

hibernacle (n.m.) *(hibernaculum)*

Forme de bourgeon différencié par certains végétaux aquatiques, dormant et subsistant pendant l'hiver.

hile (n.m.) *(hilium)*

1. Cicatrice laissée à la surface externe du tégument d'une graine de Dicotylédones, à l'endroit où celle-ci était rattachée au fruit par le funicule. Ex. : Pois (*Pisum sativum*), Ricin (*Ricinus communis*).
2. Point originel des dépôts concentriques d'amidon au niveau d'un amyloplaste.

hispide (adj.) *(hispid)*

Couvert de longs poils raides et piquants pouvant traverser la peau. Ex. : la plupart des Borraginacées.

histochimie (n.f.) *(histochemistry)*

Étude de la chimie des tissus vivants, notamment la distribution des différentes substances chimiques à l'intérieur et entre les cellules.
L'histochimie utilise des techniques telles que les colorations spécifiques, la microdissection, l'analyse chimique et l'autoradiographie sur coupes histologiques.

histogenèse (n.f.) *(histogenesis)*

Processus par lequel des cellules indifférenciées se développent en cellules spécialisées constituant un tissu.

histologie (n.f.) *(histology)*

Étude de la structure des tissus préparés pour l'examen au microscope. C'est une discipline essentielle pour la connaissance de l'anatomie d'un végétal.

La méthodologie de base en histologie comporte, en général, une fixation des échantillons puis un durcissement ou une inclusion dans de la paraffine ou des substances plastiques, des coupes au microtome puis des colorations, soit générales lorsqu'on recherche une vue d'ensemble, soit spécifiques lorsqu'on veut caractériser électivement certaines structures. D'autres méthodes modernes mettent en œuvre des moyens physiques (microsondes à rayons X, microscopie à fluorescence ou à UV, microscopie confocale, etc.), l'utilisation de traceurs radioactifs et l'autoradiographie, des tests enzymatiques, etc. Ces moyens permettent non seulement des études morphologiques (histochimie) mais également fonctionnelles (histophysiologie). Ainsi, grâce à leur coloration spécifique, les lignines élaborées au cours de la différenciation de certaines cellules permettent de distinguer les tissus de soutien des tissus conducteurs.

holoparasite (n.m.) *(holoparasite)*

Désigne un végétal supérieur, totalement dépourvu de chlorophylle, qui doit prélever la totalité de ses besoins alimentaires organiques aux dépens de son hôte. Ex. : *Cynomorium* (Cynomoriacées), *Lathraea* (Scrophulariacées), Orobanche (*Orobanche*, Orobanchacées), *Cytinus hypocystis*, *Raflesia*.

homéohyde, homéohydrique (adj.) *(homeohydric)*

Se dit de plantes pouvant maintenir, malgré la sécheresse, une teneur en eau permettant une vie active. Les xérophytes et les phréatophytes en sont des exemples.

homologue (adj.) *(homologous)*

Se dit d'organes de même nature (de même origine embryologique), mais de formes différentes. Par exemple, dards, cladodes et stolons sont de nature caulinaire, mais totalement différents.

> ⚠ Ne pas confondre avec analogue.

homoplasie (n.f.) *(homoplasy)*

Désigne une similarité d'un caractère morphologique (organes, parties d'organes) ou moléculaire (séquences d'ADN ou de protéines, etc.), apparue dans deux ou plusieurs lignées différentes bien que ne provenant pas de l'héritage d'un ancêtre commun mais résultant d'une évolution parallèle (taxons proches parents) ou convergente (taxons éloignés) ou d'une réversion de caractères (retour secondaire à un état semblable à l'état initial).

> ⚠ Ne pas confondre avec homologie (similitude héritée d'un ancêtre commun).

homoprothallie (n.f.) *(homoprothally)*

Existence d'un seul type de prothalle portant à la fois les organes reproducteurs mâles et les organes reproducteurs femelles (Ex. : Filicinées, Ptéridophytes).

Syn. : isoprothallie.

homosporangie (n.f.) *(homosporangy)*

Existence d'un seul type de sporanges (Ex. : Lycopodes, Ptéridophytes).

Syn. : isosporangie.

homosporie (n.f.) *(homospory)*

Existence d'un seul type de spores donnant naissance à un seul type de prothalle (Ex. : Fougères). On observe parfois 2 types de prothalles ; dans ce cas il y a homosporie mais hétéroprothallie (Ex. : Prêles).
Syn. : isosporie.

homoxylé (adj.) *(homoxylic)*

Se dit du bois secondaire constitué uniquement de trachéides ayant à la fois un rôle conducteur et un rôle de soutien. C'est le cas du bois des Gymnospermes et de quelques Dicotylédones primitives.
Ant. : hétéroxylé.

homozygote (adj.) *(homozygous)*

Se dit d'un individu qui, pour un caractère héréditaire donné, porte des allèles identiques sur les deux chromosomes homologues : il est dit homozygote pour un tel caractère.
Un individu peut être homozygote pour un gène, et en même temps hétérozygote pour un autre.
Ant. : hétérozygote.

hormone végétale (l.f.) *(plant hormone)*

Synonyme de substance de croissance.

hôte (n.m.) *(host)*

Plante abritant un symbionte ou un parasite. Ex. : le Pommier pour le Gui (plante hémiparasite). L'Épine-vinette (*Berberis*) est considérée comme l'un des hôtes obligatoires des champignons parasites agents de la rouille des Blés.

houppier (n.m.) *(crown)*

Ensemble constitué d'un enchevêtrement de branches, rameaux et feuillage d'un arbre, non compris le fût. En forêt, où la recherche de lumière est importante, le tronc est dénudé (sans branches) et le houppier est alors situé dans la partie supérieure de l'arbre.

huile (n.f.) *(oil)*

Corps gras liquide à la température ordinaire.
Les huiles végétales (comme les huiles animales) sont des esters ; les huiles minérales sont des hydrocarbures.
Les huiles végétales alimentaires sont extraites de fruits. Les plus courantes sont les huiles d'Arachide, d'Olive, de Colza, de Tournesol.
D'un point de vue qualitatif, chaque huile possède ses propres spécificités. Cette différenciation provient de son profil en acides gras qui détermine son aspect (fluide ou concrète) mais surtout la désigne pour des utilisations relativement ciblées (alimentation humaine et/ou animale, industrie, etc.).

huile essentielle (HE) (l.f.) *(essential oil)*

Ensemble de produits volatils d'odeur tout à fait caractéristique que l'on extrait des végétaux soit par distillation à la vapeur d'eau, soit par pression après incision de la plante, ou bien parfois par séparation à l'aide de solvants, soit encore par adsorption sur des graisses (enfleurage). Les huiles essentielles se distinguent des huiles grasses par le fait que leur tache sur le papier disparaît sous l'effet de la chaleur.
On a trouvé des huiles essentielles en quantité appréciable chez environ 2 000 espèces de plantes, réparties dans 60 familles. Les Rutacées, les Lauracées, les Myrtacées, les Apiacées, les Lamiacées, les Astéracées et les Pinacées sont particulièrement riches en huiles essentielles.

Dans le cas le plus simple, les huiles essentielles se forment dans le cytosol. Elles se rassemblent en gouttelettes comme pour la plupart des substances lipophiles, ou bien elles s'accumulent dans les vacuoles des cellules épidermiques ou des cellules du mésophylle de nombreux pétales, de même que dans les cellules oléifères. Les végétaux sont plus riches en huiles essentielles par temps chaud. Ces huiles traversent alors la paroi cellulaire et la cuticule sous forme de vapeur. Mais, souvent des cellules glandulaires excrètent activement les huiles essentielles vers des compartiments de stockage intercellulaires, ou les rejettent directement à l'extérieur, à la surface du végétal.
Syn. : essence (ancienne dénomination).

humicole (adj.) *(living in humus)*

Se dit d'un végétal préférant les sols riches en humus.

humification (n.f.) *(humification)*

Processus de transformation de la matière organique du sol en humus, sous l'action de la microflore (bactéries, champignons).

humus (n.m.) *(humus)*

Couche superficielle du sol résultant de la décomposition plus ou moins complète de la matière organique (déchets animaux et débris végétaux). Ce processus, appelé humification, est le fait de la microflore du sol (bactéries et champignons). La matière ainsi formée est riche en acides humiques, insolubles dans l'eau, formant une solution colloïdale liée à la fraction minérale du sol et aux argiles (complexes argilo-humiques).

hybridation (n.f.) *(hybridization, cross breeding)*

Croisement entre deux individus appartenant à des variétés, à des espèces ou même à des genres différents.
Si l'hybridation intergénérique est assez rare dans la nature, l'hybridation interspécifique est beaucoup plus fréquente dans le règne végétal : les flores en contiennent de nombreux exemples. Lorsque les individus sont issus de la même espèce, on parle d'hybridation intraspécifique. Lorsqu'il s'agit du croisement entre des variétés différentes d'une même espèce, on parle de métissage. Dans tous les cas, une bonne aptitude des génomes des deux partenaires à se combiner est une condition préalable à toute hybridation.

hybride (n.m.) *(hybrid)*

Organisme résultant d'une hybridation, naturelle ou artificielle, entre deux individus différant génétiquement par un ou plusieurs caractères, et appartenant soit à la même espèce, soit à des espèces ou même des genres différents.
Les hybrides peuvent présenter des caractères intermédiaires entre ceux de leurs parents ou être plus proches de l'un ou de l'autre. Ils sont souvent plus avantageux que leurs parents par le fait qu'ils présentent une meilleure vigueur générale, mais ils sont fréquemment stériles.
Certains genres sont particulièrement riches en hybrides : *Mentha* (Menthes, Lamiacées), *Rubus* (Ronces, Rosacées), *Salix* (Saules, Salicacées), etc. Beaucoup de plantes décoratives ou alimentaires sont obtenues par hybridation. Ex. : le Triticale, hybride issu du Blé (*Triticum*) et du Seigle (*Secale*).

hybridisme (n.m.) *(hybridism)*

Terme qui, précédé d'un préfixe (mono-, di-, poly-) désigne le nombre de couples de caractères allélomorphes par lesquels diffèrent les parents d'un hybride :

- monohybridisme : lorsque les parents ne diffèrent que par un seul couple de caractères allélomorphes ;
- dihybridisme : les parents diffèrent par deux couples ;
- polyhybridisme : les parents diffèrent par plusieurs couples.

hydathode (n.m.) *(hydathode)*

Stomate aquifère situé à l'extrémité d'une nervure de feuille, permettant la guttation. Ex. : *Tropaeolum majus, Alchemilla vulgaris.*

hydrochorie (n.f.) *(hydrochory)*

Condition des plantes dont les semences (dites hydrochores) sont disséminées par l'eau. Elle implique le développement de dispositifs de flottaison. Ex. : fruits du Cocotier (*Cocos nucifera*), capsules des Nymphéacées (*Nuphar, Nymphea*), utricules de Carex.

hydrogamie, hydrophilie (n.f.) *(hydrogamy, hydrophily)*

Pollinisation assurée par l'eau chez quelques plantes aquatiques (*Posidonia*, *Zostera*, Zostéracées). Le pollen de ces plantes est transporté passivement dans l'eau, entraînant des pertes énormes. Pour accroître la probabilité d'une rencontre, ces plantes disposent d'un grand stigmate et de grains de pollen filamenteux de forme très allongée pouvant atteindre quelques mm chez *Zostera.*

hydrophyte (n.f.) *(hydrophyte)*

Synonyme de plante aquatique.

> ⚠ Ne pas confondre avec hygrophyte.

hygrophyte (n.f.) *(hygrophyte)*

Plante (dite hygrophile) habitant des stations humides dont le sol contient toujours de l'eau en quantité suffisante, mais non excessive. Ex. : Aulnes (*Alnus*), Joncs (*Juncus*).

> ⚠ Ne pas confondre avec hydrophyte.

Ant. : xérophyte.

hypanthium (n.m.) *(hypanthium)*

Structure tubulaire ou en forme de coupe plus ou moins prononcée qui provient du réceptacle de la fleur et de la concrescence des parties basales des sépales, pétales et filets des étamines ; les pièces florales sont alors insérées sur son bord et l'ovaire est infère. Ex. : Cerisier et autres Rosacées, Aizoacées, Onagracées, certaines Myrtacées.
Syn. : torus.

hyperplasie (n.f.) *(hyperplasia)*

Accroissement anormal du volume d'un tissu, provoqué par des divisions cellulaires trop actives et, en général, désordonnées.

> ⚠ Ne pas confondre avec hypertrophie.

hypersensibilité (n.f.) *(hypersensitivity)*

Sensibilité excessive localisée de tissus végétaux vis-à-vis de certains agents pathogènes se traduisant par la mort immédiate des cellules au niveau du site d'infection, bloquant la dissémination de celle-ci.

La réaction d'hypersensibilité, constitue une réponse de défense particulièrement efficace, qui permet à une plante de se prémunir contre des attaques ultérieures en opposant une résistance locale à des agents pathogènes aussi variés que des Champignons, des Virus, des Bactéries, des Nématodes ou des Insectes. Cette réaction peut, d'autre part, se manifester par une réaction de la plante entière (réaction systémique). En effet, avant de s'autodétruire, les cellules affectées émettent des signaux chimiques en direction des cellules avoisinantes chez lesquelles se déclenchent certaines voies métaboliques permettant la production de substances de défense, les phytoalexines. On observe également un épaississement des parois cellulaires.

L'hypersensibilité est déclenchée par la reconnaissance spécifique du micro-organisme et nécessite la mise en jeu d'un programme génétique déterminé.

hypertrophie (n.f.) *(hypertrophy)*

Accroissement du volume d'un tissu provenant de l'augmentation anormale du volume de ses cellules, sans que celles-ci ne se divisent.

> Ne pas confondre avec hyperplasie.

hypobiote (n.m.) *(hypobiont)*

Synonyme de porte-greffe.

hypocotyle (n.m.) *(hypocotyl)*

Partie de la tige provenant du développement de la tigelle embryonnaire, située entre le point d'insertion des cotylédons et le collet de la radicule et apparente chez les espèces à germination épigée.

hypocratériforme (adj.) *(hypocrateriform)*

Se dit d'une fleur en forme de tube étroit et long, terminé par une corolle brusquement évasée. Ex. : Laurier-rose (*Nerium oleander*), Pervenche (*Vinca*).

hypogé (adj.) *(hypogeal, hypogean, hypogeous)*

Se dit d'un organe (cotylédon, fruit, fructification fongique) qui demeure sous terre. Ex : fruit de l'Arachide (*Arachis hypogea*), fructification souterraine des Truffes du désert (*Terfezia arenaria*).

Syn. : endogé.

Ant. : épigé.

hypogyne (adj.) *(hypogynous)*

Se dit d'une fleur dont les pièces florales (sépales, pétales et étamines) sont insérées au-dessous de l'ovaire qui est dit supère. Ex. : fleurs de Liliacées, du Pavot.

Ant. : épigyne.

hypotonie (n.f.) *(hypotony)*

Développement prépondérant des branches latérales provenant des bourgeons secondaires dirigés vers le bas (face abaxiale) par rapport à ceux dirigés vers le haut. Il en résulte une

ramification dissymétrique de part et d'autre des branches secondaires. Ce port concerne les arbres (Ex. : Marronnier), arbustes, arbrisseaux et sous-arbrisseaux (Ex. : Thym).
Ant. : épitonie.

hypoxie (n.f.) *(hypoxia)*

Condition de faible disponibilité d'oxygène à laquelle peut être soumis un organe ou un organisme. Pour une plante, l'hypoxie peut être occasionnelle (Ex. : sol inondé) ou structurelle (due à des structures limitant les échanges gazeux, comme c'est le cas chez de nombreux fruits ou due à des téguments entourant certaines graines).
L'hypoxie est à l'origine de changements métaboliques observés chez la plante ou l'organe concerné : arrêt de la respiration et mise en route de la fermentation.

imbriqué (adj.) *(imbricate)*

1. Qualifie les organes (feuilles et écailles en particulier) qui se recouvrent partiellement les uns les autres, verticalement ou latéralement, comme les tuiles d'un toit. Ex. : feuilles du Cyprès (*Cupressus*), Thuya (*Thuya*), du Genévrier (*Juniperus phoenicea*).
2. Se dit d'une préfloraison dans laquelle, au sein d'un même verticille, une seule pièce est recouvrante, les autres étant emboîtées les unes dans les autres. Ex. : corolle des Caryophyllacées.

imparfaite (adj.) *(imperfect)*

Se dit d'une fleur dépourvue soit d'étamines, soit de pistil. Cette fleur unisexuée est dite staminée ou pistillée, suivant l'organe sexuel qu'elle possède.
Syn. : unisexuée.
Ant. : parfaite, bisexuée.

imparipennée (adj.) *(imparipinnate, odd-pinnate)*

Se dit d'une feuille composée, pennée, terminée par une foliole unique. Ex. : feuilles de Robinier faux-acacia (*Robinia pseudoacacia*), Noyer (*Juglans regia*), Frêne (*Fraxinus*).

incisé (adj.) *(incised)*

Se dit d'une feuille découpée finement et de manière irrégulière avec des incisions plus profondes que les dents mais n'atteignant pas la nervure principale.

inclus (adj.) *(included)*

Qui ne dépasse pas les bords de l'organe qui l'enveloppe, par opposition à exsert. Ex. : étamines incluses dans la corolle de Primevère (*Primula*).

incomplète (adj.) *(incomplete)*

Se dit d'une fleur dépourvue d'une ou de plusieurs parties florales : sépales, pétales (*Salix*, *Quercus*, etc.), étamines (fleurs femelles de Mercuriale) ou pistil (fleurs mâles du Chanvre).

> Ne pas confondre avec imparfaite.

indéfinie (adj.) *(indefinite)*

1. Qualifie la croissance d'un axe théoriquement non limitée dans le temps.
2. Type d'inflorescence dont le méristème inflorescentiel, qui termine l'axe principal et assure sa croissance, ne se transforme pas en fleur. C'est le cas des inflorescences de type

grappe. Le qualificatif d'« indéfinie » signifie qu'il est théoriquement possible pour une telle inflorescence de développer de nouvelles fleurs au sommet pour un temps indéfini. Ex. : épi.

indéhiscent (adj.) *(indehiscent)*

Se dit d'un fruit qui ne s'ouvre pas, naturellement, pour libérer ses graines même s'il est mûr. Celles-ci ne sont libérées que par désintégration de la paroi.
Ant. : déhiscent.

index stomatique (l.m.) *(stomatal index)*

Nombre de stomates par $mm^2 \times 100/($nombre de stomates par $mm^2 +$ nombre de cellules épidermiques par $mm^2)$. Ce paramètre est utile dans la comparaison de feuilles de différentes tailles. L'intensité de l'éclairement et l'humidité relative durant le développement des feuilles affectent cette valeur : chez les xérophytes et les plantes succulentes, par exemple, le nombre de stomates est réduit.

indicateur environnemental (l.m.) *(environmental indicator)*

Désigne tout aspect d'un écosystème qui reflète sa force ou sa précarité.
La biodiversité est un indicateur très général de la santé du milieu naturel ; l'écosystème se dégrade lorsque le nombre des espèces qui y vivent diminue subitement.

indigène (adj.) *(indigenous)*

Se dit d'une plante originaire du lieu où elle vit.
Ant. : exotique.

induction florale (l.f.) *(floral induction)*

Acquisition de l'aptitude à la floraison. Elle comprend tous les processus allant de la perception des facteurs de l'environnement et de leurs interactions jusqu'à la production de signaux mobiles promoteurs de la floraison. Ces derniers peuvent être de nature trophique (Ex. : saccharose), hormonale (Ex. : cytokinines), génétique (activation de gènes spécifiques) ou encore une combinaison de ces facteurs.
Divers facteurs inductifs sont mis en jeu pour déclencher la floraison, parmi lesquels des facteurs extrinsèques (photopériode, thermopériode, etc.) et des facteurs intrinsèques (phytohormones, contrôle génétique). Ces facteurs et leur importance relative dépendent de l'espèce végétale.
Les facteurs extrinsèques agissent sur l'activité de certains gènes. C'est, en particulier, le cas de la lumière. Ainsi, la réduction de la durée du jour permet la formation des boutons floraux de plusieurs genres (*Kalanchoe*, *Chrysanthemum*). La température intervient aussi. Pour fleurir, certaines plantes nécessitent un passage à une température basse (0-5 °C). C'est typiquement le cas des plantes bisannuelles. D'autres paramètres comme la taille (coupe), la fertilisation, la disponibilité en eau (plantes des régions désertiques) etc. agissent également.

indusie (n.f.) *(indusia, indusium)*

Membrane recouvrant plus ou moins complètement les sores chez certaines Fougères.

induvie (n.f.) *(induvia)*

Organe, n'appartenant pas aux pièces femelles de la fleur, mais qui continue à se développer après la fécondation. Ces organes peuvent être selon le cas le réceptacle floral, le calice, le pédoncule, le style, etc. Dans certains cas, ils deviennent charnus et constituent des faux-fruits. Ex. : réceptacle floral du Fraisier.

> Ne pas confondre avec indusie, membrane qui protège les sores chez les Fougères.

inerme (adj.) *(inerm(ous), unarmed)*

1. Qualifie un végétal ne présentant ni aiguillons, ni épines. Ex. : *Capparis inermis* (Capparidacées), *Lawsonia inermis* (Lythracées).
2. Se dit aussi des épis de Céréales sans arêtes.
Ant. : épineux.

infère (adj.) *(inferior)*

Qualifie un ovaire (ou le fruit qui en dérive) situé en dessous du niveau d'insertion des autres pièces florales. Ex. : Apiacées, Orchidacées, Groseillier (*Ribes*).
La fleur elle-même est dite, dans ce cas, épigyne ou inférovariée.
Ant. : supère.

inflorescence (n.f.) *(inflorescence)*

Regroupement de fleurs en un ensemble morphologiquement bien individualisé.

> On distingue :
>
> ➤ les inflorescences à croissance (théoriquement) indéfinie du type grappe dont l'axe principal n'est pas terminé par une fleur. À ce type d'inflorescences, appartiennent l'épi (pédoncules floraux nuls ou presque nuls. Ex. : Lupin), le châton (épi unisexué. Ex. : Genre *Salix*), l'ombelle (pédoncules floraux tous de même taille et partant du même point. Ex. : Lierre), le corymbe (pédoncules floraux insérés à différents niveaux, mais de tailles différentes de façon à placer toutes les fleurs dans le même plan. Ex. : Cerisier), le capitule (axe de l'inflorescence en plateau sur lequel sont insérées les fleurs. Ex. : Astéracées).
>
> ➤ les inflorescences à croissance définie du type cyme dont l'axe principal voit sa croissance arrêtée par la formation d'une fleur. Chaque nouvel axe floral apparaît en dessous de l'axe le précédant. Suivant le nombre d'axes apparaissant à chaque niveau, on observe des cymes unipares (Ex. : Myosotis), des axes bipares (Ex. : Caryophyllacées) et des cymes multipares (Ex. : certaines Euphorbes).
>
> Une inflorescence peut être simple, composée, c'est-à-dire formée d'inflorescences du même type qu'elle (Ex. : épi d'épillets des Poacées, ombelle d'ombellules des Apiacées) ou composite, c'est-à-dire formée d'inflorescences d'un type différent d'elle (Ex. : ombelle de capitules chez certaines Astéracées).

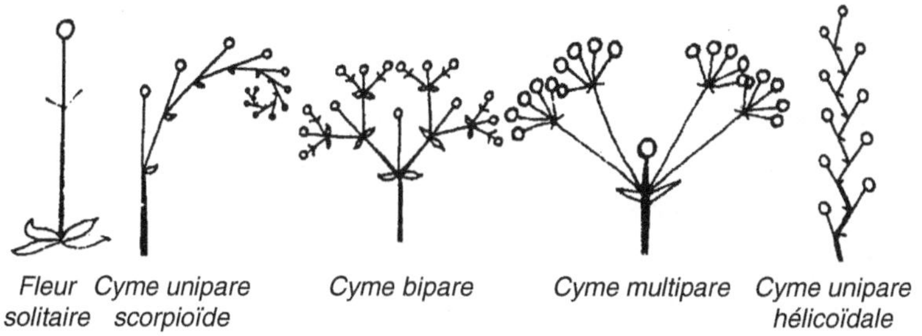

Inflorescences sympodiales

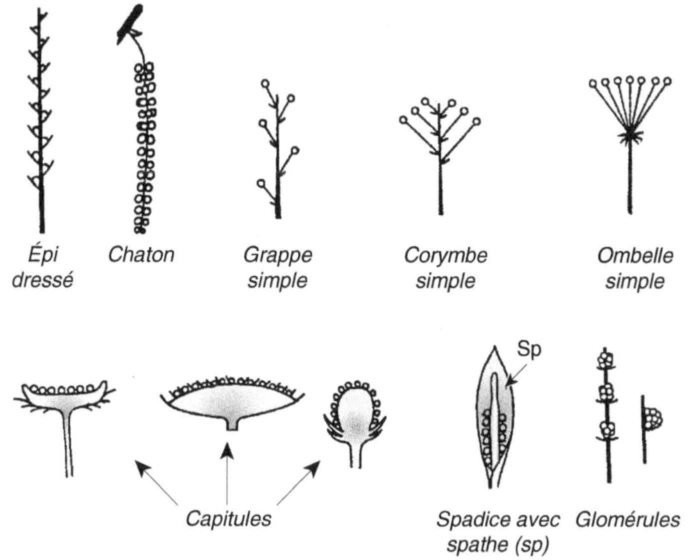

Inflorescences monopodiales

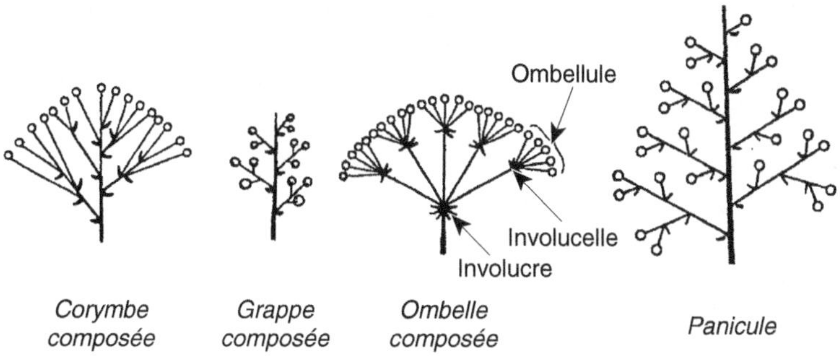

Inflorescences composées

▶ Principaux types d'inflorescences (les fleurs sont représentées par des petits cercles et les bractées par de petits traits légèrement courbés) ◀

infrutescence (n.f.) *(infrutescence)*

Ensemble des fruits dérivant d'une inflorescence.

infundibuliforme (adj.) *(infundibular, infundibuliform, funnelform)*

Qualifie une corolle gamopétale en forme d'entonnoir. Ex. : corolle de la Primevère (*Primula* sp.), du Jasmin jaune (*Jasmium fruticans*).

intine (n.f.) *(intine)*

Couche interne de la paroi du grain de pollen, perméable, constituée de cellulose, de pectines, de callose et de protéines.

introduit (adj.) *(introduced)*

Qualifie un végétal étranger à la flore d'un territoire donné et qui a été apporté accidentellement ou intentionnellement par l'Homme à partir d'un autre territoire. Ex. : les Eucalyptus (originaires d'Australie) et les Agaves (originaires d'Amérique centrale) en région méditerranéenne.

introgression (n.f.) *(introgression)*

Phénomène naturel de transfert des gènes d'une espèce à l'intérieur d'une autre espèce par hybridation interspécifique à l'occasion de rétrocroisements successifs avec l'un des parents. Ce mécanisme est favorisé dès que des espèces sympatriques (croissant ensemble dans une aire commune) interfécondes et allogames fleurissent conjointement en produisant des hybrides eux-mêmes féconds. L'introgression peut, selon le cas, porter sur une large part d'un génome, ou se limiter à un petit fragment chromosomique. Les gènes échangés peuvent éventuellement se retrouver à l'état homozygote au fil des générations. Ce mécanisme constitue ainsi l'un des facteurs de l'évolution naturelle des génotypes.

introrse (adj.) *(introrse)*

Se dit d'une étamine dont l'anthère est déhiscente vers l'intérieur de la fleur. Ex. : anthère de Campanule (*Campanula*).

inuline (n.f.) *(inulin)*

Polysaccharide de réserve trouvé seulement chez les plantes, dissous dans les vacuoles où il précipite par l'action de l'alcool absolu sous forme de sphérocristaux qui se déposent le long des parois cellulaires. L'inuline est une des rares formes de stockage des glucides, facilement disponibles, chez les végétaux. Elle se rencontre chez les Astéracées : racine de Chicorée (*Cichorium intybus*) et de Pissenlit (*Taraxacum officinale*) et, à un moindre degré, tubercules du Topinambour (*Helianthus tuberosus*).

invertase (n.f.) *(invertase)*

Enzyme (E.C : 3.2.1.26) hydrolysant la liaison glycosidique $1 \rightarrow 2$ du saccharose et libérant ses constituants : glucose et fructose.
Syn. : saccharase, β-fructofuranosidase.

involucelle (n.f.) *(involucel)*

Petit involucre de bractées entourant la base des rayons des ombellules ultimes dans une ombelle composée, chez de nombreuses Apiacées.

involucre (n.f.) *(involucre)*

Ensemble de bractées florales insérées en verticille à la base d'un pédoncule floral (Anémones) ou d'une inflorescence (ombelle de nombreuses Apiacées, capitule des Astéracées) et formant

ainsi une sorte de collerette. Les bractées comestibles qui constituent l'involucre de l'Artichaut deviennent en partie charnues.
Syn. : péricline.

involuté (adj.) *(involute)*
À bords enroulés vers la face supérieure ou adaxiale, le long de la nervure médiane.
Ant. : révoluté.

irrégulière (adj.) *(irregular)*
Qualifie une fleur n'ayant aucun plan de symétrie (Ex. : Valériane).

isogénique (adj.) *(isogenic)*
Se dit d'une lignée d'individus ayant le même ensemble de gènes ou génotype. Une plante micropropagée donne une descendance isogénique.
Ant. : allogénique.

isomérie (n.f.) *(isomerism)*
Caractéristique des fleurs dont les verticilles sont constitués du même nombre de pièces florales. Par exemple, les fleurs dites de « type 3 » (Ex. : Liliacées) ont des verticilles de 3 pièces.
Ant. : hétéromérie, anisomérie.

isomorphe (adj.) *(isomorph, isomorphic)*
Ayant la même forme ou le même aspect.
Ant. : hétéromorphe.

isostémone (adj.) *(isostemone)*
Qualifie l'androcée d'une fleur comportant le même nombre d'étamines que de pétales. Ex. : Rhamnacées.

J

jardin botanique (l.m.) *(botanical garden)*

Institution, généralement publique, possédant des collections de plantes cultivées pour la recherche scientifique, la conservation (tant de plantes sauvages rares que cultivées) et l'étude de la végétation, l'exposition et l'éducation.

Les collections permettent aux jardins botaniques d'accueillir les botanistes et autres scientifiques en offrant la documentation et les ressources pour la recherche. La première et plus célèbre base de donnée sur les plantes fut publiée par un jardin botanique. Il s'agit de l'Index Kewensis, une liste de plantes vasculaires publiée pour la première fois en 1890 et basée sur l'herbier des *Royal Botanical Gardens* de Kew en Grande-Bretagne.

À côté de leur rôle scientifique, les jardins botaniques ont également des objectifs récréatifs (exposition, vente de plantes, etc.) et éducatifs (visites de groupes scolaires, cours et séminaires, publications etc.).

jonciforme (adj.) *(rush-like)*

Qualifie un végétal ayant l'aspect de Joncs : tiges droites, cylindriques, et relativement raides, feuilles étroites, inflorescences petites et peu apparentes.

kairomone (n.f.) *(kairomone)*

Substance émise par certains végétaux intervenant dans le stimulus olfactif et gustatif des insectes qui les reçoivent. C'est le cas des terpènes (α- et β-pinène, camphène, carène ou limonène), qui agissent à distance comme signaux olfactifs. Ces substances déclenchent l'orientation et l'appétence chez certains insectes, alors qu'elles se révèlent répulsives sinon même toxiques pour d'autres.

kinines (n.f.pl.) *(kinins)*

Classe de substances de croissance favorisant les divisions cellulaires des tissus différenciés et qui, à concentration élevée, éliminent la dominance apicale.

Les kinines naturelles sont appelées cytokinines ; la zéatine, isolée de l'albumen des grains de Maïs immatures, la benzyladénine, l'isopenténylladénine en font partie. Leur structure est à base d'adénine substituée. Beaucoup de cytokinines sont sous forme conjuguée, le plus souvent, à des glucides.

Les cytokinines sont synthétisées essentiellement dans les apex des racines. On les trouve aussi dans les parties aériennes en croissance présentant une activité protéosynthétique élevée, les semences en germination et les fruits n'ayant pas atteint la maturité physiologique. Elles sont transportées dans le xylème depuis les racines jusqu'aux parties aériennes.

Les cytokinines agissent en synergie avec les auxines dans le contrôle de la division cellulaire. L'action précise des cytokinines porte sur la duplication des chromosomes et sur le recloisonnement cellulaire. Un rapport élevé auxines/cytokinines dans le milieu de culture induit la rhizogenèse, le rapport inverse favorise la formation de bourgeons et des parties supérieures. Cette propriété est largement exploitée en biotechnologie végétale dans les techniques de micropropagation et de clonage chez un grand nombre de plantes.

Les cytokinines activent l'initiation des feuilles, des tiges et des stolons et favorisent l'extension des feuilles et des cotylédons ainsi que la translocation des assimilats.

Elles lèvent la dormance des semences, retardent la sénescence foliaire et stimulent le développement des chloroplastes. Certaines formes de stress (salinité, sécheresse, haute température, hypoxie) inhibent la production des cytokinines dans les racines et leur transport vers les parties aériennes.

krantz (structure de ~) (l.f.) *(krantz anatomy)*

Type d'anatomie particulière associée à la voie de carboxylation chez les plantes C_4 (Ex. : Maïs, Atriplex). Le système vasculaire est entouré par au moins deux types de cellules photosynthétiques arrangées en deux couches concentriques, différant par leur ultrastructure et par leur fonction.

AZ L

labelle (n.m.) *(labellum)*

Chez les Orchidacées, pétale inférieur, de forme variable, en général plus large et plus long que les autres pièces du périanthe, souvent trilobé et plus coloré. Il se prolonge souvent par un éperon à nectar (Ex. : *Orchis*) et sert de plate-forme d'atterrissage aux Insectes pollinisateurs.

Dans le bouton floral, cette pièce est en position dorsale mais, lors de l'ouverture de la fleur, le phénomène de la résupination (torsion de 180° de l'axe floral ou de l'ovaire infère), l'amène en position ventrale.

► Labelle d'*Ophrys fuciflora* ◄

labié(e) (adj.) *(labiate)*

Qualifie le calice ou la corolle d'une fleur en tube à la base et présentant deux lobes en forme de lèvres (bilabié). Ex. : fleurs des Lamiacées (ex-Labiées).

lacéré (adj.) *(lacerate(d))*

Se dit d'un organe (feuille, pétale) irrégulièrement coupé ou fendu, comme déchiré.

lacinié (adj.) *(laciniate)*

Qualifie un organe (feuille et fleur, en particulier) dont les bords sont découpés en fines lanières inégales. Ex. : pétales de la Chélidoine laciniée (*Chelidonium majus* var. *laciniata*), de l'Œillet superbe (*Dianthus superbus*).

lacune (n.f.) *(lacuna (pl. ~ae))*

Espace intercellulaire au sein d'un tissu végétal (feuille, tige, racine), limité par plus de 3 cellules.

lamelle moyenne (l.f.) Voir paroi squelettique. *(middle lamella)*

lancéolé (adj.) *(lanceolate)*

En forme de fer de lance, c'est-à-dire, atténuée aux deux extrémités et plus large au milieu. Ex. : feuille de l'Olivier (*Olea europaea*), du Laurier noble (*Laurus nobilis*), du Plantain lancéolé (*Plantago lanceolata*).

lande (n.f.) *(heath, sandy moor)*

Formation végétale buissonnante, souvent localisée sur sol pauvre, argileux, acide, ordinairement très uniforme, que caractérise la large prédominance de sous-arbrisseaux et de plantes herbacées (Ajoncs, Bruyères, Cytises, Genêts, etc.).

latex (n.m.) *(latex)*

Liquide visqueux, d'aspect laiteux, souvent blanchâtre, parfois jaune ou orangé, sécrété par certaines plantes et s'écoulant lorsqu'on incise l'organe qui le contient.

Le latex est particulièrement abondant chez les Euphorbiacées (*Euphorbia, Hevea*), Astéracées (*Sonchus, Parthenium, Taraxacum*), Asclépiadacées (*Asclepias*), Sapotacées (*Palaquium, Payena*), Moracées (*Ficus* sp.), Papavéracées (*Papaver* sp.), Apocynacées et Convolvulacées. Il circule dans un réseau formé par les laticifères.

Le latex de l'*Hevea brasiliensis* (Euphorbiacées) permet d'obtenir le caoutchouc naturel.

laticifères (n.m.pl.) *(laticifers)*

Éléments uni- ou pluricellulaires organisés ou non en réseau plus ou moins ramifié, souvent associé au phloème et renfermant du latex.

Chez les Angiospermes, la morphologie très différente des laticifères et leur répartition sont d'un grand intérêt taxonomique.

latiseptė (adj.) *(latiseptate)*

Se dit d'une silique ou silicule aplatie parallèlement à la fausse cloison. Ex. : silicule de la Monnaie-du-pape (Brassicacées).

Ant. : angustisepté.

lectine (n.f.) *(lectin)*

Protéine globulaire ou glycoprotéine caractérisée par sa grande affinité spécifique pour les résidus glucidiques de glycoconjugués.

Les lectines sont présentes dans une grande variété d'organes ou d'organismes (Ex : graines et racines de protéagineux et d'oléagineux, Champignons, Lichens, Bactéries, Éponges et Mollusques, œufs de Poissons, membranes des cellules de Mammifères, etc.).

Les plantes contiennent une quantité maximale de lectines durant la phase embryonnaire et la phase de maturation des graines, concentrées principalement dans les corps protéiques de l'albumen et des cotylédons et disparaissant graduellement au cours de la germination. Elles sont localisées également dans les structures membranaires cellulaires : appareil de Golgi, réticulum endoplasmique, plasmalemme. Leur visualisation est rendue possible par l'utilisation d'anticorps spécifiques rendus visibles au microscope à fluorescence, par couplage avec la fluorescéine.

En favorisant l'agglutination des bactéries du sol sur les racines des plantes, les lectines interviennent dans les interactions plantes-micro-organismes. Ex. : symbiose Bactéries-Légumineuses, hôte-pathogène.

leghémoglobine (n.f.) *(legh(a)emoglobin)*

Chromoprotéine végétale, proche de l'hémoglobine du sang animal, induite par l'établissement de la symbiose *Rhizobium*-Légumineuse dans les nodosités sous la dépendance des deux partenaires, la bactérie fournissant l'hème contenant du fer, la plante fournit la partie protéique ou globine.

Dans les nodules, la leghémoglobine peut représenter jusqu'à 35 à 40 % des protéines solubles. Sa fonction est de transporter l'oxygène et de l'introduire dans le catabolisme des bactéroïdes. Elle assure aussi la phosphorylation oxydative et donc la production d'ATP. Elle contribue ainsi à optimiser considérablement la fixation de l'azote par les symbiotes, celle-ci dépendant, d'une part, d'une diminution de la pression partielle de l'oxygène et d'autre part d'une augmentation de la production d'énergie liée à la respiration.

légume (n.m.) *(vegetable)*

1. Fruit caractéristique des Légumineuses, provenant d'un carpelle unique, libre, sec à maturité et s'ouvrant en deux valves par la suture ventrale et la nervure dorsale. Ce terme ancien a été remplacé par celui de gousse dans le vocabulaire botanique actuel.

2. Dans le langage courant, plante alimentaire cultivée, consommée crue ou cuite.

Légumineuses (n.f.pl.) *(Leguminosae, legumes, pulses)*

Ancien nom, encore utilisé parfois, des Fabacées.

lemme (n.f.) *(lemma)*

Glumelle inférieure (ou externe) appartenant à la rachéole, dans l'épillet des Poacées. Elle présente une nervure médiane qui se prolonge souvent en une arête.

lenticelle (n.f.) *(lenticel)*

Petite voie d'aération constituée par la désorganisation locale des cellules du suber chez les plantes ligneuses et se traduisant à la surface des tiges et rameaux âgés par des zones arrondies ou linéaires, légèrement saillantes. Ex. : écorce de Bouleau, de Bourdaine, de Sureau.

leucoplaste (n.m.) *(leucoplast)*

Plaste de la cellule végétale, incolore, dépourvue de tout pigment. Les amyloplastes et les protéoplastes font partie de ce type.

lèvre (n.f.) *(labium, lip)*

Division, supérieure ou inférieure, d'une corolle gamopétale qui est très développée jusqu'à déborder le reste de la corolle, spécialement chez les Lamiacées et les Scrophulariacées.

Lorsque la fleur présente un tel caractère, on dit qu'elle est labiée. Elle peut être bilabiée, dans ce cas elle possède une lèvre supérieure formant un casque et une lèvre inférieure. Une fleur labiée n'a qu'un seul plan de symétrie, elle est dite zygomorphe.

liane (n.f.) *(liana, liane)*

Tige souple d'une plante vivace qui s'accroche à un support (Ex. : Lierre) ou s'enroule autour (Ex. : Houblon).

lianescent, lianiforme, lianoïde (adj.) *(lianoid)*

Se dit de plantes à rameaux faibles plus ou moins allongés ou s'enroulant comme des lianes. Ex. : espèces grimpantes comme la Vigne (*Vitis*) et le Lierre (*Hedera helix*), espèces volubiles comme le Houblon (*Humulus*) et la Clématite (*Clematis*).

liber (n.m.) *(liber, bass, bast)*

Synonyme de phloème (terme parfois restreint au phloème secondaire).

libre (adj.) *(free)*

Se dit de toute pièce florale lorsqu'elle n'est pas soudée à d'autres pièces. Ex. : étamines des Rosacées.
Ant. : soudé.

liège (n.m.) *(cork)*

Synonyme de suber.

lignane (n.f.) *(lignan)*

Classe importante de métabolites largement représentés dans le règne végétal, les lignanes sont des dimères d'unités phényl-propane (C6-C3) associées par le carbone central de leur chaîne aliphatique latérale (carbone β).
Les lignanes ont été isolées de toutes les parties des plantes. Chez les Gymnospermes et les Angiospermes, elles entrent dans la constitution du bois. Certaines sont présentes dans le liège alors que les résines sont particulièrement riches dans certains cas.

lignée pure (l.f.) *(pure line)*

Ensemble des descendants issus d'un seul individu après un régime d'autofécondation stricte qui aboutit à l'homozygotie.
La lignée pure peut être définie morphologiquement et physiologiquement de façon très précise ; elle demeure stable (on dit aussi fixée) au cours des générations successives en l'absence de mutation ou d'hybridation.

ligneux (adj.) *(ligneous, woody)*

Qualifie un organe (tige, rameau ou racine) ou une plante pourvue d'un appareil de soutien bien développé, de nature analogue à celle du bois.
Ant. : herbacé.

lignicole (adj.) *(lignicolous, xylophilous)*

Vivant sur le bois. C'est le cas de certains champignons. Ex. : Polypores.

lignification (n.f.) *(lignification)*

Imprégnation des parois cellulaires par la lignine. La lignification se produit particulièrement dans le cas des fibres, des sclérites et des divers éléments conducteurs du bois. Elle est d'autant plus intense que la cellule est âgée.

lignine (n.f.) *(lignin)*

Polymère organique de composition très complexe, à structure réticulée, présent dans les parois cellulaires de certains tissus de végétaux et conférant à ceux-ci une résistance mécanique mais limitant leur élasticité.

> La lignine est formée par la polymérisation d'unités phényl-propane (C6-C3) dont les trois plus importants sont les alcools coumarylique, coniférylique et sinapylique. La nature de la lignine varie avec l'espèce botanique, et pour une même espèce avec l'âge du végétal et le lieu où il s'est développé.
>
> La majeure partie de la lignine se trouve dans la paroi primaire des fibres et dans la paroi secondaire des éléments du bois. La paroi secondaire, de nature essentiellement cellulosique, ne contient que peu de lignine.
>
> La lignine est, après la cellulose, la substance organique la plus abondante sur Terre.

ligule (n.f.) *(ligula, ligule)*

1. Petite pièce membraneuse à la jonction de la gaine et du limbe (face supérieure) des feuilles de Poacées (Graminées), apprimée sur le chaume.
2. Élément de la corolle (constituée par 5 pétales soudés) en forme de languette colorée ou non développée unilatéralement vers la périphérie du capitule. Chez les Astéracées, toutes les fleurs des capitules des Liguliflores (Ex. : Pissenlit) sont ligulées, seules les fleurs périphériques des Radiées (Ex. : Pâquerette) le sont.

limbe (n.m.) *(limb, leaf blade, lamina)*

1. Partie principale, plane et élargie de la feuille prolongeant le pétiole, siège principal de la photosynthèse, de la respiration et de la transpiration.
2. Partie élargie d'un pétale ou d'un sépale.

limnophyte (n.f.) *(limnophyte)*

Plante fixée dans la vase. Certaines parties peuvent être submergées (Ex. : Myriophylles), ou flotter à la surface de l'eau (Ex. : Renoncules).

lipides (n.m.) *(lipids)*

Catégorie de substances naturelles qui, avec les glucides, les protides, l'eau et d'autres éléments, constituent la matière vivante. Ce sont des composés dérivant des acides gras, peu ou pas solubles dans l'eau mais solubles dans les solvants organiques (hexane, éther, chloro forme, benzène, toluène, tétrachlorure de carbone, etc.).
Chez les végétaux supérieurs, ils constituent des matières de réserve accumulées surtout dans les graines (Ex. : Lin, Colza, Tournesol, Cacahuète, Coton) et parfois en quantités importantes, dans la pulpe de certains fruits (Ex. : péricarpe de l'Olive) et dans les racines et tiges de certaines espèces qui sont toutes des sources industrielles d'huiles ou de graisses.
Dans les tissus végétaux, certaines catégories de lipides ont des localisations qui leur sont particulières. Ainsi, les phospholipides entrent dans la constitution des membranes cellulaires ; les glycolipides se rencontrent surtout dans les lamelles et les grana des chloroplastes ; la cutine et les cires constituent la cuticule qui recouvre habituellement les cellules épidermiques ; la subérine est souvent localisée à l'extérieur, imprégnant en particulier les parois des cellules du liège (suber).

lipoxygénases (n.f.pl.) *(lipoxygenases)*

Enzymes ubiquistes chez les Eucaryotes supérieurs ; appartenant à une classe d'enzymes dioxygénases (EC : 1.13.11.12) contenant un atome de Fe (ou dans de rares cas, de Mn) non incorporé dans un noyau hème. Dans les plantes, elles catalysent l'oxydation des acides gras polyinsaturés à 16 ou 18 atomes de carbone que sont les acides linoléique (18 ; 2) et α-linolénique (18 ; 3) et l'acide hexadécatriénoïque (16 ; 3).

lithophyte (n.f.) *(lithophyte)*

Plante qui vit sur les rochers ou rocailles. Ex. : les Orpins (Genre *Sedum*, Crassulacées).

lobé (adj.) *(lobed)*

Qualifie un organe (feuille et pétale, en particulier) présentant un bord avec des divisions plus ou moins arrondies en forme de lobes. Ex. : feuilles de nombreuses espèces de Chênes (*Quercus*).

loculicide (adj.) *(loculicidal)*

Se dit d'une capsule à déhiscence par des fentes longitudinales au niveau des nervures dorsales des carpelles qui sont à l'origine de cette capsule. Ex. : capsule du Lis (*Lilium*), du Marron d'Inde (*Aesculus hippocastanum*), de la Pensée (*Viola*).

locus (n.m.) *(locus)*

1. En génétique, le locus d'un gène est l'emplacement physique de ce gène sur le chromosome qui le porte.
2. En botanique systématique, on désigne souvent par « *locus classicus* » d'un taxon le site de prélèvement de l'holotype de ce taxon.

lodicule (n.f.) *(lodicule)*

Une des deux (ou 3 dans le cas des Bambous) pièces écailleuses minuscules de la fleur des Poacées (Graminées), située entre le lemme (glumelle inférieure) et les organes fertiles de la fleur, simulant le périanthe. En se gonflant, lors de l'épanouissement de la fleur, elles contribuent à écarter les glumelles, ce qui permet la sortie des anthères et des stigmates.
Syn. : glumellule.

loge (n.f.) *(loculus)*

Cavité d'une anthère, d'un fruit ou d'un gynécée, délimitée par des cloisons.

loment (n.m.) *(loment(um))*

Gousse de Fabacées ou silique de certaines Brassicacées présentant des étranglements prononcés entre les graines. Ex : loment du Radis (*Raphanus sativus*).

lomentacé (adj.) *(lomentaceous)*

Se dit d'un fruit allongé (gousse ou silique) à valves étranglées entre les graines et se découpant à ce niveau en segments monospermes et indéhiscents, comme un loment.

longistylé (adj.) *(longistylate(d))*

Se dit d'une fleur à style long et donc à stigmates en position haute par rapport aux étamines. Ex : les Lamiacées, certaines variétés de Primevères (*Primula veris, P. officinalis*). Cette situation gêne l'autofécondation.
Ant. : brévistylé.

luné, luniforme (adj.) *(lunate, lunulate)*

Ayant la forme d'un croissant de lune.

lyré, lyriforme (adj.) *(lyrate(d))*

Se dit d'une feuille pennatifide ou pennatiséquée dont le lobe terminal, arrondi, est beaucoup plus grand que les autres. Ex. : Feuilles basales de certaines Brassicacées.

lysigène (adj.) *(lysigenous)*

Se dit du mode de production de lacunes, de canaux et de poches sécrétrices dans lequel la cavité qui contiendra plus tard les sécrétions se forme par la lyse progressive des cellules sécrétrices des couches les plus internes.

M

mâcle (n.f.) *(druse)*

Agrégat de cristaux d'oxalate de calcium de forme étoilée formé dans la vacuole de certaines cellules parenchymateuses. Ex. : Oseille, Tomate, Bryone dioïque.

Syn. : druse.

macro-élément (n.m.) *(macroelement)*

Élément essentiel à la vie d'un organisme et requis en quantité relativement importante. Il y a 9 macro-éléments : carbone (C), hydrogène (H), oxygène (O), azote (N), soufre (S), phosphore (P), potassium (K), magnésium (Mg) et calcium (Ca).

Ces éléments entrent dans la composition des végétaux à des concentrations de quelques milligrammes à quelques centigrammes par gramme de matière sèche. Les quatre premiers éléments constituent 95 % environ de la matière sèche de la plupart des plantes.

Syn. : élément majeur.

macrosporange (n.m.) *(macrosporangium (pl. macrosporangia))*

Sporange qui produit des macrospores, lesquelles se développeront en gamétophyte femelle.

Syn. : mégasporange.

macrospore (n.f.) *(macrospore)*

Cellule haploïde issue de la méiose (méiospore), à l'origine du gamétophyte femelle. Elle doit son nom au fait qu'elle est généralement plus grande que les spores à potentialité mâle appelées microspores.

Syn. : mégaspore.

macule (n.f.) *(macula, blotch, spot)*

Tache d'une couleur tranchant sur la couleur de fond chez certains organes (feuilles et pétales, en particulier) dits maculés. Ex. : labelle de certaines Orchidacées.

magnésium (Mg^{2+}) (n.m.) *(magnesium)*

Ion métallique présent dans toutes les cellules. Constituant de la molécule de chlorophylle, sa carence provoque la chlorose. Le magnésium est aussi essentiel dans de nombreuses réactions biochimiques : activateur des ATPases, des kinases et de certaines réactions photosynthétiques.

Les Céréales, les Noix, les Légumineuses et les légumes verts sont de bonnes sources de magnésium.

mâle (adj.) *(male)*

Se dit d'une fleur n'ayant que des étamines ou une plante n'ayant que des fleurs staminées.

mâle-stérile (adj.) *(male sterile)*

Qualifie un individu ou une lignée ne produisant pas de pollen, ou pas de pollen viable ou en très faible quantité.
La stérilité mâle peut être due soit au fait que la plante ne possède pas d'anthère, soit à l'apparition de problèmes à différents niveaux de développement de la microspore.
Ce caractère est transmis par les gamètes femelles de l'individu qui le présente. Un grand nombre d'arguments convergent pour localiser dans le génome mitochondrial le site de cette stérilité. Il s'agit donc d'une hérédité cytoplasmique. On connaît également des gènes nucléaires qui restaurent cette stérilité.

malherbologie (n.f.) *(weed science)*

Science des mauvaises herbes sous tous les aspects (biologie, écologie, physiologie, compétition avec les plantes cultivées, etc.) et la recherche des moyens appropriés pour les détruire ou en limiter les dégâts.

maltose (n.m.) *(maltose)*

Disaccharide réducteur constitué de deux molécules de glucose unies par une liaison glycosidique. C'est un composant du malt, formé principalement au cours de l'hydrolyse de l'amidon par la β-amylase. Sa scission par la maltase donne deux molécules de D-glucose.

manganèse (Mn^{2+}) (n.m.) *(manganese)*

Ion métallique requis par certaines métalloenzymes, telle la pyruvate carboxylase. Les Céréales, les Noix, les fruits et les légumes verts sont des sources de manganèse.

mangrove (n.f.) *(mangrove)*

Formation végétale des deltas marécageux des fleuves littoraux en régions tropicales et subtropicales et qui se caractérise par son adaptation en milieu vaseux humide, en différenciant des racines aériennes (racines échasses et pneumatophores) permettant l'absorption de l'air. Les espèces caractéristiques sont des *Rhizophora* (Palétuviers).

maquis (n.m.) *(scrub, maquis)*

Formation végétale, de type méditerranéen, résultat de la dégradation de la forêt sur sol siliceux ou argileux, constituée d'arbustes épineux (Ajoncs, Genêts), d'herbes odorantes (Romarin), formant des peuplements denses, adaptée au milieu aride et chaud.

marcescent (adj.) *(marcescent)*

Se dit d'organes (feuilles, calice, corolle, etc.) qui, à la saison de repos végétatif ou au moment de la formation du fruit, se fanent et se dessèchent mais restent en place. Ex. : feuilles du Châtaignier (*Castanea*), du Chêne pubescent (*Quercus pubescens*), du Hêtre (*Fagus*), calice de nombreuses Solanacées entourant le fruit, fleurs des Bruyères.

> ⚠ Ne pas confondre avec accrescent.

marcottage (n.m.) *(layerage, layering)*

Mode de multiplication végétative des plantes qui consiste à enterrer certaines parties susceptibles d'être isolées (tiges, branche rampante) afin de provoquer leur enracinement ; la séparation (« sevrage ») de la partie enterrée (marcotte) ne se faisant qu'après son enracinement. Couramment utilisé en horticulture, le marcottage peut se faire naturellement. Ex. : cas des Ronces (*Rubus*).

> ⚠ Ne pas confondre avec bouturage.

marginé (adj.) *(marginate)*

Qualifie un organe (feuille et fleur, en particulier) dont le bord présente une bande plus ou moins large, de couleur différente de celle du reste du limbe.

marqueur (n.m.) *(marker)*

Se dit de tout caractère qui distingue deux molécules, deux individus, deux variétés ou deux populations, facilement et rapidement repérable spécifiquement, à déterminisme génétique simple.

Il peut être morphologique (nanisme, couleur, forme), biochimique (isozymes, protéines, métabolites secondaires), physique (radioactivité d'une macromolécule par suite de l'incorporation d'un précurseur radioactif), génétique ou moléculaire (une séquence d'ADN).

Les marqueurs morphologiques sont utilisés depuis bien longtemps pour décrire les lignées et les variétés chez les végétaux. Ils sont, pour la plupart, peu polymorphes et, en général, dominants.

Les marqueurs moléculaires augmentent la vitesse et la précision de la sélection végétale, ce qui permet une économie de temps dans les plans de sélection, diminuant ainsi sensiblement le coût de la mise au point de cultivars.

matière sèche (l.f.) *(dry matter)*

Matière fraîche déshydratée par maintien à 105 °C jusqu'à poids constant.

maturation (n.f.) *(maturing, ripening)*

Ensemble des transformations physiologiques et morphologiques que subit un organe (graine, fruit, etc.) le rendant apte à remplir sa fonction.

La maturation des fruits est un processus complexe, associé à de nombreux changements biochimiques et moléculaires. L'éthylène occupe une place centrale dans le processus de maturation.

mauvaise herbe (l.f.) *(weed)*

Désigne toute plante dont la présence est indésirable à un endroit donné. Cette définition doit donc être cernée en fonction du contexte de son utilisation. Une plante ainsi qualifiée dans un domaine donné (Ex. : agriculture), pourrait ne pas l'être dans un autre contexte (Ex. : médecine). L'étude des mauvaises herbes est l'objet de la malherbologie.

méat (n.m.) *(meat)*

Petit espace intercellulaire (limité par 3 cellules) au sein d'un organe, facilitant la diffusion des gaz en profondeur. Ces espaces forment de véritables canaux entre les cellules depuis les tissus internes jusqu'à la surface de l'organe où ils débouchent dans le milieu extérieur par l'intermédiaire des stomates. Un tissu riche en méats est dit méatifère.

> Ne pas confondre avec lacune (plus de 3 cellules bordantes).

medifixe (adj.) *(medifixed)*

Fixé par le milieu. Ex. : Étamines des Lys dont le filet staminal est fixé au milieu du dos des anthères.

mégasporange (n.m.) *(megasporangium (pl.~gia))*

Synonyme de macrosporange.

mégaspore (n.f.) *(macrospore)*

Synonyme de macrospore.

mégasporophylle (n.f.) *(megasporophyll, microsporophyll)*

Sporophylle portant un ou des mégasporanges. Ex. : écaille fertile du cône femelle de Pin. Syn. : macrosporophylle.

mégatherme (adj.) *(megatherm)*

Se dit d'une plante dont l'optimum de végétation se situe à des températures supérieures à 20 °C.

méiose (n.f.) *(meiosis)*

Processus qui met en jeu deux divisions successives permettant, à partir d'une cellule diploïde à $2n$ chromosomes, l'obtention de quatre cellules haploïdes à n chromosomes (réduction chromatique).

> La méiose assure la réduction de $2n$ à n du nombre des chromosomes ; par ailleurs, elle permet un brassage génétique qui résulte des échanges entre chromatides (*crossing over*) et de la répartition aléatoire des chromosomes homologues.
>
> Dans un cycle de développement, la méiose est le complément nécessaire de la fécondation. Chez les Spermaphytes, la méiose se réalise dans l'ovule avec formation de quatre macrospores haploïdes et dans l'anthère avec formation de nombreuses tétrades de microspores. Contrairement aux animaux où la méiose est suivie immédiatement de la gamétogenèse, les plantes ne produisent pas directement des gamètes mais des méiospores qui se développeront en gamétophytes qui eux produiront les gamètes. La fusion des gamètes redonnant un sporophyte. La taille du gamétophyte varie du grain de pollen (structure bi- ou tricellulaire) à un organe pluricellulaire (sac embryonnaire des Angiospermes, plante feuillée des Bryophytes, Prothalle des Ptéridophytes). La durée de vie du gamétophyte va de quelques jours (certains pollens d'Angiospermes) à toute la vie de la plante (Bryophytes).

méiospore (n.f.) *(meiospore)*

Cellule reproductrice (haploïde), produite par méiose de cellules situées dans des organes spécialisés du sporophyte : capsule des Bryophytes, sporanges des Ptéridophytes, nucelle des Spermaphytes. La méiospore donnera, en germant, le gamétophyte : protonéma chez les Bryophytes, prothalle chez les Ptéridophytes, grain de pollen et sac embryonnaire chez les Angiospermes.

membrane (cyto)plasmique) (l.f.) *(plasma membrane, plasmalemma)*

Structure cellulaire vivante et souple, limitant la cellule.
Sa structure de base est celle de toutes les membranes biologiques. Elle est formée d'une bicouche de molécules de phospholipides chacune avec un pôle hydrophobe (vers l'intérieur) et un pôle hydrophile (vers l'extérieur) dans laquelle sont enchâssées des protéines transmembranaires, superficielles ou glycosylées (couche externe). Une part importante des protéines membranaires étant des enzymes responsables de nombreuses catalyses enzymatiques.
Dans les cellules végétales, la membrane plasmique est appliquée étroitement contre la paroi squelettique (sauf en cas de plasmolyse).
Syn. : plasmalemme, ectoplasme.

méricarpe (n.m.) *(mericarp)*

1. Chacun des fruits élémentaires d'un schizocarpe correspondant à un carpelle d'un gynécée dont les unités carpellaires, d'abord coalescentes, se séparent à la maturation. Ex. : chacun

des éléments monospermes du diakène des Apiacées, du tétrakène des Lamiacées, du polyakène des Malvacées.
2. Par extension, fruit résultant de la division, à maturité, d'un fruit initialement composé.

méristème (n.m.) *(meristem)*

Tissu végétal indifférencié ou peu différencié, doué d'une intense activité mitotique organisée (contrairement à une tumeur), responsable de la croissance indéfinie de la plante.

On distingue deux types principaux de méristèmes, suivant leur origine.
1. Les méristèmes primaires apparaissent en premier au cours de l'embryogenèse. Ce sont : i) les méristèmes caulinaires, situés à l'extrémité des tiges, dans le bourgeon apical, les méristèmes axillaires en position latérale, dans les bourgeons à l'aisselle des feuilles et les méristèmes intercalaires dans les entre-nœuds ; ii) les méristèmes racinaires, localisés en position sub-apicale des racines.

Ces méristèmes sont constitués de cellules isodiamétriques de faible dimension, à rapport nucléoplasmique élevé, faible vacuolisation, à substances de réserve réduites, cytoplasme dense en organites, etc.

Les méristèmes caulinaires, dont la mise en place débute au moment de l'organogenèse embryonnaire, présentent généralement, chez les Angiospermes, une différenciation en une *tunica* externe et un *corpus* interne.

Les méristèmes racinaires se mettent en place au cours de l'organogenèse embryonnaire (racine primaire) ou à partir du péricycle (racines secondaires).

Les méristèmes caulinaires et racinaires assurent la croissance en longueur et la ramification pendant toute la durée de vie de la plante.

2. Les méristèmes secondaires doivent leur appellation au fait qu'ils se mettent en place et ne deviennent fonctionnels que secondairement (néoformation). Ils sont représentés par deux types principaux d'assises génératrices responsables de la croissance en diamètre des tiges et des racines chez les Gymnospermes et les Angiospermes Dicotylédones : i) le cambium vasculaire ou assise génératrice libéro-ligneuse présente une activité mitotique préférentiellement orientée dans le sens radial, à l'origine du phloème secondaire (liber) vers l'extérieur et du xylème secondaire (bois) vers l'intérieur ; ii) le phellogène ou assise subéro-phellodermique fonctionne sur le même principe que le cambium mais produit du suber (liège) vers l'extérieur et du phelloderme (parenchyme généralement peu développé) vers l'intérieur.

La multiplication végétative par culture *in vitro* des méristèmes primaires (apicaux ou axillaires) est largement utilisée pour régénérer des microboutures enracinables et cultivables en terre dans des conditions non stériles.

mésoblaste (n.m.) *(mesoblast)*

Chez les Gymnospermes, rameau assez court, à croissance limitée dans le temps et dans l'espace, avec feuilles souvent serrées et bourgeons latéraux.

mésocarpe (n.m.) *(mesocarp)*

Couche moyenne (entre l'épicarpe et l'endocarpe) du péricarpe des fruits. Il est très développé chez les fruits charnus (Ex. : baies, drupes).

mésophylle (n.m.) *(mesophyll)*

Zone interne du limbe de la feuille, comprise entre les couches épidermiques.

Le mésophylle est constitué de deux parenchymes particuliers : en général, à la face supérieure du côté de la lumière, le parenchyme palissadique, reconnaissable à ses cellules allongées fortement compactées et contenant de nombreux chloroplastes ; et du côté inférieur, le parenchyme lacuneux qui présente des espaces intercellulaires en relation avec les stomates, ce qui permet la circulation et l'échange des gaz.

mésophyte (n.m.) *(mesophyte)*

Plante (qualifiée de mésophile) intermédiaire entre les xérophytes et les hygrophytes, ne tolérant ni sécheresse extrême, ni une humidité excessive. Ex. : Blé.

mésotherme (adj.) *(mesotherm)*

Se dit d'une plante dont l'optimum de croissance se réalise pour des températures moyennes, comprises entre 12 et 15 °C.

mésotonie (n.f.) *(mesotony)*

Développement préférentiel des rameaux axillaires (et des axes latéraux qui en dérivent) dans la partie médiane d'une tige.

messicole (adj.) *(grainland, cropland, hemerophilous)*

Se dit d'une mauvaise herbe qui accompagne les plantes des moissons et que l'on rencontre souvent à proximité ou dans les champs de Céréales. Ex. : Coquelicot (*Papaver rhoeas*), Folle Avoine (*Avena fatua*), Radis sauvage (*Raphanus raphanistrum*).

Ainsi, les plantes messicoles se retrouvent en compétition avec les Céréales pour l'eau, les éléments fertilisants, l'air et la lumière.

métabolisme (n.m.) *(metabolism)*

Ensemble des processus biochimiques permettant aux cellules de produire des métabolites et l'énergie qui sont nécessaires à leur vie, par la dégradation de matières organiques complexes.

> Les réactions du métabolisme peuvent être orientées vers la synthèse de nouvelles substances (c'est l'anabolisme) ou la dégradation de molécules (catabolisme) pour en tirer l'énergie nécessaire à l'anabolisme. En fait, tous ces métabolismes sont étroitement imbriqués, formant un ensemble complexe, le métabolisme intermédiaire et les séquences de réactions impliquées sont nommés voies métaboliques. Tout produit intervenant dans le métabolisme, qu'il soit issu du catabolisme (acide aminé, glucose, acide gras) ou de l'anabolisme (protéine, polysaccharide, lipide), est appelé un métabolite.
>
> Le métabolisme est soumis à une régulation équilibrée évitant toute accumulation de produits finaux ou intermédiaires. Les mécanismes de contrôle les plus importants sont l'induction par les substrats, la rétro-inhibition sur les activités enzymatiques, la répression de la synthèse des enzymes, la répression catabolique et la régulation de l'ATP.

métabolisme acide crassulacéen (l.m.) *(crassulacean acid metabolism (CAM))*

Type de métabolisme caractérisant des espèces végétales adaptées aux climats chauds et secs (Crassulacées, Cactacées, Astéracées et Euphorbiacées crassulescentes). Ces plantes fixent de grandes quantités de dioxyde de carbone essentiellement pendant la nuit par la voie C_4

avec accumulation de malate (ou d'isocitrate) et le ré-assimilent le jour suivant par la voie C_3. Le métabolisme acide crassulacéen (CAM) est considéré comme une variante du type C_4.

Chez les espèces réalisant le métabolisme acide crassuléen, la fixation est temporellement séparée de la photosynthèse. Pour protéger les plantes contre la déshydratation par transpiration excessive, le mouvement des stomates est inversé par rapport à la majorité des végétaux : les stomates sont fermés le jour, et ouverts la nuit. Ainsi, le végétal doit d'abord fixer pendant la nuit le CO_2 atmosphérique qu'il utilisera le jour suivant ; cette fixation nocturne s'accompagne d'une importante accumulation d'acide malique dans les vacuoles.

Au niveau métabolique, la phase thermochimique se déroule ici comme chez les plantes de type C_4 :

- fixation du CO_2 atmosphérique sur le phosphoénolpyruvate (PEP) des cellules du mésophylle par une PEP carboxylase du cytosol qui fonctionne essentiellement la nuit et conduit à l'apparition d'acide oxaloacétique (voie de Hatch-Slack) et secondairement à l'accumulation d'acide malique (tous deux tétracarbonés) dans des vacuoles ;
- le jour, moment où leurs stomates se ferment, libération de CO_2 atmosphérique intracellulaire par décarboxylation de l'acide malique élaboré la nuit précédente et formation de pyruvate et/ou de phosphoénolpyruvate ;
- mobilisation du CO_2 intracellulaire par la ribulose bisphosphate carboxylase/oxygénase qui assure son incorporation dans le cycle de Calvin et la synthèse des glucides qui a lieu dans les chloroplastes.

Les plantes de type CAM et les plantes de type C_4 ont en commun le fait qu'elles élaborent des intermédiaires organiques avec le dioxyde de carbone avant le début du cycle de Calvin. La différence réside dans le fait que le PEP provient ici de la glycolyse, alors que dans la photosynthèse des plantes C4, le PEP est produit au cours de la photosynthèse dans une réaction qui nécessite de la lumière.

D'un point de vue cytologique, les espèces de type CAM se distinguent des espèces de type C_4 par le fait que toutes les réactions décrites se déroulent dans le même type de cellule ; la disjonction du travail n'est plus physique comme chez les plantes C_4, mais temporelle. En séparant dans le temps les deux réactions de carboxylation, les plantes CAM réalisent une absorption de CO_2 sans perte d'eau importante, ce qui leur confère un avantage écologique certain.

Certaines espèces sont douées d'une certaine plasticité physiologique et peuvent utiliser une des voies métaboliques (CAM, C_3 ou C_4), selon le stade de développement et les conditions contraignantes du milieu. (sécheresse, salinité, température, photopériode). C'est ainsi que *Mesembryanthemum crystallinum* (plante à feuilles succulentes) peut utiliser la voie C_3 mais passe à la voie CAM lorsqu'elle croit sur des sols salins. *Portulaca oleracea*, dicotylédone succulente de type C_4 est capable de choisir la voie optimale dans les conditions naturelles.

métabolisme primaire (l.m.) *(primary metabolism)*

Ensemble des voies cataboliques, amphiboliques et anaboliques fournissant à l'organisme l'énergie et les molécules nécessaires aux structures et à l'activité physiologique (respiration, transport, assimilation, croissance, etc.).

Les métabolites primaires sont généralement des molécules de faible poids moléculaire (inférieur à 1 500). Certains sont des monomères de macromolécules (acides aminés, nucléotides, glucides), tandis que d'autres servent à la synthèse des coenzymes.
Présents dans la plante en grande quantité et d'extraction facile, leur exploitation est relativement bon marché. Parmi les plus importants sur le plan industriel, il faut citer la cellulose, des acides aminés, des glucides, des acides organiques, des nucléotides et des vitamines.

métabolisme secondaire (l.m.) *(secondary metabolite)*

Ensemble des voies métaboliques produisant des composés, généralement de faible poids moléculaire, qui n'ont pas de fonction apparente et vitale pour l'organisme qui les produit mais qui ont un rôle écologique, par exemple dans les mécanismes de défense des plantes contre les prédateurs animaux (alcaloïdes) ou les pathogènes (phytoalexines, lignines, tanins, etc.), dans les relations plantes-micro-organismes (symbiose, mycorhizes, etc.), comme attractant sexuel pour les insectes pollinisateurs (pigments colorant certaines fleurs) ou la compétition plante-plante pour un territoire donné (toxines, quinones). Ils correspondent à une réponse adaptative des plantes à leur environnement.

Classe	Rôles
Alcaloïdes	affectent le système nerveux des herbivores
Composés phénoliques	affectent le système nerveux des herbivores action fongicide goût désagréable
Terpènes	action fongicide et insecticide attraction des pollinisateurs
Stéroïdes	stimulation des hormones animales perturbation du développement normal des insectes herbivores
Protides	toxiques contre les herbivores
Flavonoïdes	attraction des pollinisateurs et les animaux qui dispersent les graines
Quinones	inhibition de la croissance des plantes voisines

► Rôles de quelques métabolites secondaires ◄

Les métabolites secondaires sont soit des produits terminaux ou de déchet du métabolisme primaire, soit des substances de réserve sujettes à une mobilisation réorientée. Ils sont considérés comme étant l'expression d'une spécialisation des cellules, initiée par le processus de différenciation au cours du développement de la plante. Ils trouvent leur origine dans des produits du métabolisme des glucides, des lipides et des acides aminés. Ils peuvent être divisés principalement en 3 grandes familles : les terpènes, les composés phénoliques et les substances azotées.

Ces métabolites s'accumulent dans les plantes en petites quantités, parfois dans des cellules spécialisées, ce qui rend leur extraction difficile et onéreuse.

De nombreux métabolites secondaires intéressants pour l'Homme : alcaloïdes, substances de croissance des plantes, toxines, antibiotiques, pesticides, pigments, arômes, etc. sont produits actuellement à l'échelle industrielle par culture de cellules végétales dans des bioréacteurs. Ces produits relèvent principalement des domaines pharmaceutique, agroalimentaire, cosmétique.

Bien que dans certains cas, les produits d'origine naturelle soient surpassés par les produits de synthèse ou d'hémisynthèse, le règne végétal reste encore la source de toute une panoplie de produits de haute valeur thérapeutique. Selon les estimations, 60 à 82 % des médicaments utilisés par l'homme sont d'origine végétale.

métaxylème (n.m.) *(metaxylem)*

Ensemble des éléments conducteurs qui se surajoutent au protoxylème dans un faisceau de bois primaire. Les vaisseaux y sont normalement d'un calibre supérieur, et plus richement ornementés, que ceux du protoxylème.

microflore (n.f.) *(microflora)*

Ensemble des micro-organismes, bactéries en particulier, présents sur un territoire donné.

micro-organisme (n.m.) *(microorganism)*

Tout organisme microscopique, telle une bactérie, une algue ou un champignon unicellulaires. Les micro-organismes peuvent interagir avec les plantes, soit de façon bénéfique (symbiose, mycorhize) soit, au contraire, au détriment du végétal (parasitisme). Ces interactions se traduisent par des perturbations importantes du métabolisme et du développement des végétaux.

micropropagation (n.f.) *(micropropagation)*

Multiplication de plantes par culture *in vitro* de méristèmes ou de bourgeons axillaires ou terminaux. La micropropagation *in vitro* se substitue progressivement au bouturage traditionnel. Cette technique permet pour certaines espèces végétales d'obtenir un très grand nombre de plantes rapidement à partir d'une seule.

Il existe différentes méthodes de multiplication des plantes *in vitro* faisant appel à des phénomènes dits de régénération, directe ou indirecte, à partir d'une (ou de) cellule(s) somatique(s) :

- après mise en culture d'un organe, on peut obtenir, grâce à l'addition de substances de croissance (vitamines, auxines, cytokinines), un tissu indifférencié sur lequel peut être induite la néoformation de méristèmes puis la formation d'une plante après enracinement adventif ;
- dans certains cas, il peut y avoir, soit à partir de cal, soit à partir de l'explant (disque foliaire) ou de cellules isolées, régénération d'une plante suivant des modalités semblables à l'embryogenèse zygotique. On parle alors d'embryogenèse somatique. Cette méthode permet la production d'un grand nombre d'individus semblables. Il est, de plus, possible de cryopréserver les embryons. Ces derniers présentent l'avantage d'être dépourvus de virus, permettant ainsi la production de végétaux sains.

Dans tous les cas, les plantules obtenues *in vitro* doivent pouvoir survivre après leur transfert dans le sol, où se poursuit la culture. Les plantules passent ainsi d'un type de nutrition hétérotrophique à un fonctionnement autotrophique (« sevrage »).

micropyle (n.m.) *(micropyle)*

Ouverture entre les téguments d'un ovule à travers laquelle le tube pollinique passe pour atteindre le sac embryonnaire et assurer la fécondation.

microsporange (n.m.) *(microsporangium (pl. ~gia))*

Sporange qui produit des microspores.

microspore (n.f.) *(microspore)*

Cellule haploïde issue de la méiose qui donne un gamétophyte mâle. La microspore est plus petite que la macrospore produite par le macrosporange.

microsporocyte (n.f.) *(microsporocyte)*

Cellule initiale qui subit la méiose à l'origine de tétraspores mâles.

microsporophylle (n.f.) *(microsporophyll)*

Sporophylle portant un ou plusieurs microsporanges. Ex. : écaille du cône mâle de Pin (assimilée à une étamine).

microtherme (adj.) *(microtherm)*

Se dit d'une plante dont l'optimum de développement se situe à des températures d'environ 5 °C. Ex. : espèces de la toundra.

miellat (n.m.), **miellée, miellure** (n.f.) *(honeydew)*

1. Excrétion sucrée produite par quelques parasites animaux (pucerons, cochenilles) qui recouvre le dessus des feuilles. Plusieurs champignons saprophytes, de même que les fourmis, peuvent s'installer sur ce miellat, ce que l'on peut constater dans la fumagine.

2. Exsudation visqueuse et sucrée que laissent suinter, pendant les périodes de sécheresse, les feuilles de certains arbres des pays chauds.

mitochondrie (n.f.) *(mitochondrion (pl. mitochondria), chondriosome)*

Organite cytoplasmique entouré d'une double membrane, présent dans les cellules des Eucaryotes aérobies, possédant des systèmes enzymatiques impliqués dans la production d'énergie (synthèse d'ATP). C'est la centrale énergétique de la cellule.

Les mitochondries des plantes renferment un génome spécifique, différent du génome nucléaire et du génome chloroplastique. Chez les plantes à fleurs, la transmission des mitochondries se fait généralement par les cellules de la lignée femelle, c'est-à-dire que les zygotes héritent la totalité de leurs mitochondries de l'oosphère et qu'ils n'en reçoivent aucune du gamète mâle parental. L'apport dans le zygote d'ADN des deux origines est, toutefois, possible lors de la fusion de deux protoplastes haploïdes.

mitose (n.f.) *(mitosis)*

La mitose au sens strict correspond à la division du seul noyau ; il s'agit d'un processus continu que l'on a arbitrairement divisé en quatre phases successives : prophase, métaphase, anaphase et télophase. Elle est généralement suivie par la division du cytoplasme (cytodiérèse).

Syn. : caryocinèse ou caryocinèse équationnelle.

moder (n.m.) *(moder)*

Type d'humus caractérisé par une faible vitesse de minéralisation de la matière organique et un pH acide (inférieur à 5).

moelle (n.f.) *(pith)*

Tissu parenchymateux non chlorophyllien, mou et souvent lacuneux, remplissant le centre de la plupart des tiges et des racines de végétaux supérieurs. Ex. : moelle du Sureau (*Sambucus*, Caprifoliacées).

monadelphe (adj.) *(monadelphous)*

Se dit de l'androcée d'une fleur dont les étamines sont toutes soudées, partiellement ou totalement, par les filets en un seul faisceau. Ex. : Mauve (*Malva sylvestris*), Guimauve (*Althaea officinalis*).

monandre, monandrique (adj.) *(monandrous)*

Se dit d'une fleur dont l'androcée est réduit à une seule étamine fertile. Ex. : nombreuses Orchidées.

moniliforme (adj.) *(moniliform)*

Se dit d'un organe allongé et cylindrique, présentant des renflements successifs séparés par des constrictions à intervalles réguliers, à la manière d'un chapelet.

monocarpique (adj.) *(monocarpic, monocarpian, monocarpous)*

Qualifie une plante qui ne fleurit et ne fructifie qu'une seule fois (parfois au bout de nombreuses années) et qui meurt ensuite. Les plantes monocarpiques peuvent être annuelles, bisannuelles ou pluriannuelles comme les Agaves.
Ant. : polycarpique.

monocéphale (adj.) *(monocipital, mono-headed)*

Portant un seul capitule. Ex. : tige du Pissenlit (*Taraxacum*).

monochlamydée (adj.) *(monochlamydeous)*

Se dit d'une plante n'ayant qu'une seule enveloppe florale, verte ou colorée. Ex. : classe des Monochlamydées, Épinard, Daphné.
Syn. : haplochlamydée, monopérianthée.
Ant. : dichlamydée.

monocline (adj.) *(monoclinous)*

Se dit d'une espèce dont tous les individus produisent des fleurs toutes hermaphrodites.
Ant. : dicline.

monocotylédones (n.f.pl.) *(monocotyledons)*

Végétaux Angiospermes dont la graine renferme un embryon à un seul cotylédon. Les feuilles généralement distiques et rarement dentées sont à nervation parallèle et rarement en réseau. La fleur est normalement trimère (3 pétales, 3 sépales, etc.), à pièces périanthaires distinctes ou non. Le système racinaire est généralement fasciculé c'est-à-dire composé de plusieurs racines équivalentes sur le plan morphologique. La tige et la racine sont presque toujours dépourvues de cambiums et, donc, de formations secondaires. Les faisceaux libéro-ligneux des tiges sont disposés en plusieurs cercles concentriques. Le grain de pollen, réticulé à la surface, ne possède qu'un seul pore de germination.
La majorité des Monocotylédones sont des plantes herbacées, de petite taille, exceptées les Arécacées (Palmiers) à port arborescent. Les plantes à bulbes sont très communes. Ce groupe renferme environ le tiers des espèces de plantes à fleurs. Les principales familles en sont les Orchidacées, les Poacées (Graminées), les Liliacées, Iridacées, Cypéracées...

monoécie (n.f.) *(monoecy)*

Cas d'une espèce (dite monoïque) où fleurs mâles et fleurs femelles sont distinctes mais portées par le même individu. Ex. : Chêne, Citrouille, Maïs, Noisetier, etc.
Ant. : dioécie.

monogyne (adj.) *(monogynous)*

Se dit d'une fleur ayant un seul style. Ex. : fleur de *Crataegus monogyna* (Aubépine à un style).

monoïque (adj.) Voir monoécie. *(monoecious)*

Ant. : dioïque.

monophylétique (adj.) *(monophyletic)*

1. Se dit d'un groupe d'organismes dérivant, soit les uns des autres, soit d'un ancêtre commun, n'ayant donc jamais constitué qu'un seul phylum.
En conséquence, le groupe possède en commun un ou plusieurs caractères (morphologiques, physiologiques, écologiques, éthologiques…).
Un groupe monophylétique est appelé un clade.
2. Par extension, se dit de deux ou plusieurs séquences d'ADN qui dérivent d'une seule séquence d'ADN ancestrale commune.
Ant. : polyphylétique.

monopodique (adj.) *(monopodic)*

Qualifie la croissance en longueur d'une tige assurée par le seul bourgeon terminal. Les ramifications sont produites par les bourgeons axillaires. Ces derniers sont généralement inhibés la première année par le phénomène de la dominance apicale. Ex. : Le Peuplier noir (*Populus nigra*, Salicacées), le Hêtre (*Fagus*), majorité des Gymnospermes.
Ce système s'applique également à l'inflorescence en grappe.

monospécifique (adj.) *(monospecific)*

Se dit d'un peuplement végétal, forestier en particulier, composé d'individus appartenant tous à la même espèce.
Se dit également d'un genre comportant une seule espèce.

monosperme (adj.) *(monospermous, monospermal, one-seeded)*

Se dit d'un fruit ne contenant qu'une seule graine. Ex. : Avocat, Datte.
Syn. : uniséminé.

monotypique (adj.) *(monotypic)*

Se dit d'un taxon comprenant un seul type nomenclatural de rang inférieur. Ex. : l'ordre des Ephédrales ne possède qu'un seul genre : *Ephedra*.
Bien qu'équivalent, il est plus commode de parler de genre monotypique plutôt que de genre monospécifique dans le cas où un seul type définit à la fois l'espèce et le genre (Ex. : *Ginkgo biloba*, Ginkgoales). Si le nombre de types est très faible, on parlera de genre oligotypique.
Ant. : polytypique.

montaison (n.f.) *(plant emergence, stem elongation)*

Chez les Céréales, phase de développement correspondant à l'élongation des talles et à la montée de l'épi à l'intérieur de la gaine.

mor (n.m.) *(mor, raw humus)*

Type d'humus acide (pH 4 à 4,5) formé en milieu biologiquement peu actif, se caractérisant par une très faible vitesse de minéralisation de la matière organique et pouvant s'accumuler alors sur des profondeurs considérables. Ex. : sol des forêts de Résineux, connu par exemple dans les podzols.
Syn. : humus brut.

morphogenèse (n.f.) *(morphogenesis)*

Acquisition au cours du temps, par un organisme, d'une forme et de nouvelles structures.

La morphogenèse est concomitante au développement et à la différenciation des tissus et des organes.

Elle dépend, de ce fait, de très nombreux événements contrôlés par des facteurs intrinsèques (portés par le génotype). Le déroulement spatio-temporel de ces événements est continuellement régulé par les facteurs de l'environnement.

morphologie (n.f.) *(morphology)*

1. Étude scientifique de la forme et de la structure externe des êtres vivants, en particulier du point de vue de l'origine embryologique des différentes parties. La phyllotaxie en fait partie.

La morphologie cherche, d'une part, les ressemblances, les caractères communs (unité d'organisation), d'autre part, les différences, c'est-à-dire les variations possibles (morphologie comparée), au niveau des parties d'un même individu, ou des parties comparables d'individus différents.

2. Forme, structure externe ou arrangement d'un organisme ou de l'une de ses parties.

morphose (n.f.) *(morphosis)*

Modification morphologique acquise par un individu sous l'action d'agents extérieurs (vent, sécheresse...). Cette modification n'est pas héréditaire.

Syn. : accomodat.

morphotype (n.m.) *(morphotype)*

Terme désignant l'ensemble des caractères morphologiques qui caractérisent un individu ou un taxon.

mucilage (n.m.) *(mucilage)*

Les mucilages sont des produits de transformation des parois végétales. Ils sont rarement simples (pectosiques, cellulosiques, callosiques), mais le plus souvent mixtes, en général celluloso-pectosiques (Coing, Moutarde, Lin). Par hydrolyse, ils donnent des sucres (pentoses et hexoses) ; par oxydation nitrique, ils donnent de l'acide mucique, formé aux dépens du galactose. Ils forment, en présence d'eau chaude, des systèmes colloïdaux de consistance plus ou moins visqueuse qui gélifient en refroidissant.

Les mucilages existent chez un grand nombre de végétaux et parfois en telle abondance que ces derniers sont appelés plantes mucilagineuses. On les rencontre dans les organes les plus divers, dans les fleurs (Mauve, Guimauve), les feuilles (Bourrache, Capillaire), les téguments des graines (Lin, Coing), les bulbes (Oignon), les racines (Guimauve), etc. Les Algues, particulièrement riches, font l'objet d'une extraction industrielle. On les emploie alors couramment comme émulsifiants (carraghénanes).

En thérapeutique, en général ils ne sont pas utilisés seuls mais ils servent à maintenir certaines substances actives en suspension.

mucroné (adj.) *(mucronate(d))*

Qualifie un organe (feuille, sépale, bractée ou écaille, en particulier) terminé brusquement par une petite pointe raide. Ex. : écailles de Cyprès (*Cupressus*).

> Ne pas confondre avec apiculé (pointe molle et plus herbacée) et avec cuspidé.

mull (n.m.) *(mull)*

Type d'humus basique caractérisé par une minéralisation rapide et importante de la matière organique et qui se forme sur des milieux biologiquement actifs, à pH proche de la neutralité, spécialement sur des sols sous des feuillus.
Syn. : humus doux.

multicaule (adj.) *(multicaulescent, multicauline, multicaulous)*

Se dit d'un végétal, souche ou racine produisant plusieurs tiges.

multifide (adj.) *(multifid)*

Très découpé en fins segments. Ex. : feuilles de Lavande (*Lavendula multifida*), de Nigelle (*Nigella sativa*), pétales de l'Œillet (*Dianthus crinitus*).

multipartite (adj.) *(multipartite)*

Présentant de nombreuses partitions. Ex. : feuilles de Renoncule bulbeuse (*Ranunculus bulbosus*).

multiplication non sexuée (l.f.) *(asexual propagation)*

Expression incorrecte puisque la multiplication ne peut s'effectuer que par fragmentation d'un organisme existant et, donc, sans phénomènes sexués. Cette locution est parfois utilisée comme synonyme de multiplication végétative.

multiplication sexuée (l.f.) *(sexual propagation)*

Expression incorrecte ; lui préférer le terme de reproduction.

multiplication végétative (l.f.) *(vegetative propagation, vegetative multiplication)*

Production d'individus nouveaux par multiplication indépendamment des phénomènes sexuels (sans production de gamètes), par le développement d'organes végétatifs (racines, tige feuillée) pouvant se détacher de l'organisme parental donnant des individus-fils génétiquement identiques à la plante-mère et formant ce qu'on appelle un clone.
Syn. : propagation végétative.

La multiplication végétative ne fait pas intervenir la méiose, mais un autre processus très strict de division cellulaire, sans remaniement du nombre de chromosomes : la mitose. Chaque cellule se divise en deux cellules-filles qui lui sont rigoureusement identiques. Les organes végétatifs ainsi formés sont donc conformes à la plante-mère qui leur a donné naissance.

Une espèce à multiplication végétative possède des plants à plusieurs tiges (ou à plusieurs talles) ou des plants interconnectés par des structures spécialisées (rhizome, racine adventive, stolon…). C'est ainsi que certaines plantes herbacées s'accroissent au moyen de leurs rhizomes (tiges souterraines) qui s'enracinent en donnant de nouvelles tiges aériennes (issues des tiges souterraines). D'autres végétaux, comme le Fraisier et le Framboisier, engendrent des stolons (tiges horizontales) qui, au contact du sol, s'enracinent en émettant de nouvelles ramifications aériennes analogues. Parmi les autres exemples de plantes les plus connues se multipliant par cette voie, la Pomme de terre (par son tubercule de tige), le Dahlia (par son tubercule de racine), l'Oignon, l'Ail et la Tulipe (par leurs bulbes).

Cette capacité à la multiplication végétative, qui résulte de la totipotence de la cellule végétale, est mise à profit en laboratoire pour multiplier *in vitro* les individus présentant un intérêt économique. En agriculture, divers procédés sont couramment utilisés pour multiplier les espèces et créer de nouvelles variétés d'arbres fruitiers et de plantes ornementales. Contrairement aux semis qui donnent des descendances très hétérogènes, la multiplication végétative conserve les caractères de l'individu multiplié. Le bouturage consiste à couper un fragment de tige avec un bourgeon (Géraniums, Hortensias, Œillets, Rosiers), de rameaux (tige feuillée + bourgeon) (Peuplier) ou de feuilles (Saintpaulia) et de l'enterrer par la base dans un substrat humide. Après quelque temps, le fragment s'enracine et se développe en donnant un individu autonome, identique au plant d'origine. L'enracinement peut être accéléré par le traitement des boutures avec une substance de croissance : l'auxine. Certaines plantes se prêtent plus facilement que d'autres au bouturage. Le marcottage, par contre, consiste à enterrer un rameau flexible tout en le gardant fixé à la plante-mère. Après l'apparition des racines, le rameau est coupé. Le greffage consiste à associer intimement un fragment de végétal avec bourgeon (greffon) avec un autre plant (porte-greffe ou ente) de la même espèce ou d'une espèce voisine. Si la greffe réussit, les deux parties mises en contact se soudent en développant entre elles d'étroites relations d'interdépendance. Le greffage est effectué sur de nombreuses plantes ligneuses, fruitières notamment. La multiplication des plantes peut s'effectuer également par leurs organes souterrains à condition qu'il s'agisse de tiges modifiées (Ex. : tubercules de Pomme de terre).

Ces techniques classiques sont maintenant amplifiées ou relayées par des cultures *in vitro* qui consistent à cultiver un fragment de plante sur un milieu nutritif artificiel approprié, en conditions aseptiques. Grâce au phénomène de la totipotence, les cellules du fragment vont se dédifférencier et de multiples « copies » de la plante de départ vont pouvoir être régénérées. Les cultures *in vitro* font appel à différentes stratégies :

➤ culture de méristèmes préexistants ou de fragments d'organes stérilisés et ensemencés aseptiquement sur un milieu nutritif solidifié par l'agar ;

➤ culture *in vitro* : des fragments de tissus somatiques déjà différenciés (feuilles, pétioles, etc.) mis en culture dans un milieu approprié peuvent donner un nouvel individu. La première étape consiste à provoquer la dédifférenciation des tissus puis à induire l'organogenèse (néoformation de bourgeons et de racines) ;

➤ culture de cellules isolées : cas particulier de la culture de tissus, cette technique consiste à isoler des cellules, le plus souvent à partir de cals friables, et leur mise en culture dans un milieu liquide agité pour induire la prolifération des cellules puis leur différenciation.

La multiplication végétative offre certains avantages, et en particulier la rapidité d'obtention de nouveaux végétaux, la conservation des caractères de l'individu multiplié par la constitution de clones homogènes. Elle permet aux végétaux de coloniser rapidement un milieu pour lequel un de leur génotype est adapté. C'est aussi le seul mode de propagation possible pour des plantes stériles, qui sont souvent des hybrides interspécifiques ou des polyploïdes apparus spontanément ou obtenus artificiellement (Bananiers triploïdes, Canne à sucre, plantes bulbeuses).

mutant (n.m.) *(mutant)*

Se dit d'un allèle, gène, cellule, souche ou organisme vivant, présentant un changement brusque et durable dans son patrimoine génétique (changement spontané ou provoqué).

Chez les arbres fruitiers (Citronnier, Pêchers, Pommiers), beaucoup de nouvelles variétés sont des mutants trouvés dans les vergers et caractérisés par des modifications dans la croissance de l'arbre, la couleur, l'aspect ou la fertilité des fruits.

Ant. : sauvage.

mutation (n.f.) *(mutation)*

Tout changement permanent, spontané ou induit, du patrimoine génétique, d'un gène ou d'un chromosome et transmissible (ou létale !).

Les mutations spontanées sont à l'origine de la variabilité génétique des organismes vivants. Les mutations peuvent être provoquées par des radiations (rayons gamma, X, ultraviolets) ou par des agents chimiques (acide nitreux, ypérite, peroxyde, etc.) qui altèrent les acides nucléiques, porteurs de l'information génétique. D'un point de vue pratique, elles sont généralement induites sur les plantes autogames, plus stables et plus faciles à fixer.

mutique (adj.) *(muticous)*

Obtus, sans arête ni pointe terminale, par opposition à aristé ou mucroné.

mycologie (n.f.) *(mycology)*

Science des Champignons.

mycorhize (n.f.) *(mycorrhiza)*

Type particulier de symbiose associant les radicelles d'une plante vivace au mycélium de certains champignons du sol.

Cette association est fréquente dans beaucoup d'espèces végétales, sous tous les climats ; le rôle des mycorhizes est particulièrement important dans les milieux forestiers.

Le réseau mycélien formé autour des racines de la plante-hôte permet une meilleure absorption de l'eau et des éléments nutritifs minéraux du sol, notamment le phosphore (élément minéral indispensable à la croissance des arbres, mais relativement peu mobile dans le sol), le fer et le potassium, favorisant ainsi de façon accrue l'assimilation par la plante sur sol pauvre. Les effets bénéfiques de cette association se traduisent par une accélération des métabolismes et une stimulation de la croissance des plantes mycorhizées. En retour, elle permet au champignon de récupérer divers éléments carbonés utiles (glucidiques notamment) qu'il ne peut synthétiser lui-même, faute de chlorophylle et de lumière.

Il existe plusieurs types de mycorhizes : les ectomycorhizes, souvent bien repérables à l'œil nu ou à la loupe, s'établissant presque exclusivement avec les espèces ligneuses (Gymnospermes et Angiospermes). Elles pénètrent dans les tissus de la racine mais restent à l'extérieur des cellules, entourant les radicelles d'un manchon blanc. Dans ce type de mycorhize, les champignons sont des Zygomycètes, Basidiomycètes ou Ascomycètes. Ex. : *Pisolithus tinctorius*, connu pour son association avec le Pin. Les endomycorhizes pénètrent les cellules corticales des racines, sans jamais atteindre le cylindre central ; elles comprennent différents types d'associations dont les mycorhizes vésiculaires et arbusculaires, engendrées par des Zygomycètes et appelées VAM (vesicular arbuscular mycorhiza). Ce sont les associations les plus courantes (elles concernent plus de 80 % des familles d'Angiospermes), pouvant interférer dans le développement de la plupart des plantes cultivées (espèces herbacées, arbrisseaux, arbres) et même les Ptéridophytes. Cette symbiose se retrouve sous toutes les latitudes. De plus, les VAM sont caractérisées par une très faible spécificité entre les deux partenaires.

Certains arbres calcicoles, comme le Pin noir (*Pinus nigra*), ne pourraient pas supporter le calcaire sans leurs mycorhizes. L'inoculation des racines de nombreuses cultures (arbres forestiers) en pépinières est réalisée avec des champignons mycorhiziens dans le but d'augmenter leur vigueur à la plantation. Certains champignons mycorhiziens peuvent être cultivés en fermenteur, ce qui rend plus simple la mise à disposition d'inoculums axéniques à grande échelle. Ces derniers, sont parfois proposés sous une forme encapsulée dans des billes d'alginates. La mycorhization provoquée commence à être intégrée dans les systèmes de production végétale, dans le cadre d'une agriculture visant à améliorer la qualité des produits, tout en respectant l'environnement.

mycose (n.f.) *(mycosis)*

Affection causée par des champignons microscopiques parasites.

Les mycoses des végétaux (pourritures, nécroses, flétrissements, malformations, rouilles, etc.) sont souvent appelées maladies cryptogamiques.

myrmécochorie (n.f.) *(myrmecochory)*

Condition des plantes dont les semences sont disséminées par les fourmis qui mangent les corps lipidiques collés à la surface des fruits et des graines.

myrmécophile (adj.) *(myrmecophilous)*

Se dit de végétaux ligneux des régions chaudes qui entretiennent des relations particulières avec des fourmis qui colonisent des cavités de leur tronc, de leurs branches, ou de leurs stipules. Ex. : *Rhamnus alaternus* (Rhamnacées), *Euphorbia characias*, (Euphorbiacées), *Acacia sphaerocephala* (Mimosacées), certaines Rubiacées.

AZ N

nanisme (n.m.) *(dwarfism)*

État d'une plante qui, sous l'influence d'un accident, de traumatisme, de troubles physiologiques ou parasitaires très divers (Ex. : mosaïque du concombre, maladie virale) présente une taille nettement inférieure à la normale, par arrêt de sa croissance.

nastie (n.f.) *(nasty)*

Mouvement de certains organes (feuilles, pièces florales) dont l'orientation est fixée par une disposition anatomique. Ce mouvement est orienté par rapport à une structure préétablie de l'organe et non pas par une anisotropie du milieu (tropismes) ou par la croissance des organes (nutations).

Les folioles de l'*Oxalis acetosella*, par exemple, se replient sur elles-mêmes la nuit et s'étalent le jour ; les feuilles de nombreuses Légumineuses (Ex. : Haricots) se replient à la fin du jour et s'étalent à l'horizontale ou se redressent le matin. Ces mouvements nyctinastiques dépendent des rythmes endogènes de la plante avec une fréquence imposée par la photopériode. Ils sont dus à des variations de la pression de turgescence dans les cellules motrices à la base de ces organes. Le potassium serait l'agent osmotique qui amène les cellules motrices à absorber et à rejeter l'eau, sous l'influence de la lumière. Une élévation de température fait ouvrir la fleur de Tulipes et de Crocus (thermonastie).

natrophile (adj.) *(natrophile)*

Se dit d'une plante adaptée à des milieux riches en sodium (Na), parfois sans être à proprement parler une halophyte. Tel est le cas des Betteraves fourragère et sucrière, et beaucoup de plantes C_4.

naturalisé (adj.) *(naturalized)*

Se dit d'une plante d'origine étrangère qui, introduite accidentellement ou intentionnellement dans un nouveau territoire, s'y comporte comme une plante indigène. Ex. : *Eucalyptus* (originaire d'Australie et de Tasmanie), *Agave americana* (originaire du Mexique) et *Nicotiana glauca* (originaire d'Amérique) sont naturalisés dans la région méditerranéenne.

nectaire (n.m.) *(nectary (pl. nectaries))*

Petit organe glanduleux, situé généralement sur les fleurs ou, plus rarement, les stipules, et producteur d'un liquide sucré, le nectar, recherché par les Insectes pollinisateurs (Abeilles, Papillons, etc.).

néoténie (n.f.) *(neoteny)*

Aptitude que possède un organisme à conserver des caractères (morphologiques, par exemple) juvéniles chez l'individu adulte. Ex. : *Welwitschia* (Chlamydospermes).

nervation (n.f.) *(venation)*

Disposition des nervures d'une feuille.

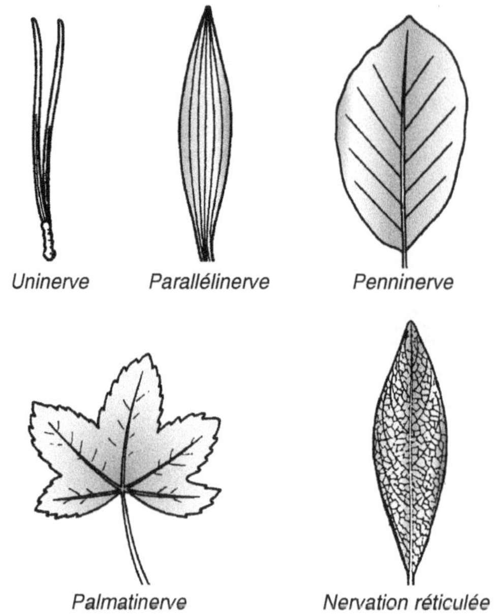

▶ Types de nervation ◀

nervure (n.f.) *(nerve, rib (nervure foliaire), vein)*

Zone apparente correspondant aux tissus conducteurs de sève chez certains organes (feuilles, pétales et sépales, en particulier).

On distingue en général une nervure principale correspondant au prolongement direct des faisceaux conducteurs du pétiole et des nervures secondaires, qui vont en diminuant de diamètre depuis la base de la feuille jusqu'à ses bords, souvent anastomosées en réseau de nervioles (très petites nervures) chez les Dicotylédones. Chez ces dernières, les nervures secondaires peuvent être pennées (Ex. : Bouleau), palmées ou pédalées (Ex. : Hellébore). Chez les Monocotylédones, les nervures des feuilles sont généralement parallèles, parcourant tout le limbe. Quelques exceptions existent dans ce dernier groupe, il s'agit notamment des ordres des Arécales (Palmales), Dioscoréales et Scitaminales, et de très nombreuses Aracées. Chez le Gingko (Préspermaphytes), la nervation est dichotomique.

neutrophile (adj.) *(neutrophile, neutrophilic)*

Se dit d'une plante se développant de préférence sur un sol neutre (pH voisin de 7).

niche écologique (l.f.) *(ecological niche)*

Habitat particulier à une espèce, comprenant ses relations avec le milieu trophique (modalités d'utilisation de ses ressources), son interaction avec les autres espèces et le temps qu'elle y passe. Ainsi, la niche écologique d'une espèce n'est autre que le reflet de son activité au sein d'un écosystème.

Cet habitat assure l'ensemble des besoins requis par une espèce pour survivre dans son biotope.

Nif⁺ (abréviation de nitrogen fixation) *(nif)*

Nom des gènes (ou plus exactement de l'opéron) bactériens, codant pour la synthèse d'une enzyme impliquée dans la fixation d'azote, à l'intérieur des nodosités.

nitrate réductase (l.f.) *(nitrate reductase)*

C'est la première enzyme qui intervient dans l'assimilation du nitrate absorbé par les racines. La nitrate réductase, présente uniquement chez les végétaux verts et les micro-organismes, est une métallo-flavo-protéine qui contient, à côté du molybdène, le FAD et le NAD(P)H. La réaction catalysée par la nitrate réductase (réduction du nitrate NO_3^- en nitrite NO_2^-) nécessite un donneur d'électrons vis-à-vis duquel l'enzyme est très spécifique : chez la plupart des plantes Dicotylédones, il s'agit du NADH. Cependant, chez le Soja et chez les Monocotylédones, c'est plutôt le NADPH.

Chez les plantes non fixatrices d'azote, une partie des nitrates absorbés est réduite ou assimilée dans les substances organiques au niveau des racines, mais la grande partie est transportée dans le xylème vers les parties aériennes où elle est réduite par la nitrate réductase de ces organes (essentiellement les feuilles) ou stockée dans le parenchyme des entre-nœuds et des pétioles. Les produits de cette réduction (acides aminés, protéines) sont exportés vers les parties jeunes de la plante.

Chez une Légumineuse nodulée, les produits de l'assimilation des nitrates par les racines sont surtout les acides aspartique et glutamique, qui sont en majorité transportés vers les feuilles.

L'expression de l'activité de la nitrate réductase a été très étudiée dans des conditions physiologiques variées. De nombreux facteurs de l'environnement tels que la lumière, le nitrate, l'ammonium ou des stress ainsi que des facteurs endogènes, tels que les cytokinines, modulent cette expression.

nitrogénase (n.f.) *(nitrogenase)*

Complexe enzymatique des Procaryotes fixateurs d'azote atmosphérique. Elle catalyse la réduction de l'azote atmosphérique (N_2) en ions ammonium (NH_4^+) incorporable dans le cycle de l'azote du métabolisme végétal, sous forme de glutamine.

Son activité est extrêmement sensible à l'inactivation par l'oxygène. La protection contre ce dernier est assurée grâce à la leghémoglobine, pigment rose qui capture l'oxygène en conservant les bactéroïdes et leur nitrogénase en anaérobiose.

nitrophile (adj.) *(nitrophilous)*

Se dit d'une plante qui vit dans les sols riches en azote. Ex. : Chénopodiacées, Solanacées, Urticacées. Dans le cas particulier d'une plante préférant un sol riche en nitrates, on parle de plante nitratophile. Ex. : Pommier.

nodosité, nodule (n.f.) *(nodosity, nodule)*

Excroissance formée sur les racines et/ou les tiges des Légumineuses à la suite de leur infestation par les bactéries fixatrices d'azote (Ex. : *Rhizobium*).

Ces bactéries, sous forme de bactéroïdes ayant perdu leur paroi, fixent et réduisent l'azote en ammoniac grâce à leur nitrogénase, et puisent l'énergie nécessaire à leur métabolisme chez la plante hôte.

La coloration rosée des nodosités est due à la présence de leghémoglobine.

Sous l'influence d'Actinomycètes (*Frankia sp.*) fixateurs d'azote, les racines de certaines espèces ligneuses non légumineuses, parmi lesquelles le Casuarina (*Casuarina*, Casuarinacées), l'Aulne (*Alnus*, Bétulacées), l'Argousier (*Hippophae*, Éléagnacées), etc. peuvent également former des nodosités.

nodulation (n.f.) *(nodulation)*

Développement de nodosités sur les racines (dans la majorité des cas) et/ou les tiges (cas de *Sesbania rostrata*) dues à leur infestation par des micro-organismes du sol.

Dans le cas de la symbiose *Rhizobium*-Légumineuse, par exemple, la nodulation intervient seulement si le *Rhizobium* compatible est présent dans la rhizosphère de la Légumineuse et si cette dernière est sensible à l'infestation par la bactérie.

Le développement des nodosités, qui permet l'établissement de la symbiose, est un processus complexe ; il est le résultat d'un ensemble d'interactions spécifiques entre bactéries et plante-hôte. Les rhizobia, présents dans la rhizosphère, répondent à des signaux appartenant au groupe des isoflavonoïdes excrétés par la racine de la plante hôte. En induisant les gènes de la nodulation (gènes *nod*) spécifiques portés par les plasmides du bactéroïde, ces signaux isoflavonoïdes provoquent la production et l'excrétion des signaux de nodulation rhizobienne, les facteurs *nod* dont la structure spécifique à chaque espèce de *Rhizobium* sert comme signal permettant la reconnaissance de la présence de la bactérie par sa plante hôte. Des cellules de *Rhizobium*, artificiellement privées de leurs plasmides, perdent la capacité de former des nodules sur la plante-hôte spécifique. Les facteurs *nod* produits par des rhizobia différents présentent une structure chimique commune d'un lipochitooligosaccharide (LCO). La structure particulière des facteurs *nod* produits par chaque espèce de *Rhizobium* est à l'origine de la reconnaissance spécifique entre les deux symbiotes et du déclenchement de la nodulation chez la plante hôte.

La nodulation comprend plusieurs phases, dont l'infestation qui commence par une prolifération des Rhizobia dans la rhizosphère, suivie de l'adhésion des bactéries à la surface des poils absorbants qui se courbent en forme de crosse. La spécificité à ce stade est assurée par des lectines, molécules ponts entre des récepteurs à la surface des poils et d'autres à la surface du *Rhizobium*. À la suite d'une lyse locale, les bactéries traversent la paroi du poil en formant un cordon infectieux, structure tubulaire à l'intérieur de laquelle les bactéries s'alignent en file. Le cordon progresse vers les cellules du cortex dont plusieurs entrent dans une phase de divisions mitotiques intenses jusqu'à former des excroissances de taille variable : les nodules ou nodosités. Pendant ce temps, les bactéries ont évolué en bactéroïdes, forme active dans le processus de fixation de l'azote atmosphérique. Plusieurs de ces bactéroïdes sont enfermés dans des vésicules limitées par des membranes, constituant des ensembles appelés symbiosomes, considérés comme des unités fonctionnelles.

noduline (n.f.) *(nodulin)*

Protéine spécifique des nodosités, synthétisée par la plante-hôte, apparaissant lors du développement des nodules des Légumineuses. Plus d'une quarantaine ont été identifiées, mais, on ne connaît la fonction que de peu d'entre elles.

nœud (n.m.) *(node, knot, knob)*

Lieu d'insertion des feuilles sur la tige ou sur les rameaux, et des branches sur la tige. L'espace de tige entre deux nœuds consécutifs est appelée entre-nœud ou mérithalle, notable chez les plantes volubiles (Liseron), minime, voire nul, au contraire quand les feuilles sont en rosette (Plantain).

nomenclature binomiale (l.f.) *(binomial nomenclature)*

Règle universelle de dénomination des êtres vivants ou fossiles (végétaux, animaux et bactéries), dans laquelle chaque espèce est désignée par deux termes : le nom de genre et le nom d'espèce, ces deux termes constituant le binôme.

La nomenclature binomiale a été mise au point par le naturaliste suédois Carl Von LINNE (1707-1778). Le nom de genre, simple ou composé, latin ou latinisé, commence toujours par une majuscule, sans accent, le nom d'espèce commence, lui, toujours par une minuscule, sans accent. Ces deux termes doivent être soulignés, ou en italiques ou en caractères gras.

Le nom d'espèce a fonction d'épithète et est souvent un adjectif qualificatif à signification descriptive. Il peut faire référence à un caractère morphologique de la plante (Ex. : *Asparagus acutifolius*, du latin *acutifolius* = à feuilles aiguës) ; à une propriété organoleptique (Ex. : *Helleborus foetidus*, Hellébore fétide) ; à l'époque de floraison (Ex. : *Adonis vernalis*, Adonis de printemps) ; à un pays (Ex. : *Hevea brasiliensis*, du Brésil) ; au type de station (Ex. : *Ledum palustre*, Lédon des marais) ; à une région (Ex. : *Cystus monspeliensis*, cyste de Montpellier) ; à la couleur (Ex. : *Acer rubrum*, du latin *rubrum* = rouge) ou encore à une personne (Ex. : *Berberis darwinii* dédié à Charles Darwin).

L'épithète spécifique doit être un seul mot, éventuellement composé de deux ou plusieurs parties accolées (Ex. : *Acer pseudoplatanus*) ou reliées par un trait d'union (Ex. : *Trigonella foenum-graecum*).

Dans les publications scientifiques, le nom d'espèce est habituellement suivi d'une initiale, en majuscule, (ou l'abrégé du nom) du premier descripteur qui a enregistré l'espèce. Ex. : *Atropa belladona* L., où L pour Linné.

Le nom d'espèce peut être suivi d'un nom d'auteur qui paraît entre parenthèses si la description de ce dernier a été révisée par un autre taxonomiste dont le nom suit. Ex. : *Abies balsamea* (L.) Mill. C'est le deuxième auteur (Miller) qui a transféré cette espèce dans le genre *Abies*.

Une sous-espèce est désignée par l'abréviation « ssp » après le nom botanique de l'espèce et écrite en italique. Ex. : *Beta vulgaris* ssp. *maritima*.

Une espèce non déterminée du même genre *Beta* sera écrite *Beta* sp. Pour désigner plus d'une espèce du genre *Beta*, on écrit : *Beta* spp (abréviation de « *species plurima* »).

Quelquefois les espèces sont divisées en variétés qui sont désignées par l'abréviation « var » après le nom botanique de l'espèce et écrites en italique. Ex. : *Beta vulgaris* var. *cycla*.

Un nom scientifique qui a été corrigé est appelé un synonyme ; il est alors indiqué par le signe égal, entre parenthèses (=), à la suite du nom valide (le premier en date). Si le nom de genre a été conservé, c'est le nom d'espèce qui figure entre parenthèses. Ex. : *Primula veris* (= *officinalis*). Si c'est le nom d'espèce qui a été retenu, il est porté en initiale. Ex. : *Conyza canadensis* (= *Erigeron c.*). Le changement de nom peut également porter sur le genre et l'espèce. Ex. : *Galium odoratum* (= *Asperula odorata*).

Les hybrides sont désignés par un x placé devant un nom spécifique (Ex. : *Mentha* x *piperita*) ou entre deux noms spécifiques (Ex. : *Mentha aquatica* x *spicata*). Le x n'est pas prononcé, mais remplace l'expression « espèce hybride ». Dans le premier cas « *Mentha*, l'espèce hybride *piperita* » désigne la Menthe poivrée. Le deuxième cas signifie qu'il s'agit d'un hybride issu du croisement des deux espèces citées.

Ces noms botaniques ne deviennent valides que s'ils ont été publiés d'après des règles très strictes, avec illustrations et descriptions techniques de la plante, dans un journal scientifique. Il faut en plus une description (en latin) du matériel sur lequel se fonde le nom d'un taxon, et tout spécialement son holotype et un exemplaire déposé dans un herbier public ou dans toute autre collection publique librement accessible aux botanistes, pour y être scrupuleusement conservé.

Les règles de la nomenclature botanique sont établies lors de congrès internationaux qui se tiennent tous les six ans, le premier ayant eu lieu à Paris en 1867 et le dernier, en 2005 à Vienne, en Autriche. Chaque congrès amène une révision du « Code international de nomenclature botanique ». Cette nomenclature avec ses règles et ses contraintes a l'immense avantage d'avoir été adoptée universellement : quelle que soit leur langue et leur alphabet d'origine, des botanistes utiliseront toujours le même binôme latin pour désigner une espèce donnée.

Syn. : nomenclature binaire, nomenclature linnéenne.

noyau (n.m.) *(nucleus)*

Partie ligneuse d'une drupe correspondant à l'endocarpe et renfermant la (rarement les) graine(s). Ex. : noyau de Cerise, d'Olive, de Prune, de Pêche.

Dans les cas particuliers de la datte et de l'avocat qui sont des baies, le « noyau » est en fait la graine à albumen très dur car riche en hémicelluloses.

noyau cellulaire (l.m.) *(cell nucleus)*

Organite fondamental de toute cellule d'Eucaryote, séparé du cytoplasme par une enveloppe nucléaire formée de deux membranes percées de pores par lesquels se font les échanges entre le noyau et le cytoplasme.

Le noyau est le siège de la réplication de l'ADN, de la transcription de l'ARN*m*, de l'ARN*t* et de l'ARN*r* et de la biosynthèse des protéines nucléaires.

noyaux polaires (l.m.pl.) *(polar nucleus (pl. polar nuclei))*

Noyaux, généralement au nombre de deux, appartenant à la cellule centrale du sac embryonnaire chez les Angiospermes.

Au cours de la formation du sac embryonnaire, au moment de sa phase cœnocytique, deux noyaux haploïdes, issus des deux extrémités du sac, migrent vers le centre de ce dernier. Ils peuvent éventuellement fusionner avant la fécondation pour constituer le noyau secondaire. Au moment de la double fécondation, les deux noyaux polaires (ou le noyau secondaire) fusionnent avec l'un des deux noyaux spermatiques (gamètes mâles), formant un noyau généralement triploïde. La cellule centrale ainsi fécondée devient le zygote accessoire à l'origine d'un tissu triploïde nourricier, l'albumen.

nucelle (n.m.) *(nucelle, nucellus)*

Tissu de réserve parenchymateux de l'ovule des végétaux supérieurs (Spermaphytes) dont une cellule, après méiose, va donner 4 mégaspores. Au cours de la croissance de l'embryon, le nucelle sera lysé, plus ou moins précocement. S'il persiste dans la graine, il est alors appelé périsperme

Syn. : macrosporange.

nucule (n.f.) *(nutlet, nucula)*

Fruit sec indéhiscent (akène) à péricarpe entièrement ligneux. Ex. : noisette.

nutation (n.f.) *(nutation)*

Mouvement de certains organes végétaux en croissance tels que la tige ou les vrilles d'une plante volubile, non orienté par rapport à un facteur externe. Ce mouvement dont la trajectoire dépend de l'espèce, de l'organe, de l'âge et des conditions de croissance (elliptique, hélicoïdale ou pendulaire) est dû à une inégalité de croissance entre les faces opposées de l'organe. Il peut être de très grande amplitude ; il est alors appelé circumnutation ou mouvement révolutif. Son sens est génétiquement fixé : dans le sens des aiguilles d'une montre (Chèvrefeuille, Fève, Houblon) ou dans le sens contraire (Liseron).

nutrition (n.f.) *(nutrition)*

Fonction vitale par laquelle, tout être vivant, prélève dans son milieu, les molécules indispensables à sa croissance et à son entretien.

La nutrition des végétaux est conditionnée par la présence ou non de la chlorophylle, pigment vert. Les végétaux verts sont les seuls capables d'élaborer des substances organiques à partir du dioxyde de carbone atmosphérique et de l'eau. Ils sont dits photoautotrophes. En revanche, pour les plantes non chlorophylliennes, la vie parasitaire est une nécessité absolue (Ex. : Cuscute, Orobanche).

nycthéméral (adj.) *(nycthemeral)*

Qui se rapporte à l'alternance régulière du jour (héméropériode) et de la nuit (nyctopériode) dont les durées relatives varient selon les saisons et latitudes.

nyctopériode (n.f.) *(nyctoperiod)*

Longueur de la nuit dans une période de 24 heures.
Ant. : héméropériode.

O

obdiplostémone (adj.) *(obdiplostémone)*

Qualifie l'androcée de fleurs d'Angiospermes formée de deux verticilles d'étamines comprenant chacun un nombre de pièces égal au nombre de pétales et dont les étamines du verticille externe sont opposées aux pétales (oppositipétales). Ex. : Caryophyllacées, Géraniacées, Rutacées.

oblong (-ue) (adj.) *(oblong)*

Qualifie un organe (feuille, en particulier) nettement plus long que large (deux à quatre fois), à bords parallèles sur une grande partie de la longueur et arrondi aux deux extrémités. Ex. : stipules du Haricot.

ochréa (n.f.) *(oc(h)rea (pl. ~ae))*

Chez les Polygonacées et les Magnoliacées, gaine membraneuse papyracée formée par les stipules soudées et entourant la tige au-dessus de l'insertion du pétiole.

Chez les Cypéracées, l'ochréa est constituée par une petite gaine qui entoure la base du limbe.

œuf (n.m.) *(egg)*

Synonyme de zygote.

oléagineux (adj.) *(oleaginous, oily)*

Qualifie une plante contenant une proportion importante d'huile ou dont la culture est destinée à la production d'huile, à usage alimentaire (Soja, Tournesol, Arachide, Colza, Olivier, etc.), industriel (Lin, Ricin, Carthame, etc.) ou pharmaceutique et cosmétique (Amandier, Noisetier, Avocatier, Cacaoyer, etc.).

> Les huiles sont essentiellement des triglycérides qui s'accumulent sous forme de gouttelettes limitées par une simple membrane, appelées oléosomes ou sphérosomes.
>
> Les plantes oléagineuses fournissent également des matières premières qui entrent dans la fabrication des savons, des lubrifiants et de nombreux produits cosmétiques. Certaines plantes oléagineuses sont exclusivement cultivées pour leur huile, mais d'autres le sont également pour leur richesse en protéines ; ce sont les oléo-protéagineux (Tournesol, Colza, Soja). D'autres, comme le Lin et le Cotonnier, sont cultivées pour leurs fibres textiles.

oléoplaste (n.m.) *(oleoplast)*

Plaste élaborateur de composés lipidiques.

oligo-élément (n.m.) *(oligoelement)*

Élément chimique intervenant en très petite quantité dans la composition et dans le métabolisme des tissus des organismes vivants mais exerçant une fonction biologique définie, de sorte que la carence en l'un de ces éléments entraîne des troubles.
Chez les végétaux, certains oligo-éléments sont indispensables ; c'est le cas des métaux tels que le chlore (Cl), le cuivre (Cu), le bore (Bo), le fer (Fe), le manganèse (Mn), le zinc (Zn), le molybdène (Mo) ; d'autres comme l'aluminium (Al), le cobalt (Co), l'iode (I), le nickel (Ni) et le vanadium (V) ont parfois des effets bénéfiques. Certains sont des cofacteurs ou activateurs d'enzymes (Ex. : fer, magnésium, molybdène, manganèse, nickel, sélénium, vanadium, zinc), d'autres entrent intégralement dans la constitution des enzymes réalisant des couples métallo-enzymatiques (Ex. : le fer dans la catalase et les cytochromes ; le cuivre dans la peroxydase et la laccase, le molybdène dans la nitrate réductase et la nitrogénase), des vitamines (Ex. : le cobalt dans la vitamine B_{12}), de la chlorophylle (magnésium), etc.
Syn. : micro-élément, élément mineur.

oligonitrophile (adj.) *(oligonitrophile, oligonitrophilous)*

Se dit d'une plante capable de se nourrir avec de très faibles quantités d'azote.

oligosaccharine (n.f.) *(oligosaccharine)*

Molécule glucidique naturelle considérée comme substance de régulation. Les oligosaccharines agissent sur la croissance et la différenciation des cellules et participent dans la défense contre des agents pathogènes tels que les champignons et les bactéries.
Ce sont, généralement, de petits fragments découpés dans la paroi cellulaire par des enzymes particulières : chaque enzyme libère une oligosaccharine particulière. Les résidus glucidiques rencontrés sont ceux des hémicelluloses tels que le galactose, rhamnose, xylose et arabinose mais aussi des sucres à 7 ou 8 atomes de carbone, parfois substitués par des groupements carboxyliques.
La libération des oligosaccharines peut être stimulée par les auxines mais aussi par l'infection fongique. Cette libération induit, à son tour, la production de substances antibiotiques. Les oligosaccharines provoquent également la mort des cellules au voisinage du site de l'infection (hypersensibilité).
L'addition d'oligosaccharines aux cultures de tissus induit la morphogenèse. Elles inhibent l'élongation induite par l'auxine, ce qui laisse à penser qu'elles ont un effet régulateur sur l'auxine.

ombelle (n.f.) *(umbel)*

Type d'inflorescence indéfinie chez laquelle les pédoncules floraux (appelés rayons), tous de même taille sont insérés au même niveau, les fleurs se trouvant disposées dans un même plan horizontal ou sphérique.
Les ombelles peuvent être simples (Ail) ou, le plus souvent, composées de petites ombelles ou ombellules (Apiacées). Les bractées, quand elles sont présentes, forment une collerette à la base de l'ombelle (involucre) et à la base des ombellules (involucelles).
Cette inflorescence avait donné son nom à la famille des Ombellifères appelées maintenant Apiacées.

ombellule (n.f.) *(umbellule, umbellet)*

Ombelle élémentaire d'une inflorescence en ombelle composée.

ombiliqué (adj.) *(navelworted)*

Se dit de fruits présentant une petite dépression, généralement subcirculaire à la base ou au sommet, appelée ombilic. Ex. : Pomme, Poire.

▶ Ombelle simple d'*Hedera helix* ◀

▶ Ombelle composée d'*Heradeum sphondylium* ◀

ombrophile (adj.) *(ombrophilous)*

Se dit d'une plante ou d'une formation végétale se développant préférentiellement dans les zones à forte pluviosité ou à humidité atmosphérique élevée. Ex. : plantes des régions équatoriales.

> ⚠ Ne pas confondre avec sciaphile.

Ant. : ombrophobe.

onciné (adj.) *(oncinal, oncinate)*

Qualifie la surface d'un organe (fruits et feuilles, en particulier) recouverte de poils courbés en crochet. Ex. : involucre de Bardane (*Arctium lappa*).
Syn. : unciné.

onglet (n.m.) *(unguis)*

Partie basale étroite et allongée d'un pétale, prolongeant celui-ci à l'intérieur du calice. Ex. : Fabacées, Brassicacées.

onguiculé (adj.) *(unguiferous)*

Qualifie un organe (pétale, en particulier) pourvu d'onglets très apparents. Ex. : pétales de l'Œillet (*Dianthus crinitus*).
Syn. : unguiculé.

oosphère (n.f.) *(oosphere, egg)*

C'est le gamète femelle mûr et fécondable contenu à l'intérieur d'un archégone chez les Bryophytes, Ptéridophytes et Gymnospermes et l'une des cellules haploïdes situées au pôle micropylaire, entre les deux synergides du sac embryonnaire chez les Angiospermes (chez ces dernières, les archégones seraient virtuels).
Syn. : gynogamète.

opercule (n.m.) *(operculum)*

Petit couvercle de certains fruits à déhiscence circulaire comme la pyxide.

opine (n.f.) *(opine)*

Dérivé d'acides aminés non protéiques que l'on rencontre en abondance dans les tissus (notamment racinaires) infectés par les bactéries du genre *Agrobacterium*. Elles peuvent représenter jusqu'à 7 % du poids sec des tumeurs induites par cette bactérie. Seule la bactérie peut cataboliser les opines comme source d'azote et de carbone.

opposé (adj.) *(opposite)*

Se dit d'organes insérés par deux, l'un en face de l'autre, à la même hauteur. Ex. : feuilles du Buis, de Frêne, du Lilas, des Caryophyllacées, des Lamiacées.

oppositifolié (adj.) *(oppositifoliate)*

Inséré à l'opposé des feuilles. Ex. : grappes et vrilles de la Vigne (*Vitis vinifera*), inflorescence de certaines Pipéracées.

orbiculaire (adj.) *(orbicular, orbiculate)*

Qualifie un organe présentant une surface de forme presque circulaire. Ex. : gousse du *Medicago orbicularis*.

ordre (n.m.) *(order)*

Unité systématique comprenant le plus souvent plusieurs familles possédant en commun certains caractères. Plusieurs ordres forment une unité systématique plus vaste, la classe. Ex. : Fabales, Laurales, Ranales, Rosales, etc. appartenant à la classe des Dicotylédones ; Arécales, Liliales, Orchidales, Poales, etc. à celle des Monocotylédones.

oreillette (n.f.) *(auricle)*

Petit lobe latéral à la base d'une feuille (Poacées, Saule) ou d'un pétale.

organite (n.m.) *(organelle)*

Structure intracellulaire différenciée du protoplasme, trouvée dans les cellules des Eucaryotes. Chaque organite est spécialisé dans certaines activités du métabolisme cellulaire.
On distingue les organites cytoplasmiques au sein du cytosol (chloroplastes, mitochondries, appareil de Golgi, réticulum endoplasmique, vacuoles, etc.) et les organites nucléaires (nucléole, chromosomes) au sein du nucléoplasme.

Ces compartiments cellulaires sont généralement délimités par une membrane simple (appareil de Golgi, réticulum endoplasmique) ou double (chloroplaste, mitochondrie, noyau). Les ribosomes, qu'on range habituellement dans les organites, n'ont pas de membrane.

Les chloroplastes et les mitochondries possèdent leur propre génome et tout ce qu'il faut pour assurer la réplication, la transcription et la traduction. Cependant, ce système génétique ne code qu'un petit nombre de protéines parmi celles qui constituent l'organite. Contrairement à l'ADN nucléaire, l'ADN des organites est le plus souvent circulaire et il n'est pas organisé en nucléosomes. Chez la majorité des Angiospermes, l'hérédité de ces organites est transmise par les cellules de la lignée femelle.

organogenèse (n.f.) *(organogenesis)*

Formation des organes. À la différence des animaux, le processus d'organogenèse chez les plantes n'est pas restreint au développement embryonnaire ; les tissus méristématiques conservent, tout au long de la vie de la plante, la capacité de se diviser, de se différencier et d'établir une organogenèse permanente. Cette capacité d'organogenèse est utilisée dans le cadre des techniques comme le bouturage, le marcottage et par la multiplication végétative.

ornithogamie (n.f.) *(ornithogamy)*

Pollinisation d'une fleur (dite ornithophile) par les oiseaux venant manger les insectes ou le nectar.

Syn. : ornithophilie.

oroméditerranéen (adj.) *(oromediterranean)*

Se dit d'une plante habitant les montagnes de la région méditerranéenne. Ex. : Genévrier, Sapins, Cèdres.

orophile (adj.) *(orophile, orophilous)*

Se dit d'une espèce (ou végétation) que l'on ne trouve que dans les montagnes. Ex. : Arnica des montagnes (*Arnica montana*, Astéracées).

orthotrope (adj.) *(orthotropous)*

1. Se dit d'un ovule chez lequel hile, chalaze et micropyle sont alignés et droits, de sorte que le micropyle est exactement à l'opposé du funicule. Ex. : nombreuses Gymnospermes, ovule d'Ortie (*Urtica*).

2. Par extension, se dit de tout axe vertical ou presque.

osmophore (n.m.) *(osmophore)*

Structure glandulaire spécialisée, généralement florale, produisant une substance odorante et forte, chez les Aracées. L'émission du parfum au niveau de l'inflorescence, facilitée par la production de chaleur, ou thermogenèse, joue un rôle d'attraction des insectes pollinisateurs.

osmorégulateur (n.m.) *(osmoregulator)*

Substance organique de faible poids moléculaire compatible avec les structures protéiques et les systèmes membranaires cytoplasmiques et qui peut, de ce fait, être accumulée dans le cytoplasme des cellules soumises à différents stress.

Il est actuellement établi que ces substances assurent non seulement le maintien de la pression osmotique du cytosol au même niveau que celle du suc vacuolaire mais aussi stabilisent la structure et les fonctions des macromolécules et des organites. Elles ont également une action protectrice des activités enzymatiques et des membranes en milieux de forte salinité.

Syn. : osmolyte, osmoprotecteur, osmoticum, soluté compatible.

osmorégulation (n.f.) *(osmoregulation)*

Mécanisme par lequel des cellules réagissent aux changements de pression osmotique du milieu extérieur en rétablissant leur hypertonie par l'absorption ou l'exsorption d'ions mais également par l'accumulation de substances organiques compatibles, ce qui a pour effet de baisser le potentiel osmotique dans ces cellules, entraînant un appel d'eau et maintenant la pression de turgescence.

En assurant une protection des membranes et des systèmes enzymatiques, l'osmorégulation permet le maintien de nombreuses fonctions physiologiques (croissance, photosynthèse, transpiration, etc.), fortement altérées en conditions de stress hydrique.

Syn. : ajustement osmotique.

osmose (n.f.) *(osmose, osmosis)*

Phénomène physique au cours duquel il se produit un flux d'eau entre deux solutions de concentrations moléculaires différentes séparées par une membrane semi-perméable, de telle façon que le solvant aqueux passe de la solution la moins concentrée (solution hypotonique) vers la plus concentrée (solution hypertonique) jusqu'à ce que la pression exercée sur la solution la plus concentrée atteigne une valeur appelée pression osmotique (Po), le (ou les) soluté(s) ne pouvant alors changer de compartiment. Les solutions ou les cellules, ayant des pressions osmotiques identiques, sont dites isotoniques.

L'osmose est un phénomène naturel qui régit, entre autres, la turgescence et la plasmolyse des cellules végétales et les mouvements hydriques entre les divers compartiments intra- et extra-cellulaires. L'entrée d'eau dans les cellules (endosmose) et la sortie de l'eau (exosmose) sont conditionnées par les différences entre les pressions osmotiques interne et externe. Il s'agit d'un processus passif, ne nécessitant pas d'énergie.

Cependant, les membranes cellulaires (membrane plasmique, tonoplaste...) sont des membranes sélectivement perméables puisqu'elles entretiennent activement à l'égard de certains ions des concentrations différentes à l'intérieur et à l'extérieur de la cellule.

ostiole (n.m.) *(ostiole, ostium)*

Petit orifice laissé par les cellules de garde d'un stomate et faisant communiquer avec le milieu extérieur la cavité ou chambre sous-stomatique autour de laquelle sont rangées des cellules parenchymateuses.

ovaire (n.m.) *(ovary)*

Au niveau des fleurs d'Angiospermes, partie basale, creuse et renflée du pistil (ou gynécée) correspondant à un ou plusieurs carpelles et renfermant un ou plusieurs ovules. Après fécondation et maturation, les ovules se transforment en graines et l'ovaire en fruit.

L'ovaire est le plus souvent placé au centre de la fleur, libre, apparaissant visiblement audessus du niveau de base de la corolle (ovaire supère) (Ex. : Coquelicot, Haricot, Sauge, etc.) ; mais dans certaines familles, il est enfoncé dans le réceptacle creux et soudé à la base des autres pièces florales : il paraît comme un renflement sous la fleur (ovaire infère) (Ex. : Cucurbitacées, Orchidacées). Lorsque plusieurs carpelles sont soudés entre eux, l'ovaire peut être à plusieurs loges ou à une seule, selon que les cloisons intercarpellaires persistent ou se résorbent.

Ces variations de la structure de l'ovaire ainsi que sa position par rapport aux autres pièces périanthaires (ovaire supère ou infère) sont très utilisées en systématique.

ovule (n.m.) *(ovule, ovum)*

Chez les Préspermaphytes et les Spermaphytes, ce terme désigne l'organe reproducteur femelle contenant le gamétophyte femelle. Il est formé de un ou deux téguments enveloppant le nucelle (mégasporange) dans lequel se forme l'endosperme (gamétophyte femelle) chez

les Préspermaphytes et les Gymnospermes ou le sac embryonnaire (gamétophyte femelle) chez les Angiospermes. Après fécondation et maturation, chez les Spermaphytes il donne la graine. Chez les Angiospermes, l'ovule est attaché au placenta carpellaire par un pédoncule plus ou moins court, le funicule.
L'ovule est nu chez les Préspermaphytes et les Gymnospermes, plus ou moins protégé par des enveloppes chez les Chlamydospermes, et enfermé dans l'ovaire chez les Angiospermes.
On distingue trois principaux types d'ovules chez les Angiospermes, selon leur orientation par rapport à leur point d'insertion sur le carpelle : les ovules orthotropes (droits), campylotropes (courbés) ou anatropes (renversés).

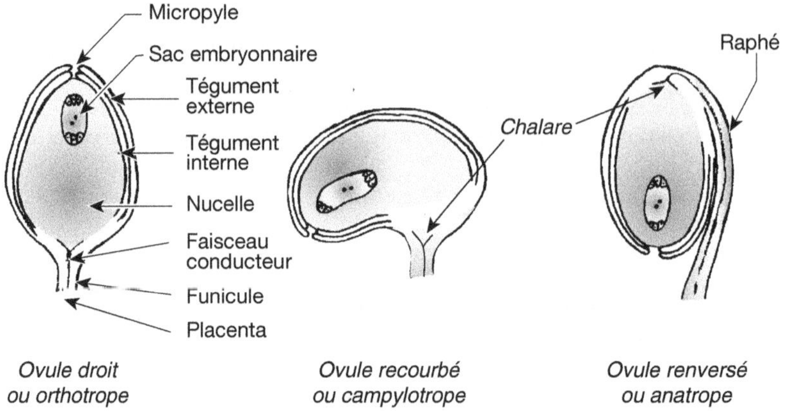

▶ Coupes schématiques de divers types d'ovules ◀

oxydase (n.f.) *(oxidase)*

Enzyme catalysant une réaction d'oxydation par fixation d'oxygène, perte d'atomes d'hydrogène ou perte d'électrons.
Les oxydases ont pour effet « d'activer » leurs substrats en les oxydant, occasionnant leurs réactions avec des protéines et/ou l'apparition de dérivés.
Parmi les enzymes d'oxydation des lipides, les lipoxygénases sont peut-être les plus caractéristiques ; certaines sont liées aux lamelles chloroplastiques alors que d'autres sont solubles. Ces enzymes ont comme groupement prosthétique un atome métallique (fer ou cuivre) parfois lié à un hème. Les polyphénols solubles peuvent les inactiver.

oxygène (O) (n.m.) *(oxygen)*

Élément constituant 21 % de l'atmosphère terrestre, à l'origine de deux corps simples : le dioxygène ou oxygène moléculaire (O_2) et l'ozone (O_3).
Le dioxygène est l'un des oxydants les plus puissants ; il se combine avec un très grand nombre d'éléments.
Les espèces végétales se différencient par leurs besoins plus ou moins grands en oxygène. En dehors de la respiration définie par ses caractères extérieurs (absorption d'oxygène et émission de dioxyde de carbone), l'oxygène est indispensable au métabolisme de la plupart des êtres vivants.
Chez les plantes supérieures, l'oxygène peut circuler à l'intérieur du végétal, de la partie aérienne aux racines et dans la racine elle-même. Cette circulation se fait par diffusion à

travers un parenchyme aérifère plus ou moins important selon les espèces. Ainsi, ce parenchyme constitue 5 à 30 % du volume du tissu racinaire chez le Riz, tandis qu'il n'est que d'environ 1 % chez l'Orge. Cela explique la grande tolérance du Riz aux conditions de submersion du système racinaire, contrairement à l'Orge qui dépérit.
La demande en oxygène s'accroît beaucoup avec la température.

oxylipines (n.f.pl.) *(oxylipins)*

Messagers lipidiques doués d'activités antimicrobiennes, générés à la suite de l'infection des plantes par les micro-organismes et les virus, par la voie de la lipoxygénase. Les phytooxylipines dérivent principalement d'acides gras polyinsaturés octadécanoïdes *via* une série de voies métaboliques divergentes. Une de ces voies conduit à la formation de l'acide jasmonique, un médiateur essentiel dans la réponse des plantes aux pathogènes.

P

paillette (n.f.) *(spangle)*

Bractée membraneuse portée par le capitule de nombreuses Astéracées, à la base des fleurons. Ex. : Camomille (*Matricaria recutita*).

paléacé (adj.) *(paleaceous)*

1. Fin, petit et souvent translucide.

2. Se dit d'un réceptacle garni de paillettes.

paléobotanique (n.f.) *(paleobotany)*

Étude scientifique des restes de plantes conservées dans les terrains sous forme fossilisée et de tous les aspects de la vie végétale à travers les temps géologiques.

Les fossiles végétaux sont étudiés sous des aspects différents : morphologiques, chimiques, écologiques, géographiques, climatologiques, systématiques, etc. la paléobotanique est donc liée à de nombreuses spécialités de la biologie végétale et des sciences de la Terre.

paléole (n.f.) *(palea (pl. ~ae, ~as))*

Glumelle supérieure (ou interne) de l'épillet des Poacées, appartenant à la rachéole et faisant face à la lemme.

palmati-

Préfixe qualifiant une nervation dont toutes les nervures, de même taille, partent du même point au sommet du pétiole (comme les doigts d'une main) : nervation palmée, feuille palmatinervée ou palmée.

> À partir du préfixe palmati-, suivant le degré d'échancrure, on rencontre plusieurs termes :
>
> **palmatilobée** *(palmately lobed)*
>
> Lobes peu marqués. Ex. : Erable faux-platane (*Acer pseudoplatanus*).
>
> **palmatifide** *(palmatifid)*
>
> Les échancrures ne dépassent pas le milieu du limbe.
>
> **palmatipartite** *(palmately partite, palmatipartite)*
>
> Lobes dépassant le milieu du limbe et presque séparés les uns des autres. Ex. : *Ranunculus nemorosus*.
>
> **palmatiséqué** *(palmately sequed, palmatisect)*
>
> Lobes presque séparés les uns des autres. Ex. : feuille d'Aconit (*Aconitum*).
>
> Une feuille peut être composée palmée. Ex. : Cannabis, Lupin, Marronnier.

palustre (adj.) *(palustrine)*

Se dit d'un végétal habitant les stations humides mal drainées ou marais. Ex. : Trèfle d'eau (*Menyanthes trifoliata*).

palynologie (n.f.) *(palynology)*

Science qui étudie les grains de pollen mais également tous les microfossiles constitués d'une paroi organique et qui résistent aux processus d'extraction au moyen d'acides puissants comme l'acide fluorhydrique, l'acide nitrique, etc. et qu'on regroupe sous le terme générique de palynomorphes (spores, algues d'eau douce ou d'eaux marines, dinoflagellés, etc.).

Grâce à sa composition chimique particulière, l'enveloppe des grains de pollen est très résistante à toutes sortes d'altérations. L'analyse pollinique des sédiments et des fossiles peut apporter des renseignements très intéressants sur la flore disparue ainsi que sur l'évolution climatique. La description complète d'un grain de pollen est faite à l'aide d'un palynogramme qui précise les dimensions, le type ainsi que tous les caractères de l'exine et des apertures.

panduriforme (adj.) *(panduriform, pandurate)*

De forme oblongue ou obovale, échancré sur les côtés de la partie médiane en forme de violon. Ex. : feuille du *Rumex pulcher*.

panicule (n.f.) *(panicle)*

Type d'inflorescence indéfinie correspondant à une grappe composée de grappes, avec deux ou plusieurs fleurs sur chaque pédoncule. L'ensemble prend une forme pyramidale ou conique. Les fleurs s'épanouissent en partant de l'axe. Ex. : inflorescence mâle du Maïs (*Zea mays*), de l'Avoine (*Avena*).

> ⚠ Ne pas confondre avec thyrse : grappe de cymes

papaïne (n.f.) *(papain)*

Protéase (EC : 3.4.22.2) extraite du latex des fruits ou des feuilles du Papayer (*Carica papaya*, Caricacées).

Le latex frais, contenant environ 12 % en poids de papaïne, obtenu par incision des fruits à maturité, est d'abord débarrassé de ses impuretés par filtration stérilisante puis mis à sécher à une température inférieure à 50 °C jusqu'à l'obtention d'une poudre blanche.

En réalité, le latex contient une papaïne dite brute, c'est-à-dire correspondant à un mélange d'enzymes possédant des activités protéolytiques et estérasiques.

papilionacée (adj.) *(papilionaceous)*

Se dit d'une corolle zygomorphe composée de 5 pétales libres, inégaux : le pétale supérieur dressé l'étendard, 2 pétales latéraux, libres, appelés ailes et 2 pétales inférieurs, plus ou moins soudés, formant la carène. Cette corolle caractérise la fleur des ex-Papilionacées, appelées actuellement Fabacées.

papille (n.f.) *(papilla (pl. ~ae))*

1. Petite émergence conique ou cylindracée à la surface d'un tissu épidermique, d'un organe. Ex. : papilles des pétales de Rose, des capsules de l'*Euphorbia papillosa*.

2. Cellules formant de petits cristaux brillants ayant l'aspect du givre, recouvrant l'épiderme foliaire de certaines Aizoacées. Ex. : (*Mesembryanthemum crystallinum*).

pappus (n.m.) *(pappus)*

Sorte d'aigrette portée par les akènes de certaines Astéracées et provenant du développement du calice après la fécondation.

parallélinerv(e, é) (adj.) *(parallel veined, paralleliveined)*

Se dit d'une feuille à nervures parallèles, plus ou moins convergentes à la base et au sommet du limbe. Caractéristique des feuilles de la grande majorité des Monocotylédones. Ex. : feuilles du Muguet (*Convallaria*).

paraphylétique (adj.) *(paraphyletic)*

Se dit d'un taxon constitué de l'ancêtre commun le plus récent et d'une partie, seulement, de sa descendance.

parasite (n.m.) *(parasite)*

Organisme qui vit aux dépens d'un autre organisme hôte vivant sur lequel ou dans lequel il trouve subsistance et protection. Cette dépendance peut être permanente (parasite obligatoire) ou non (parasite facultatif).

Un hyperparasite vit aux dépens d'un autre parasite.

Les parasites des plantes peuvent être des bactéries, des champignons, des algues et même des plantes supérieures.

Les plantes parasites sont généralement, mais pas toujours, dépourvues de chlorophylle. Parmi les plantes vertes parasites, on peut citer le Gui (Loranthacées), vivant sur les branches de nombreux arbres : Peuplier, Pommier, Pin, Sapin, etc. Les Rhinanthes, plantes herbacées, également vertes, parasitent les racines de plantes variées. Ces plantes chlorophylliennes, réalisent la photosynthèse, elles sont appelées hémiparasites.

Les autres plantes supérieures parasites non chlorophylliennes, sont dites holoparasites, c'est-à-dire que leur parasitisme est total. Ex. : Orobanches (Orobanchacées), *Rafflesia arnoldi* (Rafflesiacées), *Cynomorium cocineum* (Cynomoriacées).

La vie parasitaire est une nécessité absolue pour la Cuscute, on parle alors de parasitisme obligatoire. Pour d'autres plantes, au contraire, le parasitisme est facultatif ; dans ce cas, c'est tantôt le parasitisme, tantôt le saprophytisme. Ce cas est le plus fréquent.

Les parasites peuvent être superficiels comme les agents de l'Oïdium qui développent leurs filaments sur la surface des plantes malades, n'envoyant leurs suçoirs que dans les cellules superficielles de l'hôte ; ce sont des ectoparasites. Mais beaucoup d'autres parasites (Ex. : *Plasmopara viticola*, responsable du Mildiou de la Vigne) pénètrent dans les tissus profonds ; on les appelle endoparasites.

Certains parasites sont très spécifiques de leur hôte : les différentes espèces de Cuscutes (Convolvulacées) parasitent, en général, chacune une espèce différente. Pour d'autres parasites, il est nécessaire d'avoir alternativement deux hôtes pour accomplir leur cycle complet. On dit que ce sont des parasites hétéroxènes. C'est le cas du champignon *Puccinia graminis* qui provoque la Rouille des Céréales. Après avoir parasité l'Épine-vinette (Berbéridacées) au printemps, il attaque le Blé en été.

Beaucoup de champignons parasites sont responsables de maladies des plantes.

▶ *Cynomorium coccineum* (Cynomoriacées), plante parasite sans chlorophylle, dont les fleurs rouges, carminées, devenant noirâtres, sont groupées en massues très denses qui se dressent de place en place au milieu de la végétation. On la rencontre souvent en parasite dans les groupements à Chénopodiacées ◀

parenchyme (n.m.) *(parenchyma)*

Tissu fondamental des végétaux supérieurs, constitué de cellules relativement banales et peu structurées. Elles laissent souvent entre elles des espaces aérifères méats ou lacunes, on parle alors de parenchymes lacuneux. Les parois y demeurent minces, flexibles et pecto-cellulosiques.

On le rencontre dans l'écorce, la moelle, la pulpe de fruits charnus, les tissus vasculaires. Il constitue également le mésophylle foliaire.

Les parenchymes sont le siège de toutes les fonctions élaboratrices de la plante. La spécialisation fonctionnelle porte principalement sur les plastes, ce qui permet à ce tissu d'assurer certaines fonctions essentielles : mise en réserve de l'amidon (parenchyme amylifère des organes souterrains), des lipides, photosynthèse (chlorenchyme des organes photosynthétiques), régénération, etc.

parenchyme aérifère (l.m.) *(aerenchyma)*

Tissu parenchymateux pourvu de nombreux espaces intercellulaires remplis d'air (méats ou lacunes). On le rencontre principalement chez les plantes aquatiques, ce qui leur permet de flotter. Ex. : Nénuphar.

Syn. : aérenchyme, parenchyme lacuneux.

parenchyme palissadique (l.m.) *(palisade parenchyma)*

Tissu chlorophyllien formé de cellules allongées, à grand axe perpendiculaire à la surface de la feuille, disposées les unes contre les autres. Ce tissu est, en général, situé juste en dessous de l'épiderme supérieur des feuilles et contient de nombreux chloroplastes.

parfaite (adj.) *(perfect)*

Se dit d'une fleur possédant des étamines et un pistil, même si, faute de sépales ou de pétales, on la qualifie d'incomplète.

Syn. : bisexuée, hermaphrodite.

Ant. : imparfaite, unisexuée.

pariétal (adj.) *(parietal)*

1. Porté par les parois internes d'un organe. Ex. : ovules insérés sur la paroi d'un ovaire (placentation pariétale).

2. Relatif à la paroi.

paripenné (adj.) *(paripinnate, even-pinnate)*

Se dit d'une feuille composée, pennée, ayant un nombre pair de folioles. Ex. : Gesse (*Lathyrus*), Pois (*Pisum sativum*), Vesce (*Vicia sativa*).

paroi squelettique (l.f.) *(cell wall)*

Structure rigide caractéristique des cellules végétales, doublant extérieurement la membrane plasmique et commune à deux cellules voisines.

Les parois des cellules végétales sont parfois imprégnées de substances diverses telles que la lignine (cas du bois) ou la subérine (cas du liège) ou encore des composés gras comme la cutine (formant la cuticule). L'analyse chimique des parois lignifiées montre qu'elles sont constituées principalement de cellulose, de lignine, d'hémicelluloses, plus des pectines. Les parois contiennent aussi des tanins condensés (proanthocyanidines) et aussi des tanins hydrosolubles. D'autres composés phénoliques sont présents dans la cutine et dans la subérine. Les proportions relatives des différents constituants pariétaux sont variables en fonction des espèces végétales.

La paroi squelettique est constituée, en fait, de trois couches : la paroi primaire, la paroi secondaire et la lamelle moyenne.

La lamelle moyenne, de nature pectique, est produite pendant la division cellulaire.

La paroi primaire existe seule dans les cellules juvéniles, indifférenciées et dans les tissus restant cellulosiques (parenchymes, collenchyme). Elle est formée d'un réseau lâche de microfibrilles de cellulose disposées dans tous les sens, ce qui lui permet d'être flexible et extensible (au moins quand la cellule croît).

La paroi secondaire est formée, le plus souvent, lors de la différenciation de la cellule. Située sur la face interne de la paroi primaire, deux à trois fois plus épaisse, dépourvue de composés pectiques et constituée d'un réseau dense de microfibrilles cellulosiques disposées régulièrement en décrivant des hélices, en strates alternées (disposées à angle droit l'une par rapport à l'autre), ce qui la rend élastique, capable de s'épaissir mais incapable d'élongation. La lignification est caractéristique de certains tissus conducteurs (xylème) et de soutien (sclérenchyme).

La paroi cellulaire assure la rigidité de la cellule et la protège contre la différence de pression osmotique régnant entre le milieu extérieur et l'intérieur de la cellule. En dépit de sa rigidité, elle est perméable à l'eau et aux substances dissoutes grâce à des unités fonctionnelles appelées plasmodesmes (traversant la paroi au niveau de ponctuations) qui permettent les échanges d'une cellule à l'autre.

Syn. : paroi pectocellulosique.

parthénocarpie (n.f.) *(parthenocarpy)*

Formation d'un fruit en l'absence de fécondation des ovules, ce qui donnera donc un fruit dépourvu de graines. Ce phénomène, relativement fréquent, peut être naturel ou expérimental. Les Bananes et Oranges sans pépins, par exemple, sont le résultat de sélection.

parthénogenèse (n.f.) *(parthenogenesis)*

Formation d'un embryon à partir d'une oosphère d'un sac embryonnaire sans fécondation préalable, conduisant à une descendance ne possédant que le génome d'origine maternelle.

Bien qu'il pénètre dans le sac embryonnaire sans qu'il y ait de caryogamie, le rôle du gamète mâle est néanmoins nécessaire au déclenchement de l'embryogenèse. On obtient donc un fruit (parthénocarpie) dépourvu de graines. Ce phénomène, relativement fréquent, peut être naturel ou expérimental. Chez de nombreuses espèces, le traitement d'ovaires non fécondés avec de l'auxine ou des gibbérellines provoque la parthénogenèse.

La parthénogenèse est un cas particulier de l'apomixie.

partition (n.f.) *(partition)*

Division du limbe d'une feuille dépassant sa moitié, sans atteindre la nervure médiane.

pathogène (adj.) *(pathogen(ic))*

Qualifie un organisme vivant responsable de maladie chez un autre organisme hôte. Par exemple des bactéries, des champignons ou des virus provoquant des infections chez les plantes ou les animaux. Les interactions entre les plantes et les micro-organismes pathogènes sont, pour la plupart, hautement spécifiques. Les effets causés par les organismes pathogènes sur les plantes résultent presque entièrement de réactions biochimiques entre les substances sécrétées par le pathogène et celles présentes dans, ou produites par la plante.

L'étude des maladies des plantes quels qu'en soient les agents responsables s'appelle phytopathologie ou pathologie végétale. C'est un domaine capital de la recherche actuelle dans le domaine végétal.

pauciflore (adj.) *(pauciflorous)*

Ayant un petit nombre de fleurs. Ex. : Pois (*Pisum sativum*).

Ant. : pluriflore.

pectines (n.f.pl.) *(pectins)*

Polysaccharides d'acides uroniques (sucres en C6) présents sous forme insoluble (protopectine) dans la paroi squelettique des végétaux et en solution (acide pectique) dans le suc de certains fruits mûrs. Leur poids moléculaire moyen est d'environ 120 000. Elles sont dépolymérisées par la chaleur au-delà de 80 °C et par l'acidité (pH < 3).

Les protopectines forment les composés pectiques typiques de la lamelle moyenne et de la paroi squelettique chez les plantes supérieures (à l'exception des Poacées). Chez les fruits et les légumes, les substances pectiques représentent de 0,5 à 4,0 % du poids frais. Au cours du mûrissement des fruits, la protopectine est convertie en pectine.

Les deux principales sources industrielles de pectine sont :

➤ les fruits de divers *Citrus* (Rutacées) : Citron, Orange, Pamplemousse ; les pectines constituent alors les sous-produits de la fabrication des jus de fruits ;

➤ les fruits de diverses Rosacées, en particulier du Pommier (*Pyrus malus*) : les pectines sont extraites alors des marcs de pommes provenant de la fabrication du cidre.

D'autres sources de pectines, moins importantes, peuvent être utilisées : Poires, Cerises, Groseilles et Coings (fruits) ; Carotte et Gentiane (racines), marc de Betterave.

L'industrie les utilise en alimentation en tant qu'additif alimentaire (E 440) comme gélifiants, stabilisants, émulsionnants et dans divers autres domaines (encres, colles).

pectiné (adj.) *(pectinate(d))*

Qualifie un ensemble d'éléments en forme de segments étroits, disposés comme des dents de peigne. Ex. : feuilles de l'If (*Taxus baccata*), du Sapin pectiné (*Abies alba*).

pédalé (adj.) *(pedate)*

Se dit d'une feuille d'aspect palmé dont les segments latéraux sont le plus souvent plus petits et divergents vers le bas. Ex. : feuilles de l'Hellébore (*Helleborus*).

pédoncule (n.m.) *(peduncle)*

Axe portant des fleurs ou des fruits. Dans le cas d'une inflorescence, on réserve parfois ce terme à l'axe principal de l'inflorescence et on parle de pédicelles pour les axes plus fins portant les fleurs. Les fleurs et fruits sans pédoncule ou pédicelle sont dits sessiles.

Ne pas confondre pédoncule avec pétiole, partie étroite rattachant le limbe de la feuille à la tige.

pelté (adj.) *(peltate)*

Qualifie une feuille dont le pétiole est fixé sur la face inférieure du limbe, en retrait du bord et d'où partent des nervures rayonnantes. Ex. : Capucine (*Tropaeolum majus*).

pennati- (ou pinnati-)

Préfixe qualifiant une nervation dont les nervures dites secondaires sont disposées régulièrement de part et d'autre d'une nervure dite principale : nervation pennée, feuille pennatinervée.

À partir du préfixe pennati-, suivant le degré d'échancrure, on rencontre plusieurs termes :

pennatilobée *(pinnately lobed, pinnatilobed)*

Lobes peu marqués. Ex. : Chêne blanc (*Quercus alba*).

pennatifide *(pinnatifid)*

Les échancrures ne dépassent pas le milieu du limbe. Ex. : Seneçon (*Senecio*, Astéracées).

pennatipartite *(pinnatipartite)*

Échancrures dépassant le milieu du limbe. Ex. : feuilles de Coquelicot (*Papaver rhoeas*).

pennatiséquée *(pinnatisect, pinnatisequed)*
Divisions atteignant tout à fait ou presque la nervure principale. Ex. : Anis vert (*Pimpinella anisum*).
Une feuille peut être composée pennée. Si elle possède un nombre pair de folioles : feuille paripennée, avec un nombre impair : feuille imparipennée.

pentacyclique (adj.) *(pentacyclic)*

Qualifie une fleur composée de 5 cycles de pièces florales : sépales, pétales, étamines (sur deux cycles) et carpelles. C'est le cas de nombreuses Dicotylédones.

pentamère (adj.) *(pentamerous)*

Se dit d'une fleur dont chaque verticille comprend 5 pièces (sauf le gynécée en général). Ex. : corolle à cinq pétales, calice à cinq sépales, androcée à cinq étamines. La pentamérie est caractéristique des Dicotylédones.

pépin (n.m.) *(pip)*

Terme vernaculaire généralement réservé à la graine d'une baie (Tomate, Raisin), d'une hespéride (Citron, Orange) ou d'un fruit pomacé (Coing, Poire, Pomme).

péponide (n.f.) *(pepo)*

Baie cortiquée par suite de l'épaississement et de la cutinisation plus ou moins importante de la surface de son péricarpe (l'épicarpe). Ex. : Citrouille, Courge, Melon (Cucurbitacées).

pérenne, pérennant (adj.) *(perennial, perennate)*

Se dit d'une plante dont l'appareil aérien subsiste de trois ans à plusieurs milliers d'années (*Sequoia*). En font partie les arbres, arbustes, arbrisseaux et certaines plantes herbacées : plantes à bulbes, à rhizomes, à tubercules. Dans cette catégorie de plantes, le sporophyte, persistant après la formation des gamétophytes, continue son développement en produisant, chaque année, de nouvelles branches et de nouvelles fleurs qui produisent de nouvelles graines, etc.

perfoliée (adj.) *(perfoliate)*

Se dit d'une feuille sessile enveloppant la tige qui donne l'impression de traverser son limbe. Ex. : feuilles de Buplèvre (*Bupleurum rotundifolium*).

périanthe (n.m.) *(perianth)*

Ensemble des enveloppes florales : calice + corolle, qui forment la partie stérile de la fleur. Dans le cas des Monochlamydées ou Apétales, seul le calice existe.

Les caractéristiques du périanthe sont souvent en rapport étroit avec le type de pollinisation. Chez les plantes anémophiles, les pièces périanthaires, lorsqu'elles existent, sont souvent réduites, ne gênant pas le transport du pollen vers les organes reproducteurs de la fleur. Chez les plantes entomophiles, les fleurs ont des pièces périanthaires plus grandes, de couleur vive avec souvent un parfum attractif.

Lorsque les pièces périanthaires ne sont pas différenciées en pétales et sépales, on les nomme tépales. Le périanthe peut être persistant ou caduc, accrescent ou non. Le nombre des pièces périanthaires, leurs formes, leurs relations (libres ou soudées), leur agencement (sur un ou plusieurs cycles ou sur une spirale) et leur symétrie (par rapport à un axe ou par rapport à un plan), sont autant de caractères utilisés en systématique.

péricarpe (n.m.) *(pericarp)*

Paroi du fruit mûr (issu de la paroi de l'ovaire) divisée généralement en trois couches : l'épicarpe (externe), le mésocarpe (intermédiaire) et l'endocarpe (intérieur).

péricycle (n.m.) *(pericycle)*

Couche de cellules parenchymateuses vivantes et indifférenciées situées juste en dessous de l'endoderme dans les racines à structure primaire. C'est la première assise du cylindre central dans lequel on trouve les tissus conducteurs.
L'activité méristématique des cellules du péricycle est à l'origine des primordiums racinaires latéraux, produits sur la racine principale.

périderme (n.m.) *(periderm, cork layer)*

Tissu externe imperméable, qui, chez les plantes à croissance secondaire (Gymnospermes et Angiospermes Dicotylédones) remplace l'épiderme. Il provient de l'assise génératrice subéro-phellodermique, constituant le phelloderme vers l'intérieur et le liège ou suber vers l'extérieur.

périgone (n.m.) *(perigonium)*

Ensemble des enveloppes florales lorsque les pétales et les sépales ne sont pas différenciés. Les pièces florales sont alors nommées tépales et la fleur est dite homochlamydée. Le périgone se rencontre chez les Amaranthacées, Chénopodiacées, Polygonales, Urticacées, Fagales, rangées autrefois dans le groupe des Apétales.

périgyne (adj.) *(perigyne, perigynous)*

Se dit d'une fleur dont les enveloppes florales et l'androcée sont insérés autour de l'ovaire infère, libre au fond du réceptacle creux. Ex. : fleur de Pêcher (*Prunus persica*).

périplasme (n.m.) *(periplasm)*

Espace de la cellule, situé entre la membrane plasmique (ou plasmalemme) et la paroi qui l'entoure.

périsperme (n.m.) *(perisperm)*

Tissu nourricier diploïde dérivé du nucelle de l'ovule, exceptionnellement persistant après la double fécondation chez certaines graines d'Angiospermes. Ex. : graines des Caryophyllales, Cactacées, Aizoacées, Nymphéacées.

> Ne pas confondre le périsperme tissu de réserve chez les Angiospermes avec l'endosperme des Gymnospermes, gamétophyte femelle à *n* chromosomes.

peroxysome (n.m.) *(peroxisome)*

Vésicule cytoplasmique minuscule (0,5 µm de diamètre) entourée d'une membrane simple contenant des oxydases et des enzymes spécifiques du métabolisme du peroxyde d'hydrogène telles que la catalase.

persistant (adj.) *(persistent)*

Qualifie des organes (feuille, calice, style) qui subsistent à la fin de chaque cycle végétatif annuel. Ex. : feuilles de Chêne-vert (*Quercus ilex*), de Pin d'Alep (*Pinus halepensis*), de Laurier-rose (*Nerium oleander*), de Lierre (*Hedera helix*), du Buis (*Buxus sempervirens*), de Houx (*Ilex*), calice de Tomate (*Lycopersicon esculentum*).
Ant. : caduc.

pétale (n.m.) *(petal)*

Élément interne du périanthe, de couleurs et de formes variées, dont l'ensemble constitue la corolle. Les pétales entourent les organes sexuels, et chez les fleurs entomophiles, attirent les Insectes pollinisateurs par leur couleur, leur parfum, etc.

Les pétales sont libres chez les dialypétales (Ex. : Pommier), soudés entre eux chez les gamopétales (Ex. : Bourrache), absents chez les apétales (Ex. : Ortie).

pétaloïde (adj.) *(petaloid)*

Qui ressemble à un pétale par sa forme ou par sa coloration. Ex. : bractée très colorée du Bougainvillier.

pétiole (n.m.) *(petiole, leafstalk)*

Partie rétrécie de la feuille qui unit le limbe à la tige. À sa base, se trouvent parfois des stipules. Le pétiole est parcouru par les tissus conducteurs qui irriguent le limbe au niveau des nervures. Les feuilles dépourvues de pétiole sont dites sessiles.

pétiolule (n.m.) *(petiolule)*

Subdivision du pétiole dans les feuilles composées qui sont dites alors pétiolulées.

peuplement (n.m.) *(population)*

Groupement d'espèces végétales qui croissent en un même territoire.

Un peuplement végétal peut être évalué à l'aide de trois grands groupes de paramètres :

1. la quantité de végétation (biomasse, volume) ;

2. la densité des individus (taux de recouvrement d'un échantillon de parcelles) ;

3. la fréquence des taxons (présence sur de nombreuses parcelles).

pH (n.m.) *(pH)*

Abréviation de potentiel d'hydrogène. C'est une mesure de l'acidité ou de la basicité d'une solution. Il est défini comme étant le logarithme négatif de la concentration en ions hydrogène. Les limites de pH dans l'eau sont fixées par convention entre 0 et 14, à 25 °C (ou 298 °K).

pH = potentiel hydrogène = $-\log [H^+]$.

La valeur 7,0 représentant le pH d'une solution totalement neutre, provient du produit ionique de l'eau à 25 °C. L'eau contient, en effet, 10^{-7} moles/L d'ions H^+, son pH est donc de 7. Un pH inférieur à 7 est acide ; supérieur à 7, il est basique (ou alcalin).

> La connaissance de cette notion est d'une grande importance pour la compréhension de la répartition de certaines espèces végétales. C'est ainsi qu'on distingue les plantes neutrophiles, acidophiles, basophiles, calcicoles, calcifuges, nitrophiles, etc. ou indifférentes (*Anthoxanthum odoratum*, *Polygonum aviculare*, *Achillea*). Les plantes cultivées ont également des préférences de pH : la Pomme de terre, le Tabac, le Seigle préfèrent des sols légèrement acides ; un sol neutre (pH = 7) convient bien au Blé, Avoine, Maïs, Trèfle, Betterave, Navet, tandis que l'Orge, la Luzerne et le Haricot s'accommodent bien des sols alcalins.

phanérogame (n.m.) *(phanerogam (pl.~gamae))*

Synonyme de spermaphyte.

phanérophyte (n.f.) Voir forme biologique. *(phanerophyte)*

phelloderme (n.m.) *(phelloderm)*

Parenchyme faisant partie du périderme, issu de l'activité, vers l'intérieur, de l'assise génératrice subéro-phellodermique. Contrairement au suber, le phelloderme est un tissu vivant.

phellogène (n.m.) *(phellogene)*

Synonyme d'assise génératrice subéro-phellodermique.

phénétique (n.f. ; adj.) *(1. phenetics, numerical taxonomy, 2. phenetic(al))*

1. Système où les taxons sont identifiés et classés sur la base de la similitude globale ; celle-ci étant quantifiée à l'aide d'une variable numérique.

Syn. : taxonomie numérique, systématique phénétique.

2. Se dit d'une classification construite à partir de la méthode de taxonomie numérique.

phénogramme (n.m.) *(phenogram)*

Schéma arborescent produit par les méthodes phénétiques où les relations entre taxons expriment les degrés de similitude globale et non leur filiation généalogique.

> ⚠ Ne pas confondre avec cladogramme.

phénolase (n.f.) *(phenolase)*

Ce sont les oxydases les plus fréquentes, ayant pour fonction de déshydrogéner certains mono- ou polyphénols et de les convertir en quinones.

Les phénol-oxydases comportent de nombreuses variétés d'enzymes parmi lesquelles les plus connues sont : la tyrosinase et la laccase, responsables du brunissement enzymatique observé dans de nombreux produits végétaux (Pomme, Pomme de terre, Banane, etc.).

Syn. : phénoloxydase, polyphénolase, polyphénoloxydase.

phénologie (n.f.) *(phenology)*

Étude des phases de la végétation (germination, dormance, repos végétatif, croissance, bourgeonnement, feuillaison, floraison, fructification, maturation des fruits, défeuillaison) en rapport avec le temps, en particulier les saisons.

Ces phases sont, le plus souvent, des événements cycliques annuels.

phénotype (n.m.) *(phenotype)*

Ensemble des caractères d'un individu directement observables, conditionnés par l'interaction entre son génotype et les conditions particulières du milieu dans lequel il est placé. Ce ne sont donc pas seulement les caractères hérités des parents, mais l'aptitude à les exprimer.

Un seul génotype peut produire de nombreux phénotypes différents selon les changements de l'environnement. L'éclairement, le vent, la pluie, le froid, les piqûres d'insectes, les blessures infligées par les phytophages peuvent modifier notablement le développement d'une plante si bien que des représentants d'une même espèce végétale poussant dans des conditions environnementales différentes auront des phénotypes différents (feuilles plus ou moins développées, entre-nœuds plus ou moins longs, port étalé ou ramassé…). De même, à un même phénotype peuvent correspondre des génotypes différents. C'est le cas de certaines Cactacées et Euphorbiacées qui présentent des tiges charnues (plantes succulentes) dans le cas du phénomène de convergence.

phéromone (n.f.) *(pheromone)*

Substance (ou mélange de substances) chimique, de structure variée, sécrétée par les glandes exocrines d'un animal et jouant le rôle de signal chimique entre les individus de la même espèce.

Les phéromones sont actives à des doses infinitésimales (de 1 à 30 ng) et sont peu toxiques. Plusieurs d'entre elles sont désormais identifiées et produites par synthèse chimique. Il s'agit essentiellement de phéromones sexuelles. Les phéromones sont souvent spécifiques.

> *Remarque* : ces substances ne sont pas l'apanage des animaux puisqu'elles ont été mises en évidence également chez les plantes supérieures. Certaines Orchidées du genre *Ophrys* émettent un mélange de substances imitant la phéromone sexuelle des Hyménoptères. Les mâles attirés se posent sur les fleurs et réalisent ainsi la pollinisation qui ne peut avoir lieu autrement.
>
> La synthèse de substances imitant les phéromones sexuelles ou d'agrégation trouve ses applications en lutte biologique. La diffusion de ces substances dans un champ attire sélectivement les mâles du ravageur ciblé. Ceux-ci ne parviennent plus à identifier les phéromones émises par les femelles dont beaucoup ne sont pas alors fécondées, ce qui entraîne une diminution des effectifs de la population. On parle de « confusion sexuelle ».

phloème (n.m.) *(phloem)*

Tissu conducteur assurant le transport des substances élaborées (sève descendante) chez les plantes supérieures. Il est pratiquement toujours associé au xylème.

Anatomiquement, on distingue le phloème primaire qui se différencie à partir de cellules procambiales et le phloème secondaire issu de l'activité du cambium vasculaire (ou cambium interne).

Le phloème est un tissu complexe, constitué de plusieurs types cellulaires : les éléments criblés (cellules conductrices de la sève élaborée) lesquels, associés bout à bout, constituent un tube criblé. La paroi terminale de chaque élément criblé présente des pores regroupés en plages qui, vues de face, ressemblent à des cribles. Associées aux éléments criblés, les cellules de contact (cellules compagnes chez les Angiospermes) conservent, contrairement aux précédentes, leur intégralité structurale et participent au chargement des éléments criblés en photo-assimilats. Il s'ajoute à ces éléments du parenchyme phloémien, accumulant des réserves, et parfois des fibres cellulosiques dont certaines présentent un intérêt industriel (Lin, Chanvre, Ramie, Jute, etc.).

Le plus souvent, et contrairement au xylème, les cellules du phloème restent vivantes et leur paroi demeure généralement pecto-cellulosique.

> Dans certains ouvrages, on réserve parfois le terme de liber pour désigner le seul phloème secondaire.

phospholipase (n.f.) *(phospholipase)*

Famille de systèmes enzymatiques hydrolysant de façon spécifique les liaisons esters des phospholipides.

Les phospholipases végétales (E.C : 3.1.4.4, dites de type D) coupent les liaisons esters entre l'acide phosphorique et le radical alcoolique (choline, sérine, éthanolamine, inositol, etc.).

phosphore (P) (n.m.) *(phosphorus)*

Macroélément métalloïdique absorbé et métabolisé sous forme d'ions $H_2PO_4^-$ ou HPO_4^{2-}, le phosphore est le constituant des acides nucléiques, des phosphoglycérolipides, de l'ATP et de plusieurs enzymes.

Il s'accumule dans les graines, à l'état de phytine (ester hexaphosphate de phosphate de calcium et de magnésium de l'inositol) dans les grains d'aleurone.

phosphorylation photosynthétique (l.f.) *(photosynthetic phosphorylation)*

Formation enzymatique d'ATP à partir de l'ADP chez les organismes photosynthétiques, couplée au transport des électrons depuis la chlorophylle excitée, sous l'action de la lumière.

Il existe deux types de phosphorylations photosynthétiques :

1. la photophosphorylation cyclique, couplée au flux d'électrons cycliques et dans laquelle, l'ATP est l'unique produit.

2. la photophosphorylation acyclique, couplée au flux d'électrons non cycliques et où les électrons sont utilisés pour réduire le $NADP^+$ pour produire de l'ATP.

Syn. : photophosphorylation.

photoautotrophe (adj.) *(photoautotrophic)*

Se dit des autotrophes qui empruntent à la lumière l'énergie nécessaire à leurs synthèses.

photobiologie (n.f.) *(photobiology)*

Partie de la biologie qui traite des rapports entre la lumière et les êtres vivants.

En ce qui concerne le règne végétal, la photobiologie a permis de définir certaines lois d'action de la lumière en tant que facteur contrôlant le développement des plantes. En effet, la plupart des phénomènes liés à la vie d'une plante sont sous la dépendance de la lumière (directement ou indirectement). Ils concernent, selon le groupe systématique auquel appartient la plante : sa germination, sa croissance, sa floraison, sa fructification, ses processus sexuels, etc.

La perception des signaux lumineux responsables de ces phénomènes, sensibles à de très faibles niveaux d'éclairement, met en œuvre des photorécepteurs dont le plus connu est le phytochrome (récepteur des lumières rouge clair et rouge sombre).

La lumière peut agir selon diverses modalités : la quantité, la qualité (composition spectrale), la durée d'éclairement, la périodicité et l'anisotropie du milieu ambiant. La plupart des espèces sont plus sensibles à la durée de l'éclairement qu'à l'intensité de la lumière.

photochimique (adj.) *(photochemical)*

Se dit d'une réaction qui s'effectue grâce à l'apport d'énergie lumineuse. La photosynthèse est une réaction photochimique.

photo-induction (n.f.) *(photo-induction)*

Phénomène d'activation d'un mécanisme par la lumière. Ainsi, l'expression de certains gènes, chez les végétaux ou les micro-organismes, est inductible par la lumière.

photomorphogenèse (n.f.) *(photomorphogenesis)*

Ensemble des modifications de structure des plantes en réponse aux variations de la durée d'exposition à la lumière, de son intensité ou de sa composition spectrale, en particulier au déséquilibre rouge/infrarouge.

La photomorphogenèse s'effectue en trois étapes :

1. La perception des stimuli lumineux responsables de ces phénomènes, sensibles à de très faibles niveaux d'éclairement, implique, au moins un photorécepteur particulier : le phyto-

chrome. La perception de la lumière rouge déclenche la transformation du phytochrome sous forme inactive (Pr) en forme active (Prl).
2. Le Prl déclenche la transduction, une série d'étapes à l'issue desquelles le signal lumineux atteint les gènes de la cellule végétale.
3. Certains de ces gènes sont activés par ce signal et transcrits en ARN messagers. Ces derniers sont ensuite traduits en protéines qui détermineront le développement de la plante.

photoorganotrophe (adj.) *(photoorganotrophic)*

Se dit d'un organisme capable de tirer son énergie de la lumière (photosynthèse) et d'utiliser les substances organiques élémentaires du milieu comme source de carbone.

photopériode (n.f.) *(photoperiod)*

Alternance de l'éclairement (ou héméropériode) et de l'obscurité (nyctopériode) au cours du cycle nycthéméral ou cycle photopériodique (24 h), variable suivant la latitude et la saison, ayant des conséquences sur la croissance et la physiologie des plantes (floraison, par exemple). Lors de chaque cycle photopériodique, les plantes doivent recevoir une durée minimale d'un éclairement suffisamment intense pour assurer une activité photosynthétique compatible avec une bonne croissance.

photopériodisme (n.m.) *(photoperiodism)*

Réaction des plantes à l'alternance ou aux variations saisonnières de périodes d'éclairement (jour) et d'obscurité (nuit).
Beaucoup de plantes utilisent ce changement de durée du jour comme signal pour passer d'un stade végétatif à un stade reproducteur (formation des fleurs). Les caractéristiques de cet éclairement sont variables suivant les plantes. On distingue, par exemple, des plantes de jours courts ou plantes nyctipériodiques, qui ne fleurissent qu'en jours courts (Maïs, Riz, Soja, Tabac, Topinambour, Chrysanthèmes, Dahlia, Café, Coton, Canne à sucre, etc.), des plantes de jours longs ou plantes héméropériodiques, dont la floraison est plus rapide en jours longs (nombreuses Céréales, Aneth, Betterave, Épinard, Ivraie, Jusquiame, Luzerne, etc.) et des plantes indifférentes à la durée du jour (Concombre, Pissenlit, Tomate, Tournesol, etc.) qui fleurissent quelle que soit la durée relative des jours et des nuits.
Expérimentalement, on arrive à maîtriser la date de floraison dans le cas de certaines espèces de grande importance économique (Ex. : les Chrysanthèmes, Astéracées).
Le pigment impliqué dans les réactions photopériodiques est le phytochrome.

photorespiration (n.f.) *(photorespiration)*

Réaction étroitement liée à la photosynthèse et qui, chez les végétaux supérieurs, conduit à la fixation enzymatique de l'oxygène et au rejet de dioxyde de carbone, interférant avec le processus photosynthétique et diminuant son efficacité.

La photorespiration se déroule dans quatre compartiments cellulaires : chloroplastes, peroxysomes, mitochondries, auxquels s'adjoint le cytosol en tant que milieu de transit.

Dans les chloroplastes, l'activité oxygénase de la ribulose bisphosphate-carboxylase/oxygénase (RuBisCO) sur le ribulose 1,5-bisphosphate (accepteur naturel de CO_2 dans le cycle de Calvin), engendre non plus 2 molécules de phosphoglycérate comme lors de la fixation de CO_2, mais une seule molécule de phosphoglycérate et une molécule de phosphoglycolate, aboutissant, ainsi, au lieu d'une assimilation, au rejet de CO_2. De plus, et contrairement à la respiration cellulaire, la photorespiration n'engendre pas d'ATP.

Les pertes photorespiratoires en carbone (sous forme de CO_2), très variables selon les types métaboliques, peuvent être beaucoup plus importantes que les pertes respiratoires, entraînant des chutes de rendements photosynthétiques de 30 à 50 %. L'intensité de la photorespiration dépend, en premier lieu, de la disponibilité de l'O_2 moléculaire au niveau du site catalytique de la RuBisCO et croît avec l'élévation de la température jusqu'à un optimum puis décroît rapidement aux températures plus élevées. En effet, lorsqu'il fait chaud et sec, les stomates sont fermés et les pertes photorespiratoires sont particulièrement importantes parce que la plante évacue mal l'oxygène dans ces conditions. De plus, la concentration des feuilles en CO_2 diminue et la photosynthèse tend à s'annuler. Cette dernière continue, néanmoins, de fonctionner même faiblement, grâce à la production de CO_2 par la photorespiration, évitant à la plante un dépérissement.

Chez les plantes C_3, le rapport des concentrations en CO_2 et en O_2 est tel que les deux réactions de carboxylation et d'oxygénation du ribulose 1,5-bisphosphate se déroulent simultanément. Comme ces deux substrats réagissent avec la RuBisCO en un même site catalytique, l'interaction entre CO_2 et O_2 est de type compétitif. La compétition entre le processus photosynthétique (fixation d'une molécule de CO_2 sur le ribulose 1,5-bisphosphate) et le processus photorespiratoire (fixation d'une molécule d'O_2 sur le ribulose 1,5-bisphosphate) est donc directement affectée par la modification de la concentration de l'un des deux gaz dans l'environnement de la plante.

Chez les plantes C_4, le CO_2 respiratoire et photorespiratoire est repris par une enzyme cytoplasmique, la phospho-énol-pyruvate carboxylase (PEP-carboxylase EC : 4.1.1.31) à forte affinité pour le CO_2 et qui n'est pas gênée par la présence d'oxygène. L'oxaloacétate, formé lors de cette fixation, est transporté au niveau du site d'action de la RuBisCO où il est décarboxylé, ce qui libère du CO_2 en concentration suffisante pour saturer les capacités de carboxylation de la RuBisCO. Ce mécanisme de concentration du CO_2 limite la photorespiration en atténuant l'activité oxygénase de la RuBisCO tout en saturant la photosynthèse. Il en résulte que la photosynthèse nette est meilleure que chez les plantes de type C_3.

Chez les plantes CAM, cette reprise fonctionne essentiellement la nuit, mais la photorespiration est difficile à apprécier (influence du CO_2 accumulé pendant la nuit).

photosynthèse (n.f.) *(photosynthesis)*

Voie métabolique par laquelle les plantes vertes mais également les Protistes chlorophylliens (Ex. : algues vertes unicellulaires) et les Cyanophytes, grâce à leurs pigments chlorophylliens, convertissent le dioxyde de carbone (de l'air ou dissous dans l'eau) et l'eau en présence de lumière, en composés organiques nutritifs (sous forme de glucides essentiellement) avec dégagement d'oxygène.

Ce processus est localisé au niveau des chloroplastes. Chez les végétaux supérieurs, toutes les parties vertes de la plante, y compris les tiges vertes et les fruits non encore mûrs, comprennent des chloroplastes, mais ce sont surtout les feuilles qui en renferment le plus et, donc, qui assurent la quasi-totalité de l'activité photosynthétique. Les produits énergétiques qui y sont élaborés peuvent être utilisés sur place ou acheminés vers d'autres lieux d'utilisation ou encore stockés dans des organes de réserve de la plante (tubercules, rhizomes, bulbes). Leur circulation se fait par la sève élaborée grâce à un des deux tissus conducteurs, le phloème.

L'équation générale de la Photosynthèse peut être schématisée de la manière suivante :

$$6\ CO_2 + 6\ H_2O + \text{lumière} \rightarrow C_6H_{12}O_6\ (\text{glucose}) + 6\ O_2$$

La photosynthèse constitue ainsi la seule voie de régénération de l'oxygène atmosphérique consommé par l'activité respiratoire et la combustion d'énergies fossiles.

Ce phénomène aboutit aussi à la production d'un composé énergétique, l'ATP (Adénosine TriPhosphate), et un composé réducteur, le NADPH, H^+ (Nicotinamide Adénine Dinucléotide Phosphate).

La photosynthèse des végétaux supérieurs, mais aussi de toutes les Algues et des Cyanobactéries, repose sur le fonctionnement coopératif de deux systèmes photosynthétiques (ou photosystèmes) que l'on désigne par PS I et PS II. Chaque photosystème ne pouvant absorber la lumière qu'à certaines longueurs d'onde, le regroupement des deux plus la participation de pigments accessoires comme les caroténoïdes pour la captation de l'énergie lumineuse permet d'utiliser une grande partie du spectre lumineux.

La photosynthèse comporte, ainsi, deux phases successives, la phase photochimique et la phase thermochimique :

➤ La phase photochimique correspond à la capture de l'énergie lumineuse par des pigments absorbants la lumière et sa conversion en énergie chimique sous forme d'ATP et de certains agents réducteurs, en particulier le NADPH, H^+. Le photosystème II (PS II) contenu dans les granas, excité par les photons, extrait les électrons de la photolyse de l'eau et les transfère le long d'une chaîne de transporteurs d'électrons en fonction des valeurs des potentiels redox décroissants vers le PS I. Au cours de ce transfert, des protons sont accumulés dans le lumen des thylakoïdes. Un gradient de pH, s'établit de part et d'autre de la membrane du thylakoïde, entre le lumen et la partie liquide en contact avec les membranes thylakoïdiennes, appelée stroma. La libération de ces protons vers le stroma au niveau des ATP synthétases permet la synthèse d'ATP à partir de l'ADP (adénosine diphosphate). Ce processus de transformation de l'ADP en ATP est appelé phosphorylation photosynthétique ou photophosphorylation. Les électrons sont à nouveau excités dans le PS I et sont transférés selon un gradient de potentiel décroissant jusqu'au $NADP^+$ lequel est réduit en NADPH, H^+ par prélèvement de 2 protons dans le stroma plastidial. L'ATP et le NADPH, H^+ générés au cours de cette phase, seront utilisés au cours de la seconde étape qui correspond à la fixation du CO_2 et à la réduction de l'acide qui en résulte en sucre. Ce système au cours duquel les électrons passent continuellement de l'eau au $NADP^+$ et faisant intervenir les deux photosystèmes est appelé transport acyclique d'électrons ou phosphorylation acyclique. Une autre voie de transport des électrons plus simple, ne fait intervenir que le PS I, n'engendre que de l'ATP et ne produit ni NADPH,H^+, ni oxygène. Cette voie est dite transport cyclique parce que les électrons excités qui quittent la chlorophylle au centre réactionnel finissent par y revenir. À chaque réaction d'oxydoréduction survenant dans la chaîne de transport, les électrons perdent de l'énergie potentielle, pour trouver finalement leur état fondamental dans le P_{700}. Cette perte énergétique des électrons est utilisée pour la synthèse de l'ATP.

➤ La phase thermochimique : indépendante vis-à-vis du facteur lumière, mais elle a lieu aussi bien à la lumière qu'à l'obscurité, à l'intérieur du stroma. Dans cette phase, l'ATP et le NADPH, H^+ sont utilisés pour réduire le CO_2 en glucide. Le NADPH, H^+ joue ici un rôle de cofacteur pour la réduction du CO_2 par le biais du cycle de Calvin. L'enzyme qui fixe le CO_2 est la ribulose 1,5 bisphosphate carboxylase/oxygénase, ou Rubisco (qui représente 40 % des protéines solubles de la feuille).

Selon la modalité de l'assimilation du CO_2, on distingue : i) les plantes C_3 (surtout arbres des forêts tempérées) pour lesquelles le 1er produit stable qui suit la fixation du CO_2 est une molécule à 3 atomes de carbone (acide phosphoglycérique, APG) ; ii) les plantes C_4 (Graminées tropicales : Maïs, Canne à sucre, etc.) qui incorporent le CO_2 dans un corps en C_4 (acide oxaloacétique puis acide malique ou aspartique) ; iii) les plantes à métabolisme acide crassulacéen ou plantes CAM (Crassulacées) qui fixent le CO_2 essentiellement pendant la nuit par la voie C_4 et le réassimilent le jour par la voie C_3.

Le glucide formé dans les chloroplastes fournit à la plante entière l'énergie chimique et les squelettes carbonés nécessaires à la synthèse des principales molécules organiques cellulaires. Il quitte les lieux de synthèse (essentiellement les feuilles, mais accessoirement aussi les tiges), vers le reste de la plante, sous forme de saccharose. Ce dernier est utilisé dans la respiration cellulaire et dans une multitude de voies de biosynthèse des protéines, des lipides, des constituants de la paroi et d'autres composés. Le surplus de glucides est emmagasiné principalement sous forme d'amidon notamment au niveau des amyloplastes.

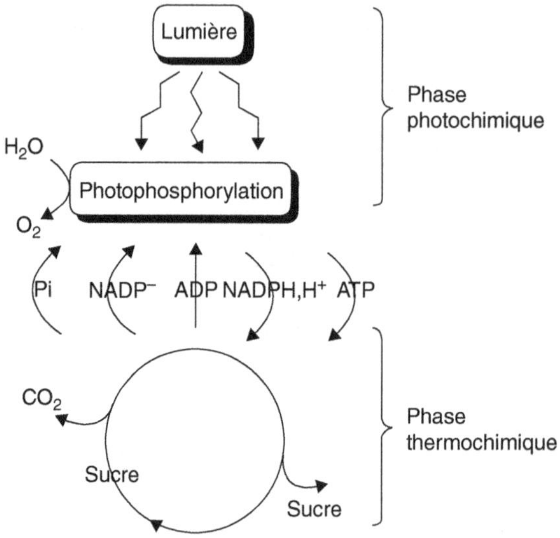

Schéma d'ensemble de la photosynthèse

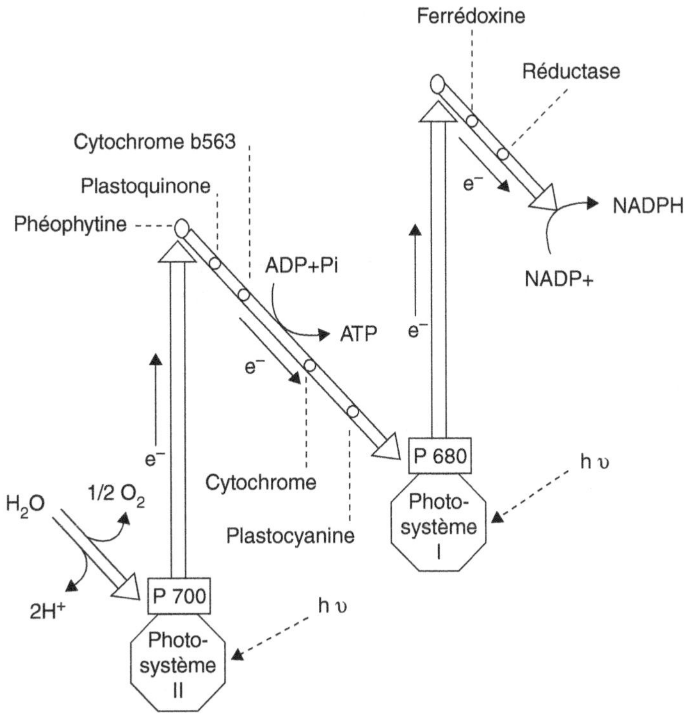

▶ Phosphorylation acyclique ◀

À l'échelle de la planète, la photosynthèse est probablement la réaction biochimique la plus importante et la plus originale du monde vivant. Par la transformation organique du dioxyde de carbone, la photosynthèse accroît la masse végétale et permet la vie du monde animal. Son résultat se chiffre par une production annuelle de 150 milliards de tonnes de matière sèche (soit $25{,}1.10^{17}$ kilojoules).

Syn. : assimilation chlorophyllienne.

photosynthèse nette (PN) (l.f.) *(net fotosyntheses)*

Valeur de l'activité photosynthétique retranchée de l'activité respiratoire (essentiellement la photorespiration), mesurée par les échanges gazeux. Par exemple cela correspond au volume d'O_2 réellement dégagé par la photosynthèse (photosynthèse brute ou PB), diminué du volume d'O_2 consommé par la respiration (R). Ou encore, volume de CO_2 réellement consommé par photosynthèse diminué du volume de CO_2 dégagé par respiration. Donc, en résumé PN = PB – R.

photosystème (n.m.) *(photosystem)*

Unité photoréceptrice de la membrane des thylakoïdes, constituée d'un complexe protéines-pigments. Il comprend une antenne collectrice d'énergie lumineuse et un centre réactionnel. L'antenne collectrice capte les photons et transmet l'énergie d'excitation au

centre réactionnel. Il existe deux types de photosystèmes : le photosystème II et le photosystème I (PS II et PS I, respectivement), intervenant successivement dans la phase photochimique du processus photosynthétique ; leurs centres réactionnels portant, respectivement les complexes photorécepteurs P680 et P700 qui ne sont que des molécules de chlorophylle *a* associées à des protéines différentes, présentant un pic d'absorption à une longueur d'onde de 680 nm et 700 nm, respectivement.
Voir : photosynthèse.

phototrophie (n.f.) *(phototrophy)*
Aptitude pour un organisme à synthétiser les composés organiques dont il a besoin pour son métabolisme, sous l'action de la lumière. Ex. : cas des plantes vertes.

phototropisme (n.m.) Voir tropisme. *(phototropism)*

phréatophyte (n.f.) *(phréatophyte)*
Plante qui parvient, grâce à un système racinaire profond descendant jusqu'à plus de 20 m, à capter l'eau des nappes phréatiques et peut ainsi équilibrer son bilan hydrique sans avoir les caractères des plantes grasses ou des sclérophytes. Ex. : certaines plantes des déserts chauds. Les phréatophytes sont indicatrices de la présence d'eau souterraine.

phyllode (n.f.) *(phyllode, phyllodium)*
Pétiole ou rachis d'une feuille aplati en lame ressemblant à un limbe foliaire simple et remplissant sa fonction. Ex. : pétioles de l'*Acacia heterophylla*, « feuilles » de nombreuses Monocotylédones.

phyllotaxie (n.f.) *(phyllotaxis, phylotaxy)*
Disposition des feuilles le long de la tige d'une plante. Les feuilles d'une même espèce sont disposées de la même manière. On distingue ainsi, par exemple :

- des feuilles alternes, fixées isolément à des niveaux différents, sur deux (distiques), trois (tristiques) ou cinq (pentastiques) rangs parallèles, verticaux (orthostiques) ou spiralées (spirostiques). Ex. : Chêne (*Quercus*) ;
- des feuilles opposées, disposées par deux, l'une en face de l'autre, à un même niveau de la tige. Ex. : Œillet (*Dianthus*), Ortie (*Urtica*), Lamiacées ;
- des feuilles verticillées, feuilles disposées par 3 ou plus de 3 à chaque niveau. Ex. : Laurier-rose (*Nerium oleander*).

phylogenèse (n.f.) *(phylogenesis, phylogeny)*
Filiation d'un groupe particulier d'espèces ou d'un taxon quel que soit son rang, depuis ses origines jusqu'à son stade actuel d'évolution.
Par extension, le terme est aussi appliqué pour la généalogie de gènes dans un même organisme dérivé d'un même gène ancestral.

phylogénétique (n.f.) *(phylogenetics)*
Branche de la biologie qui s'intéresse aux relations de parenté entre les organismes.
La phylogénétique végétale classique s'appuie sur l'étude de fossiles végétaux ou paléobotanique. Elle s'appuie également sur des critères morphologiques, caryologiques, chimiques, moléculaires, etc.
La phylogénétique moléculaire prend de plus en plus d'ampleur dans l'établissement des arbres phylogénétiques.

phylum (n.m.) *(phylum)*
Synonyme de lignée.

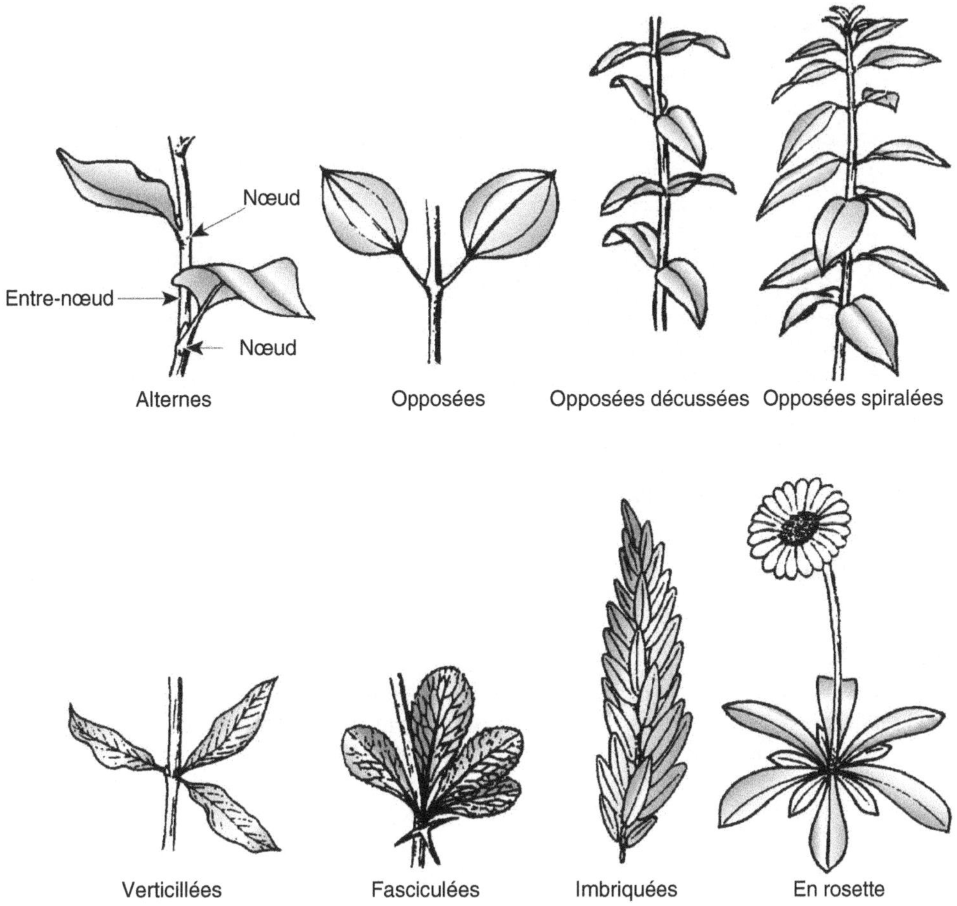

▶ Disposition des feuilles sur la tige ◀

physionomie (d'un biotope) (n.f.) *(features)*

Aspect d'un espace naturel, la part de la végétation y est souvent déterminante. La physionomie d'un biotope peut être différente selon les saisons (Ex. : saison sèche et saison des pluies).

phyto-

Préfixe signifiant « en rapport avec les végétaux ». Peut également se retrouver comme suffixe avec la même signification.

phytoalexine (n.f.) *(phytoalexin)*

Substance antibiotique de faible poids moléculaire, de nature chimique diverse, produite *de novo* par les cellules végétales en réponse à l'infection bactérienne ou, généralement, fongique, limitant ainsi la diffusion de l'agent pathogène.

Les phytoalexines sont produites durant l'infection et, donc, indécelables avant. Elles sont synthétisées très rapidement, dans l'espace de deux heures suivant l'attaque de l'agent pathogène. Leur formation est localisée à la région autour du site de l'infection.

Chimiquement, les phytoalexines sont synthétisées selon des voies métaboliques différentes. Elles peuvent être des composés phénoliques (stilbènes, flavonoïdes), des terpénoïdes ou des polyacétylènes. La biosynthèse est principalement localisée dans le cytosol (sesquitepénoïdes et triterpénoïdes) et dans les plastes (diterpénoïdes). Beaucoup d'entre elles sont chimiquement identifiées. Les phytoalexines des *Brassica* sont des composés soufrés, celles de l'Œillet sont azotées, celles des Solanacées sont de type terpénique.

Chaque famille botanique possède ses phytoalexines caractéristiques. Ex. : la brassilexine, principale phytoalexine des *Brassica*, la capsidiol du Piment (*Capsicum*), la glycéolline du Soja (*Glycine max*), la pisatine du Pois (*Pissum sativum*), etc. Les phytoalexines terpénoïdes sont produites par au moins 9 familles de plantes (sesquiterpénoïdes : Convolvulacées, Malvacées, Rubiacées, Solanacées, Tiliacées, Ulmacées ; triterpénoïdes : Apocynacées ; diterpénoïdes : Poacées, Euphorbiacées).

Les phytoalexines ont, en général, un large spectre d'activité antifongique et antibactérien, mais tous les agents pathogènes ne manifestent pas la même sensibilité à une substance donnée. Elles ne possèdent aucune activité antivirale.

phytocénose (n.f.) *(phytocœnosis, phytocenose)*

Ensemble des espèces végétales présentes en un lieu donné.

phytochélatine (n.f.) *(phytochelatine)*

Les phytochélatines sont des peptides jouant un rôle important dans la tolérance aux métaux (cadmium, argent, cuivre, etc.). Les métaux sont chélatés par établissement de liaisons de coordination avec les fonctions thiols des résidus cystéine. Après formation du chélat, celui-ci peut être séquestré dans la vacuole ou former des granules au sein du cytoplasme. Les chélats peuvent même se grouper en agrégats de plus grande taille, ce qui les stabilise.

Toutefois, les énergies de liaison ne sont pas considérables, et quand il s'agit d'oligoéléments nécessaires, les protéines qui les ont chélatés lorsqu'ils étaient en excès peuvent les libérer lorsque le besoin s'en fait sentir.

Ainsi, à leur rôle de détoxification à l'encontre des métaux lourds toxiques, s'ajoute un rôle d'homéostasie, qui maintient les concentrations des oligoéléments nécessaires dans des limites convenables.

Les phytochélatines ont été trouvées chez les champignons et les végétaux.

phytochimie (n.f.) *(phytochemistry)*

Science qui étudie les substances végétales, leur structure, leur distribution dans la plante, leurs modifications et les processus de transformation qui se produisent au cours de la vie de la plante.

La phytochimie est en collaboration étroite avec la pharmacologie. De nos jours, la phytochimie fait souvent appel à la culture *in vitro* pour l'étude des voies de biosynthèse des métabolites secondaires dans des conditions expérimentales plus favorables que celles de la plante entière et également pour l'obtention de molécules à activité pharmacologique, à un prix souvent plus compétitif comparé à tout autre procédé de recherche de nouvelles molécules actives.

phytochrome (n.m.) *(phytochrome)*

Pigment bleu-vert des végétaux supérieurs, bien moins abondant que la chlorophylle et existant sous deux formes interconvertibles : l'une (Pr) absorbe la lumière rouge centrée sur une longueur d'onde voisine de 665 nm, et l'autre (Prl) absorbe dans le rouge lointain, centré sur une longueur d'onde voisine de 730 nm.

Lorsque l'une des deux formes reçoit de la lumière de longueur d'onde appropriée, elle se transforme en l'autre forme : le rouge lointain convertit le Prl en Pr, et la lumière rouge transforme le Pr en Prl. Ce dernier est la forme de phytochrome physiologiquement active. Les réactions des plantes vont donc dépendre de l'équilibre entre les deux formes Pr et Prl. De ce fait, la lumière rouge active certains gènes régulant le développement des plantes.

On connaît des dizaines de gènes végétaux activés par la lumière, et beaucoup d'entre eux sont régulés par l'intermédiaire du phytochrome. Parmi les phénomènes affectés par le phytochrome, on peut citer : l'induction florale, la germination, l'élongation cellulaire, la dormance, la sénescence, la formation des pigments dans les fleurs et les fruits, etc.

Au contraire, la lumière rouge stimule les gènes codant une enzyme importante de la photosynthèse, la ribulose 1,5-bisphosphate carboxylase/oxygénase (RuBisCO). Cette enzyme participe à la fixation du dioxyde de carbone atmosphérique, l'un des mécanismes les plus fondamentaux de la vie sur la terre.

phytœstrogène (n.m.) *(phytœstrogen)*

Substance polyphénolique d'origine végétale ayant une activité œstrogénique. On inclut souvent dans ce groupe les mycoestrogènes produits par diverses espèces de champignons.

> La consommation de Trèfle (*Trifolium*, Fabacées) par les moutons peut perturber le métabolisme des œstrogènes et les cycles de reproduction des femelles et conduire à une stérilité et une hyperplasie glandulokystique de l'endomètre ou le prolapsus des organes génitaux. Il a été montré que cette perturbation résulte d'une compétition entre ces polyphénols et l'œstradiol (sécrété par l'ovaire) au niveau des récepteurs hormonaux de l'utérus.
>
> Les principaux phytoestrogènes du Trèfle sont des isoflavones : génistéine (Trèfle souterrain) et biochanine A (Trèfle des près). Le Soja est aussi riche en phytoestrogènes dont le plus important est la genistéine. La Luzerne est riche en coumestrol. Des phytoestrogènes stéroïdiques, identiques à ceux qui existent chez les animaux, existent dans la noix de Palme. C'est le cas de l'œstrone, première substance connue d'origine végétale, douée de propriétés hormonales chez le règne animal.

phytogéographie (n.f.) *(phytogeography)*

Branche de la botanique qui étudie la distribution des espèces et des formations végétales à la surface de la terre ou à l'échelle régionale.

phyto(hém)agglutinines (n.f.pl.) *(phyto(hem)agglutinins)*

Lectines végétales, extraites essentiellement des graines de Légumineuses, capables de provoquer l'agglutination des globules rouges du sang des Vertébrés et de stimuler la division des lymphocytes.

phytohormone (n.f.) *(phytohormone)*

Synonyme de substances de croissance.

phytomasse (n.f.) *(phytomass)*

Biomasse végétale.

phytopathologie (n.f.) *(phytopathology)*

Étude des maladies des plantes et des méthodes de prévention et de lutte. La phytopathologie s'intéresse plus particulièrement aux plantes cultivées.

phytopharmacie (n.f.) *(phytopharmacy)*

Science qui a pour objet l'étude des substances actives contre les maladies des plantes ainsi que la recherche de substances pour l'amélioration de la production (à l'exclusion des engrais et des amendements) et la préservation des produits récoltés.

phytoremédiation (n.f.) *(phytoremediation)*

Utilisation de plantes capables de pousser sur des sols pollués, de dégrader des polluants organiques ou encore d'absorber et d'accumuler des métaux lourds.

La gestion des sols pollués fait appel à au moins trois stratégies différentes : la phytostabilisation, la phytodégradation et la phytoextraction.

La phytostabilisation consiste à immobiliser les polluants dans le sol grâce au système racinaire d'un couvert végétal constitué d'espèces tolérantes. L'installation de ces plantes permet de réduire les processus d'érosion et de ruissellement de particules porteuses de polluants et leur migration vers la nappe phréatique.

La phytodégradation consiste à accélérer la dégradation des molécules organiques polluantes présentes dans les sols (hydrocarbures, pesticides, explosifs…) en composés plus simples. Cette dégradation peut avoir lieu soit dans la plante après absorption du composé puis dégradation dans les cellules, soit hors de la plante, grâce à l'activité des micro-organismes présents dans la rhizosphère. Les exsudats racinaires et les polluants peuvent être utilisés conjointement par les micro-organismes du sol, ce qui stimule l'activité de ces derniers. Des plants de tabac transgéniques capables de nettoyer des sols de leurs traces d'explosifs (PETN et GTN, en l'occurrence) ont été mis au point par insertion dans leur génome d'un gène d'une bactérie capable de digérer ces explosifs azotés.

La phytoextraction consiste à utiliser des plantes capables d'extraire des polluants des sols et de les concentrer dans leurs tissus. Il existe, en effet, des plantes, dites hyperaccumulatrices, capables d'accumuler plus de 1 % de métaux dans leurs tissus. Il s'agit ainsi de cultiver ces plantes, les couper, les sécher, de les incinérer puis de récupérer les cendres. La pollution est ainsi concentrée et maîtrisée. Environ 400 espèces de plantes ont été classées comme hyperaccumulatrices. Elles se sont généralement développées sur des milieux naturellement ou artificiellement riches en certains métaux : terrains contaminés tant par des hydrocarbures que par des métaux, sites miniers. Pour ces derniers, il existe de nombreuses plantes indicatrices utilisées en prospection minière. Ex. : *Thlaspi caerulescens* est capable de pousser sur différents types de sols pollués par le zinc. Plus le sol est pollué, plus la teneur de ses feuilles en métaux est élevée. En outre, dans les sols pauvres en zinc mais riches en plomb et en cadmium, cette plante est capable d'accumuler ces deux éléments.

phytosociologie (n.f.) *(phytosociology)*

Étude descriptive et causale des groupements végétaux selon un système de classification hiérarchique, basé sur l'association comme unité de base.

Toute étude phytosociologique repose sur la confrontation de relevés floristiques effectués dans un territoire donné et leur catégorisation en associations végétales.

phytostérol (n.m.) *(phytosterol)*

Stérol caractéristique des plantes supérieures. Les phytostérols constituent, en commun avec divers lipides, les membranes des cellules végétales.

Le sitostérol et le campestérol se rencontrent dans toutes les huiles végétales alimentaires. Le stigmastérol est également très fréquent. D'autres stérols, de moindre importance quantitative, peuvent se trouver dans certaines huiles végétales : brassicastérol, cholestérol, fucostérol et ergostérol.

phytothérapie (n.f.) *(phytotherapy)*

Ensemble des méthodes curatives faisant directement appel aux plantes (entières ou non, séchées ou fraîches, en extrait, etc.) ou à des substances d'origine végétale.

On peut utiliser les plantes entières ou seulement leurs feuilles, leurs racines, leurs inflorescences ou leurs fruits. Les modes de préparation sont aussi variables selon la richesse de la plante en principes actifs et leur facilité d'entraînement.

Seule méthode thérapeutique pendant de nombreux siècles (et encore prépondérante dans certaines régions du globe), la phytothérapie connaît de nos jours un regain d'intérêt tant dans le domaine des maladies internes qu'en dermatologie et en cosmétologie (savons, eaux, déodorants, « shampoings ») et enfin en balnéothérapie (bains, compresses). Ce fait est en relation étroite avec les récentes découvertes dans le domaine de la biochimie, la pharmacognosie et la physiologie des substances isolées à partir de plantes réputées pour leurs vertus médicinales. Utilisées à bon escient, les plantes donnent bien souvent des résultats remarquables avec peu d'effets nocifs.

On peut rattacher à la phytothérapie l'aromathérapie (utilisation des huiles essentielles) et la gemmothérapie (utilisation d'extraits de bourgeons).

> Ne pas confondre phytopathologie : soigner les plantes et phytothérapie : se soigner avec des plantes.

phytotoxine (n.f.) *(phytotoxin)*

Désigne une substance, produite par une plante, susceptible de nuire à un organisme vivant, par contact, ingestion ou inhalation.

Les phytotoxines appartiennent à des familles chimiques très diverses : acides aminés, alcaloïdes, polysaccharides, hétérosides, terpènes, stéroïdes, résinoïdes, oxalates, composés photosensibilisants et composés minéraux, tels que le sélénium ou les nitrates puisés du sol et accumulés par les plantes.

phytotron (n.m.) *(phytotron)*

Enceinte très perfectionnée où sont cultivés des végétaux dans des conditions expérimentales de croissance strictement contrôlées, séparément ou simultanément (température, photopériode, éclairement, humidité, nutrition, environnement microbiologique, ventilation d'air etc.). C'est un outil très utile pour l'analyse et la compréhension de l'influence des facteurs de l'environnement sur la croissance, la floraison ou la reproduction des espèces végétales.

piétin (n.m.) *(root rot)*

Maladie des Céréales causée par divers champignons parasites (*Helminthosporium, Fusarium* ou *Ophiobolus*), et caractérisée soit par des lésions à la base du chaume, soit par le dessèchement et l'avortement des épis, soit encore par la pourriture molle des racines.

pigment (n.m.) *(pigment)*

1. Substance colorée, insoluble dans son milieu d'utilisation.

Un pigment donne donc une suspension alors qu'un colorant donne une solution. La coloration d'un pigment dépend de son absorption sélective de certaines longueurs d'onde et de la réflexion d'autres longueurs d'onde : il possède la couleur des radiations qu'il n'absorbe pas. La chlorophylle, par exemple, pigment des plantes vertes, absorbe la lumière dans les parties violettes et orange-rouge du spectre lumineux et n'absorbe pas la lumière dans les parties vertes et jaunes du spectre. Par conséquent, la chlorophylle paraît verte.

Les pigments se rencontrent chez de très nombreux végétaux : soit au niveau des parois squelettiques, soit au niveau des plastes (chloro- ou chromoplastes), soit au sein des vacuoles ou du lipidome. Les principaux pigments naturels appartiennent à quatre grandes catégories :

- les pigments tétrapyrroliques cycliques (dont les chlorophylles sont les principaux représentants) ou ouverts (phycoérythrine),
- les caroténoïdes (carotène, xanthophylle des plantes supérieures),
- les flavonoïdes et leurs dérivés (anthocyanes du suc vacuolaire de nombreuses plantes supérieures, flavones, chalcones, aurones, etc.), phycocyanine des cyanobactéries et des algues rouges, etc.
- les bétalaïnes.

Ces pigments sont, le plus souvent, associés à des glucides, sous forme d'hétérosides.

2. Matière colorante pouvant être extraite à partir de végétaux et utilisée par l'Homme pour différents usages : coloration de textiles, colorants alimentaires...)

pigments photosynthétiques (l.m.pl.) *(photosynthetic pigments)*

Pigments absorbant la lumière, localisés dans les membranes des thylakoïdes. Les principaux pigments photosynthétiques sont les chlorophylles. D'autres pigments, dits accessoires (Ex. : caroténoïdes), captent l'énergie lumineuse à certaines longueurs d'onde non utilisées par les chlorophylles et la transfèrent à ces dernières.

Les pigments sont distribués entre les photosystèmes I et II impliqués dans la photosynthèse.

Classe de pigment	Nom	Localisation
Chlorophylle (chl)	chl a # chl b * chl c * chl d * Chl e* bactériophylle #	toutes les plantes vertes terrestres, cyanobactéries plantes supérieures, fougères, mousses, algues vertes algues brunes, diatomées, dinoflagellées certaines algues rouges xanthophycées bactéries pourpres et vertes
Caroténoïdes	carotène * xanthophylle *	toutes les plantes photosynthétiques toutes les plantes photosynthétiques
Phycobilines	phycoérythrine * phycocyanine *	algues rouges, cyanobactéries cyanobactéries, mais aussi algues rouges

Principaux pigments photosynthétiques
(# pigments accessoires, * pigments principaux)

pilosité (n.f.) *(pilosis)*

Ensemble de poils recouvrant une plante ou un organe.

Chez les xérophytes, la pilosité assure une meilleure conservation de l'eau par réduction de la transpiration.

La pilosité est parfois constituée de poils de plusieurs sortes, comme chez quelques Borraginacées, et présente une importance pour la détermination dans certains groupes.

pinnati- Préfixe synonyme de pennati-.

pinnule (n.f.) *(pinnule)*
Lobe ou division ultime d'une feuille une ou plusieurs fois pennée.

pistil (n.m.) Voir gynécée. *(pistil)*

placenta (n.m.) *(placenta (pl. ~ae))*
Région de l'ovaire où sont attachés les ovules au moyen du funicule. C'est à son niveau que transitent les aliments nécessaires pour la croissance de la graine issue de l'ovule après sa fécondation.

placentation (n.f.) *(free-central placentation)*
Mode d'insertion des ovules sur la paroi de l'ovaire. Il existe quatre types courants de placentation :
1. pariétale *(parietal placentation)* : Les ovules sont insérés sur la paroi périphérique d'un ovaire non compartimenté. Ex. : Violette (*Viola*).
2. axile *(axile placentation)* : Les ovules sont fixés au centre d'un ovaire formé de plusieurs loges. Ex. : Caryophyllacées, Liliacées.
3. basale *(basal placentation)* : Les ovules sont attachés à la base d'un ovaire à compartiment unique.
4. centrale : Dans un ovaire uniloculaire provenant de la soudure de plusieurs carpelles fermés dont les cloisons se sont résorbées, seule reste une colonne centrale sur laquelle sont fixés les ovules. Ex. : Primevère (*Primula*).

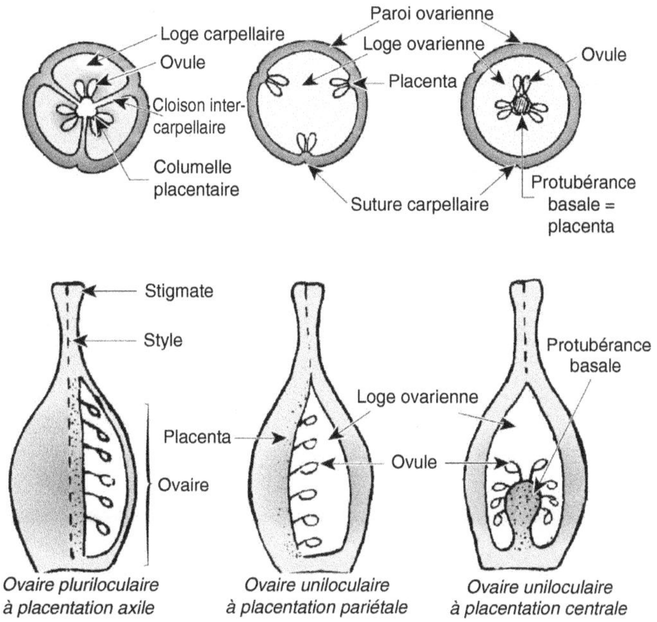

▶ Principaux types de placentation ◀

plagiogéotrope, plagiotrope (adj.) *(plagiotropic)*

1. Se dit de rameaux secondaires dont l'orientation oblique, plus ou moins proche de l'horizontale, se traduit par une différenciation entre faces supérieure et inférieure. Ex. : Cèdre du Liban (*Cedrus libani*), *Araucaria excelsa.*

2. Se dit également des rhizomes, à développement horizontal.

plante (n.f.) *(plant)*

Terme souvent utilisé comme synonyme de végétal. Organisme eucaryote pluricellulaire, appartenant au règne végétal, pouvant se nourrir par photosynthèse (hormis quelques rares exceptions), caractérisé par une alternance de générations hétéromorphique.

Bien que moins diversifié que le règne animal, le règne végétal compte plus de 300 000 espèces qu'on subdivise traditionnellement en deux grands groupes en fonction de l'organisation structurale de l'appareil végétatif :

- Thallophytes, dont l'appareil végétatif est un thalle, sans différenciation de tissus et d'organes ;
- Cormophytes, pourvus d'un système d'axes avec des tissus et des organes différenciés (en général tige, feuilles et racines). Les Cormophytes comprennent des plantes non vasculaires (Bryophytes) et des plantes vasculaires (Ptéridophytes, Spermaphytes). Ces dernières comprennent la majorité des plantes actuelles.

Au niveau biologique, les plantes sont caractérisées par :

- l'existence d'une paroi squelettique entourant leurs cellules ;
- l'immobilité ;
- la multiplication végétative (non sexuée), très développée grâce au phénomène de la totipotence (capacité de régénérer un individu entier à partir d'un fragment végétal, voire d'une cellule).

Au niveau physiologique, les plantes sont, sauf exceptions, des autotrophes mais on rencontre également des espèces hétérotrophes. Ces dernières peuvent être soit des holoparasites, c'est-à-dire des parasites complets (Ex. : Cuscute, Orobanche), soit des hémiparasites, c'est-à-dire des plantes sans racines mais capables de réaliser la photosynthèse (Ex. : Gui).

Les plantes présentent une importance écologique de premier ordre. Ce sont des producteurs primaires à la base de toute chaîne alimentaire et qui libèrent de l'oxygène, grâce à la photosynthèse.

Grâce à leur plasticité d'adaptation, les plantes ont colonisé toutes les régions de la Terre, jouant un rôle à la fois dans la composition des paysages et dans la régulation des climats.

Les plantes sont également une source de matériaux les plus divers, d'aliments et de médicaments.

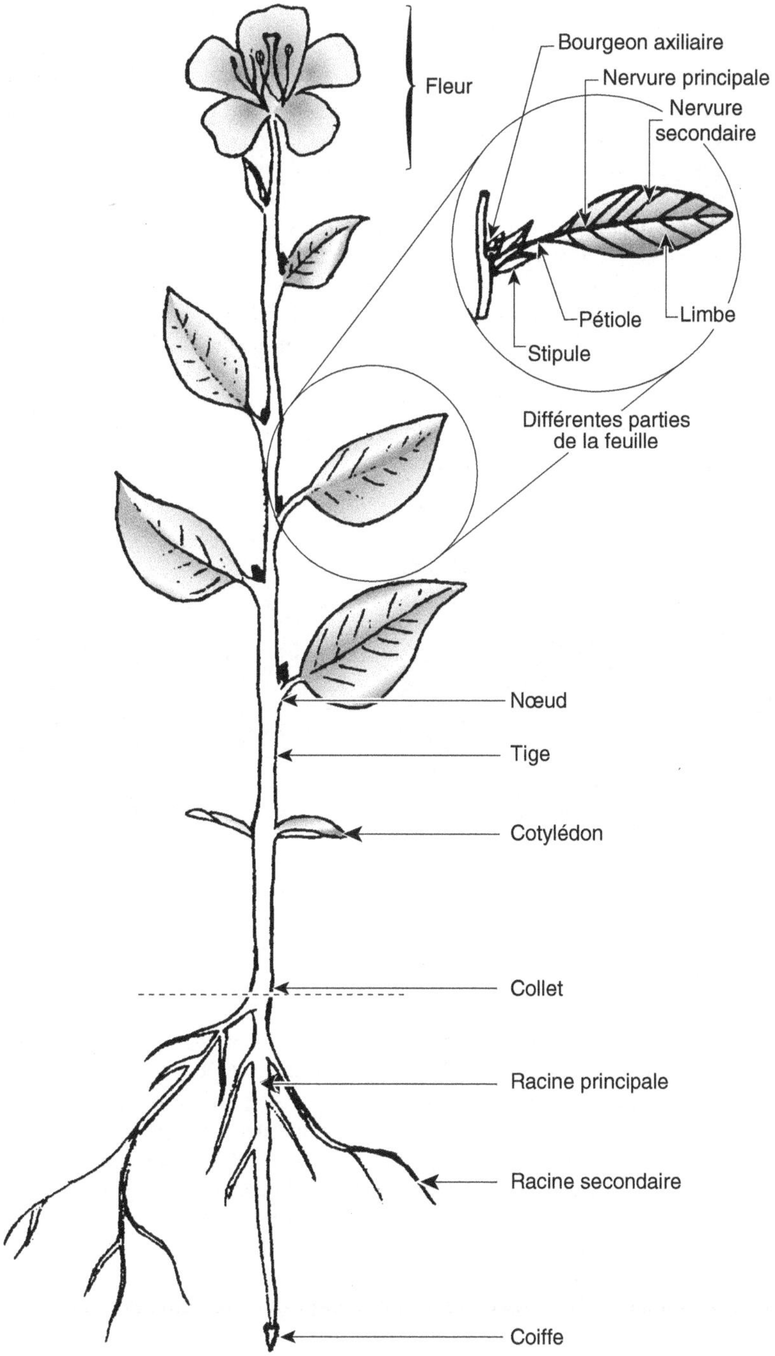

► Représentation schématique d'une plante à fleur ◄

plante aquatique (l.f.) *(aquatic plant)*

Désigne toute plante qui doit vivre partiellement ou entièrement au contact du milieu aquatique, constamment ou pour au moins une partie de son cycle de vie. Ex. : algues marines ou des eaux douces, certaines Bryophytes, Ptéridophytes et Spermaphytes (*Ranunculus aquatilis, Nymphaea alba, Phragmites australis, Typha latifolia, Posidonia, Zostera*, etc.).
Les plantes aquatiques ont souvent une tige flasque aux rameaux fragiles et de grandes feuilles longues et étroites, plus ou moins translucides, submergées, flottantes ou émergées. Le système racinaire est réduit. Leurs organes sont caractérisés par la présence importante d'un parenchyme aérifère pourvu de grandes lacunes pleines d'air favorisant la flottaison et constituant une réserve d'oxygène et de dioxyde de carbone pour les cellules.
L'examen microscopique des feuilles et des tiges révèle d'autres caractéristiques adaptatives : la transpiration étant presque entièrement supprimée, les feuilles des plantes supérieures sont dépourvues de cuticule ; parfois, la membrane des cellules superficielles devient perméable aux gaz et la respiration s'effectue par toute la surface ; l'absorption de l'eau et des sels a lieu par osmose à tous les niveaux de la plante, et il en est de même de la photosynthèse ; le système vasculaire est, de ce fait, très réduit.
Syn. : hydrophyte. Ant. : plante terrestre.

▶ Deux exemples typiques d'adaptation à la vie aquatique : le Nénuphar blanc (*Nymphaea alba*, Nymphaeacées) à gauche et la Châtaigne d'eau (*Trapa natans*, Trapacées) à droite. La souche est submergée, les feuilles flottent grâce aux lacunes aérifères de leur pétiole ◀

plante C_3 (l.f.) *(C3 plant)*

Se dit d'une plante où le premier produit stable de la photosynthèse est une molécule à 3 atomes de carbone : l'acide 3-phospho-D-glycérique (3-APG). C'est, de loin, le type métabolique le plus représenté dans le règne végétal. En font partie tous les arbres, la plupart des plantes cultivées (Orge, Blé, Avoine, Riz, Pomme de terre, etc.) et, de manière générale, les végétaux des régions tempérées. Ces plantes réalisent, aux teneurs actuelles en CO_2, une photosynthèse limitée, car l'enzyme responsable de la fixation du CO_2, la ribulose bisphosphate carboxylase/oxygénase (ou RuBisCO) ne consacre pas toute son activité à la fixation du CO_2. Elle réagit aussi avec l'oxygène pour donner une molécule libérant à la lumière du CO_2 (photorespiration). Le rapport entre photosynthèse et photorespiration dépend du rapport des teneurs en CO_2 et en oxygène des cellules et augmente avec la teneur en CO_2.

plante C_4 (l.f.) *(C4 plant)*

Ces plantes doivent leur nom au fait que le premier produit formé lors de la photosynthèse est une molécule à 4 atomes de carbone, l'oxaloacétate, par carboxylation d'une molécule à 3 atomes de carbone, le phosphoénol-pyruvate.

Chez les plantes dites en C_4, selon les espèces, l'acide oxaloacétique produit est ensuite réduit en acide malique (Canne à sucre, Maïs, Sorgho) ou transaminé en acide aspartique (Amaranthe, Atriplex) également molécules en C_4. L'acide malique migre alors dans les chloroplastes des cellules de la gaine périvasculaire où il est décarboxylé et le CO_2 résultant est immédiatement repris par la ribulose bisphosphate carboxylase/oxygénase ou RuBisCO (présente aussi chez les plantes en C_3) dans le cycle de Calvin avec formation de phosphoglycérate en l'absence d'oxygène car les chloroplastes concernés, ne contenant pas de photosystème II, ne réalisent pas la photolyse de l'eau.

La complexité de cette biochimie est en corrélation avec une spécialisation histologique particulière. Les feuilles des plantes C_4 possèdent deux types de cellules chlorophylliennes disposées en couronnes concentriques autour des nervures constituées par les faisceaux conducteurs. Les cellules externes du mésophylle, porteuses de petits chloroplastes, participent à la première carboxylation. Elles possèdent des chloroplastes granaires capables d'effectuer toutes les étapes photochimiques de la photosynthèse, y compris la production d'O_2, mais incapables de réaliser la fixation du CO_2 *via* le cycle de Calvin par manque de RuBisCO.

Les chloroplastes des cellules de la couronne interne ou gaine périvasculaire, de taille plus grande, réalisent le cycle de Calvin complet. Ils sont dotés du ribulose 1,5-bisphosphate et de la RuBisCO et fonctionnent comme les chloroplastes des plantes C_3.

Les plantes dites en C_4 disposent, en plus de la RuBisCO, d'une enzyme cytoplasmique à forte affinité pour le CO_2, la phospho-énol-pyruvate carboxylase (PEP-carboxylase), qui est insensible à la présence d'oxygène et qui fixe efficacement le CO_2 sous forme d'un composé à 4 atomes de carbone. Ce composé est transporté au niveau du site d'action de la RuBisCO et libère du CO_2 en concentration suffisante pour saturer les capacités de carboxylation de la RuBisCO.

En concentrant le CO_2, la voie métabolique en C_4 atténue l'activité oxygénase de la RuBisCO et limite la photorespiration tout en saturant la photosynthèse, à la teneur actuelle en CO_2. La RuBisCO fixe alors surtout le CO_2 (fonction carboxylase) et n'interagit pratiquement plus avec l'oxygène (fonction oxygénase).

Nettement moins nombreuses (moins de 2 % des espèces de plantes à fleurs) que les espèces de type C_3, la famille la plus riche en plantes en C_4 est celle des Poacées (*Sorghum* sp., Sorgho ; *Saccharum officinale*, Canne à sucre ; *Zea mays*, Maïs ; *Pennisetum thyphoides*). On les trouve également dans d'autres familles de plantes : Amaranthacées, Cypéracées, Astéracées, Chénopodiacées, Euphorbiacées, Portulacacées, Nyctaginacées et Zygophyllacées. Par contre, aucun arbre n'est de type C_4.

plante CAM (l.f.) Voir métabolisme acide crassulacéen. *(CAM plant (CAM = crassulacean acid metabolism))*

plante carnivore (l.f.) *(carnivorous plant)*

Se dit d'une plante se nourrissant d'animaux (Insectes, Araignées) qu'elle capture grâce à des feuilles transformées en pièges. On en compte près de 450 espèces. Ex. : le Rossolis ou

Drosera (*Drosera rotundifolia*, Droséracées) dont les feuilles possèdent des poils glanduleux immobilisant les proies ; la Grassette (*Pinguicula grandiflora*, Lentibulariacées) dont les feuilles sont recouvertes de glandes pédonculées proéminantes servant à capturer l'insecte et des glandes sessiles à demi enfouies sécrétant une substance permettant de les digérer ; la Dionée gobe-mouches (*Dionaea muscipula*, Droséracées) dont le limbe de la feuille, divisé en deux lobes, se replie sur la proie dès que celle-ci touche des poils sensoriels tapissant l'intérieur des lobes ; *Utricularia neglecta* (Lentibulariacées) dont les feuilles sont transformées en utricules ; la Plante Trompette (*Sarracenia*, Sarracéniacées) et les *Nepenthes* (Nepenthacées) possèdent une urne en forme de cornet dressé qui, par ses couleurs et ses odeurs, attire les insectes qui y glissent sans pouvoir remonter.

Les glandes dont sont pourvues ces plantes fonctionnent comme de véritables estomacs qui sécrètent un liquide riche en enzymes (protéases, hydrolases, transaminases, phosphatases, Dnases, etc.). L'adaptation carnivore de ces plantes répondrait à une carence du sol en azote assimilable (Ex. : tourbière) ainsi qu'en certains éléments minéraux.

> On devrait plutôt parler de plantes insectivores car il ne semble pas que ces plantes soient capables de piéger et de digérer des proies plus grosses que des insectes.

plante de jours courts (l.f.) *(short day plant)*

Plante dont la floraison est stimulée lorsque la durée de l'éclairement est courte (généralement inférieure à 10 heures).

On arrive à faire fleurir ces plantes pendant les périodes « hors saison » en diminuant leur durée d'éclairement (obscurcissement). C'est le cas des Chrysanthèmes (*Xanthium pensylvanicum*), Euphorbes (*Euphorbia*), Tabac (*Nicotiana*).

Syn. : plante nyctopériodique.

plante de jours longs (l.f.) *(long day plant)*

À l'inverse des plantes de jours courts, ces végétaux fleurissent lorsque la durée d'éclairement est longue. On peut ainsi réussir à les faire fleurir en période sombre en les plaçant sous éclairage artificiel. C'est le cas du Blé, Épinard, Seigle de printemps, Nigelle.

Syn. : plante héméropériodique.

plante indicatrice (l.f.) *(indicator plant)*

Se dit d'une espèce dont la présence à l'état spontané dans un lieu donné, permet d'indiquer, avec plus ou moins de précision, certaines particularités écologiques du milieu dans lequel elle croît.

Ces plantes peuvent parfois présenter des symptômes spécifiques permettant d'identifier ces conditions environnementales. Ex. : le Pin Weymouth (*Pinus strobus*) est un bon indicateur du degré de pollution par le gaz sulfureux, certaines variétés de Tabac sont sensibles à l'ozone. Certaines plantes, vivant sur des sites métallifères, renseignent sur l'abondance de tel ou tel élément dans le sous-sol, on les nomme plantes métallophiles. Ex. : *Viola calaminaria*, poussant sur sol riche en zinc ou *Asparagus*, poussant sur sol riche en sélénium, *Spergularia salina* est indicatrice des sols magnésiens et *Mesembrianthemum nodiflorum* est indicatrice des sols secs et gypseux. Les Lichens (très sensibles à la pollution atmosphérique), les plantes calcicoles, calcifuges, halophiles, nitrophiles, silicicoles peuvent également être considérées comme plantes indicatrices.

Syn. : indicateur biologique.

plante médicinale (l.f.) *(medicinal plant)*

Se dit des nombreuses espèces végétales qui sont réputées avoir une action physiologique et qui sont utilisées pour leurs propriétés curatives sous forme de poudre, d'extraits, de teintures, d'infusions ou de décoctions.

Les plantes médicinales contiennent une infinité de principes actifs dont la nature et les propriétés sont de mieux en mieux connues.

Les plantes médicinales sont parfois récoltées à l'état sauvage mais beaucoup d'entre elles sont cultivées à grande échelle (Digitale, Pavot, Chanvre, Solanacées, etc.) pour répondre à la consommation. Les méthodes de sélection ou de manipulations génétiques sont également utilisées pour augmenter leur teneur en principes actifs.

Certaines familles sont particulièrement riches en principes actifs (Papavéracées, Apocynacées, Liliacées, Rubiacées, Solanacées, Lamiacées). Certaines plantes sont inoffensives telles que le Tilleul, la Camomille, la Menthe, etc. D'autres, très nombreuses, sont toxiques et ne doivent être utilisées que sous forme pharmaceutique, telle que la Digitale, la Belladone, le Colchique, etc. L'emploi inconsidéré de plantes cueillies dans les champs peut aboutir à des intoxications graves, voire mortelles.

plante modèle (l.f.) *(model plant)*

Plante utilisée comme sujet d'expériences et choisie en fonction de certaines caractéristiques intéressantes (simplicité de culture, croissance rapide, stabilité, etc.).

La plante modèle la plus connue à l'heure actuelle est certainement *Arabidopsis thaliana*, petite plante herbacée sauvage terrestre de la famille des Brassicacées, appelée aussi « Arabette des dames » ou « Cresson Thale ». Cette plante est utilisée comme modèle d'étude en génétique, en embryogenèse et biotechnologie végétales du fait de la petite taille de son génome (120 Mpb environ répartis en cinq paires de chromosomes, $2n = 10$), et de sa faible quantité d'ADN répétitif. C'est l'un des plus petits décrits chez les plantes. À titre de comparaison, le génome de Maïs contient 2,5 milliards de paires de bases, presque autant que le génome humain. Elle est essentiellement autogame et se prête bien à l'analyse génétique. Elle se développe rapidement en laboratoire (cycle de développement de 2 mois), sans exiger beaucoup de place ni de soin, ce qui en fait un objet d'étude particulièrement intéressant dans un contexte de recherches académiques intensives.

D'autres plantes modèles sont utilisées pour des investigations plus ou moins spécifiques :

- la Carotte *(Daucus carota*, Apiacées) : culture *in vitro*, embryogenèse, morphogenèse ;
- le Maïs (*Zea mays*, Poacées) : génétique végétale ;
- le Muflier ou Gueule-de-loup *(Antirrhinum majus*, Scrophulariacées) : étude de la floraison ;
- le Peuplier (*Populus*, Salicacées) : lignification, biotechnologies forestières ;
- le Riz (*Oryza* sativa, Poacées) : génomique végétale ;
- la Sensitive (*Mimosa pudica*, Mimosacées) : mouvements et signalisation cellulaire ;
- le Tabac *(Nicotiana tabacum*, Solanacées) : étude de la régulation des gènes.

plante vasculaire (l.f.) *(vascular plant)*

Synonyme de trachéophyte.

plantule (n.f.) *(plantlet, seedling)*

Très jeune plante, issue de la graine après sa germination et utilisant ses réserves lors des premières phases de son développement. Elle est toujours herbacée, même chez les arbres. Quand elle est encore enfermée dans la graine, on l'appelle embryon. On y reconnaît usuellement trois parties : une gemmule qui donnera la tige primaire, une radicule qui donnera la racine primaire, et un ou deux cotylédons, feuilles rudimentaires, gorgées ou non de substances de réserve.

plasmodesme (n.m.) *(plasmodesma (pl. plasmodesmata))*

Structure anatomique permettant les échanges intercellulaires rapides de petits métabolites, comme les sucres simples, les régulateurs de croissance et certaines molécules signal transitant par les vaisseaux vers leurs tissus cibles. Les plasmodesmes sont situés au niveau de perforations cylindriques d'un diamètre approximatif de 40 nm, qui traversent la paroi squelettique avec continuité des membranes plasmiques des deux cellules adjacentes. L'annulus, qui constitue la fraction cytoplasmique du plasmodesme, assure la continuité cytoplasmique d'une cellule à l'autre. Le desmotubule, situé au centre du plasmodesme constitue pour sa part la fraction membranaire de cette structure et permet des échanges entre les réticulums endoplasmiques des deux cellules, desquelles il dérive.

> Ne pas confondre plasmodesme : unité fonctionnelle avec ponctuation : simple perforation dans la paroi squelettique.

plasmolyse (n.f.) *(plasmolysis)*

Phénomène osmotique au cours duquel une cellule végétale mise dans une solution dont la pression osmotique est supérieure à celle de son contenu vacuolaire, perd de l'eau et voit diminuer le volume délimité par sa membrane (cyto)plasmique. La plante dont les cellules sont plasmolysées est amenée à l'état de fanaison.
Ant. : turgescence.

plaste (n.m.) *(plast, plastid)*

Organite cellulaire qui n'existe que dans le cytoplasme des cellules de végétaux eucaryotes et jouant un rôle actif dans la physiologie cellulaire.
On distingue différents types de plastes selon leur ultrastructure et leur fonction. Mais, étant donné qu'ils se différencient tous à partir de proplastes, et que les plastes peuvent évoluer d'un type à un autre, on peut supposer qu'ils appartiennent à une même famille d'organites. Les plastes peuvent être classés d'après leur coloration et leur fonction :

- les chloroplastes sont verts du fait de la chlorophylle qu'ils contiennent. Ils sont le siège de la photosynthèse ;
- les chromoplastes se rencontrent dans divers groupes végétaux mais sont spécialement bien représentés au niveau des pièces florales, de la chair des fruits et même de certaines racines. Ils contiennent des caroténoïdes et sont donc jaunes à oranges. Le changement de couleur lors du mûrissement des fruits de Tomate et de Poivron résulte d'une transformation des chloroplastes en chromoplastes dans le péricarpe des fruits ;
- les leucoplastes ne contiennent pas de pigments et sont localisés dans les cellules des tissus non chlorophylliens. Ils peuvent stocker des protéines ou de l'amidon. Les leucoplastes stockant l'amidon sont appelés amyloplastes (du grec *amylon* = amidon). Ces derniers se rencontrent surtout dans l'albumen et les organes de réserves (racines, tubercules, graines). Leur taille et leur forme varient beaucoup avec les espèces végétales.

Tous les plastes possèdent une double membrane qui enveloppe le stroma. Dans le cas des chloroplastes, la surface de la membrane interne est fortement augmentée par des invaginations parallèlement au grand axe du chloroplaste, appelées thylakoïdes. Son stroma contient de l'ADN circulaire, des ARN*m*, des ARN*t* et des ribosomes. De ce fait, les chloroplastes ont une autonomie génétique partielle, comme les mitochondries, et peuvent synthétiser des protéines.

Au cours de la division cellulaire, les proplastes sont répartis au hasard entre les deux cellules filles et évoluent jusqu'à maturité. De plus, les plastes peuvent se multiplier par division dans les cellules. L'ensemble des plastes d'une cellule s'appelle plastidome.

plastidome (n.m.) Voir plaste. *(plastidome)*

plastocyanine (n.f.) *(plastocyanin)*

Transporteur d'électrons intervenant au cours de la phosphorylation photosynthétique au niveau des chloroplastes.

Il s'agit d'une cuproprotéine, constituée d'un polypeptide de poids moléculaire 11 500 et contenant 2 atomes de cuivre. Le transfert d'électrons se fait par changement de valence du métal :

$$Cu^{2+} + e^- \leftrightarrow Cu^+$$

Elle est de couleur bleue en solution aqueuse ($\lambda max = 600$ nm).

plastoquinone (n.f.) *(plastoquinone)*

Quinone (*p*-benzoquinone) ressemblant au coenzyme Q (ubiquinone) des mitochondries et agissant comme transporteur d'électrons au cours de la photosynthèse au niveau des chloroplastes.

La plastoquinone A est la plus abondante des plastoquinones des végétaux et des algues. D'autres plastoquinones diffèrent par la longueur de la chaîne latérale et la nature des substituants du noyau quinone.

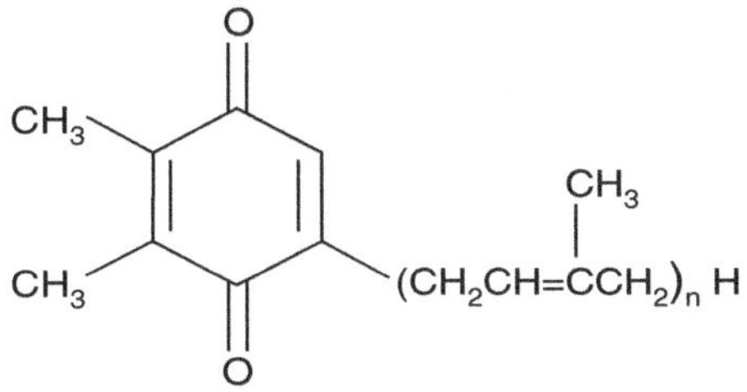

plastoquinone A (n = 9)

► Structure de la plastoquinone ◄

pléiomorphe (adj.) *(pleiomorphic)*

Synonyme de polymorphe.

ploïdie (n.f.) *(ploidy)*

Nombre de jeux de chromosomes d'une cellule, d'un tissu ou d'un organisme ; le nombre 1 correspond à l'haploïdie, le nombre 2, à la diploïdie, etc. Des organismes comportant des multiples entiers du nombre haploïde sont dits euploïdes. Les types euploïdes comportant un nombre supérieur à deux sont dits polyploïdes.

Le niveau de ploïdie est très souvent pair. Ceci s'explique par le mécanisme de la méiose qui nécessite une parité. Cependant, pour des raisons agronomiques ou stratégiques, certaines espèces cultivées sont de ploïdie impaire, c'est le cas de la Banane qui est cultivée à l'état triploïde ce qui la rend stérile et donc sans graines.

pluriannuelle (adj.) *(pluriannual)*

Se dit d'une espèce vivace dont les individus restent à l'état végétatif pendant plusieurs années, mais ne fleurissent et ne fructifient qu'une seule fois avant de disparaître. Ex. : *Agave americana* (Agavacées) produit des fleurs après 10-15 années, après quoi elle meurt.

pluriflore (adj.) *(pluriflorous)*

Synonyme de multiflore.

pluriloculaire (adj.) *(plurilocular, pluriloculated)*

Présentant plusieurs loges. Ex. : capsule du Lin (*Linum usitatisimum*), ovaire de la fleur d'Oranger (*Citrus aurantium*).

pneumatophore (n.m.) *(pneumatophore)*

Ramification verticale des racines d'arbres vivant dans des lieux marécageux à sol asphyxiant comme par exemple les arbres poussant dans les mangroves (Ex. : certaines Rhizophoracées, le Cyprès chauve). Elle est terminée par des tissus spongieux permettant les échanges gazeux avec les racines submergées, évitant l'asphyxie.

► En milieu marécageux, les racines du Cyprès chauve (*Taxodium distichum*) émettent des pneumatophores dressés au-dessus de l'eau (ici parc national d'El Kala, Algérie) ◄

Poacées (n.f.pl.) *(graminaceous plants, gramineous plants, grass)*

Famille importante de plantes Monocotylédones, vivaces ou annuelles, hermaphrodites, monoïques ou dioïques (ancien nom : Graminées).

Les Poacées ont de nombreuses caractéristiques les rendant facilement reconnaissables :

Les feuilles sont alternes, distiques, parallélinerves, à gaine fendue du côté opposé du limbe, (parfois fermée) et à ligule généralement présente.

Les fleurs à périanthe très réduit, formé de 2 à 3 lodicules, 3 étamines et/ou 2 (rarement 3) carpelles ; 2 glumelles (lemme et paléole) sous-tendant les fleurs sont arrangées de façon distique en épillets qui portent 2 bractées stériles (glumes) à la base.

Le fruit est un caryopse avec embryon périphérique à l'albumen.

La tige est ronde, creuse (chaume) ou remplie de moelle sauf aux nœuds. Elle est parfois lignifiée et de grande taille (Ex. : les Bambous).

La classification des Poacées est complexe ; elle fait intervenir la structure des épillets, l'organisation inflorescentielle, la phyllotaxie, la morphologie et l'anatomie des feuilles.

Les plantes de cette famille, qui représentent un spectre d'adaptation extraordinairement large, couvrent aujourd'hui la majorité des milieux naturels. Certaines espèces ont même colonisé les milieux aquatiques (eaux douces et marines).

Les Poacées comprennent environ 10 000 espèces réparties en 651 genres, présentes dans le monde entier.

Les Poacées sont certainement les plantes les plus importantes du globe. Une grande partie de l'humanité leur doit sa subsistance : Riz (Asie), Maïs (certains pays d'Amérique Latine), Blé (Europe). En font partie aussi le Millet, l'Orge, l'Avoine, le Seigle, la Canne à sucre dont la tige contient une moelle saccharifère, et d'autres plantes utiles dans l'alimentation ou l'industrie.

poil (n.m.) *(hair, villus (pl. villi), pilus (pl. pili))*

Dans les parties aériennes de la plante (tige, feuilles), les poils sont constitués par le prolongement de certaines cellules de l'épiderme, se présentant sous forme d'un filament plus ou moins long et fin, uni- ou pluricellulaire.

Les poils dits tecteurs s'observent fréquemment chez les plantes croissant dans des milieux chauds (réduction de la transpiration) ou en haute montagne (protection contre le froid). Les poils gorgés de substances sécrétées par les plantes sont dits poils sécréteurs. Ex. : poils des Lamiacées.

poils absorbants (l.m.pl.) *(root hairs)*

Désigne des poils nés du prolongement des cellules du rhizoderme, un peu au-dessus de la coiffe et constituant la zone pilifère. En augmentant la surface de contact et donc les échanges entre les racines et le milieu externe, ils favorisent un meilleur prélèvement de l'eau et des substances dissoutes du sol. La forte pression osmotique qui règne dans les vacuoles des poils absorbants est responsable de ce prélèvement. Ces poils ne sont fonctionnels que quelques jours. Ils sont remplacés constamment lors de l'allongement de la racine.

point de compensation (l.m.) *(compensation point)*

Valeur d'intensité lumineuse ou de teneur en dioxyde de carbone atmosphérique correspondant à l'équilibre dynamique de l'absorption de CO_2 durant la photosynthèse par la respiration, c'est-à-dire que le bilan des échanges gazeux de la plante est nul. Une plante ne peut survivre que si elle se trouve exposée à une intensité lumineuse ou une teneur en CO_2 supérieure au point de compensation.

point de flétrissement (pF) (l.m.) *(wilting point)*

Teneur en eau du sol en dessous de laquelle la plante ne peut plus la prélever et, donc, se flétrit mais peut retrouver sa turgescence si elle est placée en milieu humide ou dans l'eau.

Si le flétrissement atteint un état irréversible, ce dernier correspond alors au point de flétrissement permanent. L'extraction de l'eau du sol par la plante est trop faible pour satisfaire le régime de transpiration imposé par l'atmosphère dans un environnement climatique donné. Le pF est caractéristique des sols.

pollen (n.m.) *(pollen)*

Structure microscopique bi- ou tricellulaire haploïde, formée d'une cellule végétative enveloppant la cellule générative, produite par l'anthère des étamines des plantes à fleurs arrivées à l'anthèse (maturité), et dispersée dans le milieu sous une forme plus ou moins déshydratée.

Le grain de pollen représente la phase gamétophytique (microgamétophyte) mâle du cycle de vie d'une plante à fleur. Il provient du développement d'une microspore résultant de la méiose des cellules-mères du pollen situées le long de la bordure interne des sacs polliniques.

Les grains de pollen sont produits, le plus souvent, en très grand nombre, formant une poudre disséminable dès que les sacs polliniques s'ouvrent. Très riches en glucides (20 à 40 %), ils servent de nourriture à de nombreux Insectes dont les Abeilles et les Papillons qui les récoltent grâce à leurs pattes postérieures. Emportés par le vent ou l'eau ou transportés par les animaux jusqu'au stigmate du pistil, les grains de pollen germent, grâce à la cellule végétative, en formant le tube pollinique qui s'enfonce dans le style jusqu'au sac embryonnaire de l'ovule en pénétrant le plus souvent par le micropyle (porogamie). Dans le tube pollinique en croissance, le noyau de la cellule générative haploïde se divise en deux gamètes mâles qui, chez les Angiospermes, participeront tous deux à la fécondation. L'acceptation ou le rejet du pollen par le pistil dépendent de molécules de surface qui reconnaissent ou non le grain de pollen. En effet, chez la plupart des fleurs, le pollen est rejeté par le pistil de la même fleur : il y a un phénomène d'auto-incompatibilité opposant une barrière à l'autofécondation, protégeant ainsi l'espèce des effets dépressifs de la consanguinité.

Cultivés *in vitro*, les grains de pollen isolés préservent leur capacité organogène et donnent des embryons haploïdes (haploïdisation) à l'origine de plantes viables mais stériles. Le doublement du nombre de chromosomes par la colchicine produit des individus diploïdes homozygotes et féconds, très utiles en amélioration des plantes.

Le grain de pollen est entouré d'une double paroi, le sporoderme comprenant l'intine, à l'intérieur et l'exine, à l'extérieur. Parmi les protéines de l'intine et de l'exine, certaines sont des enzymes intervenant lors de la pénétration du tube pollinique dans le stigmate, d'autres sont impliquées dans la reconnaissance pollen-stigmate (protéine-kinase) ou tube pollinique-style. L'exine, très résistante, assure au grain de pollen, pendant quelque temps, un état de vie ralentie. La longévité naturelle des grains de pollen varie de quelques heures à quelques semaines ; quelques espèces d'intérêt agronomique majeur, comme les Céréales, ont une durée de vie très courte, ce qui pose un problème aux sélectionneurs. La durée de vie du pollen de Maïs, par exemple, est de 1 à 2 heures, dans les conditions naturelles. Le pollen de Riz, lui, a une viabilité de quelques dizaines de minutes, le plus souvent. La viabilité des grains de pollen très réduite chez les Céréales résiderait dans leur teneur en eau assez élevée à l'émission (60 % environ).

Les grains de pollen possèdent en général une ou plusieurs zones d'amincissement du sporoderme : les apertures ou pores germinatifs. Leur situation et leur nombre sont très importants pour la détermination. Certaines espèces (Ex. : Musacées, Aristolochiacées) possèdent des grains de pollen sans aperture (inaperturés).

Extérieurement, les grains de pollen sont ornés par des aspérités et des cavités. Cette ornementation des grains de pollen dont la forme et le décor de la paroi externe sont très particuliers dans chaque espèce, genre et famille, permet leur identification et sert de base à une classification morphologique des pollens.

L'enveloppe externe est extrêmement résistante aux agents corrosifs. Elle doit sa remarquable capacité de conservation à une substance singulière : la sporopollénine. Les grains de pollen peuvent, en effet, se trouver fossilisés dans certains dépôts géologiques.

Le pollen est plus ou moins abondant selon les espèces et sa taille est elle-même très variable. Ces caractéristiques sont en relation étroite avec les types de pollinisation :

➤ les plantes à pollinisation anémophile (par le vent) produisent une grande quantité de grains de très petite taille (de 10 à 15 µm) et à ornementation réduite ou nulle Ex. : Saules, Poacées ;

➤ les plantes à pollinisation entomophile (par les insectes) produisent, moins abondamment, des grains de plus grande taille (jusqu'à 200 à 250 µm) présentant des ornementations de l'exine et un enduit visqueux favorisant leur accrochage aux soies des Insectes Ex. : Lamiacées ; chez les Orchidées, les grains de pollen restent agglomérés en masses appelées pollinies.

➤ chez les plantes à pollinisation hydrophile (par l'eau), les grains de pollen sont souvent filamenteux et de grande taille (jusqu'à 3 à 5 mm), sans exine et parfois enduit de mucus.

À l'époque de la floraison, les grains de pollen sont parfois présents en quantités considérables sur le pourtour des flaques d'eau après la pluie (phénomène appelé « pluie de soufre »). De même, l'atmosphère contient une grande quantité de pollen en suspension. Celui de certaines espèces (Ex. : Armoises, Graminées, etc.) peut alors déterminer, chez les sujets prédisposés qui le respirent, des troubles pénibles à caractère allergique, connus sous le nom de « rhume des foins ».

pollinie (n.f.) *(pollinium (pl. pollinia))*

Chez les Orchidées, ensemble des grains de pollen d'une loge de l'anthère agglomérés en une masse unique (deux par fleur), ayant un caudicule terminé par une masse enduite d'une substance adhésive (rétinacle). Lorsqu'un insecte visite la fleur, sa tête bute contre le caudicule des pollinies qui se collent alors sur « le front » de l'animal, et qui sont ainsi transportées sur le stigmate de la prochaine fleur visitée.

pollinisation (n.f.) *(pollination, pollinization)*

Transport naturel ou artificiel du pollen (gamétophyte mâle) de l'étamine jusqu'aux stigmates (élément récepteur femelle), permettant ainsi la fécondation de la fleur receveuse.

Chez les fleurs chasmogames (qui s'ouvrent), la pollinisation peut se faire, par le vent (anémophilie), par l'eau (hydrophilie), par les animaux (zoophilie) ou par l'Homme (manuelle) dans le cas de certaines plantes d'intérêt économique (Palmier dattier, Vanillier...). Dans le cas de la zoophilie, les animaux impliqués le plus souvent sont des insectes (entomophilie), parfois des oiseaux (ornithophilie) ou des chauves-souris (chéiroptérophilie). Chez certaines espèces entomophiles, la forme des corolles épouse la forme des insectes pollinisateurs. La pollinisation peut concerner le pollen de la même fleur (autopollinisation) ou, le plus souvent, le pollen d'une fleur d'un autre pied (allopollinisation ou hétéropollinisation). Dans le premier cas, les fleurs sont dites autogames (Blé, Avoine, Pois, Tomate, Abricotier, etc.) ; dans le second cas, elles sont dites allogames (Betterave, Carotte, Luzerne, Maïs, Tournesol, etc.).

Chez les fleurs cléistogames (qui restent fermées), obligatoirement hermaphrodites, la pollinisation se fait avec leur propre pollen.

polyadelphe (adj.) *(polyadelphous)*

Se dit de l'androcée d'une fleur dont les étamines sont soudées entre elles de façon à former plusieurs faisceaux, de taille égale ou inégale.

polyarche (adj.) Voir stèle. *(polyarch)*

polycarpique (adj.) *(polycarpic, polycarpous)*

1. Qualifie une plante vivace qui fleurit et fructifie plusieurs fois au cours de son existence.

2. Se dit d'une fleur qui a plusieurs ovaires indépendants (non soudés). Chacun de ces ovaires peut être surmonté d'un style et terminé par un stigmate. Ce caractère se retrouve chez les fleurs des familles des Ranunculacées, Nymphéacées et Magnoliacées et chez quelques autres plantes comme le Fraisier (*Fragaria*, Rosacées) par exemple.

Ant. : monocarpique.

polyembryonie (n.f.) *(polyembryony)*

Existence de plusieurs embryons dans la graine.

C'est le cas des Gymnospermes où le gamétophyte femelle (= endosperme) comprend plusieurs archégones et, donc, peut produire jusqu'à 5 oosphères, chacun d'eux est capable de produire un proembryon, mais un seul parvient à terme.

Ce phénomène a été également observé chez certaines espèces d'Angiospermes (Ex. : Riz, Lin, Piment) qui, lors de la germination des graines, donnent deux plantules avec une fréquence de 10^{-2} à 10^{-5}. Dans le cas des *Citrus*, un des embryons provient de la fécondation normale de l'oosphère et les autres, en nombre variable, du développement concomitant de cellules végétatives du nucelle. Ces embryons ont alors toutes les caractéristiques de la plante mère. Chez le Lin, la présence de deux plantules provient d'une mitose de l'oosphère avant la fécondation conduisant à la formation de deux embryons, l'un zygotique et l'autre haploïde maternel.

polygamie (n.f.) *(polygamy)*

État d'une espèce (dite polygame) portant, à la fois, des fleurs hermaphrodites et des fleurs unisexuées (staminées et/ou pistillées) soit sur le même pied, soit sur deux pieds, soit encore sur trois sortes de pieds différents. Plusieurs combinaisons sont alors possibles :

1. Sur le même individu : hermaphrodites + mâles (andromonoécie) ; hermaphrodites + femelles (gynomonoécie) ; hermaphrodites + mâles + femelles (trimonoécie).

2. Sur deux sortes d'individus : hermaphrodites et mâles (androdioécie) ; hermaphrodites et femelles (gynodioécie).

3. Sur trois sortes d'individus : hermaphrodites, mâles et femelles (trioécie).

polygénique (adj.) *(polygenic)*

Se dit d'un caractère héréditaire contrôlé par un groupe de gènes dit polygène. Ex. : caractères quantitatifs (productivité, taille et poids des grains, etc.).

Syn. : polyfactoriel, multigénique, multigénétique.

Ant. : monogénique, monogénétique.

polymorphisme (n.m.) *(polymorphism)*

1. Caractère d'un être ou d'un organe, pouvant se présenter, selon les conditions ou les moments (stades de développement, saisons), sous des formes variables. Ex. : chez le Lierre (*Hedera helix*), les rameaux portant les fleurs et fruits ont des feuilles différentes de celles des rameaux stériles (dimorphisme foliaire).
Il exprime l'hétérogénéité au sein d'une population d'individus.
2. Variations dans les séquences d'ADN entre les individus d'une population. Des gènes sont considérés polymorphes s'ils sont représentés par plusieurs allèles qui occupent un locus donné à des fréquences différentes. Généralement, seules les différences observées entre les individus avec une fréquence supérieure à 1 % sont considérées comme des polymorphismes, les autres étant assimilées à des anomalies.
Syn. : pléiomorphisme.

polypétale (adj.) *(polypetalous)*

Synonyme de dialypétale.

polyphénols (n.m.pl.) *(polyphenols)*

Groupe de métabolites secondaires caractérisés par la présence d'au moins un noyau aromatique (six atomes de carbone liés en un hexagone) possédant un ou plusieurs groupes hydroxyles, substitués ou non.
Les polyphénols constituent un groupe de substances ubiquistes et variées, allant de molécules simples jusqu'à des structures très complexes. En font partie les flavonoïdes, les tanins, les dérivés phénylpropanoïdes tels que les lignanes, les esters et amides hydroxycinnamiques, les stilbènes, les coumarines, les acides hydroxybenzoïques, les xanthones et de nouveaux composés sont identifiés continuellement. Les lignines représentant souvent une partie importante de la masse des composés organiques des plantes.

PRINCIPALES CLASSES DE COMPOSÉS PHÉNOLIQUES RENCONTRÉS CHEZ LES PLANTES

Nombre d'atomes de carbone	Structure	Classe	Exemple
6	C_6	Phénols simples	Arbutine, catéchol,
7	$C_6–C_1$	Acides phénoliques	Acides gallique, salicylique
9	$C_6–C_3$	Acides hydroxycinnamiques	Acides caféique, coumarique
		Coumarines	Ombelliférone, khelline
10	$C_6–C_4$	Naphtoquinones	Juglone, lawsone, plombagone
13	$C_6–C_1–C_6$	Xanthones	Mangiférine
14	$C_6–C_2–C_6$	Stilbènes, Anthraquinones	Acide lunularique, Emodine, hypéricine, rhéine
15	$C_6–C_3–C_6$	Flavonoïdes, Isoflavonoïdes	Quercétine, Génistéine
18	$(C_6–C_3)_2$	Lignanes	Podophyllotoxine
30	$(C_6–C_3–C_6)_2$	Biflavonoïdes	Amentoflavone
n	$(C_6–C_3)_n$	Lignines	–
	$(C_6–C_3–C_6)_n$	Tanins condensés	–

L'ensemble des propriétés physico-chimiques de certains de ces polyphénols végétaux (flavonoïdes) ainsi que leur localisation préférentielle dans les cellules épidermiques font de ces substances des écrans efficaces contre les rayons ultraviolets du soleil. Leur concentration est également stimulée par ce type de rayonnement.

> Certaines catégories de composés polyphénoliques, notamment les flavonols et les anthocyanes, ont des propriétés anti-radicaux libres particulièrement intéressantes et font donc l'objet de nombreuses études cliniques.

polyphylétique (adj.) *(polyphyletic)*

Se dit d'un ensemble d'organismes qui descendent d'ancêtres différents, ayant morphologiquement ou biologiquement convergé au cours du temps. Ex. : Ptéridophytes.
Ant. : monophylétique.

polyploïdie (n.f.) *(polyploidy)*

Multiplication par un nombre entier, supérieur à deux, du nombre chromosomique de base (x) d'un noyau, d'une cellule ou d'un organisme. Ex. : dans le genre *Triticum*, le nombre de chromosomes sporophytiques du Blé tendre, *T. vulgare*, est 42, tandis que celui du Blé dur, *T. durum*, est 28. Ces différents nombres sont des multiples de 7, nombre haploïde de base (x). Le Blé dur est dit tétraploïde ($2n = 4x = 28$) et le Blé tendre hexaploïde ($2n = 6x = 42$).
La polyploïdie provient de la multiplication du nombre chromosomique qui peut être spontanée, par mutation des cellules somatiques lors de la différenciation (polyploïdie somatique ou endopolyploïdie), par formation de gamètes non réduits (polyploïdie générative) ou, le plus souvent, par mutation induite par des techniques appropriées (utilisation de la colchicine, par exemple). Si la polyploïdie résulte de la multiplication du stock chromosomique de la même espèce, on parle d'autopolyploïdie ; si elle résulte de la juxtaposition de génomes différents, on parle d'allopolyploïdie. Les allopolyploïdes résultant d'un mélange de génomes ont souvent des qualités supérieures aux autopolyploïdes et sont, de ce fait, sélectionnés naturellement. Ils sont donc plus fréquents dans la nature. L'autopolyploïdisation artificielle est surtout utilisée chez les espèces cultivées pour leurs parties végétatives car, souvent, la taille des plantes croît avec le niveau de ploïdie, bien que beaucoup d'espèces polyploïdes, notamment les polyploïdes impairs, soient stériles, à cause de la ségrégation irrégulière de leurs chromosomes durant la méiose. En agriculture, cette stérilité est contournée par la multiplication végétative.
La polyploïdie est répandue chez les plantes, contrairement aux animaux. Elle est plus fréquente chez les Angiospermes que chez les Gymnospermes.

polysaccharide (n.m.) *(polysaccharide)*

Terme générique englobant tous les polymères linéaires ou ramifiés, formés par la condensation, avec élimination d'eau, d'un nombre élevé (de 10 à plusieurs milliers) de molécules de monosaccharides (amidon, cellulose, etc.) ou de leurs dérivés (acides uroniques), liés entre eux par différents types de liaisons (α ou β ; $1 \rightarrow 4$, $1 \rightarrow 6$, $1 \rightarrow 3$, etc.).

> Si ces monosaccharides sont des hexoses, le polymère est appelé hexosane. Les pentosanes renferment des unités pentoses.
>
> L'importance des polysaccharides des végétaux est multiple :
>
> ➤ ils comprennent les substances alimentaires les plus consommées : amylose et amylopectine, constituant les grains d'amidon des Céréales, des Légumineuses, etc. pour lesquelles ils sont la forme de réserve glucidique ;

➤ ils comprennent les substances responsables de la structure des parois cellulaires végétales comme la cellulose qui constitue le matériau de base de nombreux végétaux ;

➤ ce sont des matières premières de transformation enzymatique ou chimique, principalement par hydrolyse ;

➤ ils sont utilisés comme agents technologiques dans les industries agroalimentaires : épaississants, gélifiants, etc.

Les polysaccharides sont habituellement peu ou pas solubles dans les solutions aqueuses.

Syn. : glycane, polyholoside, polyoside.

polysépale (adj.) *(polysepalous)*

Synonyme de dialysépale.

polysperme (adj.) *(polysperm, polyspermous)*

Se dit d'un fruit à graines nombreuses. Ex. : Coquelicot (*Papaver rhoeas*), Melon (*Cucumis*), Tomate (*Lycopersicon esculentum*).

polystémone (adj.) *(polystemone, polystemonous)*

Se dit d'une fleur à étamines en nombre supérieur au double de celui des pétales. Ex. : Rosacées.

polytypique (adj.) *(polytypic)*

Se dit d'un taxon comprenant plusieurs types nomenclaturaux de rang inférieur, et donc plusieurs espèces.
Ant. : monotypique.

pomacé (adj.) *(pomaceous)*

Qualifie un fruit du type pomme c'est-à-dire un fruit syncarpique charnu pluriloculaire, à pépins ou à noyaux. La chair du fruit est issue du réceptacle enveloppant les carpelles.

pomologie (n.f.) *(pomology)*

Branche de l'arboriculture consacrée aux arbres fruitiers.

population (n.f.) *(population)*

Ensemble d'individus d'une même espèce vivant dans un biotope déterminé à un moment donné et au sein duquel se font des échanges de gênes.

Ne pas confondre avec peuplement.

poricide (adj.) *(poricidal)*

Se dit d'un organe d'un fruit ou d'une anthère à déhiscence par des pores. Ex. : anthères de la Morelle noire (*Solanum nigrum*), capsule du Coquelicot.

porogamie (n.f.) *(porogamy)*

Pénétration du tube pollinique par le micropyle de l'ovule pour parvenir au sac embryonnaire.

porphyrine (n.f.) *(porphyrin)*

Composé azoté tétrapyrrolique complexe, de formule brute $C_2OH_{14}N_4$, formant un cycle fermé, très commun chez les organismes vivants. L'élément de base, le pyrrole, est obtenu à partir du succinyl-CoA et de l'acide aminé, la glycine.

La caractéristique la plus frappante des porphyrines réside dans leur aptitude à former des chélates avec de nombreux ions métalliques ; le métal étant maintenu solidement entre les atomes d'azote du système. Ces métaux jouent un rôle fondamental dans le métabolisme des organismes en tant que groupe prosthétique des enzymes.

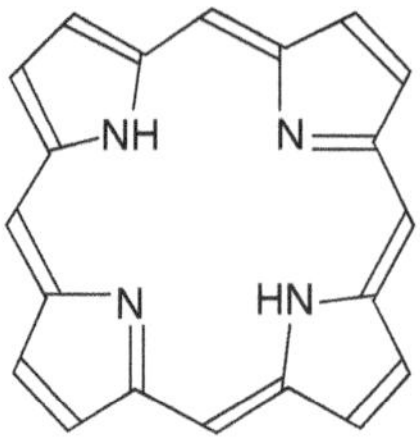

Porphyrine

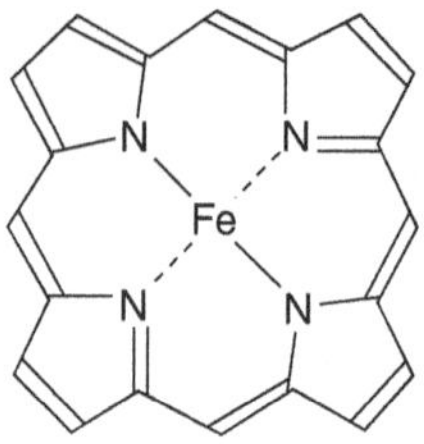

Complexe Fe^{2+}-porphyrine

▶ Structure d'une porphyrine ◀

La chlorophylle, molécule clé de la photosynthèse, est une porphyrine contenant du magnésium. Les cytochromes sont un autre exemple de composés porphyriniques.

L'ouverture du noyau tétrapyrrolique donne des phycobilines.

Le tableau suivant donne d'autres exemples de systèmes tétrapyrroliques.

Systèmes tétrapyrroliques cycliques avec un atome central	Fonction
Chlorophylle (Mg)	photosynthèse
Cytochrome, cytochrome oxydase (Fe)	transport des électrons
Peroxydases, catalases (Fe)	oxydation de substrats par le peroxyde d'hydrogène
Leghémoglobine (hème) (Fe)	transport d'oxygène
Systèmes tétrapyrroliques ouverts (phycobilines)	Fonction
Phytochrome	contrôle de nombreux processus physiologiques

▶ Les systèmes tétrapyrroliques les plus importants chez les plantes supérieures ◀

port (n.m.) *(habit)*

Allure générale caractéristique ou mode de développement d'une plante.

Le port peut être arborescent, herbacé, lianoïde, rampant, buissonnant, volubile, érigé, fastigié, monopodial, sympodial, etc.

L'acquisition d'un port donné est déterminée génétiquement pour chaque espèce, mais également par les conditions écologiques du biotope : la silhouette d'un arbre, par exemple, peut varier notablement selon qu'il pousse sur sol profond, soit au sein d'un peuplement forestier, soit au bord d'une clairière ou selon qu'il végète sur sol calcaire et rocailleux ; certains arbustes du littoral, au lieu d'être érigés, deviennent prostrés sous l'action des vents dominants.

Syn. : habitus.

potassium (K^+) (n.m.) *(potassium)*

Macroélément métallique intervenant dans le milieu intracellulaire sous forme cationique, libre ou complexée. Très mobile, dissous dans les liquides intracellulaires, notamment dans la vacuole où il s'accumule à des concentrations jusqu'à 100 fois supérieures à celles du milieu environnant. C'est le principal osmoticum intervenant dans le maintien de la pression osmotique et de l'équilibre hydrique ainsi que de l'ouverture des stomates. Une insuffisance en potassium entraîne une baisse de la teneur en K^+ des feuilles et par-là même la fermeture des stomates.

poussée radiculaire (l.f.) *(radicular pressure)*

Pression qui s'exerce de bas en haut sur la colonne de sève brute, contre la pesanteur, contribuant, avec la transpiration foliaire et la capillarité, à la montée de la sève. Elle nécessite donc un métabolisme actif et n'existe que si les racines sont vivantes et aérées ; elle est inhibée par le cyanure et diminue quand la température s'abaisse. Certains arguments (existence d'un gradient osmotique croissant dans le cortex de la racine depuis les poils absorbants jusqu'à l'endoderme) laissent penser qu'elle est de nature purement osmotique. Elle présente une périodicité journalière avec un maximum en fin de matinée.

Bien que, en général, son rôle ne soit qu'accessoire, voire même inexistant chez certaines espèces (Conifères), elle est parfois seule responsable de l'ascension de la sève depuis les racines jusqu'aux feuilles, chez les plantes aquatiques immergées (Ex. : Élodée, Cératophylle).

prairie (n.f.) *(grassland, meadow)*

Écosystème caractérisé par une couverture végétale herbacée, surtout pérenne, et les plantes à rhizomes (Poacées) résistantes à la sécheresse et au froid. Le sol est riche en matière organique et très fertile.

Les prairies occupent de vastes superficies en Europe centrale, en Asie, en Amérique du sud (Venezuela), en Amérique du Nord et en Afrique. Les précipitations, non régulières, y sont de l'ordre de 30 à 65 cm/an. Des périodes de sécheresse sont fréquentes.

préfeuille (n.f.) *(preleaf)*

Première petite feuille portée sur le pédoncule floral entre bractée et périanthe, généralement au nombre de deux latérales (l'une en face de l'autre) chez les Dicotylédones, une seule chez les Monocotylédones (en position inférieure dans le plan passant par la tige et le pédoncule floral).

préfloraison (n.f.) *(preflowring, prebudding, vernation)*

Disposition des pièces florales d'un même verticille dans le bourgeon floral, avant l'épanouissement de la fleur. Cette disposition peut être différente pour le calice et la corolle. Elle peut être cochléaire, imbriquée, quinconciale, tordue, valvaire…

Syn. : vernation.

préfoliaison, préfoliation (n.f.) *(vernation)*

Disposition des feuilles dans le bourgeon encore clos.

Syn. : vernation.

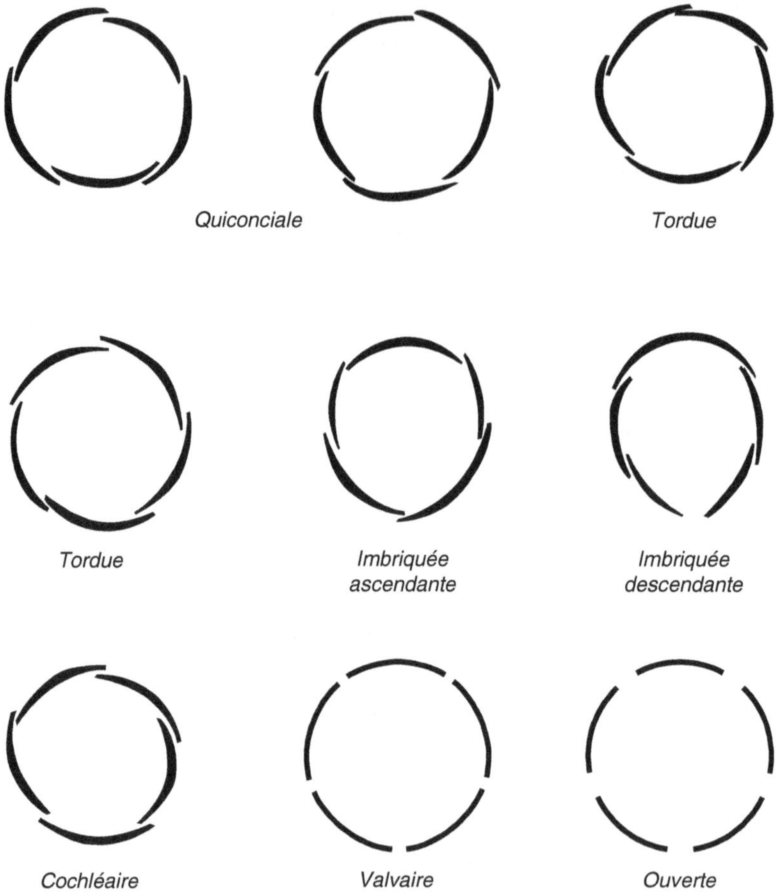

▶ Différents types de préfloraisons ◀

Présperma(to)phytes (n.f.pl.) *(Prespermaphytes)*

Groupe de plantes supérieures terrestres, représenté actuellement par quelques plantes reliques, faisant la transition entre les Ptéridophytes et les Spermaphytes, d'où leur appellation. Elles se caractérisent notamment par la formation d'ovules et de grains de pollen mais ne font pas de vraies graines (réserves constituées avant la fécondation et absence de période de dormance). Les deux ordres actuels constituant cet embranchement sont les Cycadales (environ 100 espèces actuelles) et les Ginkgoales (une seule espèce, *Ginkgo biloba*).

> ⚠ De nombreux auteurs rangent les Cycadales et les Ginkgoales dans les Gymnospermes (malgré l'absence de graine). Elles constituent alors le groupe des Natrices alors que les Gymnospermes vraies (Conifères) constituent le groupe des Vectrices.

Syn. : préphanérogames.

pression de turgescence (l.f.) *(turgor pressure)*

Pression intracellulaire résultant de l'absorption d'eau dans la vacuole et l'imbibition du protoplasme par l'eau.
La pression de turgescence contribue au maintien des organes jeunes non lignifiés et du port dressé des végétaux herbacés.

pression osmotique (l.f.) *(osmotic pressure)*

Pression responsable du passage des molécules d'eau depuis une solution moins concentrée (hypotonique) séparée par une membrane perméable à l'eau vers une solution plus concentrée (hypertonique). Il s'agit d'un phénomène passif ne nécessitant pas d'ATP.
Les phénomènes osmotiques ont une grande importance pour les plantes en régulant les mouvements de l'eau entre les cellules et leur environnement.

procambium (n.m.) *(procambium)*

Tissu provenant du méristème primaire, produisant les tissus vasculaires avec du xylème primaire et du phloème primaire.

Procaryote (n.m.) *(Prokaryote)*

Organisme, généralement unicellulaire, ayant une structure cellulaire relativement simple. Les Procaryotes sont dépourvus d'un véritable noyau et n'ont qu'un chromosome circulaire unique, non associé à des protéines, libre dans le cytoplasme. La structure de ce dernier est également plus simple ; on n'y trouve pas d'organites subcellulaires (mitochondries, plastes, réticulum endoplasmique). Ils possèdent des polyribosomes épars dans le cytoplasme. Ils ne possèdent pas de cytosquelette et leur paroi est de nature glycoprotéique. Leur propagation est totalement asexuée : chaque cellule se divise par scissiparité.
Parmi les Procaryotes on range les Bactéries et les Cyanobactéries ; ces dernières (appelées autrefois « algues bleues ») sont parfois rattachées au règne végétal car elles possèdent des pigments photosynthétiques. Ce sont probablement les premiers êtres vivants apparus sur la terre, il y a environ 3,5 milliards d'années.
Ant. : Eucaryote.

producteur primaire (l.m.) *(primary producer)*

Se dit des végétaux qui, étant autotrophes, produisent de la matière organique et sont donc, dans les cycles biologiques, les premiers maillons des chaînes alimentaires.

production primaire (l.m.) *(primary production)*

Quantité de matière végétale produite par photosynthèse par une phytocénose donnée.

produits naturels (l.m.pl.) *(natural products)*

Ce sont des composés issus d'organismes vivants. Une variété infinie en a été isolée mais on peut grouper la majorité de ces composés en quelques classes seulement (protéines, lipides, glucides, alcaloïdes, stéroïdes, terpènes, porphyrines, etc.) dont les trois premières sont particulièrement importantes.
Le monde végétal tient une place de choix, comme source de substances naturelles très variées et donc utilisables dans de très nombreux domaines. Un grand nombre d'extraits de végétaux, terrestres ou marins, sont aujourd'hui sur le marché : extraits de plantes, peptides, protéines, pigments, acides gras, polysaccharides, oligoéléments, huiles végétales, etc.
Certains médicaments de base sont isolés à partir de sources naturelles. Dans certains cas, les produits obtenus peuvent être modifiés chimiquement (hémisynthèse) en vue d'obtenir des produits analogues présentant une activité spécifique plus importante (Ex. : acide acétyl salicylique ou aspirine, synthétisée à partir de l'acide salicylique trouvé à l'état naturel dans

l'écorce de Saule). D'autres composés miment des produits naturels mais sont d'origine entièrement synthétique.
Le génie génétique ouvre de nouvelles perspectives à l'industrie du médicament pour la production de produits naturels ou d'analogues de synthèse.

prolifère (adj.) *(proliferous)*

Qualifie une fleur, en particulier, dont l'axe floral poursuit sa croissance en tige feuillée au-dessus des pièces florales. Ex. : Rosier.

proplaste (n.m.) *(proplast, proplastid)*

Forme précurseur des plastes, contenue dans les cellules du méristème. De structure simple, ils sont susceptibles d'évoluer vers chacune des catégories de plastes : chloroplastes, chromoplastes, leucoplastes. Cette évolution est en relation avec les conditions dans lesquelles se trouve placé le végétal : présence ou absence de lumière en particulier.

protandrie (n.f.) *(protandry)*

Synonyme de protérandrie.

protéagineux (adj.) *(proteaginous)*

Se dit d'un végétal cultivé pour sa richesse en protéines.
Ce sont surtout des Légumineuses à grosses graines : le Pois, la Féverole et le Lupin. Elles représentent le plus grand rendement d'acides aminés indispensables à l'hectare. Leur teneur en protéines (des globulines, majoritairement), qui manquent d'acides aminés soufrés, avoisine 25 % dans les graines. Les graines protéagineuses sont essentiellement utilisées pour l'alimentation animale. Leurs protéines entrent aussi dans des produits destinés à l'alimentation humaine.
Les graines de la plupart des Céréales (Blé, Orge, Maïs) sont également riches en protéines (prolamines et glutélines, majoritairement).

protéandrie (n.f.)

Synonyme de protérandrie.

protéine (n.f.) *(protein)*

Macromolécule organique, composée principalement de carbone, hydrogène, oxygène et d'azote. Les unités constitutives des protéines sont des acides aminés et des amides.
Les protéines végétales se trouvent en quantités plus ou moins importantes dans les tubercules (Ex. : Pomme de terre), certaines racines (Ex. : Manioc), les feuilles (Ex. : Luzerne) mais elles sont le plus souvent extraites des graines des protéagineux (Pois, Pois-chiche, Féverole, Haricot, Lentilles, lupin, etc.), des oléagineux (Soja, Arachide, Colza, Tournesol, etc.) ou de Céréales (Blé, Riz, Maïs...). Ces dernières couvrent la moitié des besoins protéiques dans l'alimentation humaine et animale, malgré une composition déficitaire en acides aminés essentiels, constituant les facteurs limitants des protéines végétales. Le manque de lysine dans les Céréales peut être compensé par celle des Légumineuses.
Chez les végétaux, l'accumulation de protéines la plus importante se rencontre dans les tissus (albumen et cotylédons) de certaines graines. Une protéine présente dans une graine en quantité supérieure à 5 % est considérée comme une protéine de réserve. Ces protéines de réserve qui sont d'une grande importance, tant pour la plante elle-même au moment du développement de l'embryon lors de la germination que pour l'alimentation humaine ou animale, constituent dans la cellule de nombreux éléments figurés, appelés corpuscules protéiques ou grains d'aleurone, dont la forme et la structure sont souvent caractéristiques d'une espèce donnée.

protérandrie (n.f.) *(protandry)*

Condition d'une fleur dont les étamines arrivent à maturité avant que le stigmate ne soit réceptif au pollen, ce qui rend impossible l'autopollinisation.

Une fleur protandre, bien qu'anatomiquement bisexuée, est donc, à un moment donné, physiologiquement unisexuée : d'abord mâle puis femelle. Cette situation favorise l'allogamie ou fécondation croisée. Ex. : Betterave, Digitale, Sauge des près.

Syn. : protandrie, protéandrie.

Ant. : protogynie, protérogynie.

protérogynie (n.f.) *(protogyny, gynandry)*

Cas d'une fleur dont le gynécée arrive à maturité avant que les anthères ne s'ouvrent. Ex. : Belladone (*Atropa belladonna*), Clématite (*Clematis*).

Syn. : protogynie.

Ant. : protandrie, protérandrie.

prothalle (n.m.) *(prothallus)*

Organe transitoire de petite taille (quelques millimètres), en forme de lame verte fixée au sol par des rhizoïdes, correspondant au gamétophyte des Ptéridophytes. Selon qu'il est unisexué ou bisexué, le prothalle porte, sur sa face inférieure, soit des archégones, soit des anthéridies ou les deux à la fois.

protides (n.m.pl.) *(protids)*

Nom générique comprenant, outre les protéines, des substances de nature protéique telles les enzymes, les acides aminés, les peptides et tous les composés donnant par hydrolyse un ou plusieurs acides aminés.

Les protéines se subdivisent en holoprotéines, qui ne donnent par hydrolyse que des acides aminés, et en hétéroprotéines, qui contiennent en outre, des éléments non protidiques désignés sous le nom de groupements prosthétiques.

protochlorophylle (n.f.) *(protochlorophyll)*

Précurseur de la chlorophylle. La protochlorophylle se transforme en chlorophylle soit par voie photochimique, à la lumière, soit par voie enzymatique, à l'obscurité.

protoderme (n.m.) *(protoderm)*

Assise cellulaire qui entoure le proembryon qui sera à l'origine de l'épiderme, du rhizoderme et d'une partie de la coiffe racinaire.

protogynie (n.f.)

Synonyme de protérogynie.

protonéma (n.m.) *(protonema (pl. protonemata))*

Chez les Bryophytes, type de thalle extrêmement simple, filamenteux ou lamellaire, constitué par des files unisériées de cellules, ramifiées de place en place. Certaines de ces ramifications contiennent des chloroplastes et sont photosynthétiques ; d'autres ne le sont pas et ancrent le protonéma dans le substrat (rhizoïdes). En se différenciant, le protonéma donne des bourgeons qui sont à l'origine de pousses feuillées produisant à leur tour des organes sexués : les anthéridies (gamétanges mâles) ou les archégones (gamétanges femelles) ou les deux en même temps.

protoplasme (n.m.) *(protoplasm)*

Désigne le contenu total d'une cellule vivante, c'est-à-dire l'espace délimité extérieurement par le plasmalemme et intérieurement par le tonoplaste. Il comprend des organites divers

(mitochondries, plastes, appareil de Golgi, réticulum endoplasmique, peroxysomes, glyoxysomes), un noyau et un cytoplasme correspondant à l'espace situé en dehors de ces organites cellulaires, appelé aussi cytosol.
Le cytosol est le siège de nombreux processus métaboliques. Par exemple, des nucléotides, des acides gras et des acides aminés sont synthétisés dans le cytosol. Dans certaines voies métaboliques, il y a coopération étroite entre le cytosol et les organites cellulaires. Un exemple typique d'une telle coopération est donné par la dégradation oxydative des glucides, initiée dans le cytosol et achevée dans les mitochondries.

> Ne pas confondre avec paraplasme.

protoplaste (n.m.) *(protoplast)*
Cellule non sexuelle, débarrassée de sa paroi pecto-cellulosique par des traitements enzymatiques et que l'on peut obtenir à partir de différents organes chez tous les végétaux (et bactéries).
Les protoplastes sont obtenus par l'action conjuguée de cellulases et de pectinases qui désagrègent les parois pecto-cellulosiques et libèrent des cellules dénudées, dans de très strictes conditions de durée, de température et de pression osmotique. Les protoplastes d'espèces différentes peuvent être fusionnés dans des conditions particulières et donner de nouveaux individus hybrides. Cette régénération a été obtenue avec un petit nombre d'espèces : elle est plus facile chez les Solanacées (*Nicotiana, Solanum, Datura, Petunia*, etc.), beaucoup plus difficile chez les Monocotylédones (Céréales) et certaines Dicotylédones (Fabacées).

protostèle (n.f.) Voir stèle. *(protostele)*

proventif (adj.) *(proventive)*
Se dit d'un bourgeon qui reste dormant jusqu'à ce qu'une cause externe provoque son développement. Après la coupe des arbres d'une futaie, les bourgeons proventifs régénèrent le taillis en forêt.

pruine (n.f.) *(bloom on fruit))*
Dépôt blanc ou glauque, finement pulvérulent, recouvrant certains fruits (dits alors pruineux) ou certaines feuilles, enlevé par simple frottement. Ex. : Prune, grains de Raisin, tige de l'Aneth (*Anethum graveolens*), etc.

psammophile (adj.) *(psammophilous, sand-loving)*
Se dit d'une plante qui aime les milieux sableux. Ex. : Oyat (*Ammophila arenaria*), Armoise rouge (*Artemisia campestris*).
Syn. : arénicole.

pseudophylle (n.f.) *(pseudophyll)*
Nom donné aux feuilles en forme d'aiguilles des Pins, et qui sont portées par un brachyblaste.
Syn. : aiguille.

Ptéridophytes (n.f.pl.) *(Pteridophyta)*
Embranchement du règne végétal regroupant actuellement plus de 11 000 espèces. Ce sont des Cryptogames vasculaires regroupant plusieurs phylums (lignées évolutives) : les Fougères (représentant 9/10 de l'ensemble des espèces), les Prêles, les Lycopodes, Sélaginelles et Isoètes.

Les Ptéridophytes sont caractérisés par un cycle de reproduction digénétique avec dominance du sporophyte diploïde.

pubescent (adj.) *(pubescent)*

Qualifie un organe (tige et feuille, en particulier) couvert de poils fins plus ou moins courts, mous et peu denses formant un léger duvet à peine visible. Ex. : *Acacia pubescens*, *Delphinium pubescens*, face inférieure des feuilles du Chêne pubescent (*Quercus pubescens*).
La pubescence est souvent une adaptation à la sécheresse (réduction de la transpiration) ou au froid.
Ce terme est parfois utilisé (à tort) pour n'importe quel type de poils.
Ant. : glabre.

pulpe (n.f.) *(pulp)*

Tissu riche en sucs, souvent sucrés, qui constitue la plus grande partie du péricarpe des fruits charnus. Ex. : pulpe de Raisin.

pulvérulent (adj.) *(pulverulent)*

Couvert d'une sorte de poussière. Ex. : *Frankenia pulverulenta* (Frankeniacées), *Helianthemum pulverulentum* (Cistacées).

pyrophyte (n.f.) *(pyrophyte)*

Plante qui survit ou succède aux incendies. Ex. : Pin américain (*Pinus contorta*) constitue dans les zones dévastées par les incendies des peuplements très denses. Ses fruits résistent à la chaleur du feu mais s'entrouvrent : les graines se libèrent alors et germent immédiatement.

pyxide (n.f.) *(pyxis)*

Capsule s'ouvrant à maturité par une fente de déhiscence circulaire transversale et dont la partie supérieure (opercule) se détache comme un couvercle. Ex. : Jusquiame (*Hyoscyamus*), Mouron des oiseaux (*Anagallis arvensis*).

Q

quantasome (n.m.) *(quantasome)*

Une des nombreuses petites particules disposées sur les membranes des thylakoïdes chloroplastiques et visibles au microscope électronique.

Les quantasomes contiennent un petit nombre de molécules de chlorophylle spécialisées dans la transformation de l'énergie lumineuse en énergie chimique (P700 pour le PSI ; P680 pour le PSII) et de carotène, associées à des phospholipides et à d'autres molécules.

C'est à leur niveau que se déroulent les réactions photochimiques de la photosynthèse.

Syn. : unité photosynthétique.

quiescence (n.f.) *(quiescence, quiescency)*

État de latence précédent la germination et durant lequel tous les processus métaboliques sont momentanément réduits au minimum, permettant une adaptation des plantes aux variations climatiques des saisons et aux conditions défavorables concomitantes (basse température, sécheresse).

> Ne pas confondre avec dormance.

quinconciale (adj.) *(quincuncial)*

Se dit d'une préfloraison d'une fleur pentamère dans laquelle deux des pièces florales sont recouvrantes, une mi-recouverte mi-recouvrante et deux totalement recouvertes, au sein d'un même verticille. Ex. : Polygonacées, Renoncule (*Ranunculus*).

quinone (n.f.) *(quinone)*

Classe de pigments jaunes à rouge-violet que l'on rencontre à l'état naturel dans les règnes végétal et animal.

On en a décrit plus de 1 200, principalement chez les Angiospermes, les Gymnospermes, les Champignons, les Lichens et, très rarement, chez les Fougères.

> Les quinones sont des composés liposolubles.
>
> Toutes les quinones sont colorées. Les *para*-quinones sont généralement jaunes ou orangées, tandis que les *ortho*-quinones sont plus foncées, souvent rouges.
>
> Les naphtoquinones sont rencontrées principalement chez les Champignons et quelques familles d'Angiospermes (Bignoniacées, Droséracées, Ébénacées, etc.).
>
> Diverses quinones interviennent dans des réactions d'oxydoréduction biochimiques. Les ubiquinones ou coenzymes Q (ubiquistes dans les cellules animales et végétales) ont des chaînes d'unités isoprénoïdes de longueur

variable suivant les cellules qui les produisent, intervenant dans le transport des électrons dans les mitochondries. La plus répandue est l'ubiquinone. Les plastoquinones sont caractéristiques des plastes où elles fonctionnent également dans la photosynthèse en tant que substrat redox réversible.

Les anthraquinones sont fréquemment trouvées sous forme de glucosides, notamment chez les Rubiacées, les Champignons et les Lichens. L'alizarine, pigment rouge orangé extrait des racines de la Garance, est une anthraquinone.

quotient respiratoire (QR) (l.m.) *(respiratory quotient)*

Rapport volumétrique entre les quantités de dioxyde de carbone dégagé et d'oxygène absorbé, au cours de la respiration, pendant le même temps et par la même quantité de tissus. En réalité, beaucoup de transformations métaboliques (respiration métabolique) interfèrent avec la respiration proprement dite (respiration physiologique) et affectent la valeur du QR. La nature des métabolites oxydés (glucides, lipides, protides, acides organiques, etc.) ainsi que toutes les réactions qui, soit libèrent du CO_2 sans intervention d'O_2 absorbé dans le milieu, soit absorbent de l'O_2 sans rejet de CO_2 dans le milieu (transformation de glucides en acides gras lors de la maturation des graines de plantes oléagineuses, transformation des glucides en acides organiques lors de la maturation de fruits, transformation d'acides organiques en glucides, processus fermentaires, etc.).

Le QR varie également, dans de larges proportions, en fonction du stade de développement de la plante.

R

race pure (l.f.) *(pure line)*

Individus présentant tous plus ou moins strictement les mêmes potentialités génétiques, transmises d'une génération à l'autre sans aucun changement, tant que les croisements ont lieu à l'intérieur de la race et en l'absence de mutation.

racème (n.m.), **racémeux** (adj.), **racémiforme** (adj.) *(raceme, racemose, racemiform)*

Respectivement grappe, en grappe, en forme de grappe.

rachis (n.m.) *(r(h)achis)*

1. Nom désignant le prolongement du pétiole dans une feuille composée pennée. Il porte soit des folioles, soit des ramifications garnies de folioles.
2. Axe central des inflorescences du type épi. Ex. : nombreuses Poacées.
3. Axe du cône d'un Résineux.

racine (n.f.) *(root)*

Organe végétatif des Spermaphytes et des Ptéridophytes (sauf les prothalles) fixant le végétal au sol et lui permettant d'absorber l'eau et les substances dissoutes.
D'un point de vue anatomique, une jeune racine est caractérisée, de l'intérieur vers l'extérieur, par : un cylindre central réduit délimité par une assise de cellules, le péricycle, et renfermant les tissus conducteurs de sève (le xylème primaire centripète alternant avec le phloème primaire), on rencontre ensuite l'endoderme, composé d'une seule couche de cellules, assise la plus interne de l'écorce très épaisse, avec son parenchyme riche en substances de réserves ; une assise pilifère porteuse de poils absorbants remplacée ensuite par une assise subéreuse (Dicotylédones) ou un subéroïde (Monocotylédones). À l'extrémité de la racine et juste sous la coiffe, se trouve un tissu composé de cellules à divisions rapides, le méristème racinaire apical. Une racine plus âgée présente chez les Gymnospermes et chez les Angiospermes Dicotylédones des tissus secondaires, bois et liber au centre, suber et phelloderme à la périphérie. Ces tissus proviennent du fonctionnement de méristèmes secondaires responsables de l'accroissement en épaisseur.
La racine est dite pivotante si elle est droite et dominante par rapport aux racines secondaires qu'elle émet latéralement ; c'est le cas de la majorité des Dicotylédones (Carotte, Radis, etc.). Quand il n'y a pas de racine principale mais de nombreuses racines toutes de même taille partant du collet, on les dit fibreuses ou fasciculées ; c'est le cas des Monocotylédones. Les racines peuvent aussi être enflées en tubercules comme chez l'Arum et la Bryone. Elles peuvent s'hypertrophier par l'accumulation de réserves, on les dit tubéreuses ; c'est le cas de la Betterave, de la Carotte.
Certaines plantes, spécialement dans la zone équatoriale, émettent des racines aériennes qui peuvent atteindre plusieurs mètres (Ex. : certains *Ficus*). Dans la mangrove, des arbres (les Palétuviers, Rhizophoracées) émettent de longues racines aériennes servant de soutien, appelées racines échasses ou des ramifications verticales des racines sortant de la

vase et terminées par des extensions spongieuses, appelées pneumatophores, contribuant aux échanges gazeux avec les parties submergées du système racinaire. Les racines adventives naissent sur une partie inhabituelle (Ex. : tige), dans certaines conditions (marcottage, bouturage, etc.), et parfois sur une feuille (Ex : Bégonia).

Les Légumineuses (Haricot, Fèves, Pois, Soja, etc.) hébergent dans des nodosités de leurs racines des bactéries symbiotiques du genre *Rhizobium* qui fixent directement l'azote atmosphérique. Les racines de nombreux arbres sont entourées d'un manchon de tissus de champignons : les mycorhizes qui aident à l'absorption des ions minéraux (phosphore notamment).

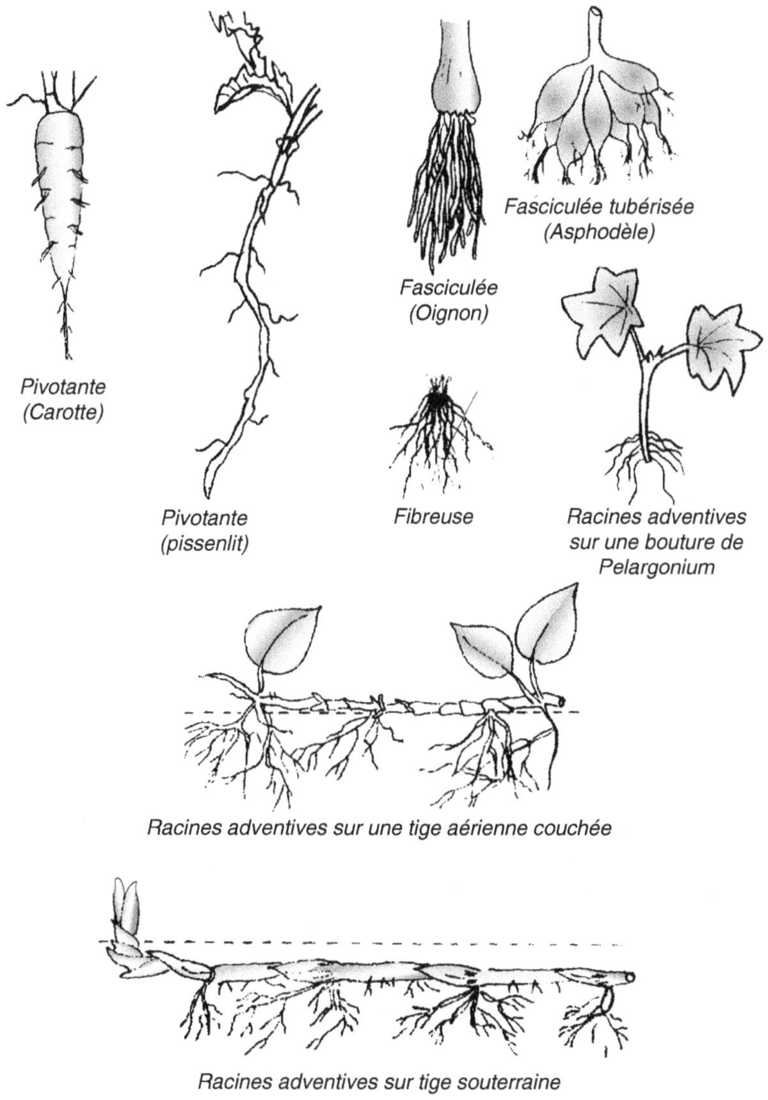

▶ Différents types de racines ◀

> ⚠ Ne pas confondre le rhizome qui est une tige souterraine, le plus souvent horizontale, avec une racine. Cette dernière n'a jamais de feuilles même en écailles (comme la plupart des rhizomes) et la structure anatomique des rhizomes est typiquement celle d'une tige (avec quelques modifications dues à sa situation souterraine).

radial (adj.) *(radial)*

Se dit d'un type de symétrie lié à la disposition (rayonnante) régulière des éléments homologues (pièces florales, faisceaux conducteurs, etc.) par rapport à l'axe d'un organe qui joue alors le rôle d'axe de symétrie. Ex. : pétales de la fleur du Fraisier (*Fragaria*).
Syn. : actinomorphe (dans le cas d'une fleur).

radical (adj.) *(radical)*

Qualifie un organe (feuille ou rameau) naissant de la racine ou à la base de la tige au niveau du collet. Quand il s'agit de feuilles, elles forment une rosette.

radicant (adj.) *(radicate, radicant)*

Qualifie un végétal dont les rameaux émettent des racines adventives couchées à la surface du sol, contre une écorce ou sur un mur. Ex. : Renoncules (*Ranunculus*), Ronce (*Rubus*), Lierre grimpant (*Hedera helix*).

radicelle (n.f.) *(rootlet, radicel)*

Fine ramification émise par la racine principale ou par les racines secondaires, assurant l'absorption de l'eau et des sels minéraux.

> ⚠ Ne pas confondre avec radicule.

radicule (n.f.) *(radicle)*

Organe de la plantule qui, en se développant, deviendra la racine principale de la future plante.

> ⚠ Ne pas confondre avec radicelle.

radié (adj.) *(radiate)*

1. Se dit de pièces disposées autour d'un axe commun.
2. Se dit d'un capitule possédant des fleurs ligulées (demi-fleurons) à la périphérie et des fleurons au centre. Ex. : Souci (*Calendula* sp.), Pâquerette (*Bellis perennis*).

rafle (n.m.) *(stalk)*

Ensemble du pédoncule et des pédicelles d'une grappe de fruits : Raisins, Groseilles, etc.

rameux (adj.) *(ramose, ramous)*

Qualifie un végétal possédant de nombreux rameaux ou un organe ressemblant à un rameau.

ramification (n.f.) *(ramification, branching)*

Mode de développement des rameaux d'un végétal, en particulier des espèces arborescentes.

Chez les Angiospermes comme chez les Gymnospermes, elle est le plus souvent latérale. Dans ce cas, le développement des bourgeons axillaires, situés sur les flancs de l'apex d'une tige, à l'aisselle d'une ébauche foliaire donnera à son tour de nouveaux axes feuillés qui deviendront des axes latéraux ou rameaux. Chez les Angiospermes, la ramification terminale est rare. Elle a été décrite chez quelques Monocotylédones appartenant à des familles comme les Arécacées (*Hyphaene thebaica*) ou les Musacées (*Strelitzia reginae*), et de manière plus occasionnelle chez les Dicotylédones, dans la famille des Cactacées (*Mammillaria* spp.) et des Asclépiadacées (*Asclepias syriaca*).

ramiflorie (n.f.) *(ramiflory)*
Phénomène présenté par les plantes dont les fleurs ou les inflorescences naissent sur des parties défeuillées des rameaux de la saison précédente. Ex : Le Cacaoyer (*Theobroma cacao*, Sterculariacées) a la particularité de porter ses fruits sur son tronc (cauliflorie) et sur ses branches adultes duveteuses (ramiflorie).
Syn. : cauliflorie.

rampante (adj.) *(creeping, procumbent)*
Se dit d'une tige complètement couchée sur le sol mais non enracinée au niveau de ses nœuds. Ex. : tige de nombreuses Cucurbitacées.
Syn. : procombante.

rang (n.m.) *(rank)*
Place d'un être vivant dans le système de classification hiérarchisé. Celui utilisé pour les végétaux est le suivant, par ordre décroissant des principales divisions : règne, classe, ordre, famille, genre, section, espèce, sous-espèce, variété, forme.

raphé (n.m.) *(raphe)*
Prolongement supérieur du funicule soudé au tégument externe de l'ovule lorsque celui-ci s'est replié contre lui (cas d'un ovule anatrope) et formant une ligne apparente.

raphides (n.f.pl.) *(raphides)*
Cristaux aciculaires d'oxalate de calcium au sein de certaines cellules, disposés en paquets d'aiguilles. Ex. : Dioscoréacées, feuilles du *Mesembryanthemum* (Aizoacées), Aracées, Broméliacées.

raquette (n.f.) *(racket)*
Nom donné aux rameaux aplatis et charnus de certaines espèces de Cactacées Ex. : *Opuntia*.

rayon (n.m.) *(ray)*
1. Dans les ombelles composées des Apiacées, chacun des pédoncules terminés par une ombellule.
2. Fleur marginale plus ou moins étroite, ligulée, des plantes de la famille des Astéracées.

rayon médullaire (l.m.) *(medullar ray)*
File de cellules (en général à paroi cellulosique) disposées radialement dans les tissus conducteurs secondaires. Les rayons médullaires peuvent être unis ou plurisériés.

réaction de Hill (l.f.) *(Hill reaction)*
Réaction induite par la lumière au niveau des chloroplastes, due au flux d'électrons non acyclique entre l'eau (donneur d'électrons ou réducteur) et un accepteur d'électrons (ou oxydant) naturel ($NADP^+$) ou artificiel (Ex. : oxalate de potassium ferrique, 2,6-dichlorophénol indophénol, ferricyanure).

$$H_2O \xrightarrow{\text{lumière, chloroplastes}} {}^1/_2\,O_2 + 2H^+ + 2\,e^-$$

$$A + 2H^+ + 2\,e^- \Longrightarrow AH_2$$

A est appelé réactif de Hill.
À cette réaction sont couplées les photorespirations acycliques. Les produits des réactions photochimiques sont donc les deux cofacteurs : NADPH (nicotinamide dinucléotide phosphate réduit) et ATP. Ces cofacteurs sont immédiatement utilisés, en photosynthèse normale, dans les réactions thermochimiques de réduction du dioxyde de carbone qui sont ainsi couplées aux réactions photochimiques.
Cette réaction a été mise en évidence par le biochimiste anglais Robert Hill en 1937.

réceptacle (n.m.) *(receptacle, torus)*

Extrémité plus ou moins élargie, plane, convexe (Ranunculacées) ou concave (Pêcher, Pommier) du pédoncule sur laquelle s'insèrent les divers éléments constitutifs d'une fleur ou sur laquelle s'insèrent plusieurs fleurs lorsque celles-ci sont réunies en capitule (Pissenlit, Cardère, etc.).
La Fraise est un réceptacle de fleur hypertrophié (induvie), le fond d'Artichaut également, mais d'une inflorescence. Dans certains cas, le réceptacle creux devient plus ou moins charnu et abrite les akènes (fruit de l'Églantier), il peut même, dans le cas de certaines inflorescences, contenir les fleurs et prendre l'allure d'un fruit charnu, comme chez la figue.

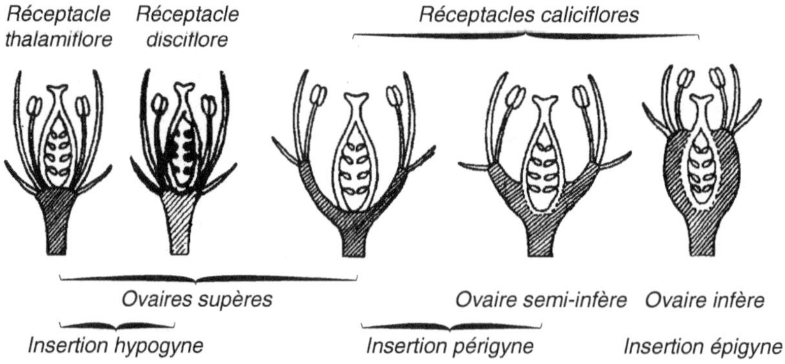

▶ Types de réceptacles et d'insertion des pièces florales
(fleurs vues en coupes longitudinales ; le réceptacle est représenté par des hachures) ◀

recouvrement (n.m.) *(recovery)*

Pour une strate végétale, pourcentage du sol qu'elle recouvre.

récurvé (adj.) *(recurvate, recurved)*

Courbé en arrière ou vers le bas.

> ⚠ Ne pas confondre avec incurvé.

Syn. : réfléchi, réfracté, rétrorse.

réduction chromatique (l.f.) *(chromatic reduction)*

Phénomène ayant lieu lors de la première des deux divisions cellulaires successives qui constituent la méiose et qui ramène le nombre de chromosomes de $2n$ à n (parfois considérée comme synonyme de la méïose complète).

réfléchi (adj.) *(reflected, reflexed, deflexed)*

Recourbé fortement vers le bas ou vers l'arrière par rapport à l'axe principal. Ex. : sépales de la Renoncule âcre (*Ranunculus acris*).

régénération (n.f.) *(regeneration)*

1. Reconstitution d'un tissu ou d'un organe ou d'un individu entier à partir d'une ou plusieurs cellules. Ex. : régénération d'une plante à partir d'un protoplaste, d'un cal ou d'un fragment d'organe (bouture ou propagule).

2. En sylviculture, renouvellement continu d'un peuplement forestier. La régénération naturelle se produit graduellement par rejets ou grâce aux graines venant de peuplements adjacents ou apportés par le vent, les oiseaux ou les animaux. La régénération artificielle comporte l'ensemencement direct par l'homme ou la plantation.

régime (n.m.) *(1. bunch, cluster (dattes), 2. bunch, hand (bananes))*

Type d'inflorescence, puis d'infrutescence en grappe, propre à certaines familles de plantes. Ex. : régime de dattes du Palmier dattier (*Phœnix dactylifera*), régime des bananiers (*Musa*).

règne (n.m.) *(kingdom)*

Catégorie taxonomique supérieure dans le système de classification de Linné.
On admet actuellement 5 règnes :
Animaux – le plus important avec plus d'un million d'espèces ;
Végétaux – 350 000 espèces ;
Champignons (comprenant les Lichens) – 100 000 espèces ;
Protistes – 100 000 espèces (organismes eucaryotes unicellulaires) ;
Monères ou Procaryotes – 10 000 espèces (bactéries et Cyanophytes).

régulière (adj.) *(regular)*

Dans le cas d'une fleur, synonyme d'actinomorphe.

rejet, rejeton (n.m.) *(tiller, sprout, offset)*

Nouvelle pousse naissant sur la souche, du tronc ou des branches de certaines espèces ligneuses ou vivaces (à partir de bourgeons adventifs ou proventifs).

relevé floristique (l.m.) *(floristic list)*

Étude statistique de la flore d'une région afin d'en établir la composition et les relations avec d'autres régions.

relicte (n.f.) *(relict)*

Désigne un organisme vivant dans un habitat (souvent isolé) témoignant d'une modification ancienne d'un peuplement beaucoup plus important à une époque où les conditions étaient plus favorables à son développement.

> Ne pas confondre avec relique.

relique (n.f.) *(relic)*

Terme désignant une espèce abondante au cours des temps géologiques, et n'ayant pratiquement pas évolué. Ex. : *Cycas, Ginkgo,* Prêles (*Equisetum*).

A B C D E F G H I J K L M N O P Q **R** S T U V W X Y Z

remontant (adj.) *(remontant, double-cropping, double-fruiting)*

Qualifie une plante qui donne plusieurs fois des fleurs et des fruits au cours d'un même cycle de vie. Ex. : certaines variétés de Rosier (*Rosa*), Fraisier (*Fragaria*).

réniforme (adj.) *(reniform, kidney-shaped, nephriform)*

Qualifie un organe en forme de rein, généralement attaché par le centre du côté incurvé. Ex. : graine de Haricot (*Phaseolus vulgaris*).

répartition (aire de ~) (l.f.) *(repartition area, distribution area)*

Ensemble des lieux géographiques occupés par une espèce.
Syn. : aire de distribution.

repos végétatif (l.m.) *(vegetative rest)*

État d'une plante qui ne présente aucun phénomène de croissance et qui se conserve sans aucun changement.
Syn. : vie latente.

reproduction (n.f.) *(reproduction)*

Production d'individus par un ou deux individus initiaux avec intervention de phénomènes qui relèvent de la sexualité.

Chez les Embryophytes, la reproduction fait intervenir deux processus fondamentaux : une gamétogenèse ou formation de gamètes ou cellules sexuelles dont l'étape essentielle est la méiose et une fécondation ou fusion des cellules sexuelles. La gamétogenèse débute par le changement de potentialité des cellules qui participent à la croissance de la plante et qui donnent des organes reproducteurs de structures variées mais contenant une ou des cellules qui subissent une maturation sexuelle avec notamment une réduction du nombre de chromosomes (méiose). Les cellules haploïdes ainsi formées sont des spores méiotiques ou méiospores. L'individu qui forme ces méiospores est appelé le sporophyte. Les méiospores haploïdes donnent un individu haploïde par divisions cellulaires (mitoses). C'est au sein de cet individu que se passe la formation des gamètes d'où son nom de gamétophyte. L'union d'un gamète mâle ou anthérozoïde avec un gamète femelle ou oosphère engendre un zygote qui évoluera en embryon puis en sporophyte. Son patrimoine génétique est hérité des deux génomes parentaux qu'apporte chacun des gamètes. Les deux processus fondamentaux de la reproduction, méiose et fécondation, permettent donc la variabilité génétique grâce à la recombinaison des gènes de deux individus différents, les parents, et la formation d'un individu qui leur est génétiquement différent. Par contre, les organites du cytoplasme, mitochondries et chloroplastes notamment, sont généralement transmis par le seul parent maternel.

Inversement, au cours de la méiose, le nombre de chromosomes est partagé en deux parties numériquement égales mais qualitativement différentes. Les individus issus d'une reproduction résultent donc d'un double brassage de gènes et sont donc génétiquement originaux.

Chez les Spermaphytes, le gamétophyte est réduit, au grain de pollen pour le gamétophyte mâle qui est libéré, et au sac embryonnaire pour le gamétophyte femelle qui n'est pas libéré par le sporophyte (le gamétophyte est contenu dans l'ovule).

L'expression « reproduction sexuée » est incorrecte puisque le concept de reproduction lui-même implique des phénomènes sexuels, la notion de reproduction s'oppose à celle de la multiplication.

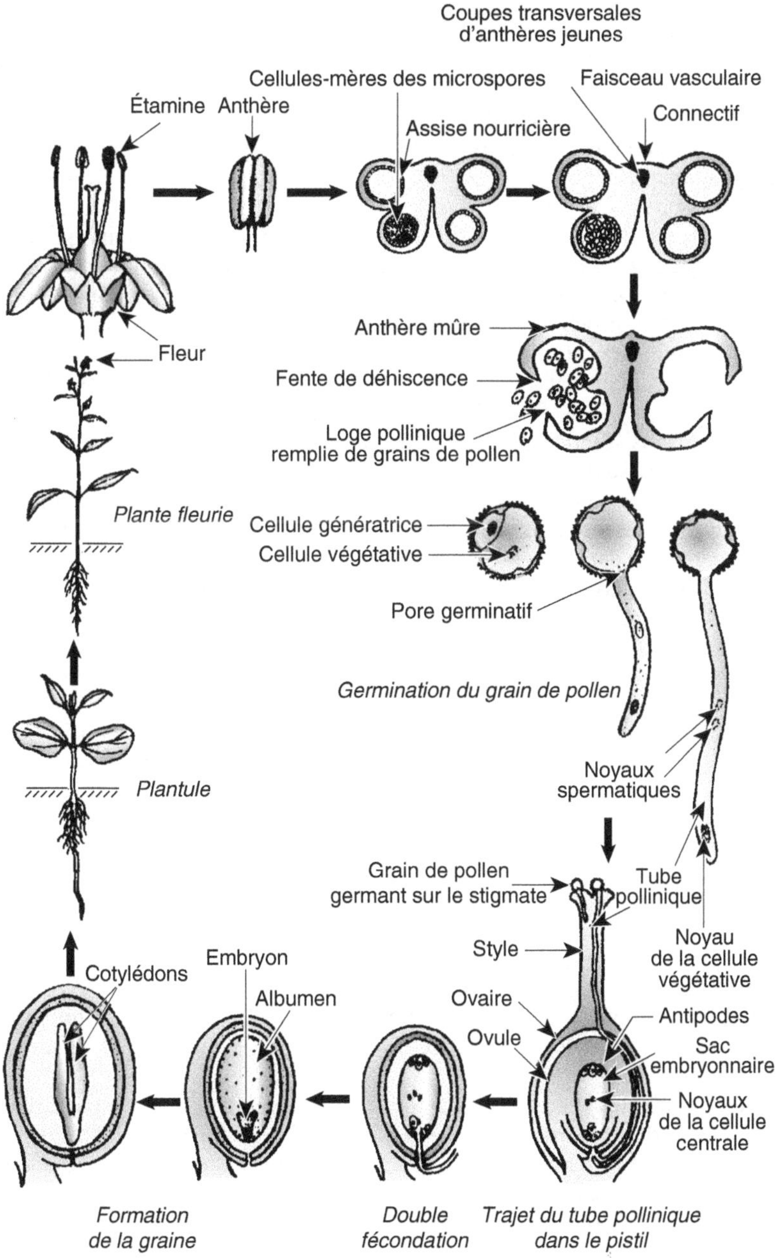

► Représentation schématique de la reproduction d'une plante à fleur (voir le détail à « sac embryonnaire » et « double fécondation ») ◄

reproduction asexuée (l.f.) *(asexual reproduction)*

Expression incorrecte, utilisée abusivement comme synonyme de multiplication végétative.

réserve (n.f.) *(reserve)*

Désigne toute substance que les organismes vivants peuvent stocker dans certains organes dits « de réserve » : graines, racines, tubercules, base des rhizomes, tiges, feuilles, gaines foliaires, fruits. Ces substances sont destinées à fournir les éléments de base utiles aux nouvelles synthèses tout en libérant l'énergie.

Chez les espèces pérennes (Poacées, Légumineuses prairiales), la repousse après exploitation dépend fondamentalement du niveau des réserves accumulées lors du ou des cycles végétatifs antérieurs.

Les végétaux accumulent 3 grandes catégories de réserves, en proportions variables selon les espèces : des glucides, essentiellement sous forme d'amidon, mais aussi de saccharose (Betterave à sucre) ou d'inuline (Chicorée, Dahlia), des protéines sous forme de grains d'aleurone (ou corps protéiques) et des lipides sous forme d'oléosomes (vésicules lipidiques). On distingue ainsi respectivement des plantes amylacées (Pomme de terre, Manioc, Céréales, etc.), des plantes protéagineuses (Pois, Féverole, Haricot, Lentille, etc.) et des plantes oléagineuses (Colza, Tournesol, Arachide, etc.).

Les réserves se répartissent de manière très différente selon la structure de la graine : chez les Angiospermes, elles sont localisées soit dans le périsperme, soit dans les cotylédons (les Brassicacées, la plupart des Fabacées, etc.), soit dans l'axe hypocotylaire ou encore dans l'albumen qui occupe une partie plus ou moins grande de la graine ; chez les Gymnospermes, elles sont accumulées dans l'endosperme.

L'accumulation d'eau constitue un type particulier de réserve. Les plantes des régions arides et semi-arides (Ex. : Cactus, Agave, Baobab) accumulent souvent de l'eau dans les parenchymes aquifères de leurs tiges qui deviennent hypertrophiées.

résine (n.f.) *(resin)*

Groupe de substances produites par de nombreux arbres et arbustes (dits résinifères), notamment des Conifères (Pins, Sapins, Épicéa, etc.). Certaines sont des dérivés d'alcools aromatiques, souvent phénoliques, d'autres d'acides aliphatiques ou encore des terpénoïdes.

résineux (adj.) *(resinous)*

Terme de sylviculture désignant l'ensemble des Gymnospermes ou Conifères (Pins, Sapins, etc.), faisant allusion à leur aptitude quasi générale de produire de la résine.

résistance (n.f.) *(resistance)*

Caractère d'un organisme qui réagit contre l'action d'un parasite, d'un produit (Ex. : herbicide), d'un facteur de l'environnement (salinité, sécheresse), etc. sans dommage apparent.

La résistance des plantes aux parasites résulte de diverses stratégies de défense dont le but est de limiter l'extension de la maladie, voire d'éliminer l'agent infectieux. L'origine de la résistance est généralement génétique. Elle est le plus souvent un caractère monogénique ou oligogénique spécifique de l'agression.

> Ne pas confondre avec tolérance.

Ant. : sensibilité.

respiration (n.f.) *(respiration)*

1. Échanges gazeux effectués (avec une intensité fluctuante) jour et nuit, par les végétaux aérobies et qui peut se résumer par absorption d'oxygène et rejet de dioxyde de carbone.

Les échanges gazeux liés à la respiration sont donc inverses de ceux de la photosynthèse. Dans la journée, la photosynthèse l'emporte sur la respiration. Ces échanges de gaz se font avec l'atmosphère environnante par les stomates.
2. La respiration est également définie comme étant le phénomène physiologique qui permet à la plante d'accomplir une série de réactions chimiques se terminant dans les mitochondries, assimilables à la combustion lente des substances mises en réserve. L'énergie que contenaient ces substances est récupérée sous forme d'ATP pour être utilisée dans divers processus d'entretien et de croissance.

résupinée (adj.) *(resupinate)*

Chez les Orchidées, la fleur subit une torsion (résupination) de 180° autour de son pédoncule ou de son ovaire (infère). Le pétale dorsal appelé alors labelle passe donc en position ventrale.

réticulé (adj.) *(netted, reticulate(d))*

1. Qualifie une nervation, caractéristique des Dicotylédones, à nervures nombreuses entrelacées comme les mailles d'un filet ou réseau.
2. Se dit aussi du mode de lignification de certains vaisseaux.
Syn. : anastomosé.

réticulum endoplasmique (RE) (l.m.) *(endoplasmic reticulum)*

Réseau de tubules aplatis et canalicules interconnectés, situé dans le cytoplasme des cellules eucaryotes, en continuité avec l'enveloppe nucléaire et même, dans certains cas, avec la membrane plasmique. Il intervient comme moyen de transit de diverses molécules d'un point à un autre de la cellule.
On distingue deux types de réticulum :

- le réticulum endoplasmique lisse (REL) ou agranaire : en relation directe avec le noyau. Il permet la formation des lipides et la production de membranes internes et de vésicules. Il sert aussi au stockage de calcium et à la détoxication ;
- le réticulum endoplasmique granaire ou granulaire (REG) ou ergastoplasme : présentant sur sa face externe des ribosomes. Il fait suite au REL. Il intervient notamment dans la biosynthèse (ribosomes) d'une part des protéines destinées à être sécrétées à l'extérieur de la cellule, des glycoprotéines (glycosyltransférases), des stérols et des phospholipides constituant les membranes des organites cellulaires (appareil de Golgi, lysosomes, mitochondries, noyau, ribosomes, vésicules...) et dans les réactions d'hydroxylation.

rétinacle (n.f.) *(retinaculum (pl. retinacula))*

Chez les Orchidacées et les Asclépiadacées, glande discoïde très visqueuse située à la base du caudicule portant les pollinies et pouvant adhérer au corps d'un Insecte visitant la fleur. Les pollinies sont ainsi transportées sur une autre fleur ce qui assure sa pollinisation.
Syn. : viscidie.

rétrocroisement (n.m.) *(back cross)*

Dans la sélection des plantes, le croisement d'un hybride (obtenu par le croisement de deux parents, A et B) avec l'un des deux parents ; généralement désigné par $(A \times B) \times A$ égal C. Ce type d'hybridation permet d'augmenter la part de certains gènes d'une espèce (le parent impliqué dans le rétrocroisement) dans le fond génétique des descendants (C). Les descendants issus du premier croisement possèdent 50 % du patrimoine génétique du parent A, et 50 % du parent B. Lors des rétrocroisements suivants, les proportions des génotypes A et B deviennent 75 % et 25 %, respectivement. On estime qu'au bout du septième rétrocroisement, la lignée obtenue est suffisamment proche d'une lignée isogénique, avec 96,88 % du patrimoine génétique de la lignée A.

La possibilité d'un rétrocroisement nécessite une relative fertilité des hybrides.

Syn. : croisement en retour.

rétrorse (adj.) *(retrorse)*

Se dit d'une étamine dont l'anthère (et notamment sa zone de déhiscence) est tournée vers le bas.

réversion (n.f.) *(reversion)*

1. En génétique, restauration d'un caractère (moléculaire, morphologique, etc.) original annulé par une première mutation.

2. En physiologie, conversion du phytochrome sous forme active (Prl) en forme inactive (Pr) par le rouge lointain (on parle également de photoréversion).

3. Transformation de l'état floral à l'état végétatif. C'est le cas du Mourron rouge (*Anagallis arvensis*, Primulacées) dont la floraison est induite par les jours longs. Placé en conditions de jours courts, il y a réversion de la fleur en tige feuillée.

reviviscence (n.f.) *(reviviscence)*

Aptitude de certaines plantes (dites reviviscentes) à supporter de grandes sécheresses temporaires en passant à l'état de vie ralentie lorsque leur teneur en eau descend en dessous d'un certain seuil mais pouvant se réhydrater en milieu humide et reprendre une vie active. Ex. : nombreux Bryophytes, *Ceterach officinalis* (Ptéridophytes).

> Ne pas confondre reviviscence, possibilité pour une plante (appartenant en général aux Bryophytes et parfois aux Ptéridophytes) de perdre la presque totalité de son eau puis de redémarrer et fanaison, rencontrée chez les plantes supérieures qui correspond à une perte d'eau limitée : si la perte est trop importante, la plante meurt.

révoluté (adj.) *(revolute)*

À bords repliés vers la face inférieure ou abaxiale. Ex. : feuilles de Romarin (*Rosmarinus officinalis*).

Ant. : involuté.

rhizobium (n.m.)

Important genre de bactéries aérobies capables de vivre en symbiose avec certaines Légumineuses (Luzerne, Trèfle, Mélilot, etc.).

Les rhizobiums induisent au niveau des racines de la plante hôte la formation de nodosités, siège de la fixation de l'azote atmosphérique.

L'une des propriétés remarquables de la symbiose entre le *Rhizobium* et les Légumineuses est sa haute spécificité d'interaction : un *Rhizobium* donné ne peut infecter et noduler qu'un nombre limité de plantes. Par exemple *R. meliloti* ne peut former des nodosités fixatrices d'azote que chez les 3 genres : *Medicago, Melilotus* et *Trigonella*. De même, une espèce végétale donnée n'est infectée que par un petit nombre d'espèces de *Rhizobium*. Cette spécificité est basée sur une communication moléculaire, c'est-à-dire un échange de signaux, entre les partenaires symbiotiques.

rhizoderme (n.m.) *(rhizoderm)*

Tissu de revêtement qui constitue l'assise pilifère de la racine. Il diffère de l'épiderme des parties aériennes par ses cellules à parois minces et cellulosiques, dépourvues de cuticule. Cette dernière est remplacée par une gaine mucilagineuse assurant la protection de la racine et facilitant sa pénétration dans le sol. Certaines de ses cellules s'allongent en un poil absorbant.

rhizogenèse (n.f.) *(rhizogenesis)*

Développement des racines grâce à la formation de zones méristématiques apicales racinaires.

La rhizogenèse est induite *in vitro* en faisant varier la teneur relative en substances de croissance (cytokinines, auxines, etc.) du milieu de culture de tissus végétaux, à partir desquels on veut régénérer des plantes entières.

rhizome (n.m.) *(rhizome, rootstock)*

Tige souterraine de certaines espèces herbacées vivaces s'étendant, le plus souvent, horizontalement en émettant des racines et des tiges aériennes et dont les feuilles sont réduites à des écailles sèches qui le distinguent d'une vraie racine.

Le rhizome accumule la totalité des réserves nutritives de la plante et sert à sa survie hivernale et à sa propagation. Sa croissance est assurée, soit par le bourgeon apical (Ex. : monopode de *Paris quadrifolia*), soit par un bourgeon axillaire (Ex. : sympode de Sceau-de-Salomon, *Polygonatum odoratum*). Chaque année, la tige aérienne formée résulte alors soit du développement d'un bourgeon axillaire, soit du développement du bourgeon terminal.

> Ne pas confondre avec stolon.

rhizopine (n.f.) *(rhizopin)*

Nom donné aux métabolites secondaires produits par les graines et racines des plantes et jouant un rôle dans l'établissement des symbioses. La trigonelline (produite par les Légumineuses) en est un exemple.

rhizosphère (n.f.) *(rhizosphere)*

Région immédiate comprenant les premiers millimètres du sol qui entourent les poils absorbants des plantes supérieures, où prolifèrent des micro-organismes vivants (bactéries, champignons, etc.). Les micro-organismes, plus ou moins spécifiques de la plante, y trouvent en effet des substrats énergétiques, libérés par les racines, rapidement utilisables comme substrats : sucres, acides aminés, acides organiques, mais aussi des composés plus complexes, comme des sécrétions mucilagineuses et des débris cellulaires.

rhombique, rhomboïdal (adj.) *(rhombic, rhomboid(al))*

En forme de losange. Ex. : feuilles de plusieurs Amaranthes, feuilles de Lierre à l'état adulte.

rhytidome (n.m.) *(rhytidom)*

Ensemble des tissus morts situés à l'extérieur du liège (suber) et donc physiologiquement isolés des autres tissus vivants, qui se détachent périodiquement du tronc par écailles (desquamation de *Pinus*, *Platanus*, *Malus*), ou par masses fibreuses (*Vitis*), ou par masses gercées (*Fraxinus*, *Quercus*, *Tilia*). Il correspond à ce qu'on nomme dans le langage courant « l'écorce ».

ribosome (n.m.) *(ribosome)*

Complexe cytoplasmique assemblé dans le noyau de la cellule, au niveau du nucléole, à partir de protéines et de trois molécules différentes d'ARN (ARN messager, ARN de transfert et ARN ribosomique). Les ribosomes interviennent dans la synthèse protéique en rapprochant à la fois l'ARN messager en traduction, les ARN de transfert portant les acides aminés et la chaîne protéique en élongation.

ribulose (n.m.) *(ribulose)*

Sucre cétonique en C5, formé au cours de la dégradation oxydative du glucose.
Phosphorylé sur les carbones 1 et 5, il donne le ribulose 1,5-bisphosphate qui est l'accepteur de CO_2 dans la photosynthèse. C'est aussi l'un des éléments fondamentaux du cycle des pentoses.
Syn. : erythropentulose, ribocétose.

ribulose 1, 5-bisphosphate (l.m.) *(ribulose 1,5-bisphosphate)*

Pentose biphosphaté, constamment régénéré à partir de molécules de trioses au cours du cycle de Calvin. Pendant la phase thermochimique de la photosynthèse, il fixe le CO_2 et forme un composé très instable qui donne immédiatement deux molécules d'acide 3-phospho-D-glycérique (3-PGA). Après réduction, ces dernières redonnent des trioses.

ribulose bisphosphate carboxylase/oxygénase (RuBisCO) (l.f.)
(ribulose bisphosphate carboxylase/oxygenase (RuBisCO))

Principale enzyme de la photosynthèse représentant 25-50 % des protéines solubles des feuilles. C'est l'enzyme de carboxylation du cycle de Calvin, permettant la fixation photosynthétique du dioxyde de carbone au ribulose 1,5-bisphosphate. Sa teneur peut représenter 80 % des protéines du stroma. C'est la protéine la plus abondante de la biosphère.
La structure et la composition de cette enzyme sont assez stables dans tout le règne végétal. C'est une grosse protéine oligomérique d'un poids moléculaire supérieur à 500 000, constituée de 16 sous-unités : 8 grosses sous-unités de masses moléculaires allant de 52 000 à 60 000 Da, selon les espèces et 8 sous-unités de masses moléculaires variant de 12 000 à 18 000 Da.
La biosynthèse de la grosse sous-unité est sous le contrôle du génome chloroplastique ; elle est effectuée à partir de son ARN messager sur les ribosomes dans le stroma de ces organites. La petite sous-unité est synthétisée sous forme de précurseur à partir de l'ADN nucléaire et sur les ribosomes cytoplasmiques. L'assemblage de l'holoenzyme a lieu au sein du chloroplaste.
La RuBisCO est une enzyme bifonctionnelle. Elle catalyse également une réaction compétitive dans laquelle le ribulose 1,5-bisphosphate réagit avec l'oxygène. L'oxygénation du ribulose 1,5-bisphosphate entraîne la formation de deux molécules différentes : le PGA d'une part, et l'acide phosphoglycolique, molécules à deux atomes de carbone, d'autre part. Ce dernier composé est rapidement dégradé sous forme de CO_2. Cet ensemble de réactions, se manifestant par une incorporation d'oxygène et un dégagement de CO_2, est appelé photorespiration.
L'enzyme est activée par les ions Mg^{2+} et Mn^{2+}.

ripicole (adj.) *(riparial, riparian)*

Se dit d'une espèce qui vit au bord des cours d'eau. Dans le cas d'un arbre, on parle de ripisylve.

> ⚠ Ne pas confondre avec rupicole.

ronciné (adj.) *(roncinate(d), runcinate(d))*

Se dit d'une feuille pennatifide dont les lobes latéraux aigus, sont rabattus vers le bas du limbe. Ex. : feuilles de la Chicorée commune (*Cichorium intybus*), du Pissenlit (*Taraxacum*).

rosacée (adj.) *(rosaceous)*

Se dit d'une corolle régulière, composée de 5 pétales, étalés dès la base.

rosette (n.f.) *(rosette)*

Ensemble de feuilles, très rapprochées les unes des autres, étalées sur le sol chez une plante sans tige, dite acaule. Ex. : Pissenlit (*Taraxacum officinale*). Primevères (*Primula* sp.), Scorzonère (*Scorzonera undulata*).

rostelle (n.f.), **rostellum** (n.m.) *(rostellum)*

Chez certaines Orchidacées, la fleur comprend 3 stigmates dont l'un, souvent en forme de bec, est stérile. Atrophié, il forme le rostellum. En s'interposant entre l'étamine et les stigmates réceptifs, il constitue un obstacle mécanique s'opposant à l'autopollinisation.

rostre (n.m.) *(rostrum)*

Partie supérieure (style) d'un fruit sec en forme de bec. Ex. : silique.

rotacé (adj.) *(rotate)*

Qualifie une corolle dont les pétales sont soudés à la base et étalés en forme de roue. Ex. : corolle de la Bourrache (*Borrago officinalis*).

rudéral (adj.) *(ruderal)*

Qui vit spontanément dans des sites fortement transformés par l'activité humaine : décharges, décombres, remblais, culture abandonnée, etc. Ex. : Chénopodes (*Chenopodium*), Ortie dioïque (*Urtica dioica*), Grande Chélidoine (*Chelidonium majus*).

Les plantes rudérales sont accompagnatrices de l'Homme et souvent de vaste dispersion.

rugueux (adj.) *(rugose, rugous)*

Muni de rides ou granulations qui le rendent rude au toucher. Ex. : feuilles de Sauge (*Salvia officinalis*), fruits de l'Hellébore (*Helleborus*).

ruminée (adj.) *(ruminate)*

Se dit d'une graine dont les téguments sont repliés à l'intérieur de l'endosperme ou de l'albumen et y dessinent des sinuosités. Ex. : graine du Lierre (*Hedera helix*).

rupestre, rupicole (adj.) *(rupestral, rupicolous)*

Se dit d'une espèce qui vit sur des substrats pierreux et dans les fissures des rochers. Ex. : plusieurs espèces d'Orpins (*Sedum* spp.), Ombilic rupestre (*Umbilicus rupestris*, Crassulacées).

Syn. : rupestre, saxicole.

> ⚠ Ne pas confondre avec ripicole.

rustique (adj.) *(rustic, hardy)*

Qualifie une espèce pouvant résister aux conditions défavorables du lieu où elle est cultivée.

rythme biologique (l.m.) *(biological rhythm)*

Alternance ou succession, généralement régulière, de certains phénomènes biologiques, liée à des facteurs cosmiques (rythme exogène) comme l'alternance des saisons, ou la durée de l'éclairement.

Chez les végétaux, l'alternance de lumière et d'obscurité est le synchroniseur le plus général des rythmes biologiques tels que la photosynthèse, poussée radiculaire, l'ouverture ou fermeture des stomates, de la corolle des fleurs, des mouvements des feuilles, etc.

rythme circadien (l.m.) *(circadian rhythm)*

Rythme de la croissance ou de tout autre activité qui se répète dans des conditions constantes environ toutes les 24 heures.

sac embryonnaire (l.m.) *(embryo sac)*

Gamétophyte femelle (haploïde) des Angiospermes se développant et demeurant au sein du nucelle de l'ovule (endoprothallie). Une cellule-mère subissant une méiose donne 4 mégaspores ; suivant le nombre de mégaspores fonctionnelles, on observe différents types des sacs embryonnaires :

- sacs monoprothallés (ou monosporés) : une seule mégaspore germe et subit en général 3 mitoses (sac octonucléé, chez la plupart des Dicotylédones et chez quelques Monocotylédones) ou 2 mitoses (sac tétranucléé, Onagracées) ;
- sacs biprothallés (ou bisporés) : 2 mégaspores germent en donnant un sac octonucléé (type *Allium*) ;
- sacs tétraprothallés (ou tétrasporés) : les 4 magaspores donnent un sac embryonnaire pouvant compter 4, 8 ou plus de 8 noyaux.

Le type monoprothallé octonucléé, le plus courant chez les Angiospermes comprend 7 cellules : du côté mycropylaire, 2 synergides encadrant l'oosphère (gamète femelle), à l'opposé 3 antipodes et au centre de la cellule principale 2 noyaux polaires (ou accessoires). Lors de la double fécondation, un gamète mâle fusionne avec l'oosphère pour donner l'embryon, l'autre gamète mâle fusionne avec les noyaux polaires pour donner l'albumen, tissu de réserve.

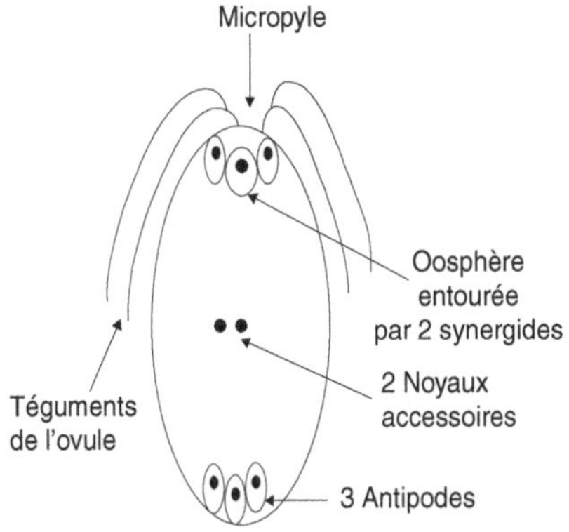

Schéma du sac embryonnaire

sac pollinique (l.m.) *(pollen sac)*

Partie constitutive de l'anthère des étamines. Au nombre de 4 par étamine chez les Angiospermes, ils ne sont que 2 chez les Gymnospermes. Le sac pollinique est interprété comme l'homologue d'un microsporange.

saccharose (n.m.) *(saccharose, sucrose)*

C'est le plus important des disaccharides du règne végétal et le composé organique produit à l'état pur sur la plus grande échelle. On le trouve dans toutes les plantes qui font la photosynthèse où il sert de source de carbone réduit et d'énergie, facilement transportables.

Ce glucide constitue le squelette carboné à l'origine de tous les composés organiques retrouvés dans la plante. Ainsi, ses propriétés physico-chimiques, en particulier sa neutralité électrochimique, son inertie chimique et sa grande solubilité en milieu aqueux, en font un composé idéal pour la translocation. Il constitue, en effet, de loin, l'espèce moléculaire la plus abondante de la sève élaborée transportée dans le phloème.

Le saccharose de formule $C_{12}H_{22}O_{11}$, très hydrophile, est très soluble dans l'eau. Son hydrolyse est catalysée par les acides ou par une ou deux osidases : l'α-glucosidase et la β-fructosidase. Cette dernière enzyme appelée invertase, donne un mélange équimolaire des deux oses dont il est constitué : le D-glucose et le D-fructose qui existent à l'état libre dans beaucoup de fruits.

Commercialement, il est produit principalement à partir des tiges de la Canne à sucre (*Saccharum officinarum*, Poacées) ou les racines tubéreuses de la Betterave saccharifère (*Beta vulgaris* ssp. *rapa* var. *altissima* Chénopodiacées) dont le jus contient de 14 à 20 % de saccharose. La production mondiale de saccharose est voisine de 100 millions de tonnes, un tiers environ provenant de la Betterave, deux tiers de la Canne à sucre.

Syn. : sucre de canne, sucre de betterave, sucre ordinaire.

sagitté (adj.) *(sagittate)*

Qualifie un organe (feuille, en particulier) en forme de fer de flèche. Ex. : feuilles de la Sagittaire (*Sagittaria*), de l'Oseille (*Rumex*).

Ne pas confondre avec hasté.

sagou (n.m.) *(sago)*

Nom donné à une réserve amylacé très nutritive qui se rencontre dans la moelle du stipe de certains Palmiers (*Metroxylon sagu*, *Corypha* et *Borassu*) ainsi que chez des Cycadales (tiges des *Cycas* et *Encephalartos*).

salinité (n.f.) *(salinity, saltiness)*

Teneur totale d'une eau ou d'un sol en sels dissous, exprimée en $g.l^{-1}$ ou $g.kg^{-1}$, respectivement.

Selon leur comportement à l'égard du sel, on distingue des plantes sensibles qui commencent à être affectées dès les faibles concentrations (de l'ordre de 2 à 3 $g.l^{-1}$) et les plantes résistantes qui se développent sans perte de rendement notable à des concentrations de l'ordre de 6 à 10 $g.l^{-1}$. Entre ces deux extrêmes, se rangent de nombreuses plantes intermédiaires.

La salinité des sols et des eaux superficielles et souterraines constitue un sérieux handicap pour le développement de l'agriculture dans de nombreux pays (Afrique du Nord, par exemple).

samare (n.f.) *(samara)*

Akène (Fruit sec, indéhiscent, monosperme), à épicarpe aminci et développé en aile membraneuse, facilitant son transport par le vent. Ex. : Érable (*Acer pseudoplatanus*), Frêne (*Fraxinus*), Orme (*Ulmus*).

saponine (n.f.) *(saponin)*

Les saponines, encore appelées saponosides sont des métabolites hétérosidiques de poids moléculaire élevé, contenant un aglycone appelé sapogénine à structure stéroïdique (C27) ou triterpénique (C30) relié à une partie glucidique mono- ou oligosidique et, quelquefois, à un ou plusieurs acides.

Les génines triterpéniques, très rares chez les Monocotylédones, sont principalement présentes chez les Dicotylédones.

Les génines stéroïdiques sont surtout présentes chez les Monocotylédones. Les genres *Dioscorea* (Dioscoréacées), *Smilax, Ruscus, Asparagus* (Liliacées), *Agave* et *Yucca* (Agavacées), sont particulièrement riches en saponosides stéroïdiques. Parmi les Dicotylédones, les Solanacées, les Scrophulariacées, les Fabacées et les Zygophylacées contiennent des saponines stéroïdiques.

On trouve également des génines stéroïdes alcaloïdiques chez certaines plantes, notamment des Solanacées (Pomme de terre, Aubergine, Poivre et Tomate) capables d'incorporer un atome d'azote (issu de l'arginine) dans leur chaîne latérale.

saprophyte (n.f. et adj.) *(saprophyte)*

Désigne ou qualifie un organisme qui se développe aux dépens des déchets organiques de la biomasse. Les espèces saprophytes jouent un rôle essentiel au sein des cycles biologiques en « minéralisant » les matières végétales ou animales mortes.

Syn. : saprotrophe.

sarment (n.m.) *(bine, bind, vine shoot)*

Tige ligneuse, longue et plus ou moins flexible, ayant besoin d'un appui, portant des feuilles aux nœuds. Ex. : Vigne (*Vitis vinifera*).

sauvage (adj.) *(wild)*

Se dit d'un type d'individus (ou du génotype ou phénotype qu'il possède) le plus couramment rencontré dans une population naturelle.

Ant. : mutant.

savane (n.f.) *(savanna, savannah)*

Formation végétale caractéristique des régions tropicales et sub-tropicales dominée par de grandes herbes (2 à 3 m). Parfois, on y retrouve des arbres caducifoliés, épars (savane arborée), des arbustes sclérophylles et des épineux (savane arbustive). La savane constitue une zone de transition entre les régions arides et les forêts humides, la pluviosité y est moyenne (50-150 cm/an). On trouve des savanes dans de vastes régions d'Australie, d'Afrique centrale (brousse), d'Amérique du Sud et d'une grande partie de l'Inde.

saxicole (adj.) *(saxicoline, saxicolous)*

Synonyme de rupicole.

scabre (adj.) *(scabrid, scabrous)*

Qualifie un organe dont la surface est très rugueuse au toucher. Cette rugosité peut être due à des poils ou à d'autres excroissances, souvent orientés préférentiellement dans une même direction. Ex. : arête de glumelle d'Orge (*Hordeum vulgare*), tige de la Bryone blanche (*Bryonia alba*), feuilles de diverses espèces de Gaillet (*Galium* spp.).

scalariforme (adj.) *(scalariform)*

Se dit des trachéides des Ptéridophytes dont la paroi est renforcée par des dépôts de lignine transversaux à la manière des marches d'échelle.

scape (n.f.) *(scape)*

Axe dressé au-dessus du sol, partant directement du collet de la racine, le plus souvent droit et ferme, terminée par une fleur unique ou une inflorescence. Ex. : Lavande de mer (*Limonium sinuatum*), Pissenlit (*Taraxacum*), Primevère (*Primula*).
Syn. : hampe.

scarieux (adj.) *(scarious)*

Qualifie un organe (feuille, bractée) membraneux (mince), plus ou moins translucide, coriace, généralement de couleur paille ou blanchâtre, comme une écaille.

schizocarpe (n.m.) *(schizocarp)*

Fruit sec indéhiscent provenant d'un ovaire à plusieurs carpelles soudés dont les loges se transforment en akènes se séparant les uns des autres à maturité en laissant un axe commun entre eux appelé carpophore. Chacun des akènes élémentaires est un méricarpe. Ex. : fruits des Malvacées, des Géraniacées.

schizogène (adj.) *(schizogenous)*

Se dit d'une poche sécrétrice (ou d'un canal) formée par multiplication puis écartement des cellules.

schizolysigène (adj.) *(schizolysigenous)*

Qualifie une poche sécrétrice, à l'intérieur d'un tissu, qui résulte à la fois d'une multiplication des cellules, de leur écartement puis de la lyse des cellules les plus internes. Ex. : Rutacées.

sciaphile (adj.) *(sciaphilous, shade-loving)*

Synonyme de héliophobe.

sclérenchyme (n.m.) *(sclerenchyma)*

Tissu mort à maturité qui provient de la différenciation d'un parenchyme ou de fibres par un épaississement parfois très important et une lignification des parois secondaires. C'est un tissu de soutien et de protection résistant. Il se développe dans les organes dont l'allongement est terminé. Les principaux types de cellules sclérenchymateuses sont les fibres et les sclérites. Les fibres sont souvent organisées en faisceaux, donnant une certaine rigidité à la plante.

sclérite (n.f.) *(sclerite, sclereid)*

Cellule du sclérenchyme, à paroi fortement lignifiée, souvent de forme variable, de polyhédrique à relativement allongée. Les sclérites se rencontrent surtout dans les organes aériens, dispersées ou rassemblées en paquets très denses, particulièrement dans les régions dures et compactes : téguments des graines, noyaux des fruits, épines et aiguillons des tiges et des feuilles. Dans certains fruits (Ex. : Coings, Poires), les sclérites sont constituées en groupes isolés, appelés cellules pierreuses, donnant une texture grenue caractéristique.
Syn. : sclérocyte, scléréide, cellule scléreuse.

sclérophyte (n.m.) *(sclerophyte)*

Plante adaptée à la sécheresse, poussant notamment dans les zones de climat méditerranéen, aux hivers doux et humides et aux étés chauds et secs, caractérisée par des feuilles à cuticule épaisse, souvent luisantes enroulées sur elles-mêmes ou réduites à des épines aptes à diminuer l'évaporation de l'eau et un système racinaire profond. Ex. : Romarin (*Rosmarinus officinalis*), Genévrier cade (*Juniperus oxycedrus*).

scorpioïde (adj.) *(scorpioid)*

Se dit d'une inflorescence du type cyme (à croissance définie) dont les rameaux successifs naissent toujours du même côté de l'axe principal, ce qui donne un enroulement en forme de queue de scorpion. Ex. : inflorescence de nombreuses Borraginacées.

scutellum (n.m.) *(scutellum)*

Cotylédon des embryons de Poacées (Graminées) aplati et apposé en bouclier contre l'albumen, plus volumineux.

sécréteur (adj.) *(secretory)*

Se dit d'une cellule, d'un tissu ou d'un organe, qui élabore et excrète des substances particulières (essences, résines, latex). Chez les végétaux, le système sécréteur se présente sous la forme de poils (Lamiacées, sommités fleuries du Chanvre indien) ou de papilles spécialisées, de poches (nombreuses Apiacées), de bandelettes ou de canaux (Pin maritime). Ex. : le zeste des Agrumes est riche en poches sécrétrices.

> Ne pas confondre sécrétion (= production) et excrétion (= libération, rejet à l'extérieur du site de production).

section (n.f.) *(section)*

1. Coupe fine d'un organe, confectionnée pour l'observation au microscope.

2. Sous-groupe d'un genre regroupant des espèces étroitement liées.

sélection (n.f.) *(selection)*

Ensemble d'épreuves réalisées à l'intérieur d'une population, d'un clone… permettant de choisir parmi les individus ceux qui possèdent des propriétés recherchées (sélection conservatrice) ou d'améliorer leur constitution héréditaire (sélection amélioratrice), soit en puisant dans la variabilité génétique existante, soit en provoquant des changements dans le patrimoine héréditaire de l'espèce considérée, par mutation, hybridation, transgenèse, etc.

sélection généalogique (l.f.) *(genealogic selection)*

Méthode de sélection réalisée à partir d'un seul couple de parents présentant entre eux tous les caractères agronomiques et qualitatifs souhaitables. À chaque génération subséquente (F1, F2, etc.), on retient les individus possédant les qualités et on écarte ceux dont les caractères sont indésirables. Lorsque les plants sélectionnés deviennent génétiquement stables, chacun constitue une variété nouvelle et peut être multiplié en quantité suffisante. La durée de ces essais est de 3 à 5 ans.

Syn. : sélection génotypique, sélection pedigree.

sélection massale (l.f.) *(mass selection)*

Méthode de sélection consistant à cultiver en masse la descendance hétérozygote issue d'un croisement, pendant plusieurs générations successives, parfois 7 ou 8, sans séparer les lignées ni contrôler la fécondation.

Elle peut être réalisée de deux manières : soit en écartant à chaque génération, les individus qui ne donnent pas satisfaction (sélection éliminatrice), soit en retenant et en multipliant à chaque génération les individus les mieux conformes par rapport aux buts recherchés (sélection conservatrice). Cette méthode présente l'inconvénient d'être longue.

sélection récurrente (l.f.) *(recurrent selection)*

Méthode de sélection répartie sur plusieurs cycles dont chacun se compose d'une phase de choix des descendants présentant les caractères souhaités et d'une phase de rétrocroisement entre ces individus et un des deux parents, porteur du caractère. À l'issue de chaque cycle, on obtient une fréquence accrue du caractère ciblé et, de cette façon, la population est améliorée progressivement.

Cette méthode s'applique efficacement à des caractères mesurables sur les plantes, à déterminisme relativement simple.

semence (n.f.) *(seed)*

1. Se dit de toute partie isolée d'une plante, quelle que soit sa valeur morphologique, capable de donner un nouvel individu complet. Ex. : une graine de Haricot, un pépin de Raisin, qui est une graine ; un caryopse de Blé, qui est un fruit ; un glomérule floral de Betterave, tubercule de Pomme de terre, qui est une tige ; un noyau de Cerise, qui est un fragment de fruit ; une spore de Champignon.

2. Par extension, les embryons somatiques sont aussi appelés semences.

semi-flosculeuse (adj.) *(semiflosculous, semiflosculose, semi-floscular)*

Se dit d'une inflorescence de type composée, formée uniquement de demi-fleurons. Ex. : Pissenlit (*Taraxacum officinale*), Épervière (*Hieracium pilosella*).

semi-parasite (adj.) *(semiparasitic)*

Se dit d'une plante chlorophyllienne qui ne dépend que partiellement de la plante-hôte pour l'approvisionnement en sève brute, eau et sels minéraux (Ex. : Gui).

Syn. : hemi-parasite.

sempervirent (adj.) *(sempervirent, evergreen)*

Se dit d'un arbre ou arbuste dont les feuilles vertes persistent plus d'une saison de végétation, ou dont la défoliation, étalée dans le temps, est masquée par l'apparition constante de nouvelles feuilles. Le feuillage est persistant bien que les feuilles, elles, soient caduques. Ex. : la plupart des Conifères.

Ant. : caducifolié.

sénescence (n.f.) *(senescence)*

Affaiblissement et ralentissement des fonctions vitales des organes, se traduisant par leur mort prématurée. La durée de vie de certains organes est, en effet, plus courte que celle de la plante-mère elle-même.

La sénescence est plus apparente au niveau des feuilles. Chez les arbres pluriannuels caducifoliés, les feuilles ne persistent pas plus d'une saison et sont toutes éliminées simultanément indépendamment de leur âge (sénescence synchrone), tandis que chez les plantes sempervirentes, ce sont les feuilles les plus âgées qui tombent successivement (sénescence séquentielle). Chez les plantes monocarpiques, la sénescence et la mort sont étroitement liées à la formation des organes de reproduction. Tel est le cas de l'Agave (plante pluriannuelle) et de l'Epinard (plante annuelle). Au contraire, les plantes polycarpiques peuvent fleurir et fructifier année par année.

La mort des cellules est parfois une des conditions pour qu'elles exercent leur fonction au sein de la plante, comme c'est le cas des trachéides et vaisseaux du xylème, sans pour autant que la plante elle-même ne présente de symptômes de sénescence.

sépale (n.m.) *(sepal)*

Élément constitutif de la fleur, généralement de couleur verte, situé à l'extérieur de la corolle et dont l'ensemble forme le calice.
Les sépales peuvent être libres entre eux (calice dialysépale) ; soudés entre eux (calice gamosépale) ou absents (Ex. : fleur du Blé).
Chez certaines plantes, les sépales prennent des couleurs vives et une forme de pétales, on les qualifie de pétaloïdes. Ils peuvent également ressembler totalement aux pétales, on appelle alors l'ensemble des pièces du périanthe, tépales (Ex. : Tulipe).

sépaloïde (adj.) *(sepaloid)*

Qualifie une pièce florale (pétale) ou une bractée qui, par sa couleur ou son aspect (foliacé et chlorophyllien), ressemble à un sépale.

septicide (adj.) *(septicidal)*

Se dit de la déhiscence d'une capsule pluriloculaire s'effectuant suivant la ligne de suture initiale des carpelles adjacents. Ex. : capsule de Colchique (Liliacées).

septifrage (adj.) *(septifragal)*

Se dit de la déhiscence d'une capsule pluriloculaire s'effectuant par destruction des cloisons délimitant les loges. Une autre forme de déhiscence (septicide, loculicide) est ensuite nécessaire pour la libération des graines. Ex. : Euphorbiacées, *Datura.*

septum (n.m.) *(septum)*

Cloison, en général. C'est, en particulier, la cloison séparant les locules à l'intérieur de l'ovaire ou du fruit.

séquée (adj.) *(sequed)*

Se dit d'une feuille dont les divisions du limbe atteignent la nervure médiane. Ex. : Fumeterre (*Fumaria*).

série de végétation (l.f.) *(vegetation series)*

Ensemble de groupements végétaux se succédant dans le temps en un lieu donné. Si la série aboutit à un groupement stable ou climax, la série est dite progressive ; si elle est soumise à des dégradations (habituellement produites sous l'action de l'Homme : défrichement, surpâturage, etc.), elle est dite régressive.

sessile (adj.) *(sessile)*

Se dit de tout organe (fleur, fruit, feuille) dépourvu de pédoncule, pédicelle ou pétiole et s'insérant donc directement sur l'axe principal. Ex. : feuilles de Galium (Rubiacées). Parfois, les fleurs et les feuilles sont portées par un pédoncule ou un pétiole presque imperceptibles ; elles sont dites alors subsessiles.
Ant. : pédonculé, pétiolé, pédicellé.

sétacé (adj.) *(setaceous, setiferous, setigerous)*

1. Couvert de soies filiformes et raides.
2. Étroit et fin comme une soie.

sétiforme (adj.) *(setate, setiform)*

Ayant la forme d'une soie. Ex. : poils du pédoncule floral de Coquelicot (*Papaver rhoeas*).

sève (n.f.) *(sap)*

Liquide chargé de substances nutritives circulant dans les tissus conducteurs des plantes.

La sève minérale ou sève brute est une solution aqueuse de faible concentration contenant les sels minéraux puisés dans le sol ou dans le milieu de culture, absorbés par les racines des plantes ainsi que les produits de réduction des nitrates (ammonium, certains acides aminés) par la racine. Elle circule dans les trachéides (Gymnospermes) et vaisseaux conducteurs du xylème (Angiospermes), à une vitesse de quelques centimètres à quelques mètres par heure suivant l'espèce, l'heure, l'hygrométrie, la saison. Elle est dite ascendante. La nutrition minérale de la plante est ainsi assurée.

Les deux principaux moteurs de l'ascension de la sève brute sont la transpiration et, accessoirement, la poussée radiculaire.

La sève organique ou sève élaborée est une solution aqueuse contenant les produits organiques (de 5 à 20 %) provenant de la photosynthèse. Elle circule dans les tubes criblés du phloème. Elle est dite descendante.

Sa nature varie considérablement au cours du temps (variation journalière, saisonnière) et selon le stade de développement des organes ou des tissus considérés. Constituée à 90 % (du résidu sec) environ de glucides simples dont le saccharose qui représente, de loin, l'espèce moléculaire la plus abondante, la sève élaborée véhicule ces métabolites vers les lieux de mise en réserve ou d'utilisation.

Outre les glucides, les composés azotés et les éléments minéraux constituent les solutés les plus abondants de la sève élaborée. Les composés azotés, notamment nécessaires aux synthèses protéiques, sont généralement retrouvés sous forme d'amides, d'uréides ou d'acides aminés qui proviennent, dans plusieurs cas, des tissus sénescents, desquels ils sont exportés vers des zones tissulaires en croissance. Les formes transportées les plus courantes sont l'asparagine, la glutamine, l'aspartate et le glutamate, parfois aussi la citrulline (Aulne, Bouleau, Charme), la glycine (Lilas) ou encore des bases puriques comme l'allantoïne et l'acide allantoïque (Érable).

Les éléments minéraux sont retrouvés à des concentrations plus basses dans le phloème que dans le xylème excepté l'ion K^+ qui est l'élément minéral le plus abondant, à une concentration d'environ 0,05 M dans le phloème. Son importance au niveau de certains mécanismes associés à la translocation explique cette abondance.

Par ailleurs, plusieurs solutés sont retrouvés dans le phloème en quantité faible. Des acides organiques, des vitamines, des enzymes, des alcaloïdes et de l'ATP ont été détectés chez plusieurs espèces. De même, des substances de croissance, à l'exception de l'éthylène, ont été également détectées.

silicicole (adj.) *(silicicole, silicicolous)*

Se dit de plantes qui croissent de préférence sur un sol argileux (riche en silice). Les plantes silicicoles sont en réalité calcifuges. Ex. : Arbousier (*Arbutus unedo*), Bruyère (*Erica arborea*), Genêt à balai (*Cytisus scoparius*), Chêne, Châtaignier, etc.
Ant. : silicifuge.

silicifuge (adj.) *(silicifugous)*

Se dit de plantes qui ne peuvent pas croître sur un sol siliceux.
Ant. : silicicole.

silicule (n.f.) *(silicle, silicula)*

Silique courte dont la longueur ne dépasse pas deux fois sa largeur, généralement de forme elliptique, arrondie ou cordiforme. Ex. : *Alyssum*, *Capsella bursa-pastoris* (Brassicacées).

silique (n.f.) *(siliqua, silique)*

Fruit sec, déhiscent, allongé, à deux compartiments (carpelles) séparés par un septum translucide, renfermant plusieurs graines et s'ouvrant à maturité de bas en haut par deux valves. Sa longueur est plus de deux à trois fois sa largeur. C'est le fruit des Brassicacées. Ex. : Arabette (*Arabidopsis thaliana*), Chou (*Brassica oleracea*), Colza (*Brassica campestris*), Giroflée (*Cheiranthus*), Moutarde (*Sinapis*).
Ne pas confondre avec gousse.

simple (adj.) *(simple)*

Se dit de feuille dont le limbe, formé d'une seule pièce, n'est pas composé. Le limbe peut être plus ou moins découpé. Ex. : feuilles du Peuplier (*Populus*), du Chêne (*Quercus*).
Ant. : composée, composite.

sinué, sinueux (adj.) *(sinuate)*

Qualifie un organe (feuille, en particulier) présentant des échancrures (sinuosités) peu prononcées et arrondies.

> ⚠ Ne pas confondre avec ondulé.

sinus (n.m.) *(sinus)*

Échancrure entre deux lobes d'une feuille, d'un pétale ou de deux parties saillantes.

siphonogamie (n.f.) *(siphonogamy)*

Type de reproduction des Spermaphytes caractérisé par le fait que le tube pollinique (siphon) constitue le vecteur, permettant d'amener les noyaux reproducteurs mâles jusqu'au voisinage de l'oosphère (gamète femelle) dans l'archégone (Gymnospermes) ou le sac embryonnaire (Angiospermes).
Ant. : zoïdogamie.

sodium (Na^+) (n.m.) *(sodium)*

Élément métalloïde dont l'action est défavorable sur la structure du sol ; n'est pas indispensable, mais la matière sèche des végétaux en contient. Certaines plantes, qualifiées de natrophiles, sont particulièrement adaptées à des milieux riches en Na, parfois sans être à proprement parler des halophytes. Tel est le cas des Chénopodiacées (Ex. : Betteraves fourragère et sucrière), et beaucoup de plantes C_4 qui réagissent positivement à l'apport de sodium.

soie (n.f.) *(silk, bristle)*

Long poil, raide ou un peu flexueux et piquant. Ex. : soies de l'akène du Pissenlit (*Taraxacum*).

sol (n.m.) *(soil)*

Partie superficielle de l'écorce terrestre qui est le résultat de l'action conjuguée des altérations des roches-mères du sous-sol et de la décomposition de la matière organique sous l'action des agents physiques, chimiques et biologiques de l'environnement.

L'hydrolyse des matériaux minéraux libère leurs éléments chimiques sous forme d'ions, tandis que végétaux et animaux introduisent dans le système de la matière organique, de l'azote, du phosphore, du soufre, etc.

Sa formation est, par conséquent, très lente et son équilibre est plus ou moins précaire. Il est généralement constitué de plusieurs couches appelées horizons. La couche superficielle, ou humus, contient la matière, plus ou moins dégradée, issue des êtres vivants. Les couches sous-jacentes sont plus ou moins riches en eau et en éléments minéraux nutritifs utilisables par les plantes en fonction de leur stade de développement. Elles sont donc exploitées par des plantes différentes, qui sont adaptées à utiliser ces zones.

Si la nature des sols conditionne le type de couverture végétale, celle-ci agit en retour sur les caractéristiques des sols. Ainsi, par leur diversité, les sols constituent un des principaux facteurs de diversité végétale.

solitaire (adj.) *(solitary)*

1. Qualifie un organe (feuille, fleur, en particulier) naissant isolément et pouvant être terminal ou axillaire. Ex. : fleur de Tulipe, de Pivoine, de Crocus, etc.
2. Se dit d'une plante ne se trouvant que rarement dans une formation, presque toujours à l'état isolé.

sore (n. m.) *(sorus)*

Amas de sporanges situé au dos du limbe de certains Ptéridophytes (Fougères), pouvant être recouvert par une indusie.

Sores d'*Asplenium scolopendrium*

sorose (n.f.) *(sorosis)*

Réunion de plusieurs fruits formés à partir d'un épi dont l'axe (Ex. : Ananas) ou les périanthes (Ex. : Mûre) sont devenus charnus.

soufre (S) (n.m.) *(sulfur)*

Le soufre entre dans la composition des protéines sous forme de deux acides aminés soufrés : la cystéine et la méthionine. Les Brassicacées (Chou, Moutarde) et certaines Liliacées (Ail) sont également riches en composés soufrés (hétérosides soufrés).

La carence en S est une des plus sévères, un des symptômes est la disparition de la chlorophylle (chlorose) dont la synthèse n'est plus assurée.

sous-arbrisseau (n.m.) *(subshrub, suffrutex, undershrub)*

Plante vivace, dépourvue de tronc distinct, à tiges dures, persistantes, ligneuses seulement à la base, dépassant rarement 1 m de hauteur, aux rameaux florifères herbacés ou peu lignifiés, denses, se desséchant souvent en hiver. Ex. : Lavande (*Lavendula*), Myrtille (*Vaccinium*), Sauge (*Salvia*), Thym (*Thymus*).

sous-espèce (n.f.) *(subspecies)*

Ensemble des individus présentant un certain nombre de caractères communs plus spécifiques que ceux caractérisant l'espèce et qui peuvent se croiser en donnant une descendance féconde. C'est le troisième terme qui peut apparaître dans la définition d'une espèce, désigné par l'abréviation ssp. Ex. : *Ephedra fragilis* Desf. ssp. *campylopoda* ; *campylopoda* est une sous-espèce de l'espèce *fragilis*.
Une espèce au sein de laquelle on peut reconnaître deux ou plusieurs sous-espèces est dite polytypique. Ex. : *Beta vulgaris* (Chénopodiacées), *Brassica oleracea* (Brassicacées).

sous-frutescent (adj.) *(suffrutescent, suffruticose)*

Se dit d'une plante (sous-arbrisseau) ayant l'aspect d'un arbrisseau dont la souche est vivace et résistante à la gelée et dont seuls les rameaux à la base sont ligneux, tandis que les extrémités herbacées périssent chaque hiver. Ex. : Sauge officinale (*Salvia officinalis*), Myrtille (*Vaccinium*).

sp. *(sp. (pl. spp))*

Abréviation du latin *species* qui veut dire espèce. Après un nom de genre, cette abréviation indique qu'il s'agit d'une espèce indéterminée ou quelconque, non précisée. Le pluriel s'écrit *spp* (*species plurima*).

spadice (n.m.) *(spadix)*

Inflorescence en épi ou en panicule à fleurs sessiles ou subsessiles, incomplètes, généralement unisexuées, enveloppée à l'état jeune par une spathe, se rencontrant en particulier chez les Aracées (axe charnu, spathe membraneuse. Ex : Arum), les Arécacées (axe lignifié et ramifié, spathe plus ou moins foliacée. Ex : Palmiers), les Pandanacées et les Typhacées.

spadiciflore (adj.) *(spadicifloral)*

Se dit d'une plante dont l'inflorescence est un spadice.

spathe (n.f.) *(spathe)*

1. Très grande bractée membraneuse ou foliacée, souvent colorée, enveloppant complètement ou très largement un spadice et ayant parfois l'aspect d'un cornet. Ex. : spathe du Palmier-Dattier (*Phœnix dactylifera*), de l'Arum (*Arum*) ;
2. Grande bractée entourant plus ou moins complètement une inflorescence. Ex. : épi femelle du Maïs (*Zea mays*).

spatulé (adj.) *(spat(h)ulate)*

Qualifie un organe en forme de spatule, c'est-à-dire élargi vers le sommet, rétréci et allongé vers la base. Ex. : feuille de Pâquerette (*Bellis perennis*).

spéciation (n.f.) *(speciation)*

Formation d'une ou de plusieurs nouvelles espèces à partir d'une espèce ancestrale, sous l'impulsion de facteurs d'isolement (géographique ou sexuel).

▶ Spadice d'*Arum italicum* ◀

Le temps de spéciation est extrêmement variable d'une espèce à l'autre, et dépend également des modalités de spéciation.
Syn. : cladogenèse.

spéciation allopatrique (l.f.) *(allopatric speciation)*

Spéciation due, partiellement ou totalement, à l'isolement géographique, ce qui provoque une nette diminution ou un arrêt du flux génique (isolement reproductif) et l'accumulation progressive de différences entre les populations d'une même espèce qui vont devoir s'adapter à des milieux et des environnements différents. Les différences génétiques vont s'amplifier et finir par donner des espèces différentes.
Syn. : spéciation géographique.

spéciation sympatrique (l.f.) *(sympatric speciation)*

Formation d'une nouvelle espèce en présence de l'espèce mère dont elle est dérivée. Dans ce cas, des barrières reproductives, autres que géographiques (Ex. : autopolyploïdie, allopolyploïdie, floraisons décalées), sont responsables de l'arrêt du flux génique entre les différentes populations.

spécifique (adj.) *(specific)*

Tout ce qui a trait à l'espèce, sert à la caractériser.

spectre d'action (l.m.) *(action spectrum)*

Il s'agit, pour un phénomène photosensible (Ex. : photosynthèse) ou, par extension, pour une des molécules prenant part à ce processus, de la courbe de l'intensité de la réponse physiologique en fonction de la longueur d'onde de la lumière. Pour être efficace photochimiquement, la lumière doit être absorbée. Le spectre d'action de la photosynthèse est presque identique au spectre d'absorption des pigments photosynthétiques (essentiellement les chlorophylles). Pour les plantes vertes, les radiations photosynthétiquement actives sont comprises entre 400 et 700 nm.

spectre biologique (l.m.) *(biological spectrum)*

Pour une phytocénose donnée, c'est le pourcentage des divers types ou formes biologiques présentes (annuelles, géophytes, hémicryptophytes, chamaephytes, phanérophytes, thérophytes).

spectre pollinique (l.m.) Voir diagramme pollinique. *(pollen spectrum)*

Spermaphytes, Spermatophytes (n.f.pl.) *(spermatophytes, seed plants)*

Embranchement du Règne végétal comprenant l'ensemble des végétaux supérieurs élaborant des graines. Les gamétophytes sont très réduits (endosperme et grain de pollen).

Ce groupe est divisé en trois sous-embranchements :

- les Gymnospermes qui sont actuellement représentées par environ 600 espèces vivantes. L'ovule, supporté par des écailles carpellaires, se transforme en graine, après sa fécondation : l'ovule puis la graine sont nus ;
- les Angiospermes, plantes les plus récemment apparues sur terre. Ce groupe compte plus de 240 000 espèces vivantes, herbacées ou arborescentes et adaptées à pratiquement tous les biotopes de notre planète. On les appelle « plantes à fleurs ». L'ovule, contenant le gamétophyte femelle (sac embryonnaire) est enfermé dans l'ovaire. Après fécondation, il se transforme en graine, enfermée dans le fruit ;
- les Chlamydospermes – constituant un groupe assez artificiel – sont parfois considérées comme intermédiaires entre les Gymnospermes et les Angiospermes. Leur ovule est entouré par un système d'enveloppes non fermées. La graine est protégée par des téguments plus ou moins charnus non soudés. Elles sont aujourd'hui représentées par 75 espèces reparties en trois genres : *Ephedra*, *Gnetum* et *Welwitschia.*

Syn. : Phanérogames, plante à graines.

spermosphère (n.m.) *(spermosphere)*

Microenvironnement immédiat entourant la graine. Une microflore s'y développe aux dépens des exsudats libérés par la graine durant sa germination.

spiciforme (adj.) *(spicular, spiculate(d))*

Qualifie un organe en forme d'épi.

spinescent (adj.) *(spinescent)*

Se terminant en épine faible.

spinule (n.f.) *(spinule)*

Très petite épine coriace formée en bordure d'un limbe. Ex. : feuilles du Chardon des champs (*Cirsium arvense*).

spontané (adj.) *(spontaneous, self-sown)*

Se dit d'une plante qui croît naturellement dans le pays considéré, sans qu'on la cultive, ni qu'on l'ait introduite.

Syn. : indigène.

Ant. : cultivé.

sporadique (adj.) *(sporadic)*

Qui existe à l'état dispersé, peu abondant.

sporange (n.m.) *(sporangium (pl. ~gia))*

Chez les Ptéridophytes, organe en forme de sac, limité par une ou plusieurs assises cellulaires stériles et à l'intérieur duquel sont formées les spores par méiose. Dans le groupe des Fougères, les sporanges produisent un seul type de spores donnant des prothalles portant les deux sexes. Chez d'autres Ptéridophytes, les sexes sont séparés au niveau des prothalles : les spores, à l'origine des gamétophytes mâles sont produites par des microsporanges, celles à l'origine des gamétophytes femelles sont formées dans des macrosporanges (ou mégasporanges).

Chez les Spermaphytes, le macrosporange correspond au nucelle de l'ovule, et le microsporange correspond au sac pollinique.

spore (n.f.) *(spore)*

Cellule haploïde issue de la méiose (méiospore) de cellules-mères se déroulant au niveau de la capsule chez les Bryophytes, du sporange chez les Ptéridophytes, du nucelle de l'ovule et du sac pollinique chez les Spermaphytes. La spore germe en donnant un gamétophyte, appelé protonéma chez les Bryophytes, ou prothalle chez les Ptéridophytes. Chez les Spermaphytes, les méiospores mâles donnent un gamétophyte réduit (grain de pollen) et les méiospores femelles l'endosperme (Gymnospermes) ou le sac embryonnaire (Angiospermes).

sporocarpe (n.m.) *(sporocarp)*

Sores entourés par une indusie à paroi coriace et totalement fermé de certaines Ptéridophytes (*Pilularia*, *Marsilea*).

sporoderme (n.m.) *(sporoderm)*

Paroi complexe entourant le grain de pollen, constituée extérieurement par l'exine, plus ou moins ornementée, et intérieurement par l'intine.

sporogenèse (n.f.) *(sporogenesis)*

Ensemble des processus contribuant à la formation des spores des végétaux supérieurs. Pour les microspores, on parle de microsporogenèse, pour les macrospores, on parle de macrosporogenèse.

sporogone (n. m.) *(sporogone, sporogonium)*

Appareil producteur des spores (sporophyte) chez les Bryophytes, formé d'une capsule sporifère portée à l'extrémité d'un pédicelle appelé soie.

sporophylle (n.f.) *(sporophyll)*

Feuille modifiée ou structure foliacée (écaille carpellaire d'un cône de Gymnosperme, carpelle, étamine) qui porte des sporanges.

sporophyte (n.m.) *(sporophyte)*

Phase du cycle de développement d'une espèce faisant suite à la fécondation et, donc, contenant un nombre double de chromosomes du gamétophyte. C'est la phase qui correspond à la production des méiospores (microspores et macrospores).

Chez les Ptéridophytes et les Spermaphytes, c'est la phase largement dominante qui correspond à l'appareil végétatif de la plante (tige, feuilles, racines) alors que chez les Bryophytes, c'est une phase discrète et fugace qui vit en parasite du gamétophyte qui correspond, lui, à la plante feuillée.

Syn. : méiosporophyte.

sporopollénine (n.f.) *(sporopollenin)*

Substance constituée de polymères oxydés de caroténoïdes et d'esters de caroténoïdes entrant dans la composition de l'exine du sporoderme. C'est une des substances biologiques les plus résistantes aux dégradations microbiologiques, chimiques et physiques (chaleur, pression, froid).

squameux, squamiforme (adj.) *(squamiform)*

Qualifie un organe en forme d'écaille. Ex. : feuilles de Cyprès (*Cupressus sempervirens*), de Thuya (*Thuya occidentalis*).

ssp.

Abréviation du latin *sub species* qui veut dire sous-espèce.

staminal (adj.) *(staminal)*

Relatif aux étamines.

staminé, staminifère (adj.) *(staminate)*

Qualifie une fleur n'ayant pas de pistil et ne renfermant qu'une ou plusieurs étamines. Ex. : fleurs mâles du Palmier dattier (Arécacées), de la Pariétaire (*Parietaria*, Urticacées).

Ant. : carpellé, pistillé.

staminode (n.m.) *(staminode, staminodium (pl. ~dia))*

Etamine stérile, parfois pétaloïde, réduite le plus souvent à un filet. Ex. : Chez les Scrophulariacées, le plus souvent 4 étamines fertiles et un staminode.

stamino-pistillée (adj.) *(stamino-pistilate)*

Se dit d'une fleur pourvue d'étamines et de pistil.

Syn. : hermaphrodite.

station (n.f.) *(stand area)*

Synonyme d'habitat.

stèle (n.f.) *(stele)*

Partie centrale conductrice à l'intérieur de l'endoderme, des racines et des tiges de plantes vasculaires. Elle se compose de trois tissus principaux : le péricycle à l'extérieur, le xylème primaire et le phloème primaire au centre. Dans le cas de la structure primaire, la disposition des tissus conducteurs étant variable dans la racine et dans la tige pour un individu donné, ou d'un groupe systématique à l'autre pour un organe donné, la caractérisation des différents types de stèles se révèle importante, sur le plan anatomique, comme sur le plan phylogénique.

Syn. : cylindre central.

On distingue deux grands types de stèle selon l'existence ou non d'un parenchyme médullaire central ou moelle.

Stèles sans moelle axiale :

1. *Protostèle* : C'est la structure la plus simple. Les éléments de xylème sont disposés au centre du cylindre central où ils forment une colonne pleine entourée d'un manchon de phloème. Ce type de structure caractérise de nombreux Ptéridophytes.

2. *Actinostèle* : Le xylème et le phloème s'interpénètrent. En section transversale, le xylème forme un contour étoilé (d'où son nom). Selon le nombre de bras de xylème formant l'étoile et la position du centre de différenciation, les Actinostèles sont qualifiées de monarche (1 bras), diarche (2 bras), pentarche (5 bras), polyarche (nombreux bras) et endarche (différenciation centrale), mésarche (différenciation intermédiaire), exarche (différenciation périphérique). La structure actinostélique se rencontre dans les racines des Spermaphytes mais également chez des Ptéridophytes.

3. *Plectostèle* : Actinostèle polyarche où le massif de xylème est fragmenté en plusieurs ensembles.

Stèles avec moelle axiale : Toutes ces stèles sont polyarches. Les différents types se distinguent par la continuité ou non du xylème et du phloème :

1. *Siphonostèle* : Le xylème et le phloème prennent l'aspect de deux cylindres emboîtés entourant une moelle, le xylème formant donc un tube (siphono-). Il existe deux formes de siphonostèles, distinguables en coupe transversale :

a) Ectophloïque : Le phloème entoure le xylème.

b) Amphiphloïque : La couronne de xylème est située entre deux couronnes de phloème.

2. *Dictyostèle* : Type de siphonostèle où les cylindres sont interrompus par des brèches foliaires, points d'émission des feuilles. Ces interruptions touchent à la fois le xylème et le phloème. Ces derniers acquièrent alors une disposition en réseau. En coupe transversale, il apparaît des parties de stèle ou méristèles sous forme d'arcs.

3. *Eustèle* : Étape ultime de la désarticulation d'une siphonostèle représentée par une structure en une colonne de faisceaux xylémo-phloémiens interrompue par des brèches foliaires plus importantes que dans le cas précédent. La vascularisation propre de l'axe n'est plus aisément discernable. Tout le système conducteur est constitué par la juxtaposition des faisceaux liés aux nombreuses brèches foliaires. Cette structure est répandue chez les tiges jeunes de Dicotylédones.

4. *Atactostèle* : Le système vasculaire est caractérisé par la coexistence de multiples faisceaux disposés communément en deux ou plusieurs cercles concentriques, les faisceaux les plus gros étant les plus internes. Ce type de stèle est rencontré chez les tiges de la plupart des Monocotylédones (et de quelques rares Dicotylédones).

steppe (n.f.) *(steppe)*

Formation végétale répandue sous des climats secs, dominée par une végétation plus ou moins basse et éparse, constituée souvent de Poacées annuelles ou pérennes, de xérophytes épineuses, de cactoïdes, de petits buissons et l'absence d'arbres. Ex. : la mer d'Alfa en Afrique du Nord.

Zone de transition entre des régions plus arrosées et d'autres plus arides, la steppe peut être considérée comme une forme de dégradation de la prairie (ou d'autres formations végétales) en direction du désert. La formation de la steppe s'explique essentiellement par les facteurs climatiques. Elle est marquée par de grands contrastes climatiques entre l'été et l'hiver. Les hivers sont rigoureux et les étés sont chauds avec de rares précipitations. La végétation s'est adaptée en conséquence.

stérile (adj.) *(1. sterile, unfruitful. 2. sterile)*

1. Se dit des individus qui ne produisent ni fruits, ni graines ou des organes reproducteurs qui ne produisent pas de gamètes permettant la fécondation.
2. Se dit d'un milieu dépourvu de microbes.

stigmate (n.m.) *(stigma)*

Extrémité glanduleuse et glutineuse du style ou partie apicale du pistil adaptée à la réception des grains de pollen à sa surface.

stipe (n.m.) *(stipe)*

Tige ligneuse cylindrique de certaines espèces de Monocotylédones arborescentes ne comportant aucune ramification inférieure et présentant seulement des cicatrices correspondant aux feuilles disparues. Sa structure anatomique est très différente de celle du tronc. Ex. : stipe du Palmier, du Cocotier (Arécacées).

► Les Palmiers, dont le port est arborescent en général, parfois arbustif, ne forment pas de tronc, mais un stipe dépourvu de formations secondaires et donc de bois ◄

stipulaire (adj.) *(stipular)*

Qualifie un organe (vrille, en particulier) ou une excroissance (épine, notamment) issue d'une stipule.

stipule (n.f.) *(stipule)*

Appendice foliacé souvent écailleux, épineux, parfois glanduleux, caduc ou persistant, se présentant le plus souvent deux par deux, l'un en face de l'autre, à la base du pétiole des feuilles de certaines espèces. Ex. : Pois (*Pisum sativum*), Ronce (*Rubus*), Trèfle (*Trifolium*). Chez certaines espèces, les stipules sont autant développées que les feuilles et plus de 2 (Ex. : *Galium*). Dans d'autres cas, les stipules remplacent les feuilles transformées en épines.

stolon (n.m.) *(stolon, runner)*

Tige grêle superficielle, rampante, à longs entre-nœuds, le plus souvent herbacée, à feuilles très réduites et différentes de celles portées par la tige principale, terminée par un bourgeon qui, aux points de contact avec le sol, produit des racines adventives, ce qui permet d'engendrer de nouveaux individus. Ex. : stolon du Fraisier (*Fragaria*), du Lierre terrestre (*Hedera*), de la Potentille (*Potentilla*).

> ⚠ Ne pas confondre avec rhizome.

Syn. : coulant.

stolonifère (adj.) *(stoloniferous)*

Qualifie un végétal susceptible d'émettre des stolons.

stomate (n.m.) *(stoma, stomate (pl. stomata))*

Ouverture naturelle formée d'une paire de cellules réniformes de l'épiderme de la feuille ou de la tige, appelées cellules de garde, réunies du côté de leur concavité, laissant entre elles un ostiole, orifice à travers lequel peuvent se faire les échanges gazeux entre les tissus internes de la plante et l'extérieur. Sous cet orifice, se trouve un espace appelé chambre sous-stomatique.

Le plus souvent, les stomates sont situés à la face inférieure (abaxiale) des feuilles. Cette caractéristique réduit la transpiration car la face inférieure se trouve moins exposée aux rayons du soleil que la face supérieure. Dans les plantes à feuilles flottantes (Ex. : Nénuphar), les stomates se trouvent sur la face supérieure (adaxiale) qui est exposée à l'air.

Chez la plupart des plantes, les stomates sont ouverts le jour, permettant l'entrée de CO_2, et fermés la nuit. L'exception à cette règle est représentée par les plantes CAM ou plantes à métabolisme acide crassulacéen.

Le fonctionnement du stomate est contrôlé par la variation périodique des pressions osmotiques des cellules de garde et le transport actif ainsi que la structure même de ces cellules. Ces dernières possèdent des parois internes (du côté de l'ostiole) plus épaisses que les parois externes. Suite à une absorption d'eau, les cellules de garde se courbent uniquement du côté des parois externes, laissant entre elles une ouverture du côté interne. Après une plasmolyse, l'effet inverse est obtenu.

Il existe des stomates aquifères ou hydathodes, constamment ouverts, et responsables de la guttation.

stratification (n.f.) *(stratification)*

1. Disposition des individus d'une communauté végétale les uns par rapport aux autres dans le plan vertical, en strates superposées.

On distingue sommairement 4 strates aériennes : arborescente (ensemble des arbres), arbustive (arbustes de petite taille, de jeunes plants, de lianes), herbacée (ensemble des herbes, c'est-à-dire des végétaux non ligneux, de quelques centimètres au-dessus du sol, plantes non arborées et petites pousses d'arbres) et muscinale (si elle est formée de mousse) ou cryptogamique (si elle comprend des champignons). À ces quatre niveaux on ajoute souvent une strate souterraine qui correspond à la disposition verticale des racines des différents individus.

2. Opération qui consiste à disposer certaines graines en les plaçant en couches superposées et alternées avec un substrat humide (vermiculite, sable ou mélange sable-tourbe).

Cette pratique permet une bonne germination des graines à dormance embryonnaire telles que les Rosacées (Aubépine, Églantier, Pommier, etc.).

stress (n.m.) *(stress)*

Ensemble des perturbations physiologiques, métaboliques ou pathologiques provoquées dans un organisme par des agents biotiques (parasite, pathogène) ou abiotiques (salinité, sécheresse, température, pollution, etc.). On parle aussi de stress en parlant d'un changement brutal d'environnement.

Syn. : contrainte.

Généralement, l'impact du stress sur le végétal est plus sévère à certains stades de croissance, appelés stades critiques, qu'à d'autres. La période critique coïncide habituellement avec la formation des organes reproducteurs. Il en résulte des modifications physiologiques, biochimiques et/ou anatomiques.

La plante réagit aux stress en mettant en œuvre diverses stratégies de défense, constitutives ou induites. La plante perçoit un stimulus qui engendre l'émission de signaux. Ceux-ci sont transmis à l'intérieur de la cellule déclenchant l'activation de gènes codant pour des enzymes du métabolisme secondaire pour synthétiser diverses molécules de défense. Ainsi, l'infection des tubercules de Pomme de terre par *Phytophtora infestans* conduit à la synthèse de phytoalexines. En réponse à l'agression par les bactéries du flétrissement (maladie responsable d'importants ravages dans les champs de coton), le Cotonnier produit, outre l'acide jasmonique, de l'acide salicylique. La chaleur entraîne la synthèse de différentes protéines de choc thermique (HSP, *Heat Shock Proteins*). Des protéines analogues sont également synthétisées dans les cellules exposées à la sécheresse, au froid, à l'oxydation ou à des métaux lourds. Elles semblent donc jouer un rôle majeur dans les mécanismes d'adaptation à l'ensemble des stress abiotiques. Un stress hydrique déclenche l'activation de certains gènes de tolérance à la déshydratation, par l'intermédiaire de l'acide abscissique.

Certains stress sont nécessaires à certaines plantes pour qu'elles germent ou fleurissent c'est-à-dire pour lever des dormances physiologiques : stress hydrique, passage de l'hiver, etc. De même, un stress hydrique modéré, par exemple, peut entraîner une amélioration de la qualité des productions végétales comme chez la Betterave à sucre et les cultures fourragères.

strobile (n.m.) *(strobilus (pl. strobili))*

Formation plus ou moins allongée, conique, située au bout de certains axes et regroupant les sporophylles chez certaines Ptéridophytes (Prêles, Lycopodes). Terme utilisé également pour désigner le cône formé par les organes reproducteurs des Préspermaphytes et des Gymnospermes.

stroma (n.m.) *(stroma)*

Compartiment interne des chloroplastes dans lequel s'étendent les lamelles membranaires, contenant des ARN, de l'ADN, des enzymes. C'est le siège des réactions de la phase thermochimique de la photosynthèse.

stromule (n.m.) *(stromule)*

Structure tubulaire microscopique, linéaire ou ramifiée, rencontrée à la surface des plastes des cellules de nombreuses plantes supérieures. Leur morphologie et leur abondance varient selon les tissus et les stades de développement de la plante

La fonction fondamentale des stromules n'est pas encore élucidée complètement, bien que leur présence augmente notablement la surface de l'enveloppe du plaste qui prend part activement à l'importation et l'exportation de molécules vers le cytoplasme. Ils permettent également le transfert de macromolécules aussi grandes que la RuBisCo (~560 kDa) entre plastes communiquants. Chez les Céréales, il a été montré que les stromules interviennent dans le transfert des granules d'amidon vers l'albumen.

Leur localisation près d'autres organites tels que les mitochondries et le noyau, laisse à penser qu'ils pourraient être impliqués dans la coordination intracellulaire.

strophiole (n.f.) *(strophiole)*

Synonyme de caroncule.

style (n.m.) *(style)*

Partie effilée et plus ou moins allongée du pistil prolongeant l'ovaire et à l'extrémité duquel est situé le stigmate. Le style est parfois absent et les stigmates sont directement portés par l'ovaire. Ex. : Coquelicot (*Papaver rhoeas*), Tulipe (*Tulipa*), etc.

stylopode (n.m.) *(stylopodium)*

Chez les Apiacées (Ombellifères), partie aplatie en disque charnu à la base des styles.

sub-

Préfixe signifiant presque, très utilisé dans le langage des flores. Ex. : subobtus = presque obtus ; subsessile = presque sessile, etc.

suber (n.m.) *(suber)*

Tissu externe du périderme formé de cellules parallélépipédiques mortes remplies d'air, à paroi subérifiée, provenant du fonctionnement de l'assise génératrice subéro-phellodermique (tissu secondaire). Il est imperméable à l'eau et aux gaz, et apparaît sur les tiges, les branches ou les racines âgées des Dicotylédones ligneuses et des Gymnospermes. C'est donc un tissu de protection mécanique et calorifique.

Le Chêne-liège (*Quercus suber*, Fagacées) produit une couche de liège dont l'épaisseur atteint plusieurs cm en quelques années, pouvant s'enlever et être utilisée à différents usages.

Le suber est un tissu cicatriciel pouvant également apparaître sur tout organe vert blessé (mêmes chez les Monocotylédones).

Il existe deux autres tissus formés de cellules à paroi plus ou moins subérifiée :

- assise subéreuse : assise de cellules à paroi légèrement imprégnée de subérine apparaissant en dessous de l'assise pilifère et la remplaçant, dans les jeunes racines d'Angiospermes Dicotylédones.
- ubéroïde : Tissu formé de plusieurs couches de cellules à paroi subérifiée, qui se forme en dessous de l'assise pilifère qu'il remplace, dans les racines des Angiospermes Monocotylédones.

Syn. : liège.

subéreux (adj.) *(suberose, suberous, corky)*

De la nature et de la consistance du suber (ou liège).

subérine (n.f.) *(suberin)*

Polyester qu'on trouve dans les parois de certaines cellules spécialisées telles que le suber (liège), l'écorce des graines et l'endoderme, formant une enveloppe cireuse imperméable à l'eau et aux gaz.

subspontané (adj.) *(subspontaneous)*

Se dit d'une plante qui, après avoir été introduite volontairement ou accidentellement dans une région, s'y développe comme une plante spontanée.

substance de croissance (l.f.) *(growth substance, growth regulating substance, growth regulator)*

Petite molécule organique synthétisée par les plantes, essentielle à la croissance ou la différenciation des cellules végétales et qui agit à très faible concentration (1 à 1.10^{-2} µM) en des lieux souvent différents de ceux de sa production, sélectivement sensibles à son action, et dont elle influence le fonctionnement. Ce terme est souvent préféré à celui d'hormone végétale.

Transportées d'une partie du végétal à une autre, ces molécules ont des d'effets souvent pléïotropes (sur plusieurs cibles) qui résultent d'interactions complexes et sont elles-mêmes affectées directement par les modifications du milieu (photopériode, stress, etc.), ce qui rend leur étude difficile. Les principales substances de croissance sont les auxines, les cytokinines et les gibbérellines, l'acide abscissique et l'éthylène.

Dans une espèce et un organe donnés, la quantité de substance de croissance peut varier selon la phase de son évolution. La réponse d'un tissu végétal donné est souvent déterminée par l'équilibre entre deux ou plusieurs substances de croissance et non pas de la quantité absolue de chacune d'elles.

La régulation hormonale de la croissance et du développement s'exerce à différents niveaux :

- division cellulaire, élongation des cellules et leur différenciation ;
- germination et dormance des graines et des bourgeons ;
- initiation des feuilles, tiges, racines et fleurs ;
- production de graines, fruits et leur maturation, sénescence et mortalité des organes.
- fermeture des stomates (contrôle de la transpiration) et translocation de substances organiques ou inorganiques vers des organes en croissance active.

Expérimentalement, elles sont utilisées en culture *in vitro* pour contrôler l'organogenèse et la croissance des plantes. Utilisées raisonnablement, elles révèlent que les cellules végétales sont douées de potentialités particulières :

- capacité pour certaines cellules qui ne sont pas soumises aux corrélations du végétal (cellules isolées) de se différencier,
- la totipotence, c'est-à-dire la possibilité pour ces cellules indifférenciées de s'organiser en méristèmes ou en embryons, conduisant à la régénération d'individus entiers parfaitement normaux.

Dans le domaine productif, elles sont utilisées pour augmenter le poids frais des légumes, pour déclencher la floraison ou la fructification parthénocarpique chez un grand nombre d'espèces végétales (Tomates, Prunier, Abricotier, Agrumes, Vigne, Figuier, Fraisier, etc.). Elles peuvent, au contraire, être utilisées pour retarder la germination des tubercules, pour la conservation de fruits, de graines ou de fleurs (cytokinines), destruction des mauvaises herbes (auxines), etc.

Syn. : phytohormone, hormone végétale, facteur de croissance, régulateur de croissance.

	Ac. Abscissique	Auxines	Cytokinines	Ethylène	Gibbérellines
Site de production	Coiffe de la racine, feuilles et tiges âgées	Embryon, méristèmes racinaire et caulinaire	Racines	Fruits en maturation, tissus sénescents	embryon, apex racinaire et caulinaire
Dormance	Induction				Levée (bourgeons, semences)
Germination	Inhibition				induction
Croissance cell. et différenciation	Inhibition de l'élongation cellulaire	Induction des divisions cambiales, stimulation de la rhizogenèse	Induction	Inhibition de l'élongation cellulaire	induction
Dominance apicale		Inhibition des bourgeons axillaires	Induction des bourgeons axillaires		induction
Abscission des feuilles et sénescence	induction	Inhibition	Inhibition	induction	
Floraison		Induction chez plantes de jours courts			induction
Développement du fruit		Induction		Accélération de la maturation	induction de la croissance, inhibition de la maturation
Autres effets	Régulation hydrique		Induction de l'ouverture des stomates	Inhibition de la sénescence foliaire	Régulation de la consommation des réserves

► Principaux effets des substances de croissance intervenant dans la régulation du développement de la plante ◄

substance organique (l.f.) *(organic substance)*

Composé contenant du carbone. Les substances organiques se différencient donc des substances minérales dites substances anorganiques.

subulé (adj.) *(subulate, awl-shaped)*

Qualifie un organe de forme triangulaire, s'effilant en pointe très aiguë comme une alêne ou subule. Ex. : aiguilles du Genévrier oxycèdre (*Juniperus oxycedrus*).
Syn : alêné.

succession (n.f.) *(succession)*

Succession dans le temps de plusieurs associations d'espèces végétales dans un même milieu. Une succession reflète l'évolution de la végétation d'un habitat. Le stade final est appelé formation climacique ou climax.

succulente (adj.) *(succulent, fleshy)*

Se dit d'une plante mettant de l'eau en réserve dans ses organes verts, tiges (Ex. : Cactacées) ou feuilles (Ex. : Aizoacées, Crassulacées), qui sont alors charnus.
La succulence est fréquemment observée chez les plantes qui poussent dans un environnement salin, (Ex. : *Arthrocnemum* ; *Suaeda*, Chenopodiacées) ou aride (Ex. : *Zygophyllum*, Zygophyllacées).
Chez les Cactacées, les feuilles sont réduites à de petites épines disposées le long de la tige qui constitue presque toute la plante et assure l'essentiel de la photosynthèse. Cette caractéristique est une adaptation aux environnements arides, permettant aux plantes de réduire à l'extrême la transpiration foliaire. De plus, la cuticule épaisse qui recouvre la tige et les acides organiques qu'elles contiennent ralentissent la transpiration.
Syn. : grasse, charnue.

suçoir (n.m.) *(sucker)*

Organe absorbant caractéristique des plantes parasites (Ex. : Cuscute, Orobanche) qui s'implante et se ramifie dans les plantes hôtes dont elles se nourrissent. Véritable jonction physiologique et structurale entre les deux partenaires, le suçoir est l'interface à travers laquelle circulent l'eau, les sels minéraux et les substances élaborées par l'hôte, au profit de son parasite. Les suçoirs peuvent être d'origine racinaire, caulinaire ou foliaire, selon le niveau d'implantation du parasite sur l'hôte.
Syn. : haustorium.

sudation (n.f.) *(sweating, sudation)*

Émission de vapeur d'eau par la plante, sous l'effet de la chaleur.

> ⚠ Ne pas confondre avec guttation.

Syn. : transpiration.

suffrutescent (adj.)

Synonyme de sous-frutescent.

sulcifère (adj.) *(sulcate)*

Parcouru par des sillons profonds et longitudinaux.
Syn. : sillonné.

supère (adj.) *(superior)*

Qualifie un ovaire dont l'insertion est située au-dessus de la base des autres pièces florales. Ex. : Renoncule (*Ranunculus*), Tomate (*Lycopersicon esculentum*). La fleur est dite, dans ce cas, hypogyne ou superovariée.
Ant : infère.

suspenseur (n.m.) *(suspensor)*

Organe sous forme d'une ou plusieurs files de cellules apparaissant au moment des premières divisions du zygote chez certaines Ptéridophytes, chez les Gymnospermes et chez les Angiospermes. Il ne participe pas à l'embryogenèse proprement dite mais il sert au transfert de nutriments de la plante-mère à l'embryon en formation.

suture (n.f.) *(suture)*

Ligne de jonction de deux organes soudés ensemble. Ex. : deux carpelles d'un ovaire, deux valves d'une gousse.

sycone (n.m.) *(syconium, syconus, synconium, synconum, synconus)*

Faux-fruit charnu dérivant d'une inflorescence propre aux Figuiers (*Ficus*). Le réceptacle de l'inflorescence (partie comestible de la Figue) étendu s'est replié de façon à constituer une cavité presque close contenant des fleurs. Les fleurs femelles tapissent la paroi interne du sycone et les fleurs mâles, beaucoup moins nombreuses, bordent l'orifice. Les fleurs femelles fécondées forment des akènes.

sylvatique (adj.) *(sylvan)*

De forêt, qui concerne la forêt.
Syn. : forestier, sylvestre.
Ant. : asylvatique.

sylviculture (n.f.) *(silviculture, sylviculture)*

Science qui étudie les peuplements forestiers, leur établissement, leur composition, leur entretien et leur exploitation. Elle se base principalement sur la connaissance de l'écologie forestière.

symbiose (n.f.) *(symbiosis)*

Association durable et réciproquement bénéfique entre deux ou plusieurs organismes différents, pouvant appartenir à des règnes différents, vivant en équilibre les uns avec les autres et tirant des bénéfices mutuels de cette union, mais pouvant vivre séparément. Les partenaires de cette association sont appelés symbiotes ou symbiontes.
Plusieurs micro-organismes du sol établissent des relations nutritionnelles bénéfiques avec les plantes. Ex. : symbiose mycorhyzienne, symbiose d'Algues et de Champignons (Lichens), de Champignons et d'Orchidées, de Champignons et d'arbres, de Bactéries et de Légumineuses (Fabacées), etc.
Dans la symbiose des Légumineuses avec les Bactéries du genre *Rhizobium*, la bactérie assure la fixation de l'azote atmosphérique grâce à sa nitrogénase, tandis que la plante lui fournit des squelettes carbonés et des glucides, notamment.

symbiosome (n.m.) *(symbiosome)*

Chez les Fabacées, vésicule qui se sépare de la membrane plasmique isolant les bactéroïdes fixateurs d'azote dans la cellule-hôte, mais hors du cytosol proprement dit. La membrane contrôle les échanges avec le cytosol de la cellule-hôte. Le symbiosome constitue l'unité fonctionnelle d'un nodule de Légumineuses.

symbiotique (adj.) *(symbiotic(al))*

Se dit d'un organisme capable de vivre en symbiose. Ex. : Lichens, Fabacées, *Casuarina*, etc.

sympatrique (adj.) *(sympatric)*

Se dit d'espèces croissant ensemble dans des sites communs d'une aire commune ou des sites qui se recouvrent. L'absence de croisement entre deux espèces sympatriques apparentées est le témoin de l'existence de facteurs d'isolement reproductif entre ces espèces : facteurs extrinsèques (floraisons décalées) ou intrinsèques (isolement génétique).

sympétale (adj.) *(sympetalous)*

Synonyme de gamopétale.

symplasme (n.m.) *(symplasm)*

Réseau continu constitué de l'ensemble des cytoplasmes et vacuoles des cellules vivantes, connectés entre eux grâce aux plasmodesmes, à travers lequel l'eau et les sels minéraux peuvent circuler. Les membranes plasmiques semi-perméables des cellules contrôlent l'accès au symplasme.

sympode (n.m.) *(sympodium)*

Système de croissance ou de ramification (dite sympodiale ou sympodique) des rameaux et rhizomes dans lesquels le bourgeon terminal de l'axe principal avorte à la fin de la saison de croissance ou se transforme en une structure (fleur ou inflorescence) qui perd sa faculté de croître végétativement. L'année suivante, ce bourgeon est relayé par le (ou les) bourgeon(s) axillaire(s) le(s) plus près de l'apex. Selon que cette ramification aboutit à la formation de un, deux ou plus de deux axes, on parlera respectivement de sympode monochasial (Ex. : Tilleul, *Tilia*), dichasial (Ex. : Lilas, *Syringa*) ou polychasial.

Ce système s'applique également à l'inflorescence du type cyme.

synanthéré (adj.) *(synanthereous, syngenesious)*

Se dit d'un androcée ou d'une fleur dont les étamines soudées par leurs anthères mais libres au niveau de leurs filets, forment un manchon autour du style. Ex. : Astéracées.

> ⚠ Ne pas confondre : étamines conniventes, c'est-à-dire juste accolées (Ex. : Solanacées) avec étamines synanthérées, c'est-à-dire soudées (Ex. : Astéracées).

syncarpe, syncarpique (adj.) *(syncarpous)*

Se dit d'un ovaire formé de carpelles soudés. La soudure s'établissant au niveau de l'ovaire (Ex. : *Colchicum, Nigella*), de l'ovaire et du style ou même sur toute la hauteur des carpelles (Ex. : *Primula*).

Syn. : cœnocarpe, cœnocarpique gamocarpe, gamocarpique.

Ant. : apocarpe.

synécologie (n.f.) *(synecology)*

Écologie d'un groupement végétal ou écologie d'une espèce au sein d'un groupement végétal.

synergides (n.f.pl.) *(synergidae, synergid cells)*

Dans le sac embryonnaire, les cellules haploïdes, le plus souvent au nombre de deux, entourant l'oosphère au pôle micropylaire ; c'est dans l'une d'elles que se déverse le contenu du tube pollinique juste avant la fécondation. Peu après, elles disparaissent.

synonyme (n.m.) *(synonym)*

En taxonomie, nom(s) sous le(s)quel(s) un même taxon a été décrit au cours du temps. Selon les règles du Code de nomenclature botanique, c'est le terme le plus ancien (s'il est correct) qui doit être utilisé.

> En systématique, les synonymes ne sont pas interchangeables comme c'est le cas dans le vocabulaire habituel, ils ne sont signalés que pour faciliter une recherche nomenclaturale. Seul le binôme officiel doit être utilisé.

synsépale (adj.) *(synsepalous)*

Synonyme de gamosépale.

systématique (n.f.) *(systematics)*

Branche de la biologie qui a pour objectif la description et la reconnaissance des espèces en fonction de leurs diverses caractéristiques intrinsèques et des liens de parenté entre elles et l'élaboration d'une classification (regroupement) traduisant ces liens de parenté.

Les caractères utilisés en systématique peuvent relever des disciplines suivantes : morphologie et anatomie comparées, cytologie et ultrastructure (niveau cellulaire et subcellulaire), caryologie, cytogénétique, palynologie (pollen et spores), physiologie, phytochimie et biochimie (marqueurs micromoléculaires, macromolécules), paléobotanique (fossiles).

Ainsi, la systématique repose d'abord sur des caractères dits primaires, souvent visibles et évidents, qui séparent les êtres vivants en grands groupes (Ex : une fleur caractérise les Angiospermes).Ensuite, les différents niveaux inférieurs de classification sont définis par des détails ou caractères secondaires (Ex : nombre de pièces florales, sexe des fleurs portées par un individu, appendices foliaires, etc.), moins accessibles aux non-spécialistes, et qui, assemblés les uns aux autres, permettront d'identifier l'espèce.

Ainsi définie, la systématique constitue le cadre pour toute étude de la diversité biologique et de son évolution.

La systématique est habituellement divisée en phylogénétique (étude des liens de parenté) et taxonomie (organisation des différents niveaux).

taïga (n.f.) *(taiga)*

Forêt boréale dominée par des Conifères (Épicéas, Mélèzes, Sapins), située dans l'hémisphère Nord juste au sud de la toundra ; les conditions y sont plus modérées. L'hiver est long et rigoureux ; l'été frais est la saison de végétation courte. Les sols sont souvent acides.

taillis (n.m.) *(coppice)*

Ensemble des rejets et drageons de même âge, issus des arbres d'une futaie coupés à peu de distance du sol. Les bourgeons adventifs des souches laissées à terre fournissent des rejets dont l'ensemble forme une cépée.

taillis-sous-futaie (l.m.) *(coppice-with-standards system)*

Forêt composée de deux types de peuplements : un niveau de taillis dominé par un niveau de futaie.
Syn. : taillis composé.

tallage (n.m.) *(tillering)*

Stade physiologique chez de nombreuses espèces de Poacées (Ex. : Céréales) désignant la formation, à partir des bourgeons axillaires caulinaires de la plantule initiale, de nouveaux (4 ou 5) talles et de racines adventives, assurant ainsi la formation de touffes denses.

talle (n.m.) *(tiller, sucker)*

Tige secondaire munie de ses propres racines, naissant à la base de la tige principale des Poacées.

> Ne pas confondre avec le thalle.

tanins ou tannins (n.m.pl.) *(tannins)*

Groupe hétérogène de dérivés phénoliques végétaux ayant la propriété de précipiter les solutions d'albumine et de rendre la peau imputrescible en se fixant sur les protéines. Leur poids moléculaire varie de 500 à 3 000.
Ils sont largement distribués chez les plantes supérieures dans les vacuoles, le cytoplasme et parfois dans les parois cellulaires. Les tanins se rencontrent dans les feuilles, les tissus vasculaires, l'enveloppe des graines, le liège, les fruits non mûrs, les galles, etc. Chez certaines espèces, ils atteignent des teneurs très importantes autorisant l'exploitation industrielle : *Quebracho* (Apocynacées) dont le bois contient 20 % de tanins, *Quercus montana* (Fagacées) dont l'écorce contient 10 % de tanins, Sumac et thé dont les feuilles renferment 15 à 25 % de tanins. Ils sont utilisés pour le tannage des peaux animales, la teinture ou la préparation d'encres.
Les tanins sont astringents au goût. Ils peuvent exercer un effet toxique soit directement, soit par l'intermédiaire de leurs produits d'hydrolyse. Celle-ci peut avoir lieu sous l'action des

bactéries du rumen. L'action défavorable des tanins sur la digestibilité des nutriments et, notamment, de l'azote alimentaire, est expliquée par l'aptitude de ces molécules à se combiner avec les protéines alimentaires, les rendant inattaquables par les enzymes protéolytiques. En outre, les tanins peuvent inactiver directement les enzymes digestives.

> Remarque : utilisés depuis des milliers d'années pour tanner les peaux, les tannins décrits chimiquement au XIXe siècle doivent leur nom à cette utilisation empirique.

tapetum, tapis (n.m.) *(tapetum)*

Assise nourricière, constituée de cellules polyploïdes ou polynucléées, tapissant extérieurement le tissu sporogène dans chaque sac pollinique, permanente ou passagère, jouant un rôle important dans l'élaboration de la paroi pollinique ou sporoderme des grains de pollen.

tapissante (adj.) *(covering)*

Se dit d'une plante apte à couvrir le sol par émission de tiges rampantes. Ex. : Chiendent (*Cynodon dactylon*).

taxinomie (n.f.) *(taxonomy)*

Synonyme de taxonomie.

taxon (n.m.) (pl. taxons) *(taxon)*

Terme désignant une unité de classification de rang quelconque auquel est attribué un nom.

Tout système de classification est fondé sur les relations entre taxons. Ces relations sont déduites de l'étude de la répartition de certains caractères qui peuvent relever de la morphologie (niveau macroscopique), de l'anatomie et ultrastructure (niveau cellulaire), de la palynologie, de la cytologie (caryologie), de la physiologie, ou de la phytochimie et biochimie (micro- et macromolécules).

Le taxon de base de la classification est représenté par l'espèce et tous les autres rangs taxinomiques ne sont donc que des regroupements (genre, famille, ordre, classe, embranchement) ou des subdivisions (sous-espèce, variété, écotype) de celui-ci.

taxonomie (ou taxinomie) (n.f.) *(taxonomy)*

Science des lois de la nomenclature et de la classification des organismes vivants (ou fossiles). Celle-ci se fait en sous-ensembles hiérarchisés ou taxons (c'est-à-dire que chaque groupe supérieur contient tous les groupes sous-jacents) de telle sorte que chacun d'eux regroupe tous les individus ayant des caractéristiques en commun, que ne possèdent pas les individus des autres groupes.

Pour les végétaux, les principaux taxons sont, du plus grand au petit taxon :

- embranchement : ensemble de classes ;
- classe : ensemble d'ordres ;
- ordre : ensemble de familles ;
- famille : ensemble de genres ayant au moins un caractère commun ;
- genre : ensemble d'espèces ayant plusieurs caractères communs ;
- espèce : ensemble des individus se ressemblant par leur aspect et interféconds mais habituellement non féconds avec des individus d'une autre espèce.

Ainsi, sauf dans le cas de certaines plantes fossiles, chaque espèce peut être affectée à un genre, chaque genre à une famille, etc.

Au cours de l'histoire de la systématique, les taxonomistes ont utilisé des taxons intermédiaires qui sont, par ordre descendant : la tribu entre la famille et le genre, la section et la série entre le genre et l'espèce, ainsi que la variété et la forme au-dessous de l'espèce.

Des désinences particulières permettent de reconnaître le niveau de subdivision considéré : les noms des ordres se terminent par *–ales* et les noms de familles, en *–acées*. Les espèces sont définies par deux mots latins (nomenclature binomiale). Ex. : le Blé *Triticum vulgare* appartient à la famille des Poacées, à l'ordre des Glumales, à la classe des Monocotylédones, au sous-embranchement des Angiospermes et à l'embranchement des Spermaphytes. Selon la règle générale, le genre et les taxons d'ordre supérieur au genre commencent par une majuscule.

La première classification scientifique reconnue est due à Carl von Linné (XVIIIe siècle) qui est considéré comme le père de la taxonomie moderne. Sa classification était basée sur les organes sexuels (système sexuel) et comportait 24 classes selon le nombre, l'assemblage et la longueur des étamines et le nombre de styles.

La classification des espèces vivantes est en perpétuel changement. D'une classification basée sur la morphologie, on est passé à un système incluant des données d'ordre anatomique et physiologique, puis prenant en compte les caractères cytologiques et génétiques des êtres vivants. Les progrès de la biologie peuvent remettre en cause l'appartenance de telle espèce à un groupe défini, et l'on découvre régulièrement de nouvelles espèces dans des régions peu accessibles.

De nos jours le dualisme entre la démarche classique et l'approche phylogénétique subsiste. La morphologie traditionnelle décrit et interprète les structures des organes végétatifs et reproducteurs à l'aide d'outils modernes (microscopes optiques et électroniques). L'anatomie et la cytologie analysent les dispositions et les caractéristiques des plastes, des chromosomes, etc. La palynologie s'intéresse aux grains de pollen. À l'échelle moléculaire, on recherche la distribution de certains marqueurs micromoléculaires (alcaloïdes, flavonoïdes, etc.).

Les principales classifications actuelles reconnues ont été mises au point par :

- Arthur Cronquist, qui présenta un système de classification pour les Dicotylédones, en 1988 (*The Evolution and Classification of Flowering Plants) ;*
- Robert F. Thorne. 1992. (*Classification and Geography of Flowering Plants,* mise à jour décembre 1992 et mars 1999) ;
- Armen Takhtajan, en 1997 (*Diversity and Classification of Flowering Plants*) ;
- une équipe internationale, l'APG, (Angiosperm Phylogeny Group) se basant, en grande partie, sur des analyses de 500 séquences d'ADN chloroplastique, publia une classification en 1998 (*An ordinal classification for the families of flowering plants*, qui a été revue en 2002 (*Classification of Flowering Plants*, Angiosperm Phylogeny Group II, 2002).

> Bien que désuète l'ancienne classification purement morphologique des Angiospermes basée sur des critères de soudure ou non soudure des pétales, position de l'ovaire, etc. continue à être utilisée car, sur le terrain, elle permet d'identifier rapidement une plante à l'aide des flores.

taxonomie numérique (l.f.) *(numerical taxonomy)*

Synonyme de phénétique.

tégument (n.m.) *(tegument, integument)*

1. Tout revêtement protecteur d'un organe (ovule, graine, fruit).

2. Enveloppe qui entoure l'ovule. À maturité, le tégument s'épaissit et devient le testa ou l'enveloppe de la graine. Il existe habituellement deux téguments ovulaires, externe et interne (ovules bitegminés des Ranunculacées et de la majorité des Angiospermes), parfois un seul (ovules unitegminés des Apiacées, Solanacées, Gymnospermes). À l'extérieur, il présente une grande variété de textures et de couleurs, et est généralement orné d'excroissances ou d'appendices qui joueront un rôle dans la dissémination : aile membraneuse du Pin, aigrette du Pissenlit, poil du Cotonnier.

télétoxie (n.f.) *(teletoxy)*

Synonyme d'allélopathie.

tépale (n.m.) *(tepal)*

Pièce indifférenciée du périanthe des Monocotylédones lorsque le calice et la corolle ne sont pas discernables entre eux. Elle peut être vivement colorée (on parle de tépale pétaloïde) ou écailleuse ou papyracée (tépale sépaloïde). Ex. : fleurs des Fagacées, des Liliacées (Iris, Glaïeul, Lis, Muguet, Tulipe).

térébenthine (n.f.) *(terebenthene, turpentine)*

Terme désignant diverses oléorésines semi-liquides produites par des Conifères (Ex. : divers Pins, Mélèze, etc.) ou des Anacardiacées (*Pistacia terebenthus*).

terpènes, terpénoïdes (n.m.pl.) *(terpens, terpenoids)*

Les terpénoïdes sont des composés constitués d'unités isoprène en C_5 ou hémiterpène. Les terpénoïdes se distinguent des autres classes de métabolites secondaires par leur origine commune et leur nature hautement lipophilique (hydrophobe).

En fonction du nombre d'atomes de carbone, on distingue :

C_{10} : monoterpénoïdes ; C_{15} : sesquiterpénoïdes ; C_{20} : diterpénoïdes ; C_{25} : sesterterpénoïdes ; C_{30} : triterpénoïdes ; C_{40} : tétraterpénoïdes et les polyterpénoïdes qui contiennent un multiple n de 5C, avec $n = 9$ à 10^5. Les terpénoïdes inférieurs sont caractérisés par leur volatilité et leur odeur piquante intense.

Les terpénoïdes constituent la plus grande famille de métabolites secondaires dont la très grande majorité est spécifique du règne végétal. Ce sont des substances généralement insolubles dans l'eau.

Les monoterpénoïdes et les autres petites molécules sont isolés principalement des plantes. Ce sont des constituants majeurs des huiles essentielles, mais ils interviennent également dans la défense des plantes contre les herbivores. Les plus grosses molécules de terpène incluent le phytol, (constituant de la chlorophylle), les caroténoïdes, le caoutchouc, etc. Certains terpénoïdes importants ont aussi été isolés de sources animales (Ex. : squalene extrait de l'huile de foie de Requin).

testa (n.m.) *(testa)*

Tégument externe protecteur de la graine pouvant porter pointes, crochets, poils, cils, etc., jouant un rôle dans la dissémination de cette graine.

tétracyclique (adj.) *(tetracyclic)*

Se dit d'une fleur comportant 4 verticilles de pièces florales : calice, corolle, androcée en un seul verticille et gynécée. Ex. : Apiacées, Apocynacées, Gentianacées, Oléacées.

tétrade (n.f.) *(tetrad)*

1. Groupe de 4 méiospores haploïdes issues de la méiose d'une cellule mère diploïde du sac pollinique ou du nucelle.

2. Chez certaines familles, les 4 grains de pollen issus des 4 méiospores restent ensemble, on parle alors de pollen en tétrade (Ex. : Éricacées).

tétradyname (adj.) *(tetradynamous)*

Se dit d'une fleur ayant 6 étamines, dont 4 plus longues. Ex. : Brassicacées.

tétrakène (n.m.) *(tetrachene)*

Fruit constitué de quatre akènes. Ex. : fruit des Lamiacées, des Borraginacées.

tétramère (adj.) *(tetrameric, tetramerous)*

Constitué de cycles de quatre pièces identiques. Ex. : périanthe des Brassicacées.

thalamiflore (adj.) *(thalamiflorous)*

Qualifie une plante dont les pièces florales sont insérées sur un réceptacle floral plus ou moins bombé appelé thalamus. L'ovaire est, de ce fait, supère. Ex. : Série des Thalamiflores qui regroupe les Magnoliacées, les Nymphéacées et les Ranunculacées.

thalamus (n.m.) Voir thalamiflore. *(thalamus)*

thalle (n.m.) *(thallus)*

Appareil végétatif de nombreux végétaux inférieurs dans lequel on ne peut décrire ni racine, ni tige, ni feuilles. Il est constitué de cellules organisées en filaments ramifiés ou non, cellulaires ou cœnocytiques (Algues et Champignons) ou en lamelles (Algues, Lichens, certaines Hépatiques, le prothalle des Fougères).
C'est le thalle entier qui assure généralement les différentes fonctions vitales (absorption, conduction, photosynthèse...).

> Ne pas confondre avec talle.

Thallophytes (n.f.pl.) *(thallophyta)*

Ensemble des végétaux inférieurs dont l'appareil végétatif est constitué d'un thalle.
Syn. : végétaux inférieurs.

thermopériodisme (n.m.) *(thermoperiodism)*

Réaction des plantes à l'alternance de périodes chaudes et froides. Cette alternance est, par exemple, nécessaire à la floraison de la plupart des plantes à bulbes (Ex. : Crocus, Jacinthe, Tulipe, etc.) et des arbres fruitiers.

thermophile (adj.) *(thermophil, thermophilic, thermophilous)*

Se dit d'une espèce exigeante en chaleur. Ex. : le Palmier dattier (*Phoenix dactylifera*).

thylacoïde ou thylakoïde (n.m.) *(thylakoid)*

Saccule aplati à l'intérieur d'un chloroplaste. Les membranes des thylakoïdes contiennent la chlorophylle de la plante et autres pigments photorécepteurs associés en antenne collectrice de l'énergie lumineuse, ainsi que des transporteurs d'électrons de la photophosphorylation. À certains endroits, les thylakoïdes peuvent être empilés, étroitement liés les uns aux autres, en hélice. Un tel empilement porte le nom de granum (thylakoïdes granaires). Les thylakoïdes ne sont pas toujours organisés en grana (thylakoïdes intergranaires), comme dans le cas des cellules des gaines périvasculaires chez les plantes C4. Les analyses par fractionnement et par immunocytochimie montrent que les membranes des thylakoïdes granaires contiennent quatre complexes principaux de protéines : les photosystèmes PSI et PSII (qui participent à l'absorption de la lumière), le complexe cytochrome b6f (spécialisé dans le transfert des électrons) et l'ATP-synthase (qui permet la synthèse d'ATP). Elles sont de ce fait le support de l'appareil photochimique de la photosynthèse.

thylle, thyllose (n.f.) *(thylle, tylosis (pl. tyloses))*

Sorte de hernie à l'intérieur des vaisseaux du xylème ou des tubes criblés du phloème, formée par l'expansion de cellules de contact, qui sont, comme leur nom l'indique, des cellules en contact direct avec ces deux catégories d'éléments conducteurs. L'expansion se fait par l'intermédiaire des ponctuations dans le cas des vaisseaux du xylème (cellules mortes) et par celui des plasmodesmes dans les cas des tubes criblés du phloème (cellules vivantes).

Ce phénomène se produit généralement à l'automne quand les éléments conducteurs de sève deviennent inactifs ou à la suite d'une blessure, empêchant alors la propagation des champignons et d'autres infections. La coexistence de plusieurs thylles peut conduire à l'obstruction de l'élément conducteur et, par suite, au blocage de la circulation de la sève. Au printemps suivant, les thylles peuvent régresser pour permettre à la circulation de la sève de reprendre son cours.

thyrse (n.f.) *(thyrse, thyrsus)*

Type d'inflorescence composée correspondant à une grappe de cymes. L'aspect général est celui d'une grappe de forme plus ou moins pyramidale ou ovoïde. Ex. : thyrse de Lilas (*Syringa*), de Troène (*Ligustrum*).

⚠ Ne pas confondre avec panicule qui est une grappe de grappes.

tige (n.f.) *(stem, stalk, caulis)*

Organe de la plante, le plus souvent en forme d'axe, reliée à la racine au niveau du collet, et portant les branches, les feuilles, les fleurs ou les fruits.

Les feuilles sont portées au niveau des nœuds. À la base de chaque feuille, se trouve un bourgeon latéral (axillaire) susceptible de se développer en rameau. La position de ces derniers sur la tige détermine le port de la plante. À l'extrémité de chaque tige se trouve un bourgeon apical.

La tige peut être souterraine, dans ce cas, elle est transformée en rhizome, bulbe ou tubercule. La tige aérienne peut être herbacée, ligneuse, frutescente, sous-frutescente, grimpante, retombante, rampante, succulente, etc.

Cette diversité de formes est d'ailleurs associée à une diversité de fonctions : soutien chez les tiges aériennes, propagation dans le cas des stolons horizontaux (Fraisier), accumulation de réserves dans les tubercules (Pomme de terre), les bulbes (Poireau) et les rhizomes (Asperge) ou encore chez les plantes succulentes.

La tige peut prendre l'aspect d'une feuille et se nomme alors cladode (Ex. : Petit Houx).

Parcourue par des éléments conducteurs, elle assure le transport des constituants entre les racines et les feuilles et inversement. Contrairement à la plupart des racines, une tige peut être verte et participer activement à la photosynthèse.

Sur une coupe transversale d'une jeune tige, on peut distinguer, de l'extérieur vers l'intérieur :

- un épiderme formé de cellules banales dont les parois extérieures sont recouvertes par une couche de cutine, substance imperméabilisante, formant la cuticule plus ou moins importante et au niveau desquelles peuvent se différencier des poils (trichome) et des stomates ;

- un parenchyme cortical pouvant comporter des parties chlorophylliennes (chlorenchyme) et auquel peuvent être associés des tissus de soutien : collenchyme (pecto-cellulosique) ou/et sclérenchyme (lignifié) ;
- la stèle, généralement pas délimitée de façon précise, se compose d'un ensemble de faisceaux conducteurs associant du phloème primaire externe à différenciation centripète et du xylème primaire interne (disposition collatérale), à différenciation centrifuge. Cette structure est nettement différente de celle de la racine, où le phloème primaire et le xylème primaire, tous deux à différenciation centripète, alternent, le raccordement des deux structures (tige et racine) se faisant au collet. Dans chaque faisceau, le protoxylème est en position plus interne que le métaxylème (disposition endarche, caractéristique de la structure primaire de la tige) ;
- la moelle, tissu le plus central, constituée par un parenchyme médullaire plus ou moins développé.

Dans le cas de la tige âgée des arbres ou tronc, ce sont essentiellement les formations secondaires qui se substituent à la structure primaire. Cette structure secondaire résulte du fonctionnement des assises génératrices, au nombre de deux :

- le phellogène ou assise génératrice subéro-phellodermique, à l'origine de la formation du suber ou liège vers l'extérieur et, éventuellement, de phelloderme (parenchyme secondaire généralement peu développé) vers l'intérieur. Le suber et les tissus plus externes s'exfolient régulièrement (rhytidome) ;
- le cambium vasculaire ou assise génératrice libéro-ligneuse, à l'origine du xylème secondaire ou bois vers l'intérieur et du phloème secondaire ou liber vers l'extérieur. Le cambium constitue une assise permanente, à fonctionnement discontinu : en climat tempéré, cette assise est active au printemps assurant alors la formation du « bois initial » présentant des éléments conducteurs de grand diamètre, puis en été se forme un « bois final » constitué d'éléments de plus faible diamètre et fortement lignifiés. Le cambium cesse de se diviser en automne et hiver. L'ensemble « bois initial » et « bois final » constitue un cerne, correspondant à une strie d'accroissement généralement discernable à l'œil nu sur une coupe transversale d'un tronc. Le décompte des cernes permet de déterminer l'âge de l'arbre.

On notera que la tige des Monocotylédones, même arborescente (Ex : Palmiers), est dépourvue de cambium ; on préfère alors utiliser le terme de stipe à celui de tronc. Bien qu'il ne se forme pas de bois, la tige peut devenir très dure par formation de tissu scléreux, ce qui explique la résistance de la tige (ou canne) chez les Bambous. Dans le cas des Céréales, la tige est appelée chaume.

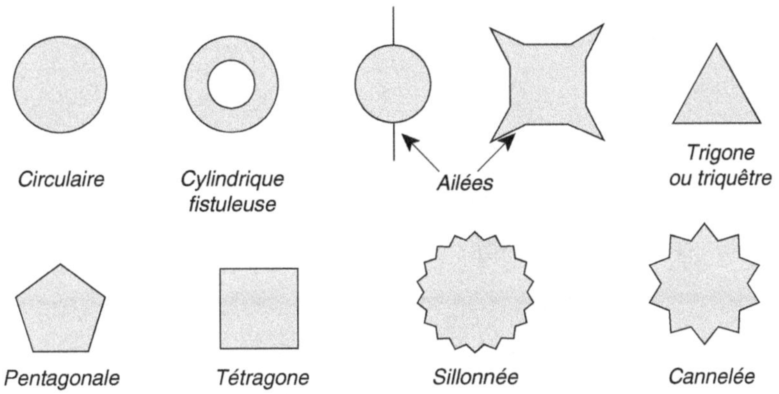

Coupes transversales des principaux types de tiges

A B C D E F G H I J K L M N O P Q R S T U V W X Y Z

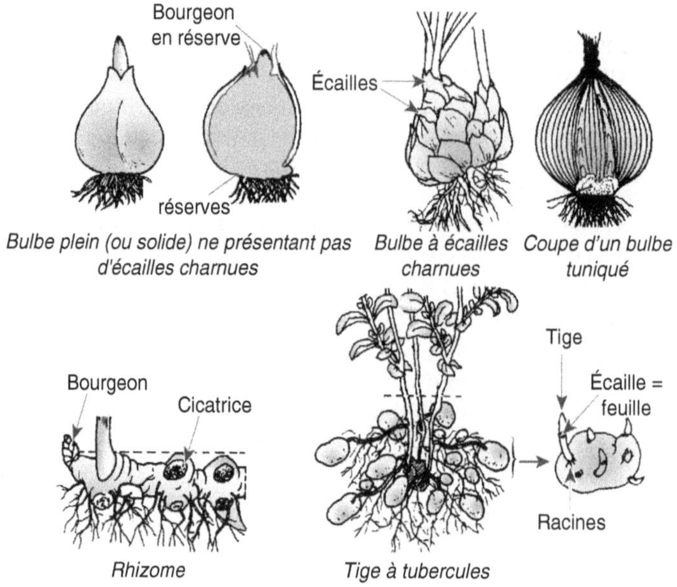

▶ Différents types de tiges souterraines ◀

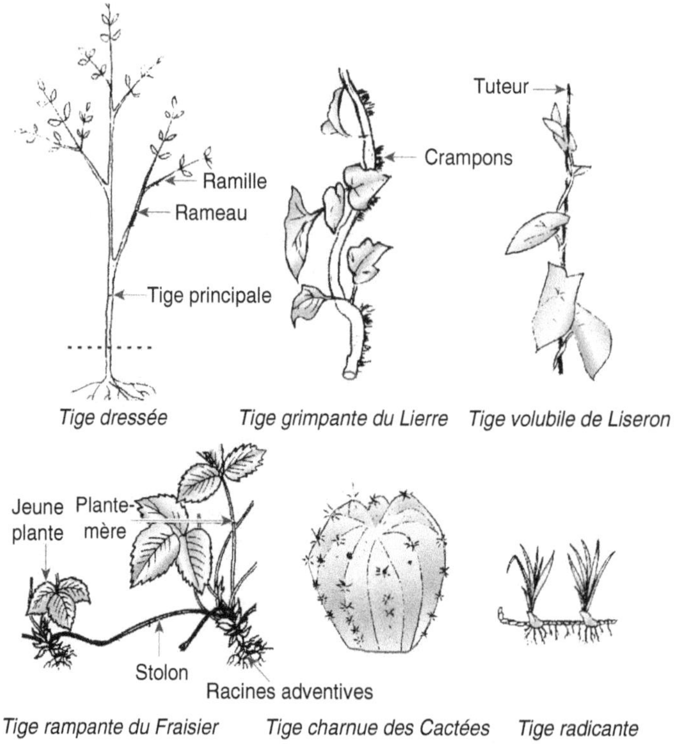

▶ Différents types de tiges aériennes ◀

Syn. : axe caulinaire.

tigelle (n.f.) *(tigelle, tigella, tigel, caulicle, stipes)*

Organe de l'embryon des plantes supérieures qui, faisant suite à la radicule, porte la gemmule et le(s) cotylédon(s). Contrairement à ce que son nom pourrait laisser croire, ce n'est pas la tigelle qui engendre la tige de la future plante ; cette tige tire son origine de la gemmule qui contient le méristème caulinaire.

tissu (n.m.) *(tissue)*

Ensemble des cellules ayant souvent une même morphologie, une spécialisation fonctionnelle identique, souvent intégrées à d'autres tissus pour constituer un organe assurant une fonction physiologique précise.

La nomenclature des tissus végétaux repose sur plusieurs types de critères, aboutissant à des classifications parallèles et complémentaires :

- critères ontogéniques ou embryologiques : selon la nature du méristème qui leur a donné naissance, on distingue les tissus primaires, à cellules non disposées en files radiales, dérivant des méristèmes primaires (terminaux), et les tissus secondaires, à cellules disposées en files radiales, initiés par les assises génératrices ou cambiums. Les premiers sont présents dans tous les organes jeunes et herbacés, les seconds ne sont bien développés que dans les espèces arbustives ou arborescentes (Gymnospermes et Angiospermes Dicotylédones), car ils sont responsables de l'accroissement en épaisseur ;
- critères physiologiques : suivant les fonctions principales assurées par les cellules, on distingue les tissus de revêtement (Ex. : épiderme), les tissus de soutien (sclérenchyme, collenchyme), les tissus assimilateurs (parenchyme chlorophyllien), les tissus conducteurs, les tissus sécréteurs et les méristèmes ;
- critères biochimiques : les parois squelettiques peuvent s'incruster de certains composés spécifiques. Ainsi, les lignines, polyphénols élaborés au cours de la différenciation de certaines cellules, imprègnent les parois primaires de certains tissus de soutien. De même, des dérivés lipidiques se rencontrent dans les tissus de revêtement (épiderme, liège) ;
- critères structuraux : L'aspect allongé et fusiforme des cellules caractérise les tissus fibreux (certains sclérenchymes, dont ceux utilisés par l'industrie textile : Lin, Chanvre, etc.).

Par ailleurs, les tissus peuvent être simples ou composés. Les premiers sont composés de cellules identiques, ayant donc subi la même différenciation (parenchyme chlorophyllien, collenchyme, sclérenchyme), tandis que les seconds sont constitués de plusieurs types cellulaires (xylème, phloème, épiderme foliaire). Un même organe peut contenir divers types de tissus.

L'agencement relatif de ces tissus entre eux (anatomie) fournit de précieux renseignements sur la nature des organes considérés.

L'étude des tissus relève de l'histologie.

tissus assimilateurs (l.m.) *(assimilatory tissue)*

Sous ce vocable, on désigne les tissus pourvus de chloroplastes où se déroulent les réactions de la photosynthèse. Ils se situent essentiellement au niveau des feuilles. Ils sont appelés également chlorenchymes, et sont, le plus souvent, situés à la partie supérieure de la feuille. Chez les plantes C4, il existe dans le mésophylle deux territoires cellulaires séparés : la gaine périvasculaire qui entoure les faisceaux conducteurs présente des chloroplastes dépourvus de grana tandis que le reste du mésophylle possède des chloroplastes pourvus de grana. Cette différence structurale correspond à une spécialisation fonctionnelle de ces territoires lors de la réalisation de la photosynthèse : les cellules du mésophylle assurent la fixation du CO_2 sur le phospho-énol-pyruvate (PEP), tandis que les cellules de la gaine périvasculaire effectuent le cycle de Calvin.

Chez les plantes C3, il est disposé dorso-ventralement : à la face supérieure de la feuille, les cellules sont allongées et forment un parenchyme palissadique chlorophyllien, à la face inférieure, les cellules forment un parenchyme lacuneux mais également chlorophyllien. Ainsi, toutes les cellules sont capables d'assurer les différentes étapes du processus photosynthétique.

tissus conducteurs (l.m.) *(conducting or conductive tissue)*

Tissus dont le rôle est de transporter, pour un, la sève brute (ou ascendante), eau et sels minéraux absorbés dans le sol par les racines, et pour l'autre, la sève élaborée (ou descendante), synthétisée au niveau des organes chlorophylliens. Les tissus ligneux ou xylème et libérien ou phloème, chargés respectivement de ces deux fonctions, ont des caractères très différents.

Le phloème est constitué de cellules vivantes (excepté les fibres phloémiennes) alors que le xylème est constitué de cellules mortes à la fin de la différenciation.

Chez la jeune plante (structure primaire), les éléments de conduction de la sève sont disposés en faisceaux. Dans les racines, faisceaux du xylème et faisceaux du phloème sont disposés en alternance, directement au contact du péricycle ; ils sont nombreux chez les Monocotylédones et moins nombreux chez les Dicotylédones. Dans les tiges, phloème primaire et xylème primaire sont superposés en faisceaux libéro-ligneux, ou faisceaux criblo-vasculaires (disposition collatérale). Ces faisceaux sont disposés sur plusieurs cercles concentriques chez les Monocotylédones, les plus gros étant situés au centre de la structure ; il n'existe qu'un seul cercle de faisceaux chez les Dicotylédones.

Syn. : tissu vasculaire.

tissu de réserve (l.m.) *(storage tissue)*

C'est, le plus souvent, un parenchyme dont les cellules accumulent des substances variées : de l'amidon (Pomme de terre, Blé, etc.), de l'huile (graine de Ricin), des sucres (Betterave).

tissu de revêtement (l.m.) *(coating tissue)*

Tout tissu situé à la surface des organes végétaux qu'il protège, tout en permettant la croissance de la plante et les échanges entre elle et le milieu extérieur. Ex : épiderme, liège, rhizoderme.

tissu de soutien (l.m.) *(supporting tissue)*

Tissu qui, par l'épaississement de ses parois cellulaires et parfois par leur durcissement au moyen de la lignification, constitue l'appareil de soutien du végétal. Ex. : collenchyme (paroi épaisse mais uniquement cellulosique), sclérenchyme (paroi lignifiée).

> Lorsque vous observez une tige avec des formations « en relief » : angles (comme chez les Lamiacées), protubérances (Mercuriales), cannelures (Apiacées), c'est qu'il y a, le plus souvent, du collenchyme juste en dessous de l'épiderme. Même explication pour les nervures des feuilles plus apparentes à la face inférieure qu'à la face supérieure.

tissu sécréteur (l.m.) *(secretory tissue)*

Ensemble des tissus dont la fonction commune est de sécréter des substances, de nature diverse. Ces tissus sont toujours constitués de cellules vivantes, d'origine épidermique ou parenchymateuse, qui peuvent être soit isolées (Lauracées), soit groupées, formant des poils épidermiques (Lamiacées), des glandes (Astéracées, Myrtacées, Rutacées), des canaux (Apiacées) ou des laticifères (Euphorbiacées).

tolérance (n.f.) *(tolerance)*

Capacité pour une plante de supporter les contraintes du milieu environnant (chaleur, froid, salinité, sécheresse, maladie, attaque d'insectes, pollution atmosphérique, etc.) sans perte de vigueur notable et de maintenir une activité métabolique et un taux de production acceptable.

> Ne pas confondre avec résistance.

tomenteux (adj.) *(tomentose, tomentous, tomentulose, downy)*

Qualifie un organe aérien (feuille, tige, fruit) dont la surface est entièrement couverte de poils cotonneux (tomentum), plus ou moins longs, enchevêtrés et denses (plus dense que « pubescent »). Ex : feuilles de la Camomille tomenteuse (*Anthemis tomentosa*), fruits du Cognassier (*Cydonia oblonga*).
Syn. : duveteux.

tonoplaste (n.m.) *(tonoplast)*

Membrane simple entourant la vacuole.
Comme toutes les membranes biologiques, le tonoplaste est constitué de protéines et de phosphoglycérolipides. Les protéines de transport qui font partie du tonoplaste régulent le mouvement des solutés entre le cytosol et la vacuole, selon les différents gradients électrochimiques. Le tonoplaste possède également des pompes à protons qui assurent le transport des protons du cytosol à l'intérieur de la vacuole.
Syn. : endoplaste.

tordu (adj.) *(contorted)*

Qualifie une préfloraison dans laquelle toutes les pièces florales (pétales, sépales) d'un même verticille sont mi-recouvertes, mi-recouvrantes. Ex. : Gentianales.

totipotence (n.f.) *(totipotency)*

Aptitude d'une cellule somatique (dite totipotente) peu ou non différenciée à garder toutes ses potentialités et à donner naissance à tous les types de cellules constituant un individu adulte.
La faible différenciation des végétaux et leur aptitude à la dédifférenciation ont pour conséquence de permettre une grande facilité de régénération, naturelle ou artificielle, à la base de nombreuses techniques agricoles, horticulturales traditionnelles (bouturage, greffage, marcottage, etc.) ou modernes (culture *in vitro*) qu'il est convenu d'appeler sous le terme générique de multiplication végétative.

toundra (n.f.) *(tundra)*

Végétation des sols marécageux des régions arctiques gelées en permanence, dominée par des Mousses et des Lichens, des Roseaux (*Carex* spp.), avec des arbres rares et rabougris (Saules nains, *Salix* spp.). Les précipitations sont rares, les températures sont très froides. L'hiver est long et rude, la photopériode est très courte.

tourbe (n.f.) *(peat, turf)*

Substrat d'origine naturelle, très acide, formé exclusivement par la décomposition incomplète de restes de matières organiques de plantes palustres de l'ère quaternaire (Sphaignes et autres Mousses, notamment).
Au fur et à mesure les parties mortes de ces plantes, s'enfoncent dans l'eau et s'y accumulent, pour former progressivement, mais très lentement, une épaisse couche de tourbe.

trachéide (n.f.) *(tracheid)*

Cellule à la fois de conduction et de soutien du xylème rencontrée chez presque toutes les plantes vasculaires, allongée longitudinalement, aux extrémités en biseau et aux parois épaisses. Plusieurs trachéides sont disposées bout à bout et parallèlement les unes aux autres, sans méats entre elles. Elles ont des ponctuations aréolées (Gymnospermes), annelées, spiralées ou réticulées (Angiospermes). Chez les Gymnospermes, ce sont les seuls éléments constitutifs du bois (bois homoxylé). Elles peuvent être scalariformes (Ptéridophytes).

Trachéophytes (n.m.pl.) *(tracheophyte (pl. ~ta))*

Ensemble des végétaux possédant des tissus conducteurs de sève brute lignifiés (trachéides, vaisseaux)

Ce groupe comprend les Ptéridophytes, les Préspermaphytes et les Spermaphytes.

Syn. : plante vasculaire.

translocation (n.f.) *(translocation)*

Processus par lequel des solutés sont transportés du lieu de leur synthèse à celui de leur utilisation, grâce à un tissu complexe, le phloème. Ainsi, les organes producteurs de métabolites peuvent alimenter les organes qui utilisent ces métabolites. La translocation des assimilats permet donc aux divers organes utilisateurs, comme les organes en croissance, les organes reproducteurs et les organes souterrains, de maintenir un taux métabolique adéquat, nécessaire à leur bon développement. De même l'accumulation de réserves qui se fait dans plusieurs tissus et organes est rendue possible par une translocation préalable des assimilats à partir des organes producteurs, principalement des feuilles parvenues à maturité.

transpiration (n.f.) *(transpiration, sweating)*

Phénomène dû à la chaleur par lequel une plante émet de la vapeur d'eau par les stomates de l'épiderme des feuilles ou d'autres parties, contribuant ainsi à la régulation de la température. La transpiration est également le principal moteur permettant l'ascension de la sève brute en provenance des racines vers les parties hautes de la plante.

Une transpiration excessive peut être responsable d'un déficit hydrique. Les plantes peuvent réduire cette transpiration par la fermeture des stomates, le développement de leur cuticule, l'enroulement foliaire (Ex : Alfa, Oyat, Romarin), la diminution de la surface transpirante (Cactacées) et la chute foliaire. Les feuilles des plantes grasses s'épaississent et constituent une réserve d'eau. Chez d'autres plantes, les feuilles sont couvertes de poils qui reflètent la lumière du soleil, réduisant d'autant leur réchauffement.

Syn. : sudation.

transport actif (l.m.) *(active transport)*

Transport de solutés (molécules ou ions) d'un compartiment à un autre, à travers une membrane biologique contre le gradient de concentration de ces solutés (du milieu le moins concentré vers le milieu le plus concentré).

transport passif (l.m.) *(passive transport)*

Phénomène physique qui se manifeste par un transport de solutés (molécules ou ions) d'un compartiment à un autre d'une cellule, au travers d'une membrane, sans l'aide d'un transporteur spécifique et sans dépense d'énergie. Ce transport s'effectue de la solution la plus concentrée vers la solution la moins concentrée, en donnant une distribution homogène des molécules de part et d'autre de la membrane.

Il dépend de la perméabilité membranaire, du gradient de concentration et de la taille des molécules, notamment. Le transport de l'oxygène et du dioxyde de carbone (CO_2) au travers d'une membrane est un exemple de transport passif.

transporteur (n.m.) *(carrier)*

Molécule protéique qui permet de transporter d'autres molécules non solubles dans un milieu donné.

Les transporteurs sont de 3 types : uniport, symport et antiport.

Ces protéines transportent généralement des substances qui leur sont spécifiques. Elles sont proches des enzymes en raison de cette spécificité de substrat.

trichome (n.m.) *(trichome)*

Ensemble des formations pilifères d'un organe, tels que les poils épidermiques de différentes formes, structures et fonctions, écailles, papilles et, dans les racines, les poils absorbants. Le trichome prend son origine à partir des cellules épidermiques. Il peut être uni- (Ex. : poils urticants de l'*Urtica urens*) ou pluricellulaire (*Verbascum nigrum*), temporaire ou permanent. Les parois cellulaires peuvent être renforcées par des incrustations de silicate, carbonate de calcium ou autres substances ce qui leur donne une certaine raideur apte à dissuader les animaux de les consommer (Ex. : certaines Borraginacées et Brassicacées).

Les trichomes glandulaires produisent des substances chimiques liquides qui sont sécrétées ou vaporisées. La plupart de ces substances sont des terpénoïdes odoriférants et colorés.

Les formes particulières que revêt le trichome sont parfois utilisées pour l'identification de certains groupes taxonomiques.

trigone (adj.) *(trigonous, trigonal)*

Qualifie un organe (feuille, fruit en particulier) présentant une section triangulaire. Ex. : fruit de Sarrasin (*Fagopyrum esculentum*), de la Rhubarbe (*Rheum*), tige de l'*Allium triquetrum* (Liliacées), des Laîches (*Carex*).

Syn. : triquètre.

triloculaire (adj.) *(trilocular)*

À trois loges. Ex. : ovaire des Euphorbiacées, du Liseron (*Convolvulus*).

trimère (adj.) *(trimeric, trimerous)*

Se dit d'une fleur comportant des verticilles de trois pièces. La trimérie florale est typique des Monocotylédones. Ex. : Liliacées, Amaryllidacées, Iridacées, etc. Elle peut également se rencontrer chez des Dicotylédones : Fagacées, Polygonacées.

trimonoécie (n.f.) *(trimonoecy)*

Cas d'une espèce (dite trimonoïque) où des fleurs mâles, des fleurs femelles et des fleurs hermaphrodites sont portées par le même individu. Ex. : *Ricinus* (Euphorbiacées).

trioécie (n.f.) *(trioecy)*

Cas de polygamie dans lequel une espèce est représentée par trois types d'individus portant des fleurs mâles, des fleurs femelles et des fleurs hermaphrodites. Ex. : *Ruscus* (Liliacées).

tripartite (adj.) *(tripartite)*

Se dit d'un organe divisé jusque près de la base en trois partitions. Ex. : feuilles de la Renoncule tripartite (*Ranunculus arvensis*).

tristique (adj.) *(tristichous)*

Disposition des feuilles suivant 3 génératrices le long d'un axe commun. Ces génératrices peuvent être verticales (orthostiques) ou courbées en spirales (spirostiques). Ex. : *Carex* et *Cyperus*, respectivement.

tronc (n.m.) *(trunc, trunk, bole)*

Tige d'un arbre ayant atteint une dimension importante grâce à la formation de tissus secondaires (bois et liber) par les assises génératrices ou cambiums.

trophique (adj.) *(trophic)*

Relatif à la nutrition. Selon les modalités de cette nutrition, on distinguera les végétaux autotrophes, hétérotrophes, saprophytes et biotrophes.

tropisme (n.m.) *(tropism)*

Réaction d'orientation d'un organe, généralement en voie de croissance, chez un végétal dont l'ensemble demeure immobile, et qui est provoquée par des facteurs divers du milieu : gravité (géotropisme ou gravitropisme), lumière (phototropisme), humidité (hydrotropisme), présence de certains composés chimiques (chimiotropisme) ou contact avec un support solide (haptotropisme ou thigmotropisme).

Selon qu'il y a attirance ou répulsion, on parle de tropisme positif ou négatif.

tropophyte (n.m.) *(tropophyte)*

Plante (dite tropophile) qui prend des caractères de xérophytes durant la saison sèche et d'hygrophytes pendant la saison humide. Sont également considérées parmi les tropophytes, les plantes qui, durant l'hiver interrompent leur vie active, par exemple les plantes à bulbes, les plantes à tubercules, les plantes à rhizomes.

Les tropophytes sont en général abondants dans les régions où s'observe une alternance marquée de périodes sèches et de périodes humides.

tube (n.m.) *(tube)*

Dans une corolle ou un calice de certaines fleurs, partie où les pétales ou les sépales sont soudés entre eux. Ex. : Astéracées, Solanacées.

tube criblé (l.m.) *(sieve tube)*

Colonne de cellules allongées spécialisées du phloème, disposées bout à bout, assurant le transport de la sève élaborée à partir des feuilles vers les tissus non photosynthétiques.

Les cloisons transversales obliques des cellules sont appelées cribles en raison de leurs perforations qui assurent la diffusion de la sève élaborée vers les cellules voisines. Les tubes criblés fonctionnent en général pendant toute la saison de croissance de la plante. Dans le cas des végétaux vivaces, à la mauvaise saison ou en cas de blessure, ces cribles sont obturés par des dépôts de callose. Ils se transforment alors en cellules de réserve. Lorsque leur durée de vie est de plusieurs années, comme chez les Monocotylédones et certaines Dicotylédones (Vigne), la callose se dissout au printemps et les tubes redeviennent fonctionnels. Sinon, ils se remplissent d'air et deviennent des éléments morts, de nouveaux tubes se différencient alors régulièrement à partir des assises cambiales.

Les tubes criblés sont flanqués de cellules compagnes, qui ont la même origine et la même durée de vie. Ces cellules, siège d'une grande activité métabolique, ont un cytoplasme abondant, riche en ribosomes et en enzymes mais n'ont plus de noyau. Certaines d'entre elles, entre le parenchyme foliaire et les tubes, dites cellules de transfert, aux parois très contournées, injectent dans les tubes le saccharose venu des cellules chlorophylliennes.

tube pollinique (l.m.) *(pollen tube)*

Tube produit par le grain de pollen déposé à la surface du stigmate, et formé par évagination de l'intine à travers l'un des pores de l'exine.

tubercule (n.m.) *(tuber, tubercle)*

Excroissance d'une partie quelconque d'un végétal (tige souterraine, racine, hypocotyle) plus ou moins ovoïde gonflée de substances de réserves variées.

Contrairement aux rhizomes, la ramification des tubercules est, en général, peu abondante ou nulle.

Les tubercules correspondent à une vie végétative ralentie, de certains végétaux (vivaces, notamment), destinée à faire franchir à une plante une période pendant laquelle la croissance des parties aériennes est fortement ralentie ou inexistante.

Dans le cas des tubercules provenant de tiges ou de stolons hypertrophiés, tels que la Pomme de terre ou le Topinambour, les réserves accumulées sont utilisées pour donner de nouvelles tiges aériennes. Le développement de celles-ci et des autres parties de la plante se fait initialement à partir du tubercule-mère, qui est vidé de sa substance puis disparaît. Mais il existe aussi des tubercules vivaces pouvant persister plus longtemps. C'est le cas du Glaïeul (Iridacées).

Dans le cas des tubercules provenant de racines tels que le Dahlia, l'accumulation d'un glucide de réserve, l'inuline, pendant l'été persiste jusqu'à l'hiver quand les parties aériennes meurent. Au printemps suivant, des tiges reforment, aux dépens des réserves, un appareil aérien.

Pour les tubercules provenant de l'hypocotyle tels que la Betterave, la Carotte ou le Radis, la reprise de végétation se traduit par la formation du système floral donnant des graines pour assurer la reproduction aux dépens des réserves de la racine.

tubéreux (-euse), tubérisé(-e) (adj.) *(tuberose, tuberous)*

Qualifie un organe (racine, tige ou hypocotyle, en particulier) hypertrophié comme un tubercule ou une plante portant ces organes. Ex. : Pomme de terre (tige), Betterave, Dahlia, Topinambour (racines), Céleri-rave (hypocotyle).

Syn. : tuberculeux (-leuse).

tumeur (n.f.) *(tumor)*

Prolifération pathologique d'un organe (ou d'une partie d'organe) sous l'influence possible : d'un afflux abondant de sève, d'une attaque bactérienne, d'une infection virale, sinon en relation avec la genèse d'une galle (ou cécidie).

Dans le processus de tumorisation peuvent intervenir : soit une simple hypertrophie cellulaire (= accroissement de la taille de chacune d'elles), soit une hyperplasie (accroissement du nombre de cellules du fait d'un processus de divisions à un rythme soutenu), soit les deux phénomènes de concert.

tunica (n.f.) *(tunica)*

Partie externe du méristème apical caulinaire des plantes vasculaires, constituée par quelques couches de cellules régulièrement stratifiées, entourant le *corpus*.

tunique (n.f.) *(tunic(a))*

Élément foliacé, membraneux ou plus ou moins charnu, faisant partie de l'enveloppe d'un bulbe, en particulier. Ex. : bulbe de l'Oignon (*Allium cepa*).

turficole (adj.) *(turficolous)*

Se dit des plantes des tourbières. Ex. : Bruyères.

turgescence (n.f.) *(turgor)*

Augmentation du volume d'une cellule végétale due à une entrée d'eau dans les vacuoles, par osmose, en milieu hypotonique, repoussant la membrane plasmique contre la paroi pecto-cellulosique. La cellule est dite alors turgescente.

Ant. : plasmolyse.

turion (n.m.) *(turion)*

1. Bourgeon pérennant souterrain ou formé au ras du sol, naissant sur les rhizomes de certaines espèces vivaces dont les tiges meurent chaque année. Ex : Asperge (*Asparagus officinalis*), Rose (*Rosa*), Ronce (*Rubus*).
2. Pointe consommable des Asperges.

type (n.m.) *(type)*

En taxonomie, spécimen parfaitement identifié sur lequel est basée la description morphologique d'une espèce ou spécimen le plus courant auquel est rattaché un nom d'espèce.
Il peut s'agir d'un exemplaire préparé et conservé en herbier, d'une illustration ou d'un fossile, auquel se rapporte une diagnose. La typification, c'est-à-dire, le choix et la description d'un type pour résumer un taxon, est toujours la base de la classification actuelle. On utilise traditionnellement la terminologie suivante pour désigner les variantes du type et les modalités de la typification :

- syntypes (*syn-* = avec, ensemble) : ensemble des spécimens de la collecte initiale désignés par l'auteur originel ;
- holotype (*holo-* = tout entier) : spécimen unique définissant à lui tout seul le taxon ;
- isotype (*iso-* = même, identique) : spécimen, parmi l'ensemble des syntypes collectés par le même auteur au même moment et au même endroit, semblable à l'holotype ;
- lectotype (*lecto-* = choisi) : spécimen du matériel originel, désigné postérieurement (et généralement par un autre auteur) à la place de l'holotype si ce dernier n'est pas disponible ou a été perdu ; il est choisi parmi les isotypes ou, à défaut, parmi les syntypes ;
- néotype (*neo-* = nouveau) : spécimen (ou illustration) le plus proche du type supposé de l'auteur originel, désigné en l'absence de l'holotype, de l'isotype et des syntypes.

tyrosinase (n.f.) *(tyrosinase)*

Phénolase (E.C : 1.10.3.1) catalysant l'oxydation des monophénols et des diphénols. Très répandue chez les végétaux, elle est responsable du brunissement à l'air des tissus lésés des fruits ou des légumes qui contiennent des substrats phénoliques naturels comme l'acide chlorogénique et les flavonoïdes.
Syn. : *O*-diphénol : O_2 oxydoréductase.

U

ubiquiste (adj.) *(ubiquist)*

Se dit d'une espèce végétale répandue dans une aire géographique très étendue, compte tenu de son aptitude à coloniser des habitats très différents et très variables. Ces espèces sont peu exigeantes et font preuve d'une grande facilité d'adaptation.

> Ne pas confondre cette notion avec cosmopolite. La première est d'ordre écologique, la seconde d'ordre géographique.

> **uni-** : Préfixe qui signifie un seul est souvent rencontré en botanique morphologique :
> **uniflore** : ne portant qu'une seule fleur. *(uniflorous)*
> **unilabié** : fleur à une seule lèvre. *(unilabiate)*
> **unilatéral** : disposition (des fleurs, des fruits) d'un seul côté. *(unilateral)*
> **uniloculaire** : ovaire ou fruit à une seule loge. *(unilocular)*
> **uninervé** : une seule nervure. *(unicostate)*
> **uniovulé** : ovaire ne renfermant qu'un seul ovule. *(uniovulate(d))*
> **uniséminé** (adj.) : fruit à une seule graine (Synonyme : monosperme). *(uniseminal, unispermous)*
> **unisérié** : Disposé sur un seul rang. *(uniseriate, uniserial)*

unipare (adj.) *(uniparous)*

Qualifie une inflorescence de type cyme (inflorescence à croissance définie) chez laquelle, à chaque fois, un seul axe floral se développe en dessous de la fleur précédemment formée. Cet axe peut apparaître toujours du même côté et donner alors à l'inflorescence une forme enroulée : cyme unipare scorpioïde (Ex. : Vipérine, *Echium vulgare*, Borraginacées). Il peut apparaître alternativement d'un côté puis de l'autre, l'inflorescence prenant une forme plus ou moins dressée : cyme unipare hélicoïdale (Ex. : Glaïeul).

unisexué (adj.) *(unisexual)*

Qualifie une fleur qui manque soit d'étamines, elle est alors femelle, soit de carpelles, elle est alors mâle.

Suivant la répartition des fleurs mâles et des fleurs femelles au niveau des individus, on rencontre plusieurs possibilités :

- sur un même pied, la plante est dite monoïque. Ex. : Chêne (*Quercus*), Maïs (*Zea mays*) ;
- sur des pieds différents, elle est dite dioïque. Ex. : Palmier dattier (*Phœnix dactylifera*), Ortie (*Urtica dioica*) ;

➤ sur un même pied portant également des fleurs bisexuées (hermaphrodites), elle est dite polygame.

Ant. : bisexué, hermaphrodite, parfaite.

unité photosynthétique (l.f.) *(photosynthetic unit)*

Synonyme de quantasome.

unité systématique (l.f.) *(systematic unit)*

Groupe d'êtres vivants qu'on rapproche en raison de leur ressemblance plus ou moins grande. Telles sont dans l'ordre de grandeur décroissante : la classe, l'ordre, la famille, le genre, l'espèce, la variété.

Syn. : taxon.

urcéolé (adj.) *(urceolate, urn-shaped)*

Se dit des enveloppes florales (sépales, pétales, tépales) soudées en forme d'une urne, dilatées dès la base et rétrécies au sommet. Ex. : corolle de nombreuses Éricacées.

urticant (adj.) *(urticant)*

Se dit des poils renfermant un liquide qui provoque des démangeaisons lorsqu'il pénètre dans la peau comme ceux de l'Ortie (*Urtica urens*, Urticacées).

utricule (n.f.) *(utricle)*

1. Piège de nature foliaire en forme d'outre chez certaines plantes carnivores. Ex : feuilles transformées des *Nepenthes* et *Utricularia.*

2. Petite enveloppe entourant la base de chaque fleur femelle chez les Carex (Cypéracées). Elle persiste autour de l'akène issu de cette fleur.

V

vacuole (n.f.) *(vacuole)*

Formation intracellulaire caractéristique de la cellule végétale, délimitée par une membrane simple qui lui est propre, le tonoplaste.

Les cellules végétales contiennent de nombreuses et larges vacuoles, occupant généralement plus de 90 % du volume cellulaire et, dans certains cas, 98 à 99 %. Le nombre de vacuoles par cellule tend à diminuer avec l'âge de la cellule. Leur ensemble constitue le vacuome.

Les vacuoles contiennent de nombreux composés organiques et minéraux en solution ou en suspension et jouent, de ce fait, un rôle important dans les échanges d'eau entre la cellule et le milieu extérieur. C'est le lieu préférentiel d'accumulation des substances hydrophiles de réserve (glucides, protéines, sels minéraux, acides organiques), pigments (anthocyanes), etc. De plus, les substances toxiques et les produits de déchets (oxalate de calcium) sont stockés dans les vacuoles et sont ainsi écartés du cytoplasme métaboliquement actif. Les vacuoles peuvent donc être considérées comme des organites d'excrétion ou de sécrétion. Par leur aptitude à ajuster la tonicité de leur liquide vacuolaire par le phénomène de l'osmose, les vacuoles conditionnent la rigidité des organes végétaux.

La vacuole intervient également dans la croissance cellulaire. Dans les graines, les vacuoles se déshydratent et leur contenu forme des grains compacts d'aleurone, riches en protéines. À la germination, la graine s'humidifie, le contenu des grains est décomposé grâce à des enzymes hydrolytiques et il se forme une vacuole dont la membrane permet le passage actif des substances nutritives indispensables à la jeune plantule. La vacuole assure donc un *turn over* continu dont le rôle est fondamental pour la régulation du métabolisme cellulaire. De plus, la barrière membranaire du tonoplaste est essentielle puisqu'elle permet une séparation des processus de dégradation et des processus métaboliques cytoplasmiques. Les solutés vacuolaires chez les végétaux jouent également un rôle très important dans le maintien de l'équilibre osmotique entre la cellule et le milieu ambiant.

vacuome (n.m.) *(vacuome)*

Ensemble des éléments cellulaires désignés sous le nom de vacuoles.

vaisseau (n.m.) *(vessel)*

Élément conducteur de la sève brute appartenant au xylème ou bois des Angiospermes et des Chlamydospermes.

Un vaisseau est constitué par une succession de cellules allongées appelées éléments de vaisseau dont la différenciation se traduit par une lignification pariétale des faces latérales, une hydrolyse partielle de la paroi primaire au niveau des ponctuations et une hydrolyse totale des parois terminales faisant communiquer directement deux éléments de vaisseaux successifs. Le processus de différenciation des vaisseaux se termine par une dégénérescence du cytoplasme et la mort des cellules qui n'en restent pas moins fonctionnelles. Il s'agit d'un exemple remarquable de mort cellulaire génétiquement programmée (apoptose).

Selon les modalités de lignification des parois, on distingue des vaisseaux rayés, réticulés ou ponctués. Ces trois types de vaisseaux se rencontrent aussi bien dans le xylème primaire (vaisseaux du métaxylème) que dans le xylème secondaire ou bois. Dans ce dernier cas, les vaisseaux sont associés à d'autres types cellulaires : fibres trachéides, fibres libriformes, cellules de contact.

valvaire (adj.) *(valvate)*

1. Se dit d'un périanthe ou d'une préfloraison dans laquelle les pièces florales d'un même verticille sont contiguës et ne se chevauchent pas. Ex : Mimosacées, Vigne

2. Se dit d'un mode de déhiscence (anthères ou fruits) par la séparation des valves. Ex : capsules loculicide ou septicide.

var. Abréviation de variété.

variabilité (n.f.) *(variability)*

1. Caractère d'une population naturelle présentant une hétérogénéité d'individus.

2. Caractère d'une espèce dont certains organes varient d'aspect ou de forme (variabilité morphologique) d'une génération à une autre, d'un individu à un autre ou sur un même individu. Cette variabilité peut être native ou acquise, provoquée par les changements du milieu de vie.

3. La variabilité peut s'observer à tous les niveaux d'organisation : de la molécule (Ex. : isomérie) à l'écosystème (Ex. : variabilité des climats, des sols).

variabilité génétique (l.f.) *(genetic variability)*

Ensemble de la diversité des caractéristiques génétiques d'une espèce.

Le succès de toute opération d'hybridation ou d'amélioration génétique dépend largement de la plus grande variabilité génétique possible. Celle-ci peut affecter différents caractères : port, résistance aux parasites et aux agents pathogènes, tolérance aux conditions mésologiques (sécheresse, salinité, gel, chaleur), productivité, etc. Les espèces sauvages constituent des réservoirs de gènes pour les espèces cultivées apparentées. L'exploitation de la variabilité génétique en sélection repose sur le repérage des caractères intéressants et leur transfert aux plantes cultivées pour créer de nouvelles variétés. Ce transfert peut s'effectuer par les techniques classiques de croisements interspécifiques ou par les procédés nouveaux : culture *in vitro*, de cellules et d'organes végétaux, transfert de génomes complets ou partiels (hybride somatique, cybride) et l'insertion de séquences nucléotidiques définies, etc.

Les mutations et la polyploïdie, provoquées ou naturelles (et les recombinaisons géniques), sont également une source potentielle de variabilité génétique héréditaire.

La possibilité d'obtention de variétés nouvelles est d'autant plus limitée que le « réservoir », que constitue la variabilité génétique, est pauvre. La perte des réserves génétiques par disparition des variétés rustiques de plusieurs espèces cultivées et des espèces sauvages, à la suite de leur abandon au profit des nouvelles variétés améliorées et de la modification ou la destruction de leur biotope naturel, a des conséquences graves sur l'amélioration végétale. Cette situation présente un autre danger : la vulnérabilité des cultures aux conditions mésologiques hostiles et aux agents pathogènes. En effet, la culture à grande échelle de plantes très uniformes génétiquement, est plus facile à détruire par une maladie inhabituelle, par exemple, puisque toutes les plantes présenteront la même sensibilité.

Syn. : diversité génétique, biodiversité.

variant (n.m.) *(variant)*

1. Individu présentant des caractères différents de ceux du génotype original ou de ceux de la majorité de la population à laquelle il appartient.

Syn. : mutant (si la variation est héréditaire).
2. Forme moléculaire distincte de celle des molécules originelles quoique codée par le même gène, mais ayant subi une modification post-traductionnelle, par exemple.

variation (n.f.) *(variation)*

1. Apparition chez un individu ou un groupe d'individus d'un caractère n'ayant appartenu à aucun des ancêtres.
2. Écart des caractères structurels ou physiologiques d'un organisme ou d'un biotype par rapport aux caractères typiques ou habituels de son groupe.

variation somaclonale (l.f.) *(somaclonal variation)*

Variation des caractères génotypiques de cellules végétales somatiques de plantes régénérées à partir de cellules, tissus ou organes somatiques cultivées *in vitro*, visibles au niveau phénotypique.
En fait, une fois dissociés de l'organisme dont ils sont issus et mis en culture *in vitro*, les tissus végétaux ne sont plus soumis aux corrélations existant dans la plante entière. Les cellules se dédifférencient en exprimant leurs potentialités embryonnaires. Des événements peuvent apparaître avec cette dédifférenciation : mutations génétiques, modifications du nombre de chromosomes, variations épigénétiques, etc.

variété (n.f.) *(variety)*

Terme utilisé pour désigner l'ensemble des individus à l'intérieur d'une même espèce se distinguant de tout autre ensemble de végétaux de la même espèce par l'expression de différences héréditaires minimes déterminées par un génotype donné. Ces caractères particuliers peuvent être reproduits de génération en génération par les semences.
Selon les règles du Code International de Nomenclature, un nom latin est attribué à la variété, contrairement au cultivar. Ex. : *Poa bulbosa* var. *vivipara*.

vasculaire (adj.) *(vascular)*

Qualifie un végétal ou un ensemble de végétaux constitués ou renfermant des vaisseaux (au sens large). Les Ptéridophytes, les Préspermaphytes et les Spermaphytes sont des plantes vasculaires.

végétation (n.f.) *(vegetation)*

Ensemble physionomique constitué par des plantes associées par affinités biologiques en constituant des groupements végétaux au sein d'un territoire donné. La forêt, la lande, le maquis, la prairie, la savane, constituent des types de végétation caractérisés chacun par une distribution (qualitative et quantitative) particulière des espèces végétales qui s'y trouvent.

> Ne pas confondre avec flore.

vénéneux (adj.) *(venomous)*

Se dit d'une plante qui contient une ou plusieurs substances toxiques pour l'Homme et/ou pour les animaux. Ex. : Ciguë (*Conium maculatum*, Apiacées), Colchique (*Colchicum autumnale*), Aristoloche clématite (*Aristolochia clematitis*).

vernaculaire (adj.) *(vernacular)*

Se dit d'une dénomination vulgaire (au sens de commune) utilisée dans une communauté ou un pays donné, par opposition aux dénominations obéissant aux règles de la nomenclature scientifique.

vernale (adj.) *(vernal)*

Qualifie une plante se développant et fleurissant tôt au printemps et disparaissant ensuite rapidement.

vernalisation (n.f.) *(vernalization)*

Traitement simulant une thermopériode par l'application de températures basses, au stade utile (thermostade), aux semences d'un végétal, permettant à celui-ci d'achever ou d'accélérer son cycle de développement, sans diminution du rendement, jusqu'à la fructification et la formation d'organes reproducteurs dans l'année.

Ce traitement est caractérisé par sa durée, variant d'une espèce à l'autre de quelques semaines à 2-3 mois, et par sa température optimale, variant de 1 à 7 °C dans la majorité des cas.

La levée de la dormance des graines correspond bien souvent à la destruction d'inhibiteurs de germination contenus dans les téguments des graines. L'élimination de ces inhibiteurs peut se faire, chez beaucoup d'espèces, par le froid ou par une alternance de températures chaudes et froides.

En milieu naturel, le froid hivernal peut y contribuer mais l'application artificielle contrôlée permet d'éviter les possibles excès climatiques pouvant causer des dommages aux plantes.

De nombreuses plantes appartenant à des familles diverses (annuelles d'hiver, bisannuelles, certaines pérennes) présentent un besoin de vernalisation pour pouvoir fleurir. Les mécanismes de levée de dormance sont beaucoup plus déterminés par le type d'habitat naturel de la plante que par sa position systématique. Les mêmes espèces croissant en forêt, en zone cultivée ou en montagne ne réagissent pas de la même façon car la sélection naturelle propre à chaque milieu a optimalisé une période bien définie propice à la germination.

Syn. : printanisation.

vernation (n.f.) Voir préfloraison, préfoliation. *(vernation)*

versatile (adj.) *(versatile)*

Se dit d'une étamine dont l'anthère n'est fixée au filet que par un point au milieu de l'anthère, ce qui la rend libre et mobile. Ex. : les anthères des Poacées.

verticillastre (n.m.) *(verticillaster)*

Faux verticille constitué de deux cymules (petites cymes) opposées condensées en glomérules à l'aisselle de bractées, simulant des verticilles de fleurs. Ex : cas de nombreuses Lamiacées.

verticille (n.m.) *(verticil, whorl)*

Ensemble d'organes similaires (feuilles, sépales, pétales, étamines) insérés en cercle à un même niveau, et au nombre d'au moins trois, autour ou au sommet d'un axe qui les porte. Ex. : aiguilles du Genévrier commun (*Juniperus communis*), feuilles verticillées par 3 d'*Erica verticillata* (Éricacées) et du Laurier-rose (*Nerium oleander*, Apocynacées).

> La notion de verticille s'applique à tout élément anatomique quel qu'il soit (feuilles, bractées, pièces florales, etc.), alors que celle de cycle s'applique essentiellement aux pièces florales.

vicariance (n.f.) *(vicariance)*

Séparation d'une population mère suite à une fragmentation d'un territoire par un événement géologique (Ex. : naissance d'une nouvelle rivière) créant une barrière entre les populations filles (dites alors vicariantes) qui, occupant les mêmes niches écologiques mais géographiquement disjointes, vont évoluer indépendamment.

Ce phénomène peut s'assimiler à une forme particulière de la spéciation allopatrique.

virose (n.f.) Voir virus. *(virosis, virus disease)*

virus (n.m.) *(virus)*

Particule ultramicroscopique particulière, contenant des acides nucléiques (ADN ou ARN, constituant le génome viral) enclos dans une coque de nature protéo-lipidique, la capside, mais qui ne peut pas se reproduire sans l'intervention d'une cellule hôte (bactérienne, végétale ou animale) qu'elle parasite ; c'est un parasite cellulaire obligatoire.

On distingue les « virus à ADN » dont le génome est formé d'ADN, enroulé en spirale et les « virus à ARN » dont le génome est formé d'ARN.

L'affection due à un virus phytopathogène est appelée virose. Ex. : sharka des arbres fruitiers, mosaïque du Tabac, frisolée de la Pomme de terre, etc.

vitamine (n.f.) *(vitamin)*

Substance organique sans valeur énergétique propre, présente en quantité infinitésimale dans les aliments et requise par l'organisme à très petite dose pour le maintien de ses fonctions métaboliques vitales (croissance, contrôle des activités enzymatiques, équilibre de l'organisme, etc.).

> Les animaux et certains micro-organismes sont incapables de synthétiser les vitamines qui doivent leur être fournies par les plantes (sons et germes de Céréales, légumes, fruits verts, etc.), la flore intestinale ou divers produits d'origine animale (lait, viande, foie, cervelle, jaune d'œuf, etc.) dont ils se nourrissent.
>
> Les vitamines appartiennent à des classes chimiques très différentes ; on les classe habituellement en hydrosolubles et liposolubles suivant leur solubilité dans l'eau et les alcalis ou dans les solvants organiques (benzène, hexane, éther, etc.). Cette classification ne repose sur aucun caractère structural ou fonctionnel (tableau suivant).
>
> Les vitamines hydrosolubles comprennent les vitamines du complexe B, la vitamine C, la vitamine H, l'acide folique et l'acide pantothénique. La plupart d'entre elles agissent comme coenzymes (ou précurseurs de coenzymes) de nombreuses enzymes importantes dans le métabolisme cellulaire. Par exemple, NAD est synthétisé à partir de l'acide nicotinique.

vitrification (n.f.) *(vitrification)*

Ensemble des perturbations morphologiques et physiologiques se manifestant par des taches translucides, vitreuses, de formes variables, observées parfois sur des plantes obtenues par régénération *in vitro*.

Ce phénomène est parfois dû à une mauvaise élaboration du milieu de culture (excès de cytokinines, d'ions ammonium, etc.).

vitroplant (n.m.) *(vitroplant)*

Plantule obtenue à partir d'embryons ou de méristèmes par culture *in vitro*.

Vitamine	Variantes et appellations usuelles	Sources
Vitamines hydrosolubles		
B1	Thiamine, aneurine, vit.antibéribérique, vit. anti-névritique	germes de blé, riz non poli, seigle, maïs, noix, arachides, avoine, légumes
B2	Riboflavine, lactoflavine, vit. G	légumes verts, céréales
B5	Acide pantothénique	haricots, céréales
B6	Pyridoxine, pyridoxal, pyridoxamine, adermine	germes de blé, graines
H (B8)	Biotine	cacahuète, avoine
B9	Acide folique, folacine, xanthoptérine, acide ptéroyl-glutamique, facteur antipernicieux	céréales, légumes verts (épinard, asperge, ortie)
B12	Cyanocobalamine, vit.antianémique	non synthétisée par les plantes
C	Acide L-ascorbique, acide déhydro-ascorbique, vit. Antiscorbutique, acide thréoascorbique	plantes vertes (persil, épinard), fruits (cassis, citron, orange, pamplemousse)
P	Citrine, vit. C2	fruits (citron, cassis, raisin, prune), tomates
PP	Acide nicotinique, nicotinamide, niacinamide (NAD, NADP), vit. antipellagreuse	son de riz
Choline	Agent de transfert de méthyles	Légumes
Vitamines liposolubles		
A	Rétinol, axérophtol, vit.antixérophtalmique	légumes jeunes (tomates, carottes, poivrons, épinards, laitue), fruits
D	Vit.antirachitique : D2 = ergocalciférol ; D3 = cholécalciférol	levure, champignons, absente des autres produits végétaux
E	Tocophérol, vit. de fécondité	huiles de germes de blé, d'arachide, d'olive, de soja, cresson
F	Acides gras essentiels: acide linoléique, acide arachidonique	graisses végétales
K	K1 = phylloquinone, 1,4-naphtoquinone ; K2	légumes verts (épinard), tomate, fruits (fraise)
Acide Lipoïque	Acide thioctique	tissus végétaux divers

► Classification des vitamines
(ne sont mentionnées ici que les sources végétales) ◄

vivace (adj.) *(perennial, perennate)*

Qualifie un végétal dont le développement peut s'étendre sur plusieurs années. Ce sont des plantes ligneuses (Chêne, Peuplier) ou herbacées (Fraisier), des plantes à bulbes (Oignon, Tulipe), à rhizomes (Houblon), à tige tuberculeuse (Pomme de terre), à racine tuberculeuse (Dahlia), des plantes monocarpiques (Agave) ou polycarpiques (Cerisier).

vivipare (adj.) *(viviparous)*

1. Qualifie une plante produisant sur une partie de son système aérien (tige, feuilles ou inflorescence) des bourgeons ou des bulbilles qui, après séparation du végétal, peuvent donner naissance à de nouveaux individus. Ex. : *Poa bulbosa* var. *vivipara*.

La viviparité. Certaines Cactacées telles que *Bryophyllum daigremontianum*, forment des bulbilles épiphylles dans les échancrures marginales du limbe. Ces formations, en se détachant de la plante mère, assurent la reproduction végétative de l'espèce

2. Qualifie une plante dont la germination de la graine débute alors que celle-ci se trouve encore à l'intérieur du fruit ; l'espèce dissémine alors des plantules et non des graines. Ex. : Palétuviers (*Rhizophora*, Rhizophoracées).

voie de Hatch et Slack (l.f.) *(Hatch-Slack pathway)*

Voie métabolique permettant l'assimilation du CO_2 atmosphérique, caractéristique des plantes C_4.

voie des pentoses phosphates (l.f.) *(pentose phosphate pathway)*

Voie d'oxydation du glucose ayant lieu dans le cytoplasme des cellules et également dans les chloroplastes à l'obscurité ou dans les plastes non photosynthétiques.
Les pentoses phosphate produits par cette voie sont des précurseurs de nucléotides, d'acides aminés aromatiques, des hémicelluloses, de cofacteurs et de métabolites secondaires (flavonoïdes, alcaloïdes, etc.).
Syn. : chaîne de Dickens-Horecker, shunt des pentoses-phosphates.

voile (n.m.) *(velamen, velum)*

Couche externe formée de plusieurs assises de cellules mortes remplies d'air provenant du dédoublement de l'assise pilifère et entourant comme un manchon les racines aériennes de certaines Monocotylédones épiphytiques telles que les Orchidacées ou même des plantes à racines souterraines telles que l'*Asparagus*.
Le voile agit comme un tissu spongieux retenant l'eau.

volubile (adj.) *(voluble, turning, twining, twisting)*

Qualifie une tige grêle qui s'enroule en spirale autour d'un support, ou un végétal présentant une tige de cette nature.
Le sens d'enroulement (nutation) dépend de l'espèce volubile : dextre (vers la droite) pour la tige du Liseron (*Convolvulus*), senestre (vers la gauche) pour le Houblon (*Humulus lupulus*).

vrille (n.f.) *(tendril, clasper)*

Organe volubile d'origine variable (racinaire, caulinaire ou foliaire), plus ou moins filiforme servant à certaines plantes grimpantes pour s'accrocher sur les supports voisins. Ex. : Chez la Gesse jaune (*Lathyrus aphaca*), la vrille est un limbe, celle du Pois (*Pisum sativum*) provient du rachis et de quelques folioles transformées ; chez d'autres plantes, ce sont les stipules (*Smilax*) ou les pétioles.

▶ Vrille de *Bryonia dioica* ◀

X

xanthophylle (n.f.) *(xanthophyl)*

Nom générique donné à un ensemble de pigments caroténoïdes hydroxylés accompagnant la chlorophylle dans les chloroplastes des végétaux verts : zéaxanthine (Maïs), lycopène (Tomate), etc.

Ces pigments sont accumulés également dans les chromoplastes, seuls ou masquant la chlorophylle. Ils sont particulièrement visibles en période automnale à la suite de l'altération de la chlorophylle, permettant leur démasquage.

En raison de leur pouvoir colorant et de leur innocuité, l'emploi des xanthophylles est autorisé en tant qu'additif alimentaire (E 161).

xénogamie (n.f.) *(xenogamy)*

Synonyme d'allogamie.

xérophyte (n.f.) *(xerophyte)*

Plante (dite xérophile) adaptée aux climats caractérisés par un important déficit hydrique, résistante à la dessiccation du sol et à la sécheresse de l'air.

Pour vivre en milieu sec ou pauvre en eau, la plante doit : ou bien accroître au maximum l'absorption d'eau du sol qu'elle est susceptible de rencontrer, par le développement d'un système racinaire ou bien réduire les pertes d'eau qu'elle subit du fait de la transpiration par les stomates, ou bien encore constituer des réserves d'eau dès qu'elle en a la possibilité. Les deux premiers procédés sont employés par les xérophytes qui sont dites sèches ou sclérophytes, le dernier est surtout celui des plantes succulentes. Parmi les adaptations spécifiques des xérophytes pour limiter les pertes d'eau, on retrouve :

- réduction plus ou moins importante de la surface foliaire. Ex. : les épines des Cactacées sont des feuilles transformées ;
- épiderme foliaire couvert d'une cuticule très épaisse (Ex. : Olivier, Lentisque) ou de poils (Ex. : Lavande) ;
- stomates enfoncées dans des cryptes ce qui permet d'éviter les courants d'air desséchants (Ex. : Alfa, Laurier-Rose, Oyat, Romarin) ;
- racines enfoncées très profondément, à la recherche de l'eau des nappes phréatiques (Ex. : Éphédra), ou, au contraire, étalées superficiellement pour récupérer le maximum d'eau à la surface du sol (Ex. : Armoise du désert).

Ant. : hygrophyte.

xylanes (n.m.pl.) *(xylans)*

Polysaccharides des végétaux, en particulier des Angiospermes. Ils représentent 25 % des bois durs et 10 % des bois tendres. Les xylanes résultent de la combinaison d'unités d'un pentose, le xylose sous forme de xylopyrannoses, unis par des liaisons $\alpha(1 \rightarrow 4)$ et forment une structure linéaire ou faiblement ramifiée.

xylème (n.m.) *(xylem)*

Tissu ligneux des plantes vasculaires, conduisant, vers les parties aériennes, la sève brute (sève ascendante), composée de l'eau et des sels minéraux puisés dans le sol par les racines. Il est constitué de cellules mortes à maturité dont les parois longitudinales sont épaissies par des dépôts de lignine discontinus. La cellulose et les hémicelluloses sont les constituants majeurs du xylème, représentant 70 à 80 % de la masse xylémique totale. Chez de nombreuses plantes, il forme des trachéides, des vaisseaux, des fibres et autres cellules spécialisées. Dans le bois des Gymnospermes, seules de petites zones circulaires ne sont pas épaissies : ponctuations aréolées ; les mêmes cellules assurent le soutien et le transport (trachéides), alors que chez les Angiospermes, les deux fonctions sont réparties entre fibres et vaisseaux. Dans ce dernier cas, les parois transversales des éléments de vaisseau sont partiellement (Vaisseaux imparfaits) ou complètement résorbées (Vaisseaux parfaits ou Trachées).

Le xylème primaire dérive d'un méristème apical, alors que le xylème secondaire résulte de l'activité de l'assise génératrice libéro-ligneuse ou cambium, méristème secondaire responsable de l'accroissement en épaisseur.

Quand vous rencontrez -**xyl**- en préfixe ou en suffixe dans un mot français ou latin, pensez tout de suite à bois :

xylème : bois ;

xylophage : qui mange du bois ;

xylophone : instrument de musique fait de lames de bois (à l'origine) ;

homoxylé : bois formé d'un seul type d'éléments ;

hétéroxylé : bois formé de plusieurs types d'éléments.

Z

zoné (adj.) *(zoned)*

Qualifie un organe (feuille et fleur, en particulier) présentant des bandes transversales ou des bandes circulaires concentriques. Ex. : *Pelargonium zonale* (Géranium des fleuristes).

zoocécidie (n.f.) Voir cécidie. *(zoocecidium)*

zoochorie (n.f.) *(zoochory)*

Condition des plantes dont les semences, pourvues de crochets, sont disséminées par des animaux en s'attachant à leur plumage ou à leur pelage. Ex : Aigremoine, Bardane, Benoîte Carotte, Luzerne, etc.

Les fruits de certaines espèces peuvent être consommés, par des animaux, puis disséminés dans leurs excréments. Ainsi, la dissémination du Gui (*Viscum album*), par exemple, est assurée par les oiseaux qui le consomment. La graine qui résiste, grâce à ses parois épaisses, aux sucs digestifs de l'oiseau, peut être dispersée sur de longues distances, dans les excréments.

La zoochorie est nécessaire dans les forêts tropicales humides, où le vent est très faible.

Par extension, désigne aussi l'adaptation à cette dissémination.

zoogamie, zoophilie (n.f.) *(zoidogamy)*

Pollinisation des fleurs réalisée par transfert du pollen par les animaux. Ce sont surtout les insectes qui interviennent dans ce cas. La participation des abeilles ou des papillons est courante. Parfois certaines dispositions facilitent l'intervention animale (par ex. à la faveur d'odeurs spéciales) ou accroissent son efficacité (par ex. par des mouvements staminaux provoqués par la présence de l'insecte).

zygomorphe (adj.) *(zygomorphic, zygomorphous)*

Se dit d'une fleur dont les différentes pièces de chaque verticille (sépales, pétales, étamines) sont disposées symétriquement par rapport à un plan (plan axe/bractée). On a donc une moitié droite et une moitié gauche comme chez les Lamiacées, les Orchidacées ou les Fabacées (symétrie bilatérale).

zygote (n.m.) *(zygote)*

Cellule diploïde formée par l'union de deux gamètes de sexes différents lors de la fécondation et capable, par son développement et sa différenciation, de conduire à la formation d'un embryon. On l'appelle également cellule œuf.

INDEX DES MOTS ANGLAIS

B

C

D

E

I

J

K

L

N

O

P

Q

R

Imprimé en France
FRHW010705030123
33388FR00012B/306

9 782100 506385